新编21世纪高等职业教育精品教材
装备制造类

U0794803

可编程控制器技术与应用

（三菱FX系列）

主　编◎姜　磊　熊　壮　高　倩
副主编◎李银季　李会强

中国人民大学出版社
·北京·

图书在版编目（CIP）数据

可编程控制器技术与应用：三菱 FX 系列 / 姜磊，熊壮，高倩主编 .-- 北京：中国人民大学出版社，2025.3. --（新编 21 世纪高等职业教育精品教材）. -- ISBN 978-7-300-33735-7

Ⅰ . TP332.3

中国国家版本馆 CIP 数据核字第 2025M3Y049 号

新编 21 世纪高等职业教育精品教材 · 装备制造类

可编程控制器技术与应用（三菱FX系列）

主　编　姜　磊　熊　壮　高　倩

副主编　李银季　李会强

Kebiancheng Kongzhiqi Jishu yu Yingyong (Sanling FX Xilie)

出版发行	中国人民大学出版社		
社　　址	北京中关村大街 31 号	**邮政编码**	100080
电　　话	010 – 62511242（总编室）		010 – 62511770（质管部）
	010 – 82501766（邮购部）		010 – 62514148（门市部）
	010 – 62511173（发行公司）		010 – 62515275（盗版举报）
网　　址	http：//www.crup.com.cn		
经　　销	新华书店		
印　　刷	唐山玺诚印务有限公司		
开　　本	889mm × 1194mm　1/16	**版　　次**	2025 年 3 月第 1 版
印　　张	15.25	**印　　次**	2025 年 3 月第 1 次印刷
字　　数	420 000	**定　　价**	49.00 元

Preface 前言

本书是以高等职业教育理念为指导，注重“教、学、做、工”融合，以培养学生智能制造技术职业能力为主线，以提高学生技能应用能力为主体，结合“互联网+”课程改革成果编写而成的工学结合特色教材。本书为浙江工业职业技术学院2024年校级高层次教学建设培育项目——教材建设类建设成果。

本书具有以下特色：

（1）以“学习任务”为载体，将专业核心职业能力项目任务化。本书以“项目引领、任务驱动”模式组织教学，使教学内容与岗位实际工作对接，让学生身体力行地获取知识与技能，从而激发学生的学习兴趣，调动学生的主动性，培育学生发现问题、解决问题等综合学习能力，有助于学习效果同步提高。

（2）实施工学一体化教学模式。本书立足岗位群及核心技能培养，以工学结合为切入点，以“课程周一体化”教学组织积淀为基础，完善一体化评价体系，融入新技术，有助于全面提高学生的专业技能与职业核心能力。

（3）突出教学评价体系。本书对专业能力有重点地进行训练，突出构建职业能力培养及职业素养培养的评价标准，有机融入职业技能鉴定中心的考核评价体系，坚持“以生为本”，关注学生的可持续发展。

本书构建了“核心能力、核心课程、核心内容”的“三核”教材体系，能够满足项目引领、任务驱动、工学一体等形式的教学改革的需要，与企业合作，融入自动化新设备、新知识、新工艺、新技术，强调学生工程设计能力的培养和训练。同时，本书配有丰富的数字资源，符合“互联网+”时代的教学方式。

本书是一体化的实训教材，考虑到实训教学的连贯性，建议排课采用课程周集中授课的方式，将任务进行小组分配以增强学生的团队合作能力。线上的视频及网络资源课程用于增强学生的自主学习能力，课上的实训操作环节用于增强学生的动手操作能力。

本书由浙江工业职业技术学院姜磊、西宁城市职业技术学院熊壮及塔里木职业技术学院高倩任主编，塔里木职业技术学院李银季和李会强任副主编，浙江工业职业技术学院徐涛、塔里木职业技术学院刘虎和伊东山参编。编写过程中，我们参考了同类书籍和相关资料，得到了浙江天煌科技实业有限公司的大力支持，在此表示感谢，同时也向为本书提供案例资源的浙江工业职业技术学院相关老师表示感谢。

由于编者水平所限，书中难免存在不妥之处，敬请广大读者批评指正。

编　者

Ccntents 目 录

项目 1 PLC 认知

知识目标

1. 了解国内外常见的 PLC 品牌及该品牌产品的主要性能。
2. 了解 PLC 的组成结构及工作原理。
3. 掌握 FX 系列 PLC 软元件及编程软件。
4. 认识三菱 FX3G 系列 PLC。

技能目标

1. 熟悉编程软件及其通信方式。
2. 掌握 PLC 的硬件组成及工作原理。
3. 能够正确读懂三菱 PLC 的型号，并能正确选择硬件。
4. 提高团队合作及职业素养能力。

案例导入

可编程控制器（Programmable Logic Controller，PLC）是以传统顺序控制器为基础，综合了计算机技术、微电子技术、自动控制技术、数字技术和通信网络技术而形成的新型通用工业自动控制装置，是现代工业控制的重要支柱。

万能科学家
钱伟长

党的二十大报告指出：“贯彻新发展理念，着力推进高质量发展，推动构建新发展格局，实施供给侧结构性改革”，“建成世界最大的高速铁路网、高速公路网，机场港口、水利、能源、信息等基础设施建设取得重大成就”.“基础研究和原始创新不断加强，一些关键核心技术实现突破，战略性新兴产业发展壮大”，“进入创新型国家行列”。

“我没有专业，国家需要就是我的专业。”他物理曾考过 5 分，却在决心救国后发奋努力以优异成绩获得博士学位。他创办了我国第一个力学研究室，当过清华大学副校长，还参与了新中国第一部宪法的起草，周恩来总理将他与钱学森、钱三强赞誉为“三钱”，他就是中国力学巨匠钱伟长。

18 岁那年，钱伟长以中文和历史两个 100 分的成绩考进了清华大学。1931 年 9 月 18 日，九一八事变爆发，钱伟长做出一个决定：弃文从理，科学救国。钱伟长属于严重的“偏科生”，在之前的录取考试中，物理只考了 5 分，数学、化学共考了 20 分，英文因没学过而得了 0 分。决心科学救国后，钱伟长除了吃饭睡觉，将全部的时间和精力都扑在了物理和数学上，为生活，更为实现“科学救国”的抱负。中华人民共和国成立前，钱伟长几乎“承包”了清华大学机械工程系、北京大学和燕京大学工学院三校的基础课。钱伟长在中国科学院数学研究所创办了我国第一个力学研究室，后来又与钱学森合作，创办了中国科学院力学研究所和自动化研究所。钱伟长最关心的是“培养具有创新能力的人才”。2010 年 7 月 30 日，钱伟长在上海与世长辞，享年 98 岁。他一生传奇，一生献于科学，一生为祖国。

PLC 作为自动化专业的必修基础课程，是进入自动化领域的核心课程。在工业 4.0 背景下，同学们要以青春报国姿态，以昂扬态势贯彻党的二十大精神，使我国从制造大国向制造强国转变。

任务 1　了解 PLC 基础知识

一、任务描述

通过企业调研及资料查阅，了解市场上常见的国内外 PLC 品牌、性能和应用等。通过阅读知识链接、上网查阅资料、查阅相关书籍、观察实训设备、分组讨论等方法，了解 PLC 的基本概念，了解 PLC 的产生背景，了解 PLC 硬件系统的结构，了解 PLC 编程语言有哪些，知道 PLC 的工作原理，阐述继电接触器控制与 PLC 控制的区别。

二、任务实施

1. 训练设备

PLC 实训室设备、计算机、投影仪、一体化教室、图书馆相关书籍及优秀的在线精品课程网络平台。

2. 训练步骤

通过阅读书本中相关知识点及团队收集到的资料，完成表 1-1 的内容。本任务需要进行 PPT 汇报，各团队运用信息技术完成 PPT 的制作，整理、归纳总结所学知识点，完成 PPT 汇报任务，小组成员以 2 人为最佳。实训教师根据 PPT 制作、内容汇报及职业素养情况进行任务打分，评分标准见表 1-2。

表 1-1　认识 PLC 的 PPT 报告要求

<table>
<tr><td rowspan="5">PLC 是什么？</td><td>PLC 的定义是什么？</td></tr>
<tr><td>PLC 的特点是什么？</td></tr>
<tr><td>PLC 的应用场合有哪些？</td></tr>
<tr><td>PLC 的发展趋势是什么？</td></tr>
<tr><td>PLC 的产生背景是什么？</td></tr>
<tr><td colspan="2">PLC 的硬件结构是什么？ PLC 的工作原理是什么？ PLC 的编程语言有哪些？ PLC 与继电接触器的区别是什么？</td></tr>
<tr><td rowspan="4">市场上主流的 PLC 品牌有哪些？</td><td>它们是根据什么进行分类的？</td></tr>
<tr><td>各自特点有哪些？</td></tr>
<tr><td>各自价格是多少？</td></tr>
<tr><td>国产品牌有哪些？</td></tr>
</table>

表1-2 任务1核心能力评价表

组别	评价方式					
	团队合作（20分）	信息处理（10分）	自我学习（10分）	PPT制作及汇报（30分）	专业知识掌握（30分）	总评（∑）
第一组						
第二组						
第三组						
.....						

任务2 认识三菱FX系列PLC

一、任务描述

可编程控制器（PLC）是一种基于计算机技术的工业控制器，在当今工业控制中的应用极为广泛。PLC应用技术是电气行业从业人员必须掌握的一门技术。本任务的主要目的是掌握PLC的结构组成和工作原理，对三菱FX系列PLC的外观、型号含义、安装和编程语言等有全方面的认识。图1-1为三菱FX3GA整体式PLC。

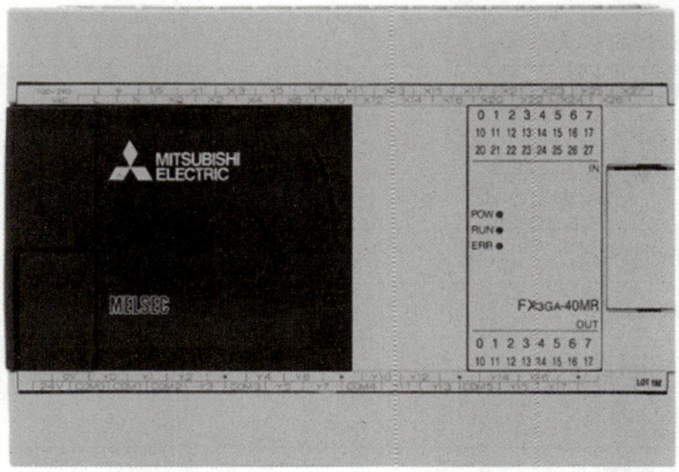

图1-1 三菱FX3GA整体式PLC

二、任务实施

1. 训练设备

三菱FX系列PLC实训平台、计算机、通信导线、投影仪、一体化教室、螺丝刀、剥线钳、万用表及若干导线。

2. 训练步骤

通过项目 1 “知识链接” 内容认识 FX 系列 PLC 的硬件组成结构，在掌握实验设备平台接线方式后，对实验平台进行上电操作，观察 FX 系列 PLC 的 I/O 情况，同时能够结合实验平台绘制 PLC 的外部接线原理图，能够正确拆装 FX 系列 PLC 相关模块。

（1）三菱 FX 系列 PLC 基本单元认识。

图 1-2 为三菱 FX3GA-60MR 基本单元的面板。

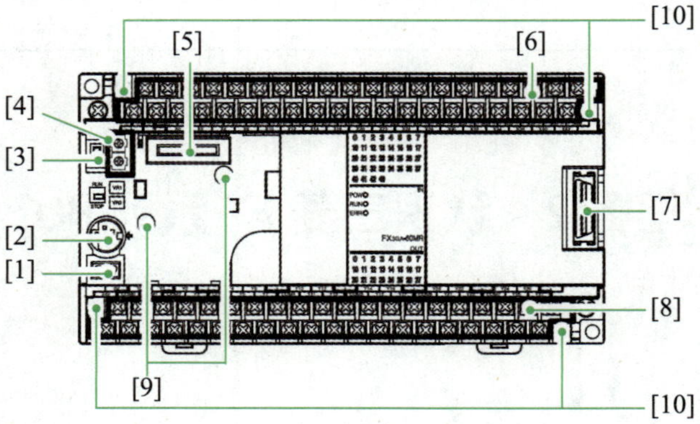

图 1-2　三菱 FX3GA-60MR

表 1-3 为 FX3GA-60MR 基本单元介绍。

表 1-3　FX3GA-60MR 基本单元介绍

序号	名称
[1]	外围设备连接用接口（USB）
[2]	外围设备连接用接口（RS-422）
[3]	RUN/STOP 开关
[4]	模拟电位器，上方：VR1，下方：VR2
[5]	选件连接用连接器
[6]	电源、输入端子
[7]	连接扩展设备用的连接口
[8]	电源输出端子
[9]	选件设备连接用螺栓孔
[10]	端子排拆装用螺栓（仅限 FX3GA-60M □ -CM）

（2）三菱 FX 系列 PLC 型号识别。

三菱 FX 系列 PLC 型号对应序列图如图 1-3 所示，具体型号说明见表 1-4。

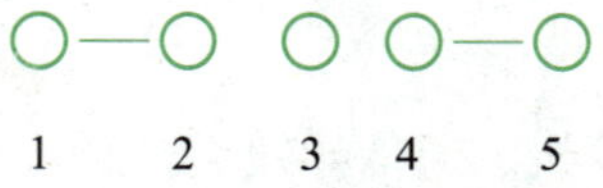

图 1-3　三菱 FX 系列 PLC 型号对应序列图

表 1-4　三菱 FX 系列 PLC 型号说明

序号	说明
1	型号系列
2	输入输出总点数
3	单元类型：M 表示基本单元；E 表示输入输出混合扩展单元；EX 表示扩展输入模块；EY 表示扩展输出模块
4	输出方式：R 表示继电器输出；S 表示晶闸管输出；T 表示晶体管输出
5	特殊品种：C 表示接插口输入输出方式；D 表示 DC 电源、DC 输出等；若这一项无符号，则为 AC 电源、DC 输入、横式端子排、标准输出

例如，FX3U-48MR 表示 FX3U 系列、输入输出总点数为 48 点的基本单元，输出类型为继电器形式，使用交流电源，同时 PLC 内部为输入回路提供 24V 直流电源。

请结合自己的实训平台说出相应的 PLC 型号含义。

（3）三菱 FX 系列 PLC 外部接线及安装方式认识。

1）三菱 FX 系列 PLC 外部接线认识。

三菱 FX 系列 PLC 的外部接线主要分为 3 个部分：PLC 工作电源回路、PLC 输入回路和 PLC 输出回路。以 FX3U 为例，其采用交流 220V 电源作为工作电源，根据负载不同，直流 24V 或交流 220V 都可以作为输出回路电源，输入回路的直流 24V 电源由 PLC 内部提供。向基本单元、输入输出混合扩展单元所供给的电源如图 1-4 所示，输入电源情况如图 1-5 所示。

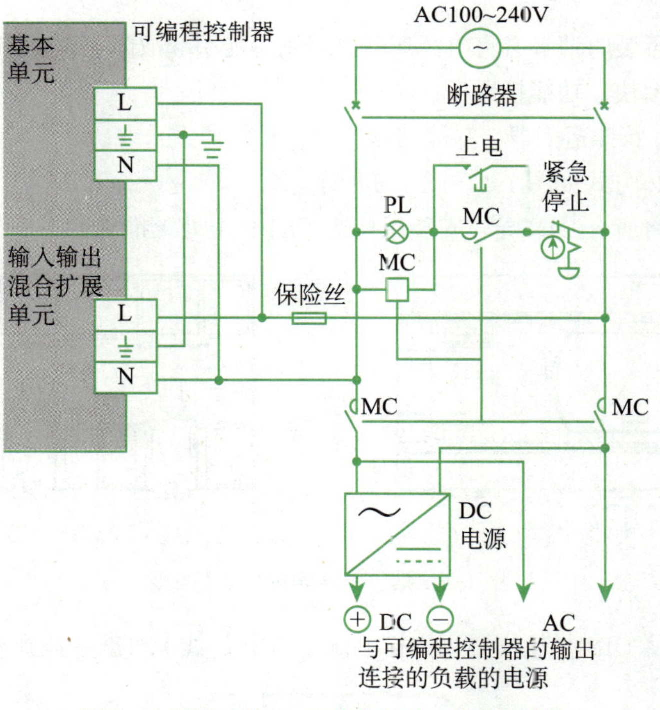

图 1-4　采用交流 220V 电源作为工作电源供电

2）安装方式认识。

在进行硬件安装时，要使用 DIN 导轨或者安装螺丝牢固地固定，保持硬件安装在平整的表面上。安装面如果凹凸不平，就会对电路板造成过度外力，从而导致故障发生。在进行螺栓孔加工及配线作业时，防止切屑及电线头落入可编程控制器的通风孔内，否则有可能导致火灾、故障及误动作。可编程控制器的通风孔上所安装的防尘罩请在施工结束之后拆下，否则有可能导致火灾、故障及误动作。扩展电缆、外围设备连接用电缆、输入 / 输出电缆、电池等的连接电缆请牢固地安装在所规定的连接器上，接触不良会导致误动作。

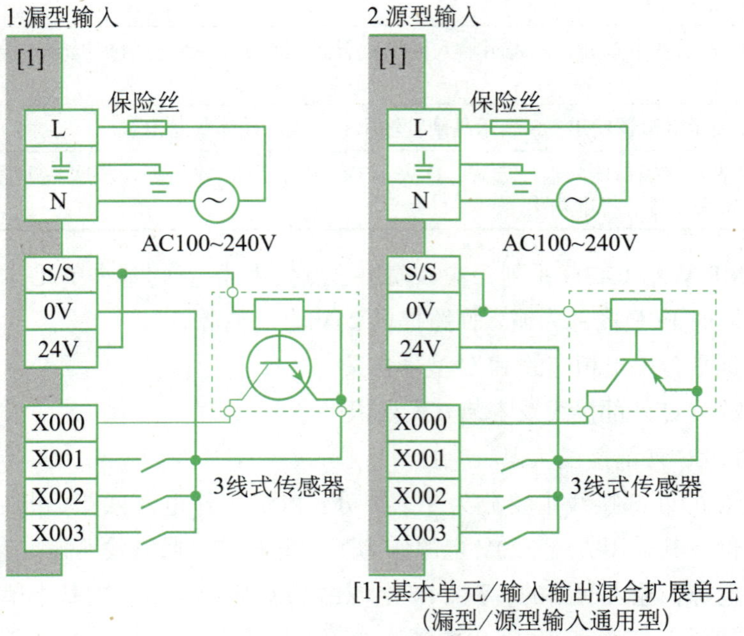

图 1-5　漏型 / 源型输入电源情况

在对以下设备进行拆装时请务必将电源切断，否则可能引起故障、误动作。

①外围设备、显示模块、功能扩展板；

②扩展模块 / 单元、特殊适配器、存储器盒。

PLC 导轨安装的具体方式如图 1-6～图 1-8 所示。

①如图 1-6 所示，将所有 DIN 导轨安装用挂钩（图中 A 处）推出。

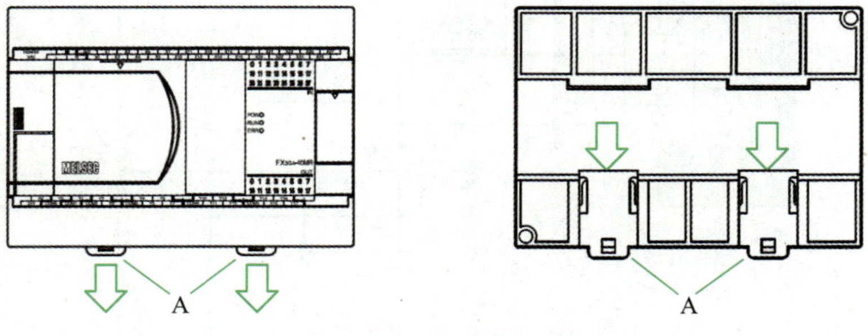

图 1-6　推出 DIN 导轨安装用挂钩

②如图 1-7 所示，将 DIN 导轨安装用沟槽上侧（图中 C 处）对准并挂到 DIN 导轨上。

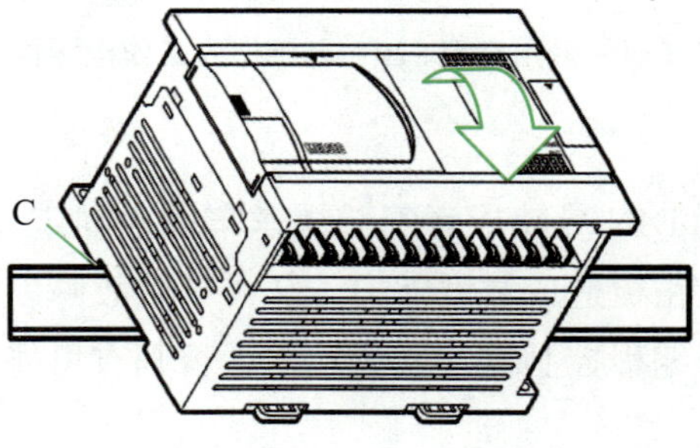

图 1-7　挂到 DIN 导轨上

③如图 1-8 所示，在将硬件按压在 DIN 导轨上的状态下，将 DIN 导轨安装用挂钩（图中 D 处）锁住。

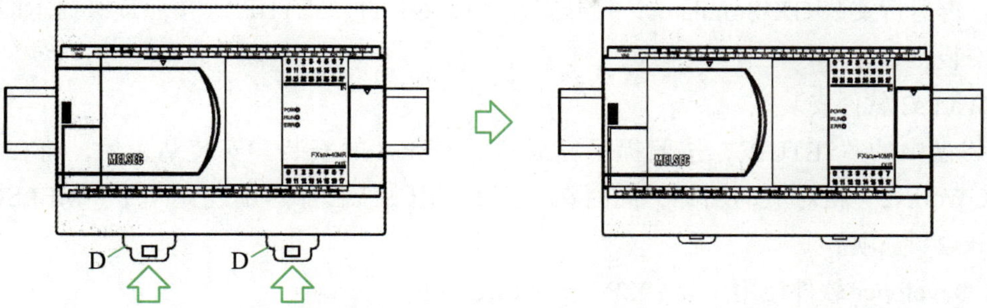

图 1-8　挂钩锁住 DIN 导轨示意图

任务 3　认识三菱 FX 系列编程软件

一、任务描述

对于不同类型的 PLC，其使用的编程软件是不一样的。这些软件一般都具有编程及程序调试等多种功能，是 PLC 用户不可缺少的开发工具。以下介绍三菱 FX 系列 PLC 使用的 GX Developer 和 GX Works2 编程软件。上述两个软件具有丰富的工具箱和直观的视窗界面。本任务主要掌握这两个软件的界面、通信方式及软件安装。

二、任务实施

1. 训练设备

三菱 FX 系列 PLC 实训平台、计算机、通信导线、投影仪、一体化教室。

2. 训练步骤

（1）软件的安装。

GX Developer 与 GX Works2 是基于 Windows 的应用软件，两个软件都可在 Windows XP 及以上操作系统中运行，也可在 Windows 10 系统兼容模式下运行。GX Works2 与 GX Developer 相比，不但在编程功能和操作性能方面有所提高，而且变得更加容易使用，支持的 PLC 系列及类型增多，并且 GX Works2 兼容 GX Developer 程序文件。两者可直接在三菱电机自动化（中国）有限公司的官网上免费下载和申请安装序列号。

1）GX Developer 软件安装。

打开安装目录，先安装环境包（EnvMEL 文件夹）中的“SETUP”，再打开主目录下的“SETUP”，按照逐级提示即可完成 GX Developer 的安装。安装时注意：在选择部件界面时不要勾选“监视专用 GX Developer”复选框，安装路径选择全英文路径可以避免一些兼容性问题的出现。

安装结束后，将在桌面上建立一个和“GX Developer”相对应的图标，同时在桌面的“开始 \ 程序”中建立一个“MELSOFT 应用程序→ GX Developer”选项。若需要增加模拟仿真功能，则在上述安装结束后，再运行安装 GX Simulator，打开安装文件夹中的“SETUP”，按照逐级提示即可完成模拟仿真功能的安装。

2）GX Works2 软件安装。

运行安装盘中的“SETUP”，按照提示完成 GX Works2 的安装。安装结束后，将在桌面上建立一个和“GX Works2”相对应的图标，同时在桌面的“开始 \ 程序”中建立一个“MELSOFT 应用程序→ GX Works2”选项。

（2）GX Developer 软件使用（以 FX2N 系列 PLC 为例）。

1）启动计算机，双击桌面上的图标“GX Developer”，弹出如图 1-9 所示的界面窗口。

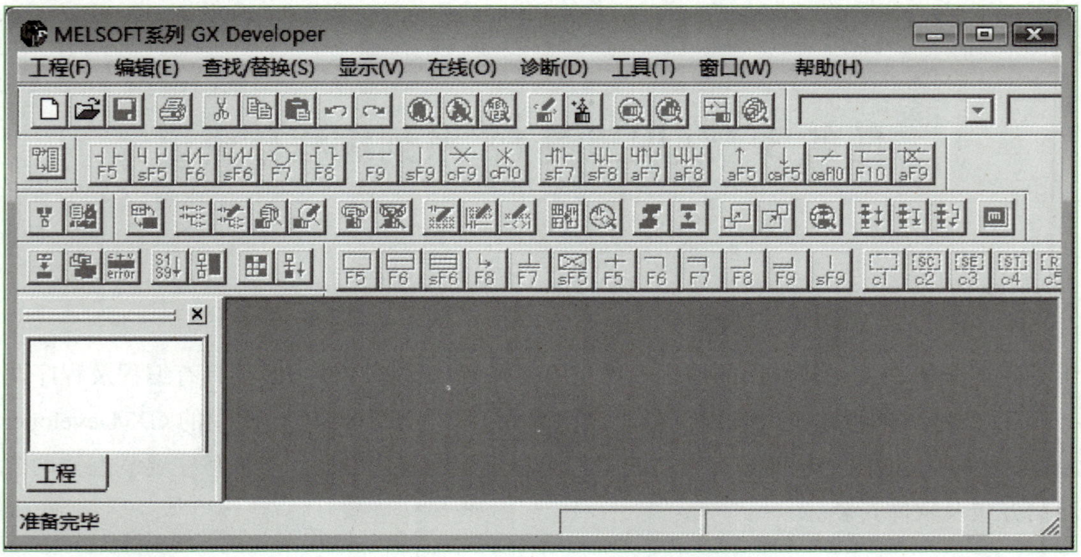

图 1-9　GX Developer 编程软件主窗口

2）新建一个用户程序。

单击“工程”菜单中的“创建新工程”命令，如图 1-10 所示，创建一个新的用户程序。

图 1-10　创建新工程

首先，在弹出的“创建新工程”对话框（如图 1-11 所示）中进行下列设置：

①选择“PLC 系列”为 FXCPU；

②选择“PLC 类型”为 FX2N（C）；

③选择“程序类型”为梯形图逻辑；

④选择“驱动器 / 路径”为 D:\ 三菱 PLC 用户程序；

⑤勾选“设置工程名”，并将“工程名”命名为 ××× 控制程序。

然后单击“确定”按钮，此时屏幕显示如图 1-12 所示，新建的工程均会跳出是否新建工程的对话框，此时选择“是”即可。

最后跳出程序编辑界面，如图 1-13 所示。

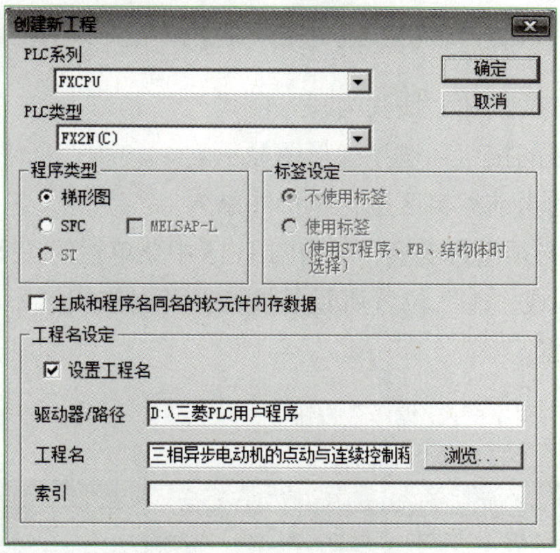

图 1-11　创建新工程的相关设置

图 1-12　新建工程

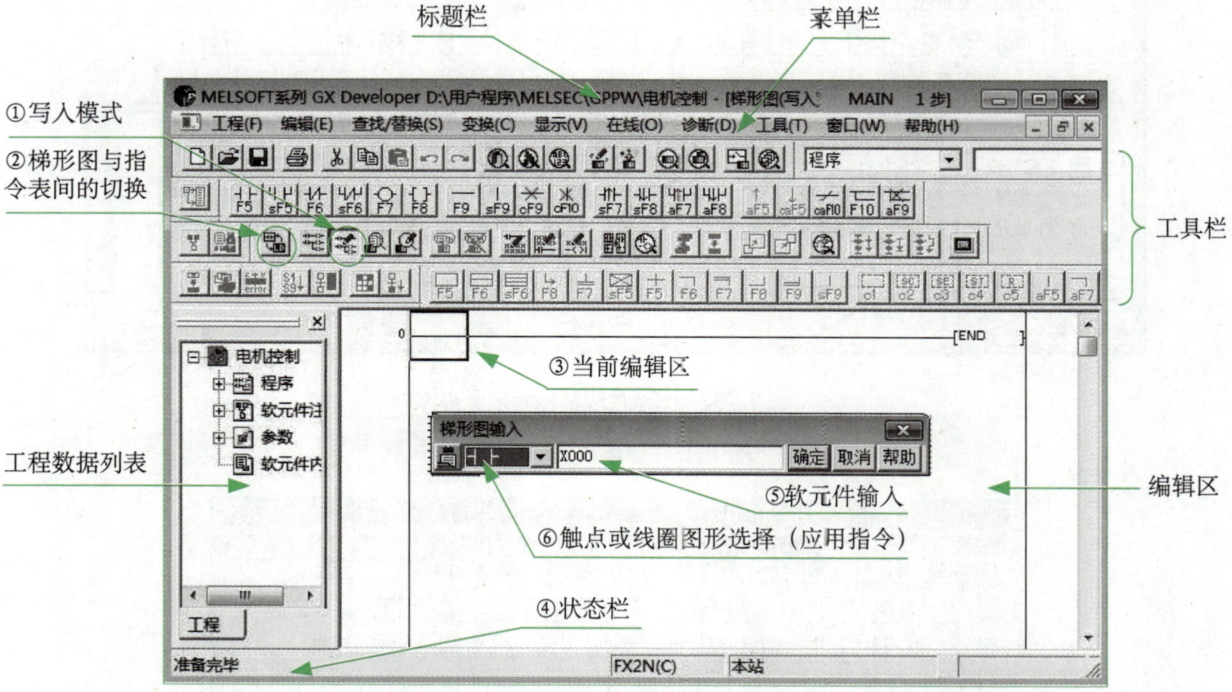

图 1-13　程序编辑界面

3）梯形图程序的录入与编辑。

如图 1-14 所示为三相异步电动机连续控制电路的梯形图。下面以此为例说明用“GX Developer”软件录入程序。

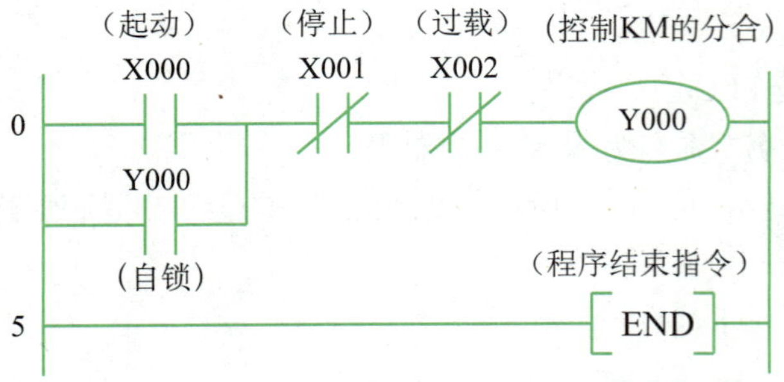

0	LD	X000
1	OR	Y000
2	ANI	X001
3	ANI	X002
4	OUT	Y000
5	END	

图 1-14　三相异步电动机连续控制电路的梯形图程序与指令表程序

①单击图 1-13 所示程序编辑界面的“①”位置的按钮，使其为写入模式。

②单击图 1-13 所示程序编辑界面的“②”位置的按钮，选择梯形图显示。

③在图 1-13 所示程序编辑界面的“③”位置的当前编辑区进行梯形图录入。

④梯形图录入完成后，将程序写入 PLC 之前，必须进行变换，单击图 1-15 中菜单栏的“变换（C）”下拉菜单执行“变换”命令或者按键盘上的“F4”或“①”位置所示的按钮。此时编辑区不再是灰色状态，如图 1-16 所示，可以存盘或向 PLC 传送数据。

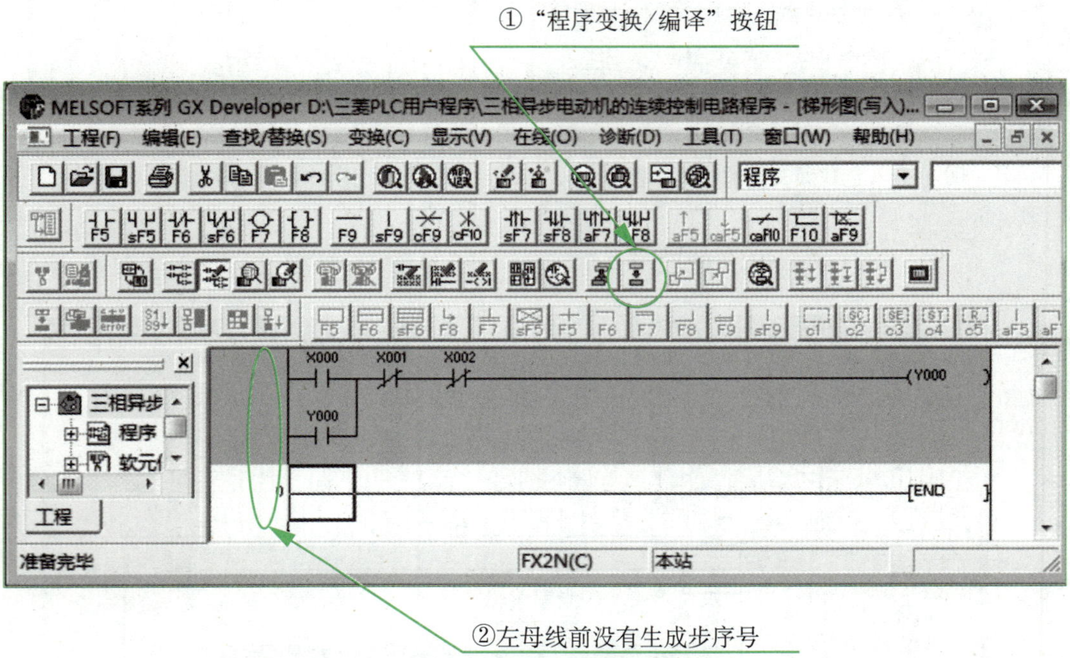

图 1-15　变换前的梯形图

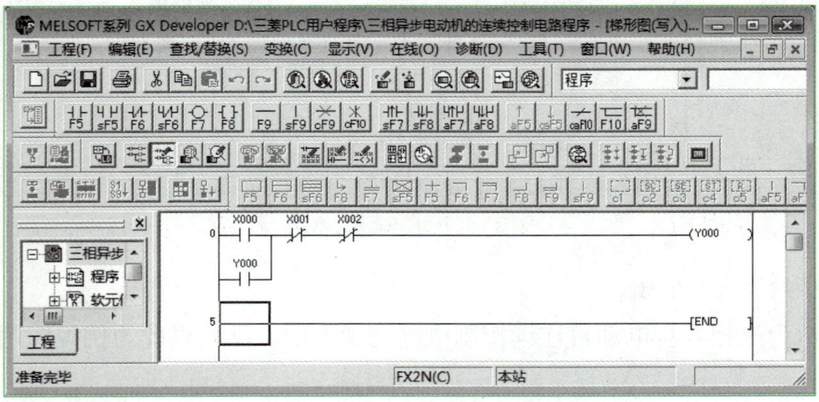

图 1-16　变换后的梯形图

4）修改。

若发现梯形图的某处有错误，可进行修改操作，如将图 1-16 中的 X002 触点改为常开触点。可在“写入模式”下，将光标放在需要修改的位置，直接从键盘输入指令即可。也可双击需要修改的位置，在跳出的“梯形图输入”窗口中完成编辑。

5）程序传送。

用专用编程电缆将计算机的 RS-232 接口和 PLC 的 RS-422 接口连接好，也可以采用三菱 PLC 配套的 SC-09 编程电缆进行通信，连线如图 1-17 所示。

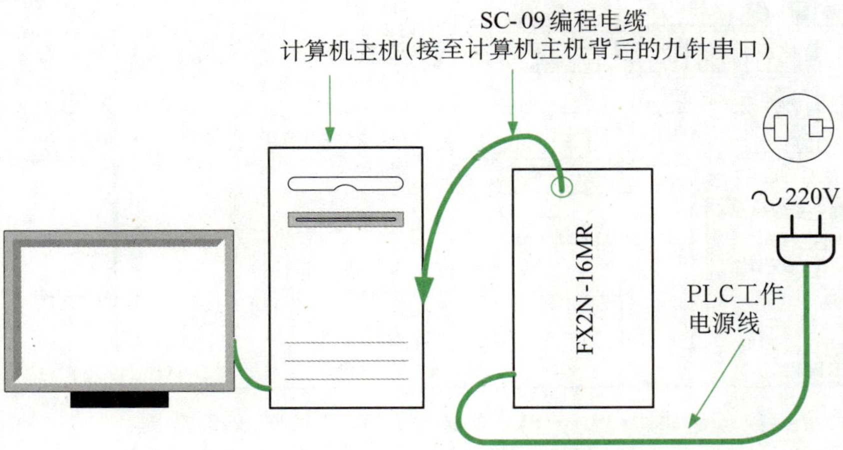

图 1-17　PLC 与计算机的通信接口示意图

①单击主菜单“在线”的下拉菜单“传输设置”，在弹出的如图 1-18 所示的画面中双击“串行”按钮，弹出“PC I/F 串口详细设置”对话框，选择计算机串口及通信速率，其他项保持默认，两次单击“确认”按钮即可。

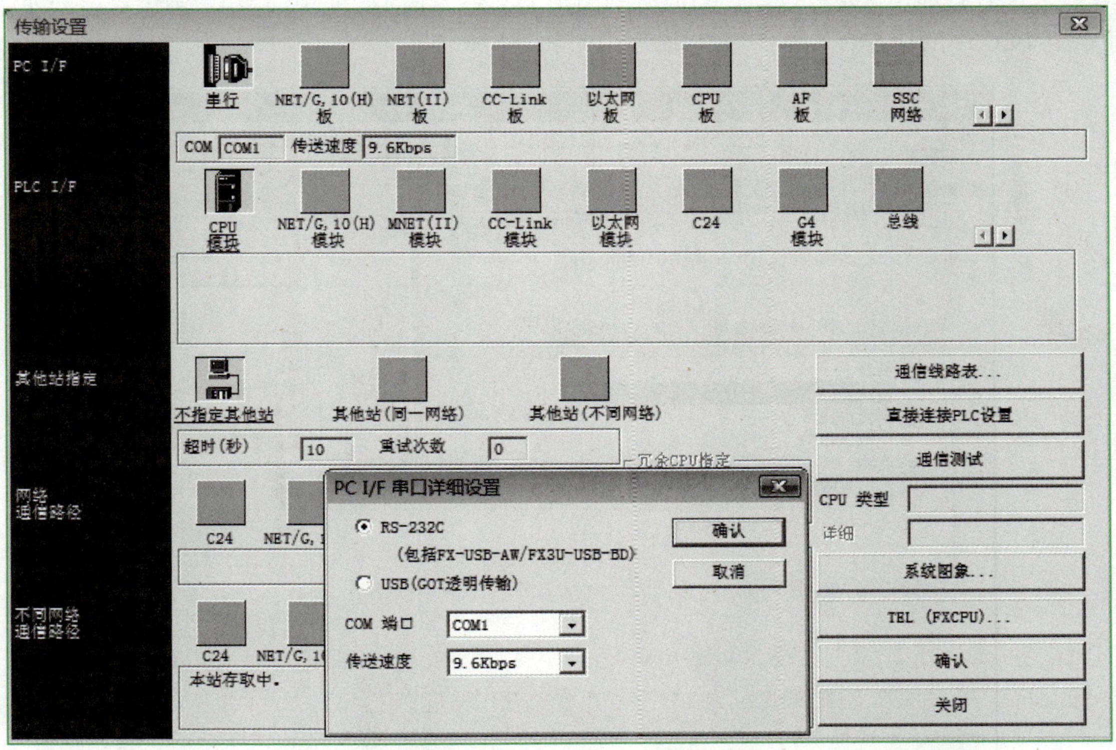

图 1-18　传输设置界面

②程序传送。

执行“在线”主菜单中的“PLC 读取”，可将 PLC 中的程序传送到计算机中。执行“在线”主菜单中的“PLC 写入”，可将计算机中的程序下载到 PLC 中。“PLC 读取”与“PLC 写入”两个命令的位置如图 1-19 所示。

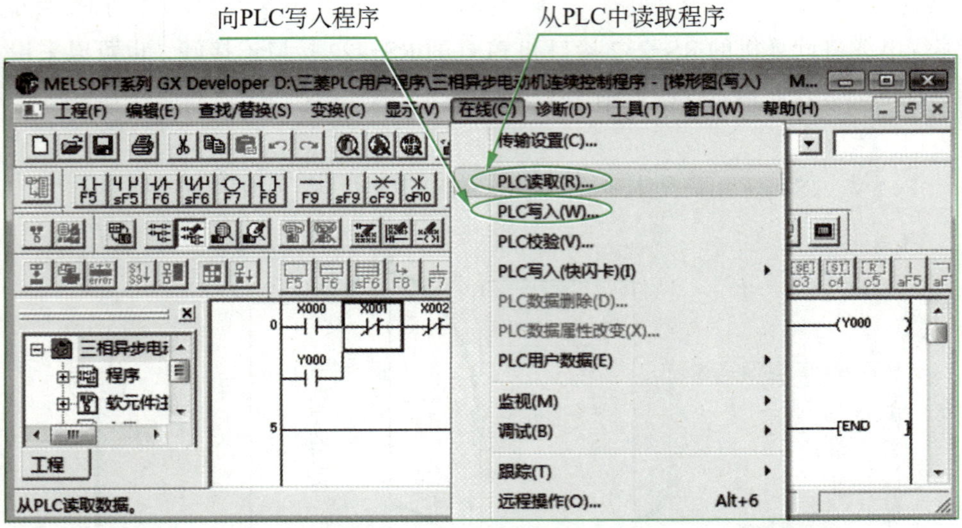

图 1-19 “PLC 读取”与“PLC 写入”的位置

③将程序下载到 PLC。

程序编辑完成后，如果没有变换保存就关闭工程，编写好的梯形图将丢失。只有经过变换后才能下载到 PLC 中运行。这时需要单击“在线”主菜单中的“PLC 写入”子项，出现如图 1-20 所示的对话框，在文件选择项中选中程序下的“MAIN”，单击“执行”按钮，出现如图 1-21 所示的“是否执行 PLC 写入？”后选择“是”按钮，然后看到图 1-22，写好之后出现图 1-23，确定之后即完成了将程序下载到 PLC 中的任务。

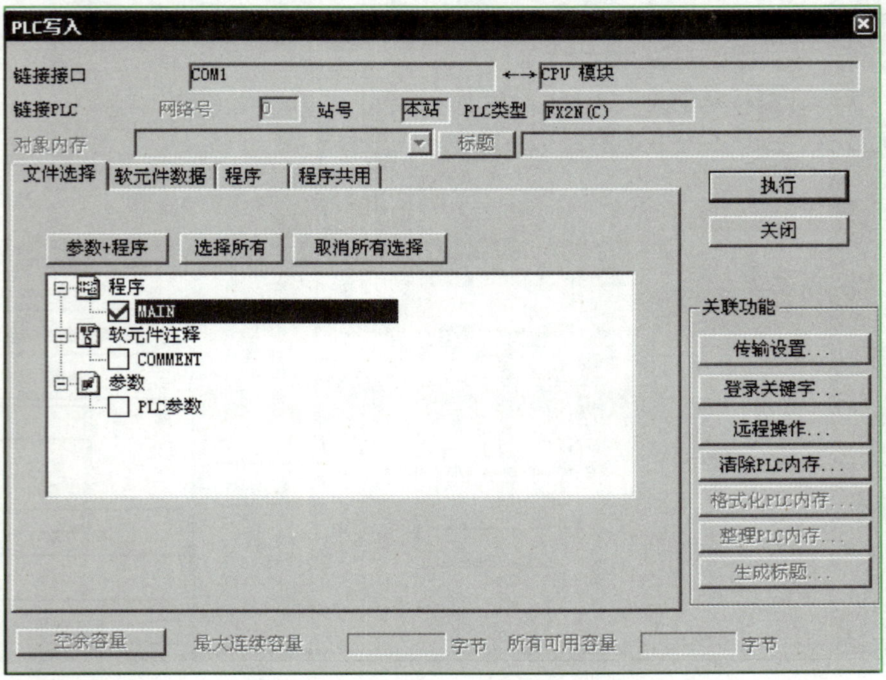

图 1-20 向 PLC 写入程序

图 1-21　是否执行 PLC

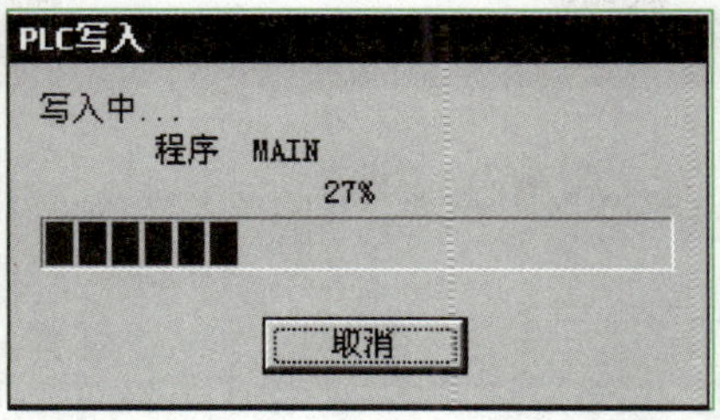

图 1-22　PLC 写入中

图 1-23　PLC 写入完成

6）程序运行及调试。

程序编辑完之后，经过变换，可以利用菜单栏中“诊断”菜单项下的“PLC 诊断”功能对程序进行检查，如果有违反编程规则的问题，则软件会提示程序存在的错误。如果没有违反编程规则，则需要运行及调试才能发现程序中不合理的地方并且进行修改完善，使其用于现场控制。利用 GX Developer 编程软件的监控功能，可实现程序的模拟运行和调试。

程序下载后保持编程计算机与 PLC 的正常连接，单击菜单栏中“在线”菜单后，单击“监视”中的“监控模式”即进入元件监控状态。这时，梯形图上将显示 PLC 中各触点的状态及各数据存储单元的数值变化。如图 1-24 所示，图中有长方形光标显示的位元件处于接通状态。根据控制要求可以判断所编写程序的动作是否符合要求，不正确时再进行修改，直到符合要求为止。

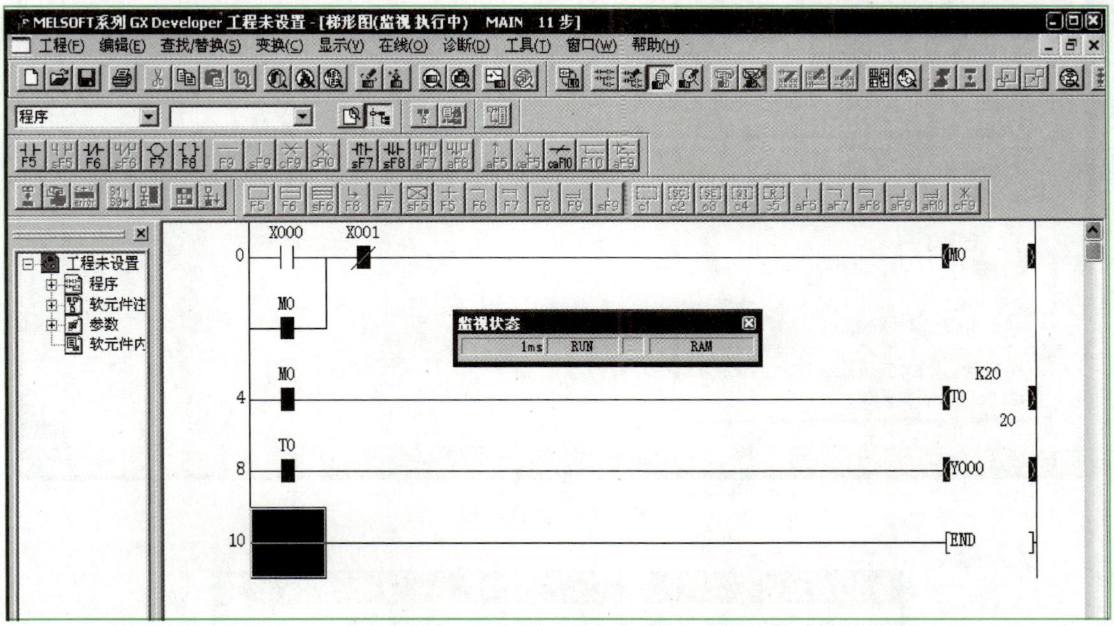

图 1-24　PLC 程序监控调试界面

7）保存工程。

当未设定工程名或者正在编辑时要关闭工程时，会弹出是否保存当前工程的对话框，如图 1-25 所示。若希望保存工程则单击“是”按钮，否则单击“否”按钮，继续操作应单击“取消”按钮。如果创建新工程时没有设置工程名，则在程序编写好后保存工程时，可以选择“工程”下拉菜单中的“保存工程”，如图 1-26 所示，弹出“另存工程为”的对话框，如图 1-27 所示。选择所要保存工程的驱动器 / 路径和工程名，单击“保存”按钮弹出“新建工程”确认的对话框，如图 1-28 所示，若单击“是”按钮则进行存盘，若单击“否”按钮则返回到上一层。

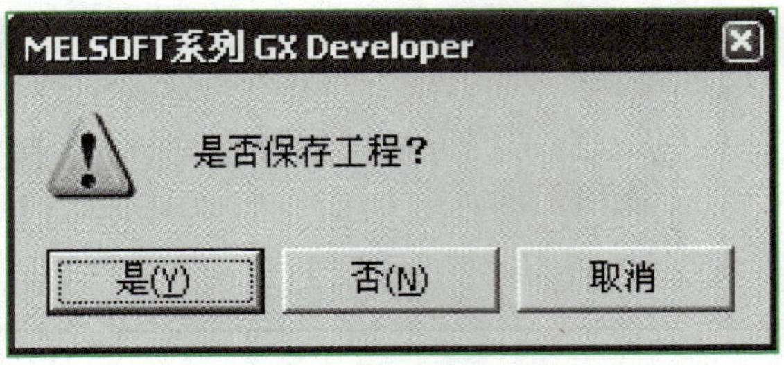

图 1-25　是否保存工程

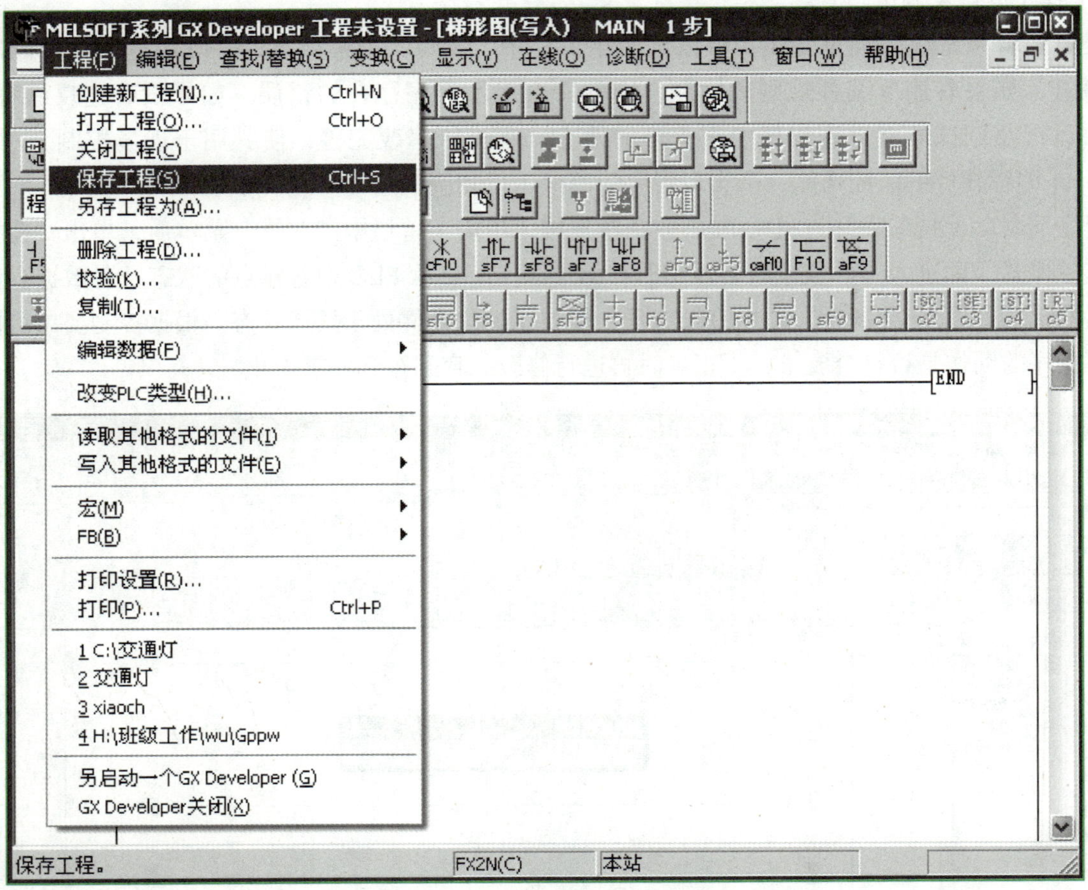

图 1-26　保存工程

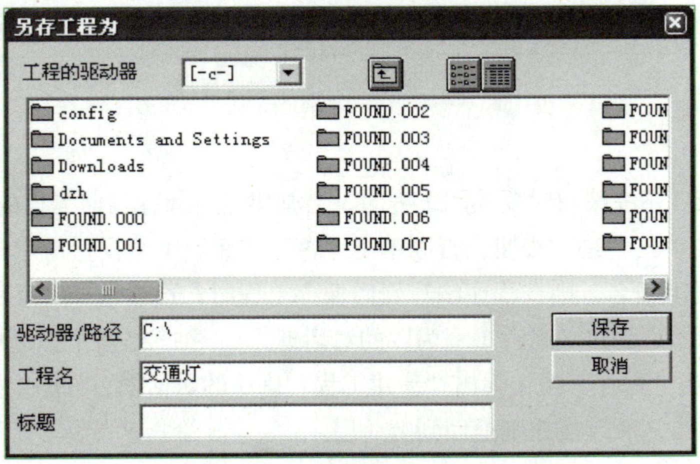

图 1-27　另存工程

图 1-28　新建工程的确认

另外，该软件可以读取已保存的工程，不需要的程序也可以进行工程的删除；可以进行同一 PLC 类型的 CPU 工程中的数据校验，还可以进行梯形图与顺序功能图（Sequential Function Chart, SFC）程序的相互转变，或者读取其他格式的文件等。

（3）GX Works2 软件使用（以 FX3U 系列 PLC 为例）。

1）启动 GX Works2。

双击桌面上的“GX Works”图标，启动 GX Works，其界面如图 1-29 所示。GX Works2 的界面由项目标题栏、下拉菜单、快捷工具、编辑窗口、管理窗口等部分组成。在调试模式下，可打开远程运行窗口、数据监视窗口等。

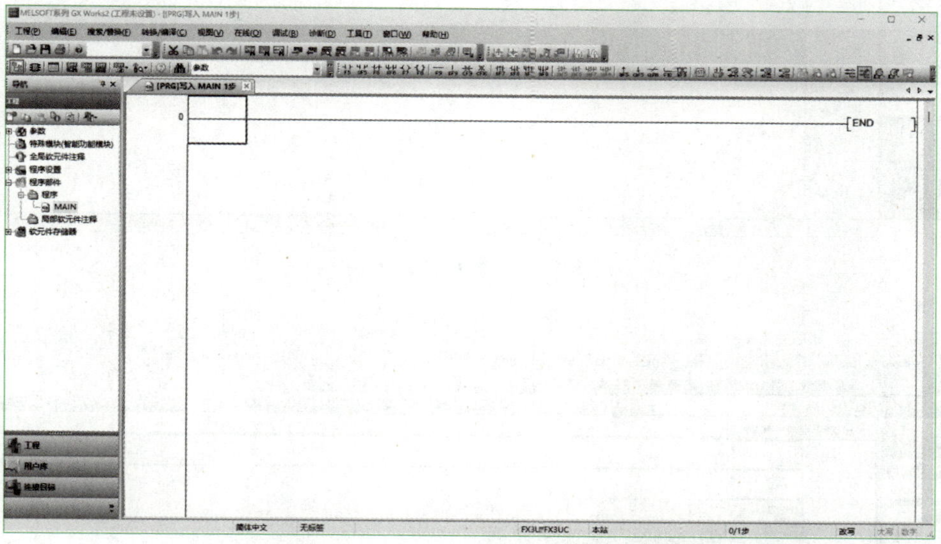

图 1-29　GX Works2 编程的界面

2）创建新工程。

执行“工程”→“新建”命令，或者按“Ctrl+N”组合键，在弹出的如图 1-30 所示的“新建”对话框中选择机型，如“FX3U/FX3UC”，然后单击“确定”按钮。

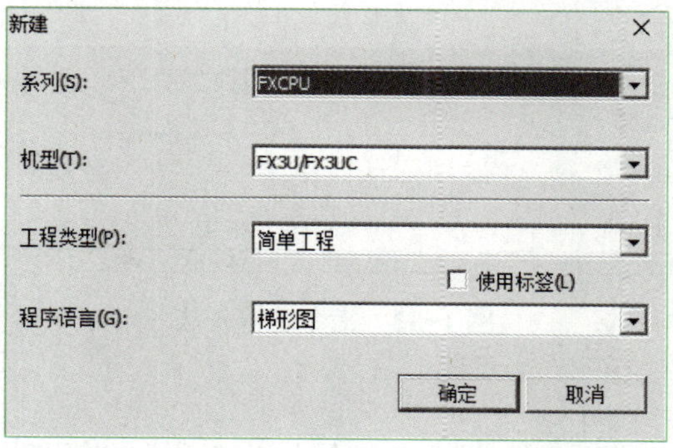

图 1-30　创建新工程

3）编程操作。

①梯形图程序。

梯形图输入方法与 GX Developer 常用的梯形图输入方法类似，有图形输入法和指令表输入法两种。在编辑区中双击，弹出“梯形图输入”对话框，单击下拉列表按钮选择图形符号，如图 1-31 所示；或者在对话框中输入相应的元件符号或指令，单击“确定”按钮，如图 1-32 所示。

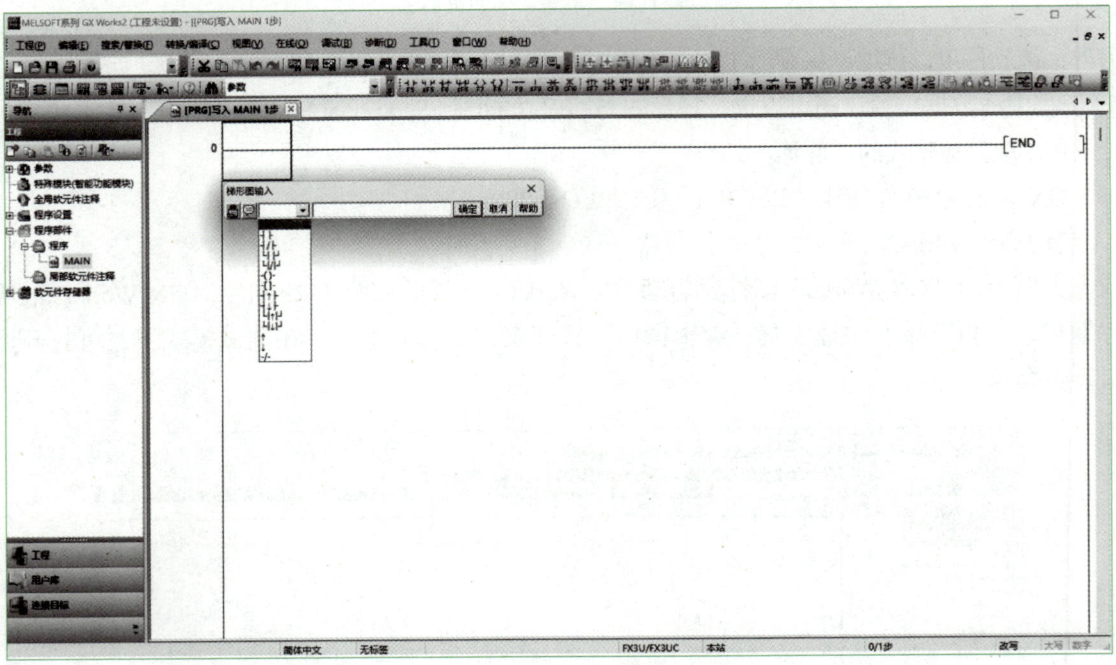

图 1-31　梯形图输入法

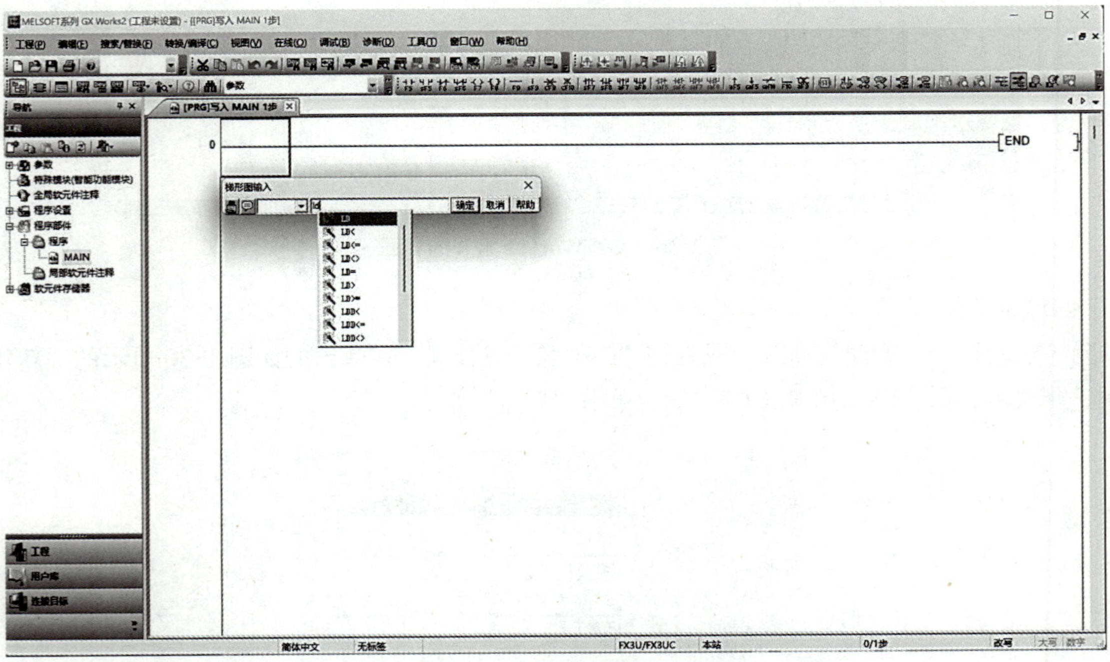

图 1-32　指令表输入法

②结构化梯形图。

在新建工程时，需要将“工程类型”设置为“结构化工程”，将“程序语言”设置为“结构化梯形

图 /FBD”，如图 1-33 所示。在编辑窗口中，选择相应的元件符号或指令，如图 1-34 所示。

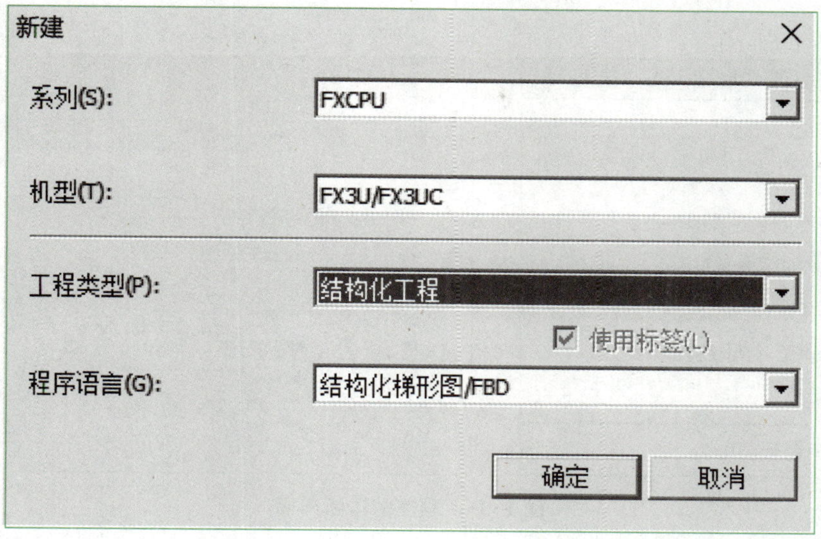

图 1-33　创建结构化工程

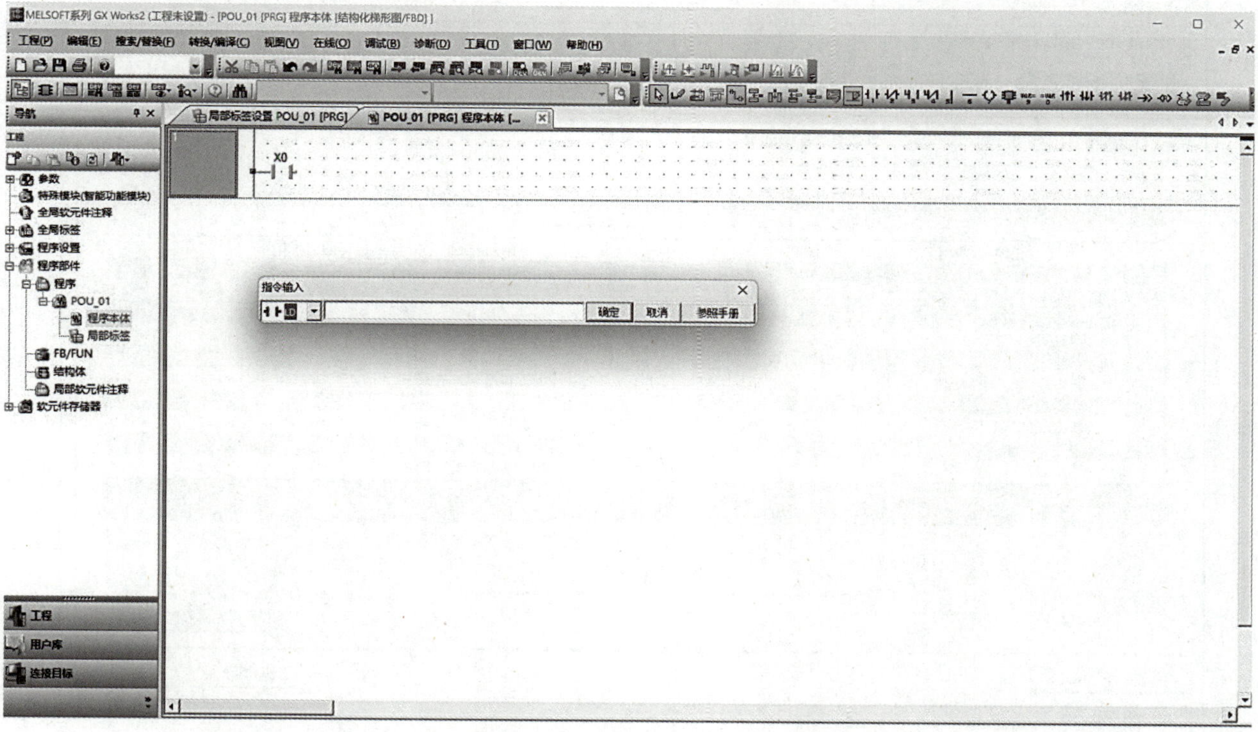

图 1-34　结构化梯形图创建

4）程序的诊断、写入、读取、运行、监视及调试。

①程序的诊断。

执行“诊断”→“PLC 诊断”命令，弹出“PLC 诊断”对话框，进行程序诊断，如图 1-35 所示。

②程序的写入。

当 PLC 处于 STOP 状态或 RUN 状态时，执行“在线”→“PLC 写入”命令，如图 1-36 所示，勾选“程序（程序文件）”复选框及“MAIN”复选框，再单击“执行”按钮。

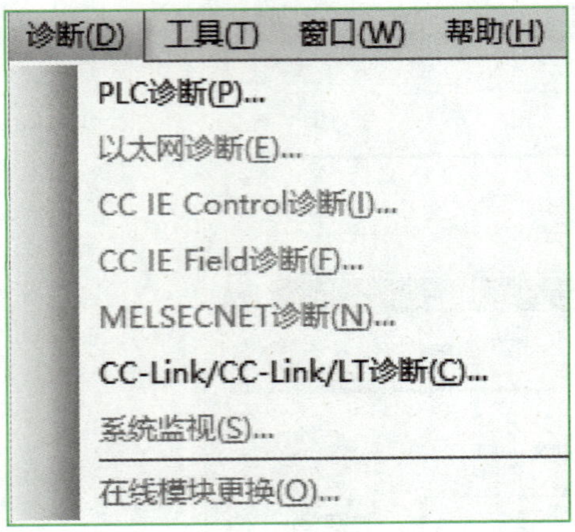

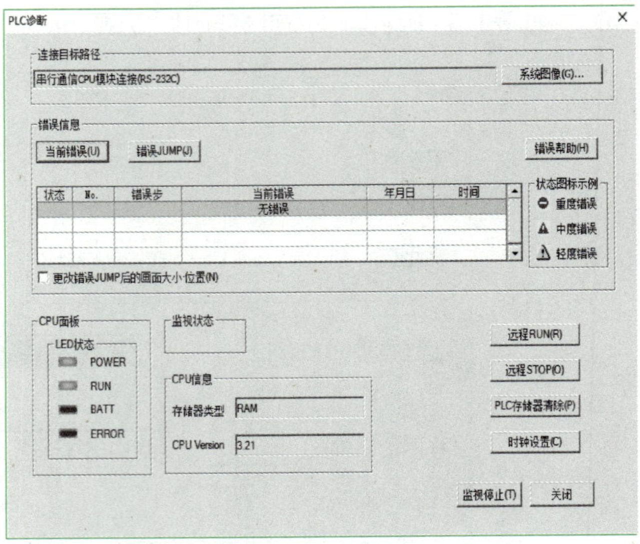

图 1-35　程序的诊断界面

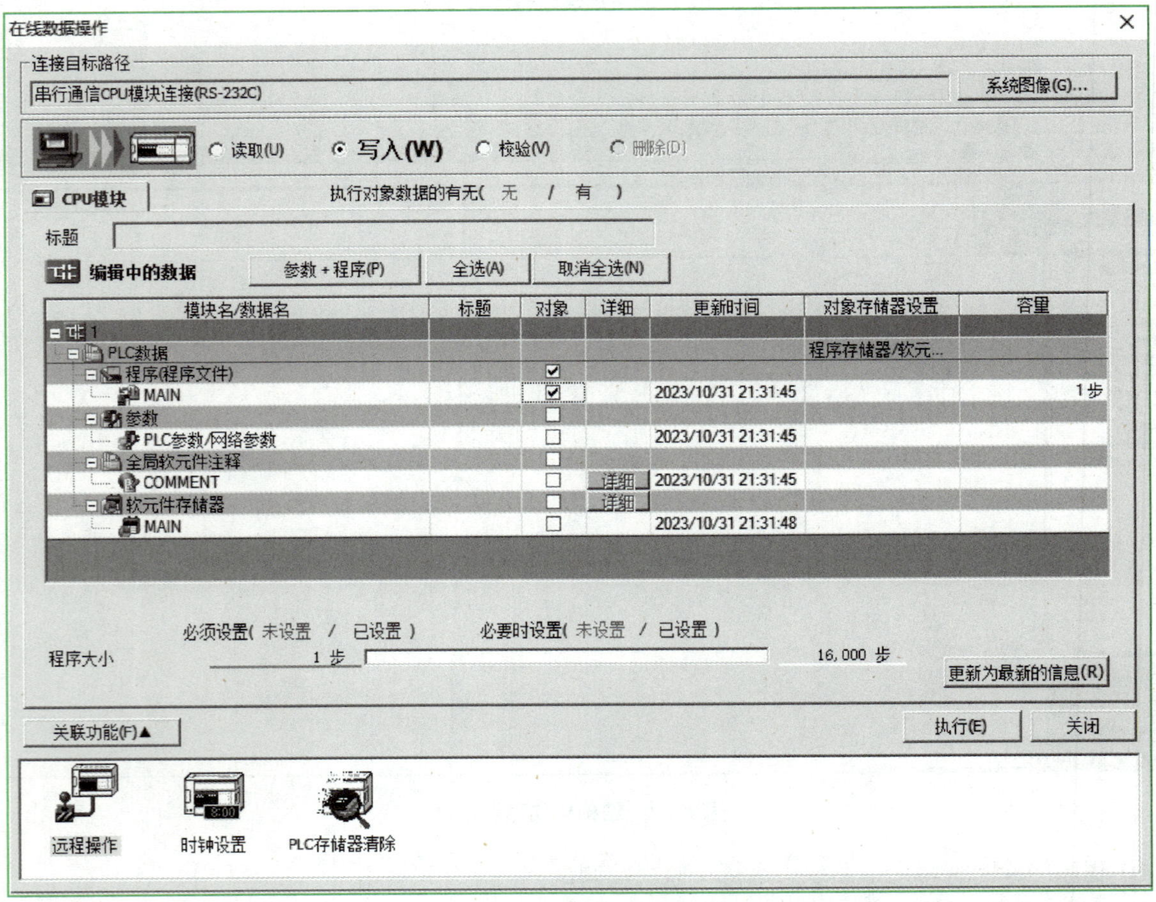

图 1-36　程序的写入界面

③程序的读取。

当 PLC 处于 STOP 状态时，执行“在线”→“PLC 读取”命令，将 PLC 中的程序发送到计算机。程序的读取操作如图 1-37 所示。

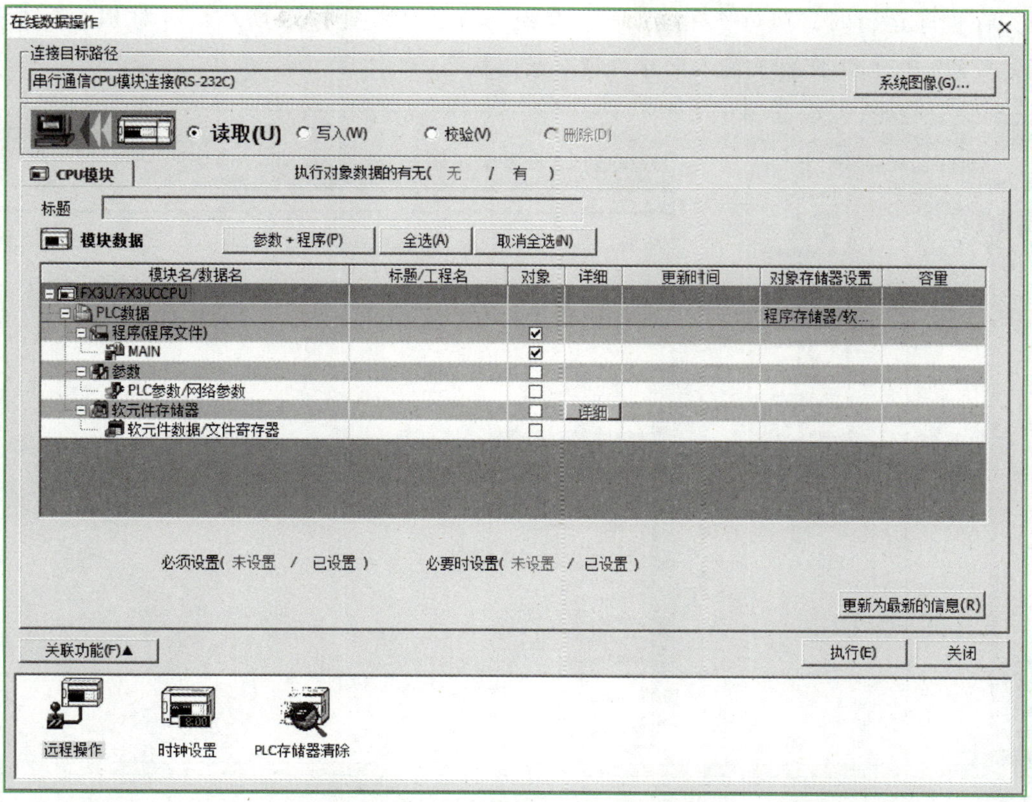

图 1-37　程序的读取界面

④程序的运行及监视。

运行：执行“在线”→“远程操作”命令，弹出“远程操作”对话框，单击“RUN”按钮，程序运行，如图 1-38 所示。

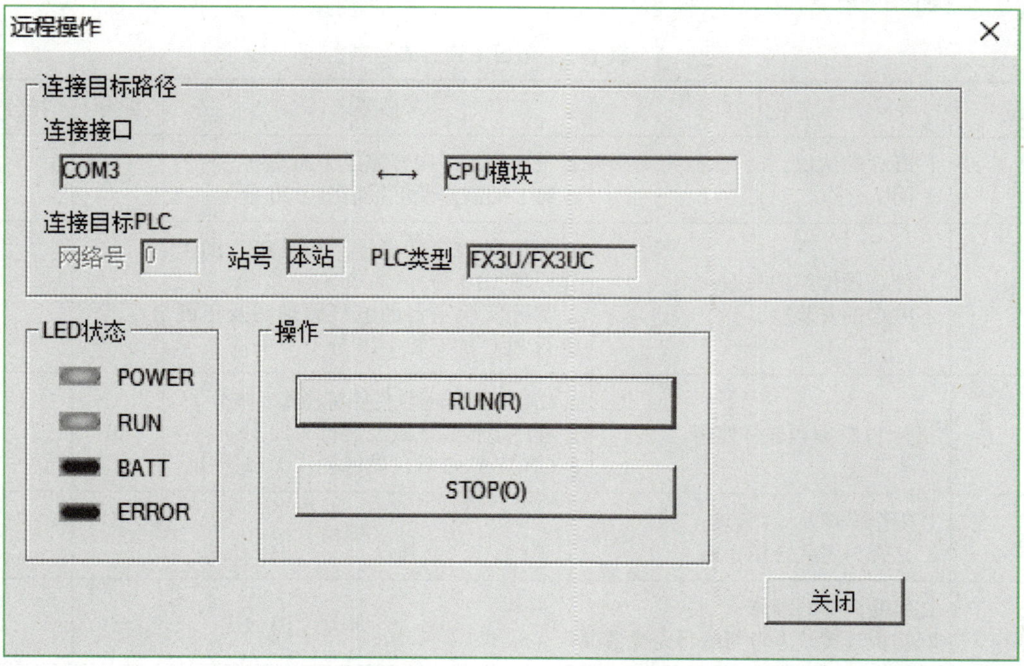

图 1-38　程序远程操作界面

监视：在程序运行时，执行“在线”→“监视”命令，如图 1-39 所示，可对 PLC 运行过程进行监视。结合控制程序，操作有关输入信号，观察输出状态。

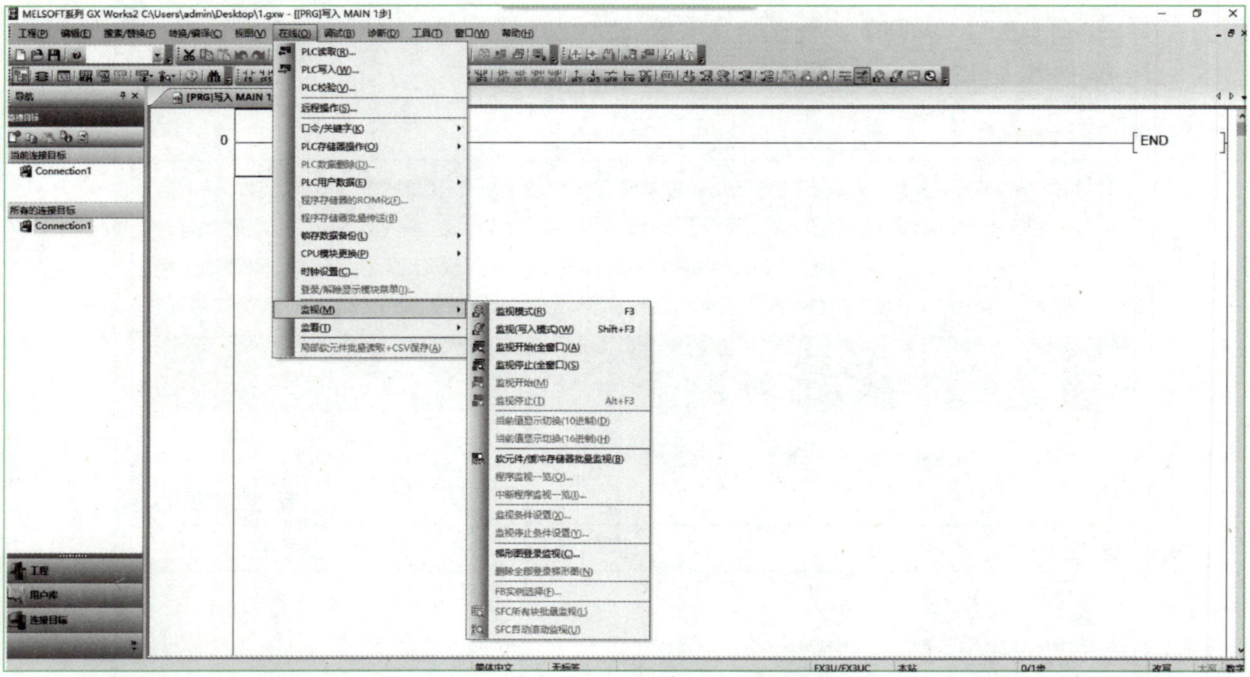

图 1-39 程序监视操作

项目评价

项目 1 评分表见表 1-5。

表 1-5 项目 1 评分表

课题任务	主要内容	考核要求	配分	扣分	得分
任务 1	1. PLC 的认识； 2. 团队合作	1. 书中表 1-1 内容完成（20 分）； 2. PPT 的制作及汇报情况（20 分）	40		
任务 2	1. PLC 硬件结构掌握； 2. PLC 的安装	1. 会识别 PLC 的型号，掌握 PLC 的工作原理（10 分）； 2. 掌握实验平台的电气原理图及正确进行 PLC 的安装（10 分）	20		
任务 3	三菱 PLC 编程软件使用	1. GX Developer 软件熟练操作（15 分）； 2. 程序上传、下载及运行（10 分）； 3. GX Works2 软件熟练操作（15 分）	40		
其他	1. 安全操作及 6S 管理； 2. 是否为团队合作完成		倒扣		
备注	1. 实验设备的维修； 2. 知识链接及思考与练习完成情况		加分（10 分）		
合计			100+10		

知识链接

一、PLC概述

1. PLC的产生与定义

（1）PLC的产生。

可编程控制器（PLC）是由以微处理器为核心、利用计算机技术组成的通用电气控制装置。早期PLC主要用来代替继电器实现逻辑控制，随着技术的发展，其功能已经超出逻辑控制的范围，现在的PLC呈现百家争鸣的现象，种类繁多，各有特点。在以往的工业生产中，顺序控制器主要由继电器组成，由此构成的系统只能按设定好的顺序工作，如果要改变控制顺序，就必须改变硬件设置，这导致在实际生产应用中使用不方便。

20世纪60年代末期，美国的汽车制造业竞争激烈，各生产厂家的汽车型号不断更新，要求生产线的控制器系统亦随之改变，以及对整个控制系统重新配置。1968年，美国通用汽车公司首先提出了将继电接触器控制的简单易懂、使用方便、价格低廉的优点，与计算机的功能完善、灵活性、通用性好的优点结合起来，将继电接触器控制的硬接线逻辑转变为计算机的软件逻辑编程的设想。1969年，美国数字设备公司根据这些要求研制开发出世界上第一台可编程控制器PDP-14，并在GM公司生产线上首次应用成功。1971年，日本从美国引进了这项新技术，很快研制出了日本第一台可编程控制器。1973年，德国西门子（SIEMENS）公司也研制出了其第一台可编程控制器。我国从1974年开始研制，1977年开始工业应用。早期的可编程控制器是为取代继电器控制线路、存储程序指令、完成顺序控制而设计的，主要用于逻辑运算，以及计时、计数等顺序控制，均属于开关量控制。因此，其通常被称为可编程逻辑控制器。进入20世纪70年代，随着微电子技术的发展，PLC采用了通用微处理器，这种控制器就不再局限于当初的逻辑运算了，还具有逻辑控制、过程控制、运动控制、数据处理、联网通信等功能。因此，其实际上应被称为PC（Programmable Controller）——可编程控制器，但后来个人计算机（Personal Computer，PC）大范围普及，为区别两者，可编程控制器仍被称为PLC。

（2）PLC的定义。

PLC是在电器控制技术和计算机技术的基础上开发出来的，并逐渐发展成为以微处理器为核心，把自动控制技术、计算机技术、通信技术融为一体的新型自动控制装置。目前，PLC已被广泛应用于各种生产机械和生产过程的自动控制中，成为一种重要、普及、应用场合多的工业控制装置，被公认为现代工业自动化的三大支柱（PLC、机器人、CAD/CAM）之一。

国际电工委员会（IEC）于1987年颁布了《可编程控制器标准草案》第三稿，在草案中对可编程控制器定义如下："可编程控制器是一种数字运算操作的电子系统，专门为在工业环境下应用而设计。它采用可编程序的存储器，用来在其内部存储执行逻辑运算、顺序控制、定时、计数和算术运算等操作命令，并通过数字式和模拟式的输入和输出，控制各种类型的机械或生产过程。可编程控制器及其有关外围设备，都应按易于与工业控制系统连成一个整体、易于扩充其功能的原则设计。"

该定义强调了PLC应直接应用于工业环境，必须具有很强的抗干扰能力、广泛的适应能力和广阔的应用范围，这是其区别于一般微机控制系统的重要特征。同时，该定义也强调了PLC用软件方式实现的"可编程"与传统控制装置中通过硬件或硬接线的变更来改变程序的本质区别。

近年来，可编程控制器发展很快，几乎每年都有不少新系列产品面世，其功能已远远超出上述定义的范围。

2. PLC 的分类

PLC 产品种类繁多，其规格和性能也各不相同。对 PLC 的分类，通常根据其结构形式的不同、功能的差异和 I/O 点数的多少等进行。

（1）按结构形式分类。

根据 PLC 的结构形式，PLC 可分为整体式、模块式、叠装式三类。

1）整体式 PLC。整体式 PLC 是将电源、CPU、I/O 接口等部件都集中装在一个机箱内，具有结构紧凑、体积小、价格低的特点，小型 PLC 一般采用这种整体式结构。整体式 PLC 由不同 I/O 点数的基本单元（又称主机）和扩展单元组成。基本单元内有 CPU、I/O 接口、与 I/O 扩展单元相连的扩展口，以及与编程器或 EPROM 写入器相连的接口等。扩展单元内只有 I/O 接口和电源等，没有 CPU，基本单元和扩展单元之间一般用扁平电缆连接。整体式 PLC 一般还可配备特殊功能单元，如模拟量单元、位置控制单元等，使其功能得以扩展。

2）模块式 PLC。模块式 PLC 是将 PLC 各组成部分分别做成若干个单独的模块，如 CPU 模块、I/O 模块、电源模块（有的含在 CPU 模块中）以及各种功能模块。模块式 PLC 由框架或基板和各种模块组成，模块装在框架或基板的插座上。这种模块式 PLC 的特点是配置灵活，可根据需要选配不同规模的系统，而且装配方便，便于扩展和维修。大、中型 PLC 一般采用模块式结构。

3）叠装式 PLC。有些 PLC 将整体式和模块式的特点结合起来，构成叠装式 PLC。叠装式 PLC 的 CPU、电源、I/O 接口等也是各自独立的模块，但它们之间是靠电缆进行连接的，并且各模块可以一层层地叠装。这样，不但系统可以灵活配置，还可做得体积小巧。

（2）按功能分类。

根据 PLC 所具有的功能不同，PLC 可分为低档、中档、高档三类。

1）低档 PLC。低档 PLC 具有逻辑运算、定时、计数、移位以及自诊断、监控等基本功能，还可有少量模拟量输入 / 输出、算术运算、数据传送和比较、通信等功能。低档 PLC 主要用于逻辑控制、顺序控制或少量模拟量控制的单机控制系统。

2）中档 PLC。除具有低档 PLC 的功能外，中档 PLC 还具有较强的模拟量输入 / 输出、算术运算、数据传送和比较、数制转换、远程 I/O、子程序、通信联网等功能。有些中档 PLC 还可增设中断控制、PID 控制等功能，适用于复杂控制系统。

3）高档 PLC。除具有中档机的功能外，高档 PLC 还增加了带符号算术运算、矩阵运算、位逻辑运算、平方根运算及其他特殊功能函数的运算、制表及表格传送功能等。高档 PLC 具有更强的通信联网功能，可用于大规模过程控制或构成分布式网络控制系统，实现工厂自动化。

（3）按 I/O 点数分类。

根据 PLC 的 I/O 点数的多少，PLC 可分为小型、中型和大型三类。

1）小型 PLC。I/O 点数在 256 点以下的为小型 PLC，其中，I/O 点数小于 64 点的为超小型或微型 PLC。

2）中型 PLC。I/O 点数在 256 点以上、2 048 点以下的为中型 PLC。

3）大型 PLC。I/O 点数在 2 048 点以上的为大型 PLC，其中，I/O 点数超过 8 192 点的为超大型 PLC。

在实际中，一般 PLC 功能的强弱与其 I/O 点数的多少是相互关联的，即 PLC 的功能越强，其可配置的I/O点数越多。因此，通常我们所说的小型、中型、大型PLC，除了指其I/O点数不同外，还表示其对应功能为低档、中档、高档。

（4）按产地分类。

根据产地不同，PLC可分为日系、欧系、美系、韩系、中国系等。其中，日系具有代表性的为三菱、欧姆龙、松下等；欧系具有代表性的为西门子、施耐德等；美系具有代表性的为A-B、通用电气（GE）、德州仪器等；韩系具有代表性的为LG等；中国系具有代表性的有台达、和利时、浙江中控等。

3. PLC产品及其发展

（1）PLC产品。

美国和欧洲的PLC技术是在相互隔离的情况下独立研究开发的，因此美国和欧洲的PLC产品有明显的差异性。而日本的PLC技术是由美国引进的，对美国的PLC产品有一定的继承性，但日本的主推产品定位在小型PLC上，而美国和欧洲以大中型PLC闻名。

1）美国产品。美国是PLC生产大国，有100多家PLC厂商，比较著名的有Allen-Bradley（A-B）公司、通用电气（GE）公司、莫迪康（MODICON）公司、德州仪器（TI）公司、西屋公司等。其中，A-B公司是美国最大的PLC制造商，其产品约占美国PLC市场的一半。A-B公司产品规格齐全、种类丰富，其主推的大、中型PLC产品是PLC-5系列。图1-40为A-B公司PLC相应型号的具体图示。

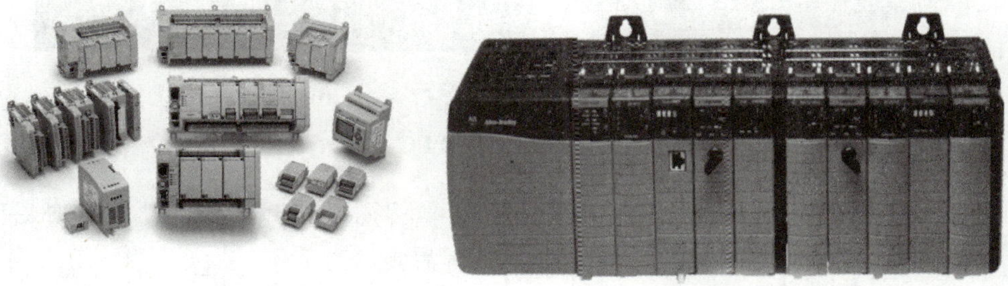

(a) MicroLogix　　(b) ControlLogix

图1-40　Allen-Bradley（A-B）公司PLC

2）欧洲产品。德国的西门子（SIEMENS）公司、法国的施耐德电气（Schneider Electric）公司是欧洲著名的PLC制造商。西门子公司的电子产品以性能精良而久负盛名，在中、大型PLC产品领域与美国的A-B公司齐名。西门子PLC的主要产品是S5、S7系列。S7系列的性价比较高、使用较为广泛，其中S7-200系列属于小型PLC（目前已停产），目前为S7-1200/1500系列PLC，S7-300系列属于中型PLC，S7-400系列属于中高性能的大型PLC。图1-41为西门子PLC相应型号的具体图示。

(a) S7-1200/1500　　(b) S7-300

图1-41　西门子PLC

3）日本产品。日本的小型 PLC 颇具特色，在小型机领域中具有盛名，某些用欧美的中型机或大型机才能实现的控制，日本的小型机就可以解决，在开发较复杂的控制系统方面明显优于欧美的小型机，所以格外受用户欢迎。日本有许多 PLC 制造商，如三菱、欧姆龙、松下、富士、日立、东芝等。在世界小型 PLC 市场上，日本产品约占有 70% 的份额。

三菱公司的PLC是较早进入中国市场的产品。20世纪80年代末，三菱公司推出FX系列，在容量、速度、特殊功能、网络功能等方面都有了全面的加强。FX2N 系列小型 PLC（已停产）具有高速处理及可扩展大量满足单个需要的特殊功能模块等特点，为工厂自动化应用提供了最大的灵活性和控制能力。FX3U 系列是三菱公司推出的第三代 PLC，基本性能大幅提升，其中晶体管输出型的基本单元内置了三轴独立最高 100kHz 的定位功能，并且增加了新的定位指令，从而使得定位控制功能更加强大，使用更为方便。目前在网络化时代要求下，已生产出的 FX5U 系列主要用于网络通信操作。

三菱公司的大中型机有 A 系列、QnA 系列、Q 系列，具有丰富的网络功能，I/O 点数可达 8 192 点。其中，Q 系列具有较小的体积、丰富的机型、灵活的安装方式、双 CPU 协同处理、多存储器、远程口令等特点，是三菱公司现有 PLC 中性能最高的 PLC 系列。图 1-42 为三菱 PLC 相应型号的具体图示。

(a) FX3U系列PLC　　(b) Q系列PLC

图 1-42　三菱 PLC

4）中国产品。中国 PLC 厂商众多，但是市场占有率不高。目前我国做得比较好的是台湾的台达、永宏、丰炜和大陆的信捷、海为等。图 1-43 为相应品牌的具体图示。

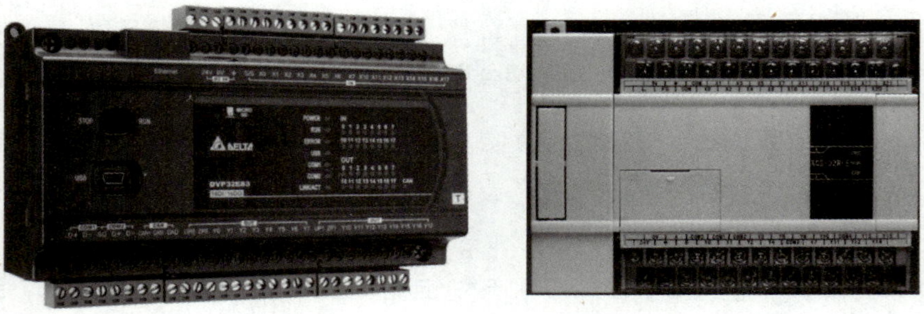

(a) 台达DVP系列PLC　　(b) 信捷XC系列PLC

图 1-43　中国 PLC

（2）PLC 的发展趋势。

1）向大存储容量方向发展。传统的 PLC 内存容量一般为 1～16KB，在某些复杂的控制上是不够的，需要通过扩展来达到要求。新型 PLC 的容量已达到 64KB。今后，随着 PLC 工艺技术的不断发展，PLC 的内部存储能力将会进一步扩大。图 1-44 为三菱 FX0S-14MR。

2）PLC 的高性能化。新型 PLC 进一步提高了 CPU 的性能，加快了 PLC 执行程序的速度并加强了继电、定时、中断功能。

3）向多品种方向发展和提高可靠性（超大型和超小型）。很多厂家推出高速度、高性能、小型产品，特别是三菱的FX0S-14MR有14点（8个24 V DC输入，6个继电器输出），其尺寸仅为58mm×89mm，仅比信用卡大一点，而功能并不弱。

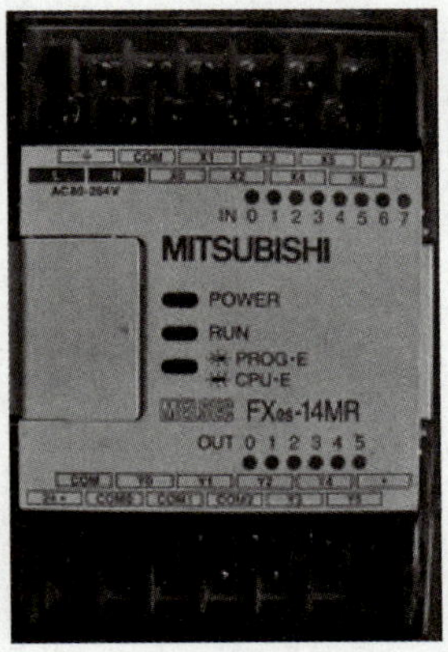

图1-44 三菱FX0S-14MR

4）产品更加规范化、标准化（硬件、软件兼容的PLC）。以前PLC的软硬件体系结构是封闭的，各个厂家使用的组态、寻址、编程结构不一致，使各种PLC互不兼容。国际电工委员会（IEC）在1992年颁布了可编程控制器的编程软件标准（IEC1131-3），为PLC产品的规范化、标准化提供了前提。

5）加强联网和通信的能力。在工业控制系统中，对于多控制任务的复杂控制系统，不可能单靠增大PLC的输入、输出点数或改进机型来实现复杂的控制功能。要想使多台PLC之间能联网工作，在硬件方面要增加通信模块、通信接口、终端适配器、网卡、集线器、调制解调器、缆线等设备或器件；在软件方面要按特定的协议，开发具有一定功能的通信程序和网络系统程序，从而对PLC的软件、硬件进行统一管理和调度。

4. PLC的特点与应用

（1）PLC的特点。

1）可靠性高，抗干扰能力强。高可靠性是电气控制设备的关键性能。PLC由于采用现代大规模集成电路技术，采用严格的生产工艺制造，内部电路采取了先进的抗干扰技术，因此具有很高的可靠性。一些使用冗余CPU的PLC的平均无故障工作时间则更长。从PLC的机外电路来说，使用PLC构成控制系统，和同等规模的继电器－接触器系统相比，电气接线及开关接点已减少到数百分之一甚至数千分之一，故障率也就大大降低。此外，PLC带有硬件故障自我检测功能，出现故障时可及时发出警报信息。在应用软件中，应用者还可以编入外围器件的故障自诊断程序，使系统中除PLC以外的电路及设备也获得故障自诊断保护。这样，整个系统具有极高的可靠性也就不奇怪了。

2）配套齐全，功能完善，适用性强。PLC发展到今天，已经形成了大、中、小各种规模的系列化产品，可以用于各种规模的工业控制场合。除了逻辑处理功能外，现代PLC大多具有完善的数据运算能力，可用于各种数字控制领域。近年来，PLC的功能单元大量涌现，使PLC渗透到了位置控制、温度控制、计算机数字控制机床等各种工业控制中。加上PLC通信能力的增强及人机界面技术的发展，使用PLC组成各种控制系统变得非常容易。

3）易学易用，深受工程技术人员欢迎。PLC作为通用工业控制计算机，是面向工矿企业的工控设备。它接口简单，编程语言易于被工程技术人员接受。梯形图语言的图形符号与表达方式和继电器电路图相当接近，只用PLC的少量开关量逻辑控制指令，就可以方便地实现继电器电路的功能，为不熟悉电子电路、不懂计算机原理和汇编语言的人使用计算机从事工业控制打开了方便之门。

4）系统的设计、建造工作量小，维护方便，容易改造。PLC用存储逻辑代替接线逻辑，大大减少了控制设备外部的接线量，使控制系统设计及建造的周期大为缩短，同时维护也变得容易起来。更重要的是，使同一设备经过改变程序而改变生产过程成为可能。这很适合多品种、小批量的生产场合。

5）体积小，重量轻，能耗低。以超小型PLC为例，最新产品底部尺寸小于100mm，质量小于150g，功耗仅为数瓦。由于体积小，因此PLC很容易装入机械内部，是实现机电一体化的理想控制设备。

（2）PLC的应用。

PLC的应用通常可分为五种类型，整体框图如图1-45所示。

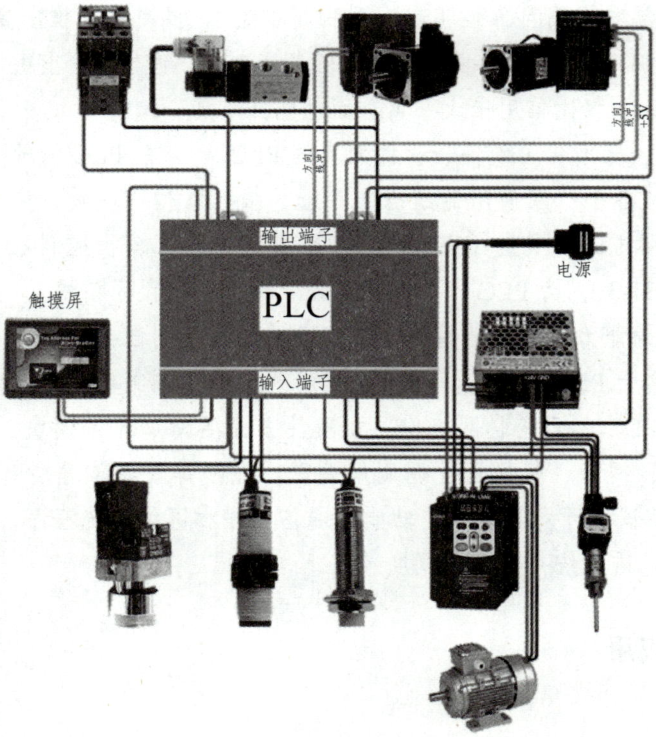

图 1-45 PLC 系统整体框图

1）顺序控制：这是 PLC 应用最广泛的领域，也是最适合 PLC 使用的领域。PLC 应用于单机控制、多机群控、生产自动线控制等。

2）运动控制：PLC 制造商目前已提供拖动步进电动机或伺服电动机的单轴或多轴位置控制模块。在多数情况下，PLC 把描述目标位置的数据送给模块，其输出移动一轴或数轴到目标位置。每个轴移动时，位置控制模块保持适当的速度和加速度，确保运动平滑。

3）过程控制：PLC 能控制大量的过程参数，如温度、压力、液位和速度等。PID 模块的提供使 PLC 具有闭环逻辑控制功能，当控制过程中某一变量出现偏差时，PID 控制算法会根据偏差计算出正确的输出，把变量保持在设定值上。

4）数据处理：现代 PLC 具有数学运算（含矩阵运算、函数运算、逻辑运算）、数据传送、数据转换、排序、查表、位操作等功能，可以完成数据的采集、分析及处理。这些数据可以与存储在存储器中的参考值比较，完成一定的控制操作，也可以利用通信功能传送到别的智能装置，或者将它们打印制表。数据处理一般用于大型控制系统，如无人控制的柔性制造系统。

5）通信网络：PLC 的通信包括 PLC 与远程 I/O 之间的通信、多台 PLC 之间的通信、PLC 与其他智能控制设备（如计算机、变频器、数控装置）之间的通信。PLC 与其他智能控制设备一起，可以组成“集中管理、分散控制”的分布式控制系统。

5. PLC 的基本结构及工作原理

（1）PLC 的基本结构。

可编程控制器的实质是一种工业控制计算机，采用冯·诺依曼结构，硬件结构与微型计算机基本相同，分别由中央处理器（CPU）、存储器、输入 / 输出接口、电源、扩展接口、编程器、智能 I/O 接口、智能单元等组成，如图 1-46 所示。

1）中央处理器（CPU）。CPU 是可编程控制器的核心，主要由控制器和运算器组成。小型 PLC 大多采用 8 位和 16 位中央处理器；中大型 PLC 大多采用 16 位和 32 位中央处理器，还经常采用双 CPU 和多 CPU 的结构。

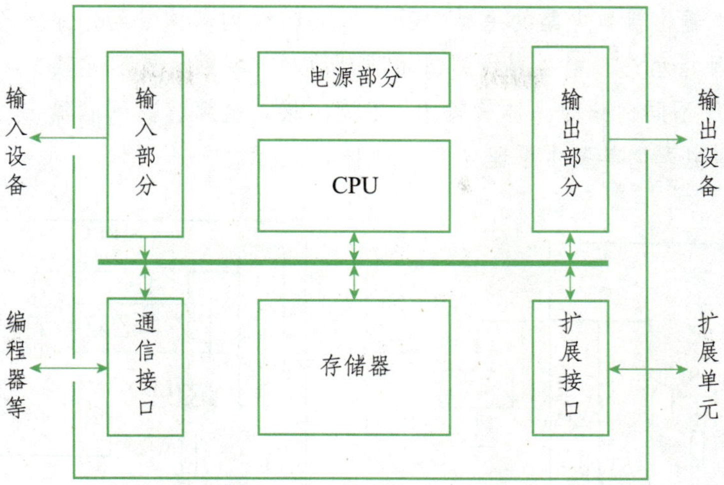

图 1-46 PLC 的结构图

2）存储器。PLC 配有系统程序存储器（ROM）、用户程序存储器（RAM）：前者主要用于存放系统的管理程序、命令解释程序、系统调用程序等，它是 PLC 正常工作的基本保证；后者主要用来存放用户编制的程序。

3）输入 / 输出单元。输入 / 输出单元是 PLC 与外界连接的接口电路。

①输入接口电路。输入接口的主要作用是完成外部信号到 PLC 内部信号的转换。通常情况下，来自生产设备或控制现场的各类输入信号所提供的信号，其性质、电压、种类各不相同，有直流开关量、交流开关量、连续模拟电压或电流、数据等。通过输入接口电路，可以将以上开关量信号转换成 PLC 内部处理所需要的、CPU 能够直接处理的 TTL 电平，将模拟量信号转换成 PLC 内部处理所需要的数字量（A/D 转换）等。PLC 提供了多种操作电平和驱动能力的 I/O 接口，有各种各样功能的 I/O 接口供用户选择。I/O 接口的主要类型有数字量（开关量）输入 / 输出、模拟量输入 / 输出等。常用的开关量输入接口电路根据电源信号的不同，分为直流输入接口电路、交流输入接口电路、交 / 直流输入接口电路。基本原理电路如图 1-47 所示。

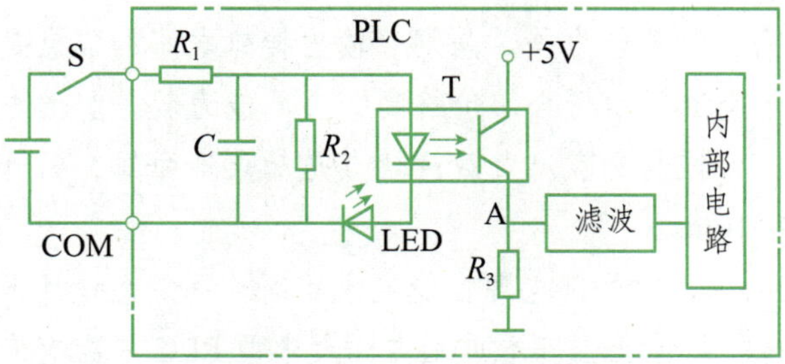

(a) 直流输入接口电路

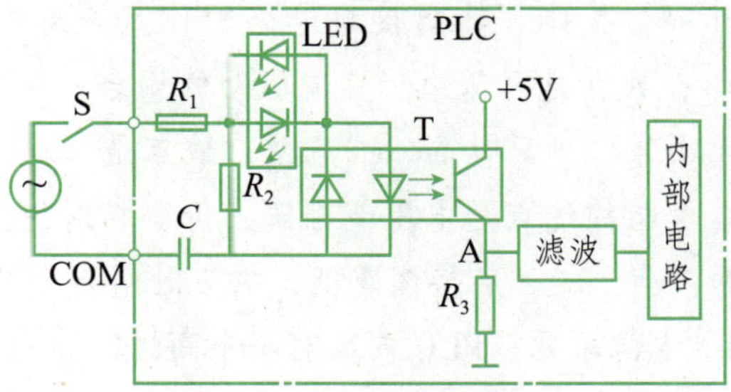

(b) 交流输入接口电路

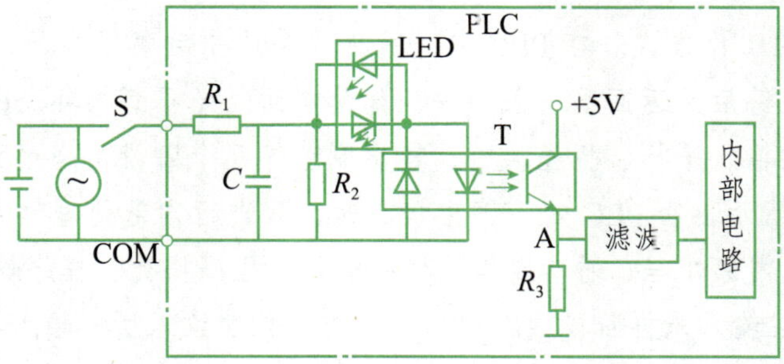

(c) 交/直流输入接口电路

图 1-47 开关量输入接口电路

②输出接口电路。输出接口电路的主要作用是完成 PLC 内部信号到外部信号的转换，控制现场的各种执行元件，如各种指示灯、电磁阀线圈、闭环自动调节装置、显示仪表等。常用的开关量输出接口电路按输出开关器件不同，分为晶体管输出（T 型）接口电路、晶闸管输出（S 型）接口电器、继电器输出（R 型）接口电器。其基本原理电路如图 1-48 所示。

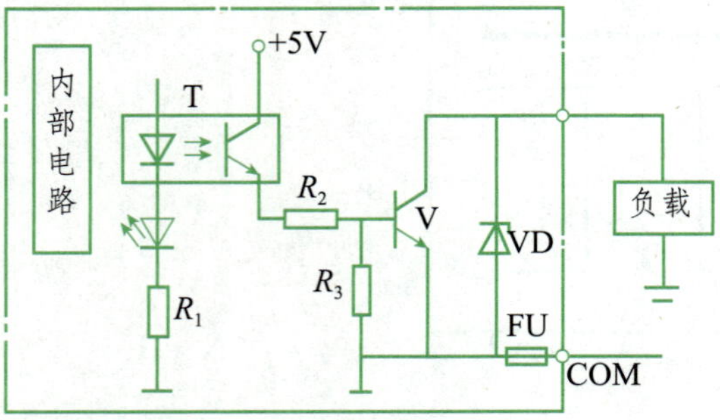

(a) 晶体管输出接口电路

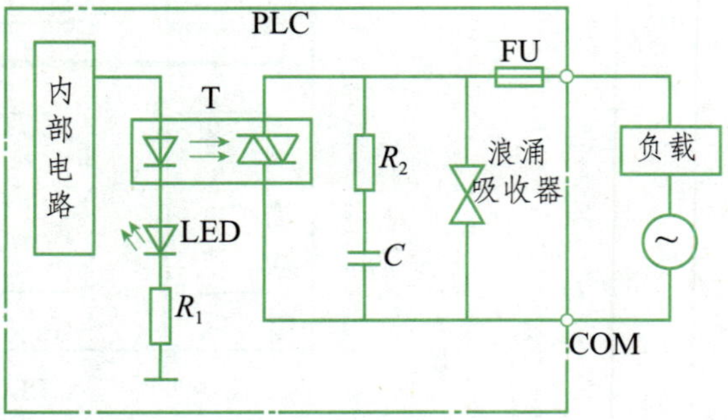

(b) 晶闸管输出接口电路

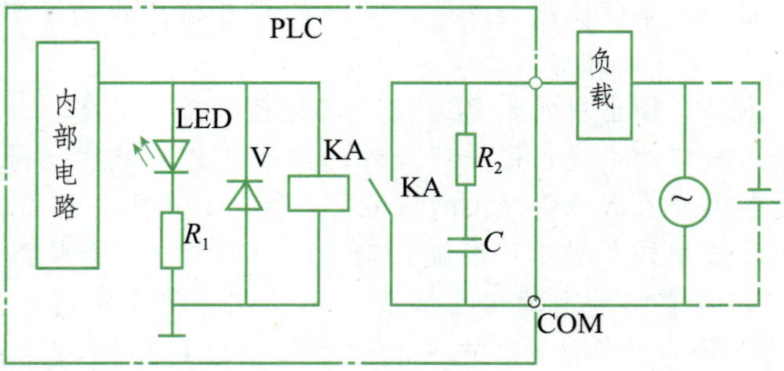

(c) 继电器输出接口电路

图 1-48　开关量输出接口电路

其中，晶体管输出接口电路的优点是寿命长、无噪声、可靠性高、响应快（I/O 响应时间约为 0.2ms）；缺点是只适用于直流驱动的场合，价格高、过载能力差。晶闸管输出接口电路的优点是寿命长、无噪声、可靠性高、响应快；缺点是仅适用于交流驱动场合，价格高、负载能力较差。继电器输出接口电路的优点是电压范围宽，价格相对便宜，可控制交直流负载；缺点是触点寿命短，断开有电弧，易产生干扰，转换频率低，响应时间长（约为 10ms）。

4）电源单元。PLC 内部有一个高性能的稳压电源，对外部电源性能要求不高。一般允许外部电源电压的额定值为：-15%～+10%。一般小型 PLC 的电源包含在基本单元内，大中型 PLC 才配有专用电源。PLC 内部还带有锂电池作为后备电源。

（2）PLC 的工作原理。

PLC 采用循环扫描的工作方式。在 PLC 中，用户程序按先后顺序存放，CPU 从第一条指令开始执行程序，直到遇到结束符后又返回第一条指令，如此周而复始不断循环。PLC 的扫描过程分为内部处理自诊断、通信处理、输入采样、程序执行、输出刷新等几个阶段，全过程扫描一次所需的时间称为扫描周期，如图 1-49 所示。当 PLC 处于停止状态时，只进行内部处理和通信操作服务等内容。当 PLC 处于运行状态时，从内部处理、通信操作、程序输入、程序执行、程序输出，一直循环扫描工作。

1）输入采样阶段。在输入采样阶段，PLC 以扫描方式依次读入所有输入状态和数据，并将它们存入I/O映象区相对应的单元内。输入采样结束后，转入程序执行和输出刷新阶段。在这两个阶段中，即使输入状态和数据发生变化，I/O映象区中相应单元的状态和数据也不会改变。因此，如果输入的是脉冲信号，则该脉冲信号的宽度必须大于一个扫描周期，只有这样才能保证在任何情况下，该输入均能被读入。

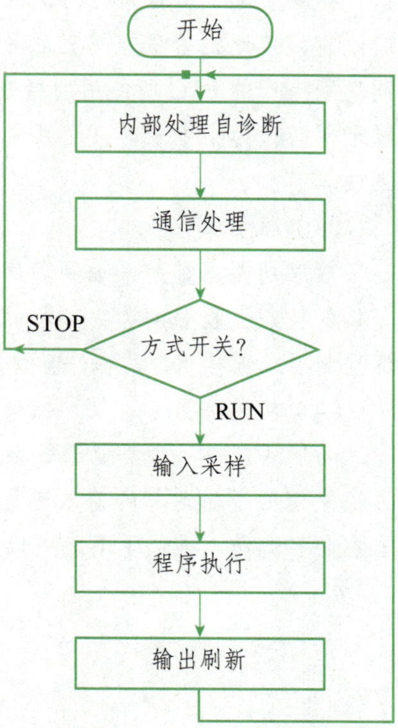

图1-49　运行状态下的扫描过程

2）程序执行阶段。在用户程序执行阶段，PLC总是按由上而下的顺序依次扫描用户程序（梯形图）。在扫描每一条梯形图时，又总是先扫描梯形图左边由各触点构成的控制线路，并按先左后右、先上后下的顺序对由各触点构成的控制线路进行逻辑运算，然后根据逻辑运算的结果，刷新该逻辑线圈在系统RAM存储区中对应位的状态，或者刷新该输出线圈在I/O映象区中对应位的状态，或者确定是否要执行该梯形图所规定的特殊功能指令。在程序执行过程中，只有输入点在I/O映象区内的状态和数据不会发生变化，而其他输出点和软元件在I/O映象区或系统RAM存储区内的状态和数据都有可能发生变化。

3）输出刷新阶段。当扫描用户程序结束后，PLC就进入输出刷新阶段。在此期间，CPU按照I/O映象区内对应的状态和数据刷新所有的输出锁存电路，再经输出电路驱动相应的外设。这才是PLC的真正输出。

6. PLC的编程语言

可编程控制器目前常用的编程语言有以下几种：梯形图编程语言、指令表编程语言、顺序功能图、功能块图和某些高级编程语言。

（1）梯形图编程语言。

PLC的梯形图在形式上沿袭了传统的继电器电气控制图，是在原继电器控制系统的继电器梯形图基础上演变而来的一种图形语言。它将PLC内部的各种编程元件（如继电器的触点、线圈、定时器、计数器等）和各种具有特定功能的命令用专用图形符号、标号定义，并按逻辑要求及连接规律组合和排列，从而构成了表示PLC输入、输出之间控制关系的图形。它是目前用得最多的PLC编程语言。梯形图编程语言的特点是：与电气操作原理图相对应，具有直观性和对应性；与原有继电器控制相一致，电气设计人员易于掌握。梯形图编程语言与原有的继电器控制的不同点是，梯形图中的能流（Power Flow）不是实际意义的电流，内部的继电器也不是实际存在的继电器，应用时需要与原有继电器控制的概念区别对待。图1-50为PLC梯形图与继电器对比图。

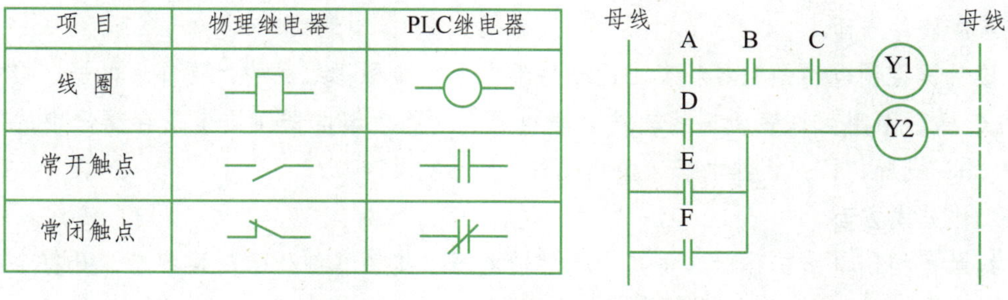

图1-50　PLC梯形图与继电器对比图

（2）指令表编程语言。

指令表编程语言又称助记符语言，它常用一些指令表来表示 PLC 的某种操作。它类似微机中的汇编语言，但比汇编语言更直观易懂。用户可以很容易地将梯形图编程语言转换成指令表编程语言。不同厂家生产的 PLC 所使用的指令表各不相同，因此同一梯形图写成的指令表语句也不相同。用户在将梯形图转换为指令表时，必须先弄清 PLC 的型号及内部各器件编号、使用范围和每一条指令表的使用方法。

（3）顺序功能图。

顺序功能图常用来编制顺序控制程序，它包括步、动作、转换三个要素。顺序功能图可以将一个复杂的控制过程分解为一些小的工作状态。对这些小状态的功能依次处理后再把这些小状态依一定顺序控制要求连接组合成一个整体的控制程序。

（4）功能块图。

功能块图是一种类似于数字逻辑电路的编程语言，用类似与门、或门的方框来表示逻辑运算关系，方块左侧为逻辑运算的输入变量，右侧为输出变量，输入端、输出端的小圆点表示“非”运算，信号自左向右流动。类似于电路一样，方框被“导线”连接在一起。图 1-51 为功能块图示例。

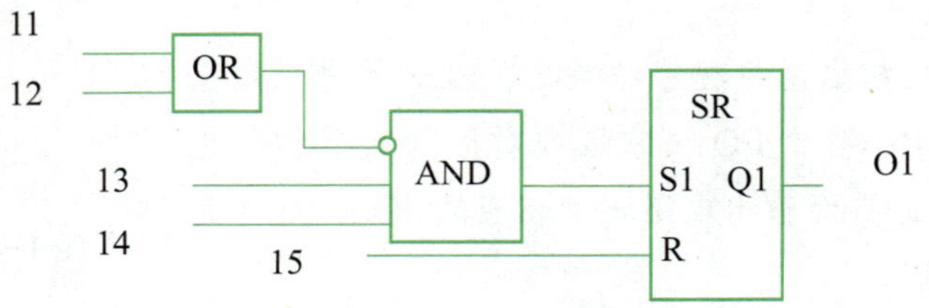

图 1-51　功能块图

（5）高级编程语言。

随着软件技术的发展，为增强 PLC 的运算功能和数据处理能力并方便用户使用，许多大、中型 PLC 已采用类似 BASIC、PASCAL、FORTAN、C 等高级语言的 PLC 专用编程语言，以实现程序的自动编译。

目前各种类型的 PLC 一般都能同时使用两种以上语言，且大多数都能同时使用梯形图和指令表。虽然不同厂家的梯形图、指令表的使用方式有差异，但基本编程原理和方法是相同的。

7. PLC 控制系统与继电器控制系统

继电器控制系统在传统的工业生产自动化控制中占据主要地位，但在实际的生产过程中，继电器控制系统逐渐显现出体积大、能耗多、运行速度慢等缺点。PLC 控制系统的出现大大方便了电气控制设计人员，弥补了继电器控制的不足，作为替代被广泛应用在工业自动化控制中。PLC 控制系统与继电器控制系统的区别如下：

（1）在组成器件方面。

继电 - 接触器控制电路是由各种真正的硬件继电器、接触器组成的，硬件继电器、接触器触点易磨损。而 PLC 梯形图则由许多所谓的软继电器组成。这些软继电器实质上是存储器中的某一位触发器，可以置“0”或置“1”，软继电器无磨损现象。

（2）在工作方式方面。

继电 - 接触器控制电路工作时，电路中硬件继电器、接触器都处于受控状态，凡符合条件吸合的硬件继电器、接触器都处于吸合状态，受各种制约条件不应吸合的硬件继电器、接触器都处于断开状态，属于“并行”的工作方式。PLC梯形图中各软继电器都处于周期循环扫描工作状态，受同一条件制约的各个软继电器的线路工作状态和它的触电动作并不同时发生，属于“串行”的工作方式。

（3）在元件触点数量方面。

继电-接触器控制电路的硬件触点数量是有限的，一般只有4~8对。PLC梯形图中软继电器的触点数量无限，在编程时可无限次使用。

（4）控制电路实施方式不同。

继电-接触器控制电路是依靠硬件接线来实施控制功能的，其控制功能通常是不变的，当需要改变控制功能时必须重新接线。PLC控制电路是采用软件编程来实现控制的，可进行在线修改，控制功能可根据实际要求灵活实施。

PLC控制系统相比传统的继电器控制系统来说，具有很多优点：1）反应速度快，噪声低，能耗小，体积小；2）功能强大，编程方便，可以随时修改程序；3）控制精度高，可进行复杂的程序控制；4）能够对控制过程进行自动检测；5）系统稳定，安全可靠。

二、FX系列PLC软元件

PLC软元件是指PLC中可被程序使用的所有功能性器件。我们可将软元件理解为具有不同功能的内存单元，对这些单元的操作，就相当于对内存单元进行读写。由于PLC设计的初衷是为了替代继电器、接触器控制，因此许多名词仍借用了继电器、接触器控制中经常使用的名称，如“母线”“继电器”等。

软元件的种类有输入继电器X、输出继电器Y、辅助继电器M、状态元件S、定时器T、计数器C、指针P/I、数据寄存器D等。可与PLC外部进行硬件连接的软元件只有输入继电器和输出继电器，其他软元件只能通过程序加以控制。

1. 输入继电器X（X0~X267）

输入继电器是PLC中用来专门存储系统输入信号的内部虚拟继电器。它又被称为输入映像区，这类继电器的状态不能用程序驱动，只能用输入信号驱动。FX系列PLC的输入继电器采用八进制编号。FX2N系列PLC带扩展时，输入继电器最多可达216点，其编号为X0~X7、X10~X17…X260~X267。输入继电器接点的地址是按八进制表示的，程序中输入继电器软接点的使用次数不限。

2. 输出继电器Y（Y0~Y267）

输出继电器是PLC中专门用来将运算结果信号经输出接口电路及输出端子送达并控制外部负载的虚拟继电器。它在PLC内部直接与输出接口电路相连。外部信号无法直接驱动输出继电器，它只能用程序驱动。FX2N系列PLC带扩展时，输出继电器最多可达216点，其编号为Y0~Y267。输出继电器是无源的，需要外接电源；每一个输出继电器有一个外部输出的常开接点（可驱动外部负载）；输出继电器软接点可无限次使用。FX系列PLC的输出继电器采用八进制编号，除输入继电器和输出继电器外，PLC的其他软元件均采用十进制地址编号。

3. 辅助继电器M

PLC内有很多辅助继电器。辅助继电器的线圈与输出继电器一样，由PLC内各软元件的触点驱动。辅助继电器的软接点使用次数不限，在 PLC 内可以自由使用。但是，这些接点不能直接驱动外部负载，外部负载的驱动必须由输出继电器执行。在逻辑运算中经常需要一些中间继电器作为辅助运算用。内部辅助继电器中还有一类特殊辅助继电器，它们有各种特殊功能，如定时时钟、进 / 借位标志、启动 / 停止、单步运行、通信状态、出错标志等。

FX3U 系列 PLC 的辅助继电器按照其功能可分成以下三类。

（1）通用辅助继电器（M0～M499）。共 500 点，通电后，它们处于“OFF”状态，一旦断电，再次通电后，M0～M499 都恢复为“OFF”状态。

（2）断电保持辅助继电器（M500～M7679）。共 7 180 点，断电并再次通电后，它们会保持断电前的状态，其他特性与通用辅助继电器完全一样。

（3）特殊功能辅助继电器（M8000～M8511）。

1）反映 PLC 工作状态或为用户提供常用功能的器件，用户只能使用其接点，不能对其驱动。例如：

M8000：RUN 监控（常开触点）。

M8002：初始脉冲（常开触点）。

M8013：每秒发出一个脉冲信号，自动每秒接通（ON）一次。

2）可控制特殊功能辅助继电器，驱动之后，PLC 将做一些特定的操作。例如：

M8034：ON 时禁止所有输出。

M8030：ON 时熄灭电池欠电压指示灯。

M8050：ON 时禁止 I0XX 中断。

4. 状态元件 S

状态元件 S 在步进顺控编程中是重要的软元件，它与后述的步进顺控指令 STL 组合使用，通常有下面 5 种类型。

（1）初始状态：S0～S9。

（2）回零状态：S10～S19。

（3）通用状态：S20～S499。

（4）保持状态：S500～S899。

（5）报警状态：S900～S999。

各状态元件的常开、常闭触点在 PLC 内可以自由使用，使用次数不限。不作步进顺控指令时，状态元件可以作辅助继电器使用。

5. 定时器 T

定时器在 PLC 中的作用相当于时间继电器，它有一个设定值寄存器和一个当前值寄存器以及输出触点。这三个量使用同一个地址编号，但使用场合不一样，其所指也不一样。定时器是根据时钟脉冲的累积计时的。时钟脉冲有 1ms、10ms、100ms 三种，当所计时钟脉冲达到设定值时，其输出触点动作。

定时器的类型、地址编号和设定值如下。

（1）常规定时器 T0～T245。

100ms 定时器 T0～T199，共 200 点，设定值为 0.1～3 276.7s。

10ms 定时器 T200～T245，共 46 点，设定值为 0.01～327.67s。

1ms 定时器 T250～T511，共 262 点，设定值为 0.001～32.767s。

（2）积算定时器。

1ms 积算定时器 T246～T249，共 4 点，设定值为 0.001～32.767s。

100ms 积算定时器 T250～T255，共 6 点，设定值为 0.1～3 276.7s。

6. 计数器 C

内部信号计数器是对内部元件（如 X、Y、M、S、T 和 C）的信号进行计数的计数器。

（1）16 位计数器。通用 16 位计数器 C0～C99 共 100 点，其设定值为 K1～K32767。通用失电保持 16 位计数器 C100～C199 共 100 点，其设定值为 K1～K32767。即使停电，其当前值和输出点的状态也能保持。

（2）32 位计数器。32 位双向计数器既可以设置为增计数器，又可以设置为减计数器，其设点值为 -2 147 483 648～+2 147 483 647。通用 32 位双向计数器 C200～C219 共 20 点，通用失电保持 32 位双向计数器 C220～C234 共 15 点。增计数或减计数由特殊辅助继电器 M8200～M8234 设定，计数器与特殊辅助继电器一一对应，如 C210 与 M8210 对应。当特殊辅助继电器接通（ON）时，对应的计数器为减计数器；当特殊辅助继电器断开（OFF）时，对应的计数器为加计数器。

（3）高速计数器。FX3U 系列 PLC 中共有 21 点高速计数器，地址编号为 C235～C255，这 21 点高速计数器在 PLC 中共享 6 个高速计数输入端 X0～X5。当高速计数器的一个输入端被某个计数器占用时，这个输入端就不能再用于其他高速计数器，也不能作其他输入。因此，最多只能同时使用 6 个高速计数器。高速计数器按中断方式运行，独立于扫描周期。所选定的计数器线圈应被连续驱动，以表示这个计数器及其有关输入端应保留，其他高速处理不能再用这个输入端。

7. 指针 P/I

分支指令用指针 P0～P63，共 64 点。指针 P0～P63 作为标号，用来指定条件跳转、子程序调用等分支的跳转目标。

中断用指针 I0 □□～I8 □□，共 15 点。其中，I00 □～I50 □用于外部中断，I6 □□～I8 □□用于定时中断，I010～I060 用于计数中断。

8. 数据寄存器 D

在进行数据处理、模拟量控制、定位控制时，需要许多数据寄存器存储数据和参数。数据寄存器为 16 位，最高位为符号位。可以将两个数据寄存器合并起来存放 32 位数据，最高位仍为符号位。

（1）通用数据寄存器 D0～D199，共 200 点。当 PLC 由运行到停止时，该类数据寄存器的数据为零。但是当特殊辅助继电器 M8031 置“1”时，PLC 由运行转向停止，数据可以保持。

（2）断电保持数据寄存器 D200～D511，共 312 点。只要不改写，原有的数据就保持不变。电源接通与否，PLC 是否运行，都不会改变数据寄存器的内容。

（3）断电保持专用数据寄存器 D512～D7999，共 7 488 点。只要不改写，断电保持专用数据寄存器原有的数据就保持不变。电源接通与否，PLC 是否运行，都不会改变数据寄存器的内容。其中，D1000～D7999 共 7 000 点可用作文件寄存器，文件寄存器实际上是一类专用数据寄存器，用于存储大量数据，如数据采集、多组控制数据等。

（4）特殊数据寄存器 D8000～D8255，共 256 点。这些数据寄存器供监视 PLC 运行方式用，其内容在电源接通时，写入初始化数据。对于未定义的特殊数据寄存器，用户不能使用。

9. 指令系统

基本指令见表 1-6。

表 1-6　基本指令

名　称	助记符	目 标 元 件	说　明
取指令	LD	X、Y、M、S、T、C	常开接点逻辑运算起始
取反指令	LDI	X、Y、M、S、T、C	常闭接点逻辑运算起始
线圈驱动指令	OUT	Y、M、S、T、C	驱动线圈的输出
与指令	AND	X、Y、M、S、T、C	单个常开接点的串联
与非指令	ANI	X、Y、M、S、T、C	单个常闭接点的串联
或指令	OR	X、Y、M、S、T、C	单个常开接点的并联
或非指令	ORI	X、Y、M、S、T、C	单个常闭接点的并联
或块指令	ORB	无	串联电路块的并联连接
与块指令	ANB	无	并联电路块的串联连接
主控指令	MC	Y、M	公共串联接点的连接
主控复位指令	MCR	Y、M	MC 的复位
置位指令	SET	Y、M、S	使动作保持
复位指令	RST	Y、M、S、D、V、Z、T、C	使操作保持复位
上升沿产生脉冲输出指令	PLS	Y、M	输入信号上升沿产生脉冲输出
下降沿产生脉冲输出指令	PLF	Y、M	输入信号下降沿产生脉冲输出
空操作指令	NOP	无	使步序作空操作
程序结束指令	END	无	程序结束

（1）逻辑取及线圈驱动指令 LD、LDI、OUT。

LD，取指令：表示一个与输入母线相连的动合接点指令，即动合接点逻辑运算起始。

LDI，取反指令：表示一个与输入母线相连的动断接点指令，即动断接点逻辑运算起始。

OUT，线圈驱动指令，也叫输出指令。

LD、LDI 两条指令的目标元件是 X、Y、M、S、T、C，用于将接点接到母线上；也可以与后述的 ANB 指令、ORB 指令配合使用，在分支起点也可使用。

OUT 是驱动线圈的输出指令，它的目标元件是 Y、M、S、T、C，对输入继电器不能使用。OUT 指令可以连续使用多次。

LD、LDI 都是 1 个程序步指令，这里的 1 个程序步即是 1 个字。OUT 是多程序步指令，要视目标元件而定。

OUT 指令的目标元件是定时器和计数器时，必须设置常数 K。

（2）接点串联指令 AND、ANI。

AND，与指令，用于单个动合接点的串联。

ANI，与非指令，用于单个动断接点的串联。

AND 与 ANI 都是 1 个程序步指令，它们串联接点个数没有限制，也就是说，这两条指令可以多次重复使用。这两条指令的目标元件为 X、Y、M、S、T、C。

OUT 指令后，通过接点对其他线图使用 OUT 指令称为纵输出或连续输出。这种连续输出如果顺序没错，则可以多次重复。

（3）接点并联指令 OR、ORI。

OR，或指令，用于单个动合接点的并联。

ORI，或非指令，用于单个动断接点的并联。

OR 与 ORI 指令都是 1 个程序步指令，它们的目标元件是 X、Y、M、S、T、C。这两条指令都是一个接点。需要两个以上接点串联连接电路块的并联连接时，要用后述的 ORB 指令。

OR、ORI 是从该指令的当前步开始的，对前面的 LD、LDI 指令并联连接。并联的次数无限制。

（4）串联电路块的并联连接指令 ORB。

两个或两个以上接点串联连接的电路叫串联电路块。串联电路块并联连接时，分支开始用 LD、LDI 指令，分支结束用 ORB 指令。ORB 指令与后述的 ANB 指令均为无目标元件指令，而两条无目标元件指令的步长都为 1 个程序步。ORB 有时也简称或块指令。

ORB 指令的使用方法有两种：一种是在要并联的每个串联电路后加 ORB 指令，另一种是集中使用 ORB 指令。对于前者分散使用 ORB 指令时，并联电路块的个数没有限制，但对于后者集中使用 ORB 指令时，这种电路块并联的个数不能超过 8 个（即重复使用 LD、LDI 指令的次数限制在 8 次以下），所以不推荐用后者编程。

（5）并联电路的串联连接指令 ANB。

两个或两个以上接点并联电路称为并联电路块，分支电路并联电路块与前面电路串联连接时，使用 ANB 指令。分支的起点用 LD、LDI 指令，并联电路结束后，使用 ANB 指令与前面电路串联。ANB 指令也简称与块指令，ANB 也是无操作目标元件，是 1 个程序步指令。

（6）主控及主控复位指令 MC、MCR。

MC 为主控指令，用于公共串联接点的连接；MCR 叫主控复位指令，即 MC 的复位指令。在编程时，经常遇到多个线圈同时受到一个或一组接点控制。如果在每个线圈的控制电路中都串入同样的接点，将多占用存储单元，应用主控指令可以解决这一问题。使用主控指令的接点称为主控接点，它在梯形图中与一般的接点垂直。它们是与母线相连的动合接点，是控制一组电路的总开关。

MC 指令是 3 个程序步，MCR 指令是 2 个程序步，两条指令的操作目标元件是 Y、M，但不允许使用特殊辅助继电器 M。

（7）置位与复位指令 SET、RST。

SET 为置位指令，使动作保持；RST 为复位指令，使操作保持复位。SET 指令的操作目标元件为 Y、M、S，而 RST 指令的操作目标元件为 Y、M、S、D、V、Z、T、C。这两条指令是 1～3 个程序步。用 RST 指令可以对定时器、计数器、数据寄存器、变址寄存器的内容清零。

（8）脉冲输出指令 PLS、PLF。

PLS 指令在输入信号上升沿产生脉冲输出，而 PLF 在输入信号下降沿产生脉冲输出，这两条指令都是 2 个程序步，它们的目标元件是 Y 和 M，但特殊辅助继电器不能作为目标元件。使用 PLS 指令时，元件 Y、M 仅在驱动输入接通后的一个扫描周期内动作（置“1”）。而使用 PLF 指令时，元件 Y、M 仅在驱动输入断开后的一个扫描周期内动作。

使用这两条指令时，要特别注意目标元件。例如，在驱动输入接通时，PLC 由运行到停机再到运行，此时 PLS M0 动作，但 PLS M600（断电时，电池后备的辅助继电器）不动作。这是因为 M600 是特殊保持继电器，即使在断电停机时其动作也能保持。

（9）空操作指令 NOP。

NOP 指令是一条无动作、无目标元件的 1 个程序步指令。空操作指令使该步序作空操作。用 NOP 指令替代已写入指令，可以改变电路。在程序中加入 NOP 指令，在改动或追加程序时可以减少步序号的改变。

（10）程序结束指令 END。

END 是一条无目标元件的 1 个程序步指令。PLC 反复进行输入处理、程序运算、输出处理，若在程序最后写入 END 指令，则 END 以后的程序就不再执行，直接进行输出处理。在程序调试过程中，按段插入 END 指令，可以按顺序扩大对各程序段动作的检查。采用 END 指令将程序划分为若干段，在确认处于前面电路块的动作正确无误之后，依次删去 END 指令。要注意的是，在执行 END 指令时，也要刷新监视时钟。

三、PLC 控制系统的设计步骤

1. 分析被控对象

分析被控对象的工艺过程及工作特点，了解被控对象机、电之间的配合，确定被控对象对 PLC 控制系统的控制要求。根据生产的工艺过程分析控制要求，如需要完成的动作（动作顺序、动作条件、必要的保护和联锁等）、操作方式（手动、自动、连续、单周期、单步等）。

2. 确定输入 / 输出设备

根据系统的控制要求，确定系统所需的输入设备（如按钮、位置开关、转换开关等）和输出设备（如接触器、电磁阀、信号指示灯等），据此确定 PLC 的 I/O 点数。

3. 选择 PLC

这包括 PLC 的机型、容量、I/O 模块、电源的选择。

4. 分配 I/O 点

分配 PLC 的 I/O 点，画出 PLC 的 I/O 端子与输入 / 输出设备的连接图或对应表（可结合第 2 步进行）。

5. 设计软件及硬件

进行 PLC 程序设计，进行控制柜（台）等硬件及现场施工。由于程序与硬件设计可同时进行，因此 PLC 控制系统的设计周期可大大缩短，而对于继电器系统必须先设计出全部的电气控制电路后才能进行施工设计。硬件设计及现场施工的步骤如下：

（1）设计控制柜及操作面板电器布置图及安装接线图。

（2）设计控制系统各部分的电气互连图。

（3）根据图纸进行现场接线并检查。

6. 联机调试

联机调试是指将模拟调试通过的程序进行在线统调。

7. 整理技术文件

技术文件包括设计说明书、电气安装图、电气元件明细表及使用说明书等。

思考与练习

1. 比较 FX3U 系列 PLC 与 FX2N 系列 PLC 在功能上的异同及主要差别。

2. FX3U 系列 PLC 与 FX2N 系列 PLC 的输入端接线有何不同？连接 NPN 开路输出传感器时，如何连接？连接 PNP 开路输出传感器时，如何连接？

3. 利用输入指令的方式完成梯形图的输入。

4. 使用功能键完成梯形图的输入。

5. 如何实现 FX3U 系列 PLC 的远程运行控制？

项目2 三菱FX系列PLC基本指令应用

知识目标

1. 掌握FX系列PLC内部编程软元件X、Y、M。
2. 了解由传统继电器电路图设计梯形图的基本方法和注意事项。
3. 掌握通用定时器（T）和计数器（C）等编程软元件。
4. 熟悉梯形图的编程规则、注意事项和优化设计方法。

技能目标

1. 正确分析任务要求，熟练运用技术指令进行程序设计编写。
2. 熟悉常用编程软件的使用方法。
3. 根据课题任务要求列出I/O分配表、PLC的外部接线图及梯形图。
4. 掌握用PLC改造较复杂的继电接触式控制电路，并进行设计、安装与调试。
5. 能熟练运用实验平台对程序进行调试，实际或模拟完成任务要求。

案例导入

探索宇宙——神舟十三号

党的二十大报告指出："建设现代化产业体系。坚持把发展经济的着力点放在实体经济上，推进新型工业化，加快建设制造强国、质量强国、航天强国、交通强国、网络强国、数字中国。实施产业基础再造工程和重大技术装备攻关工程，支持专精特新企业发展，推动制造业高端化、智能化、绿色化发展。"

2022年4月16日，在神舟十三号载人飞船着陆的最后一段"路程"，有一个位于返回舱底部的刹车"指令员"，正在沉着地测算着返回舱的速度和距地面高度等信息。在飞船返回舱降落至预定高度时，这个"指令员"准确发出反推发动机点火指令，使返回舱在反推力作用下平稳着陆，确保了航天员安全顺利回家。这个"指令员"，是中国航天科工集团某研究所研制的关键设备——伽马高度控制装置。从神舟八号起，这套装置就开始在飞船上运用，在保障神舟系列飞船安全返回任务中发挥着不可替代的作用。伽马高度控制装置，其核心技术是伽马射线探测着陆技术。伽马射线的探测体制，赋予该装置穿透地表植被的能力，可精确测量返回舱底部距离地表的高度，精度达到了厘米级。其具体工作原理为：通过向地表发射伽马射线，快速捕获反射回的射线，在其"大脑"中进行精确计算，实时提取出高度和速度信息，在最佳时机发出反推点火指令，实现"高速度下高点火高度，低速度下低点火高度"的最优点火律，最大限度地发挥反推发动机的缓冲性能，确保神舟飞船落地时冲击力在安全限度内，实现飞船返回舱的平稳着陆。‘与行车原理一致，不同的速度、不同的刹车距离，都影响着乘坐者的感觉体验。”速度自适应匹配高度控制方面，做了充分的仿真试验，对历次飞行数据进行再分析、再确认，量身定制调校数据，确保控制精准到位。

PLC 的这些基本指令，就像神州十三号的伽马高度控制装置．为我国的自动化设备运行保驾护航。自动控制系统关乎人类生产、生活、工作等重要活动的优质实现，控制系统设计的实践方法掌握到位程度是系统设计优劣的重要保障。唯有秉承严谨的科学态度、守时理念，在学习和生活中不断思考，在操作实践中不断总结经验，深入体会和理解实践方法的现实意义，坚持安全、标准、规范、守时、诚信等意识，逐步实现创新意识，才能更好地掌握系统设计的实践方法，真正提升自己的职业素养，从而成为对社会作出贡献的有用之材！

任务 1　基于 PLC 的电气控制系统改造

一、任务描述

操作视频

点动与联动

操作视频

三相异步电动机连续运行

1. 电动机点动与连续控制系统改造设计

分析图 2-1 所示电路的工作原理，用 PLC 控制器实现电动机点动与连续控制的要求，并在实训平台上用指示灯或发光二极管进行程序的模拟调试，即用指示灯的亮灭情况代表主电路的接触器 KM 的分合动作情况。电动机模拟调试动作分合对照表见表 2-1。

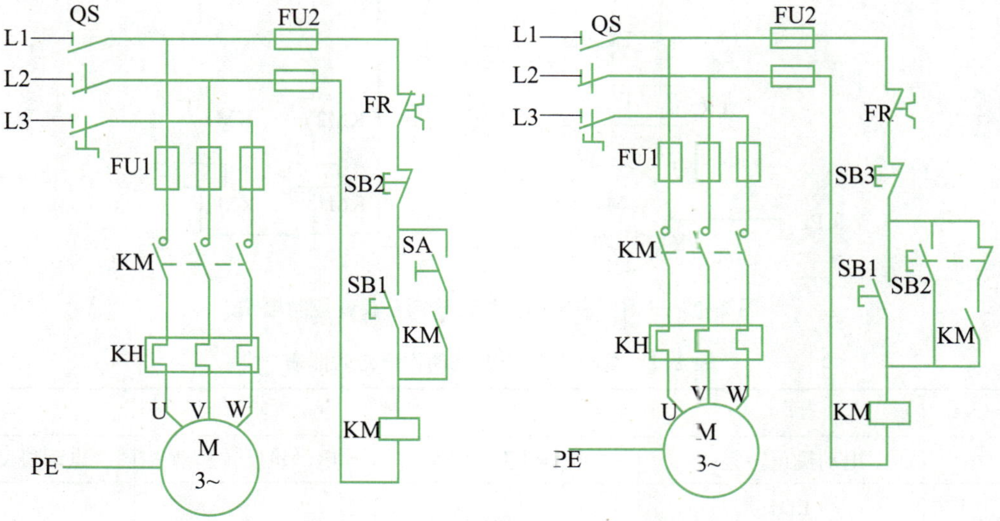

图 2-1　三相异步电动机点动与连续控制电路

表 2-1　电动机模拟调试动作分合对照表

执行	功能		
	电动机连续控制	电动机点动控制	电动机停止控制
按下 SB1	LED 持续亮（即 KM 持续吸合）	—	—

续表

执行	功能		
	电动机连续控制	电动机点动控制	电动机停止控制
按下 SB3	—	—	LED 灭（即 KM 断电）
按下 SB2	—	LED 点动亮（即 KM 点动吸合）	—
操作 KH	在发光管 LED 连续发亮的前提下操作 FR，此时相当于过载而熄灭	—	—

操作视频

三相异步电动机正反转 1

操作视频

三相异步电动机正反转 2

2. 电动机正反转控制系统改造设计

图 2-2 是三相异步电动机的正反转控制电路，现在我们用 PLC 控制器来实现该电路改造设计。用直译法进行梯形图指令的编写，在实训平台上用发光二极管模拟调试程序，即用指示灯 LED1、LED2 的亮灭情况分别代表主电路的两只接触器 KM1、KM2 的分合动作情况。指示灯模拟调试动作分合对照表见表 2-2。

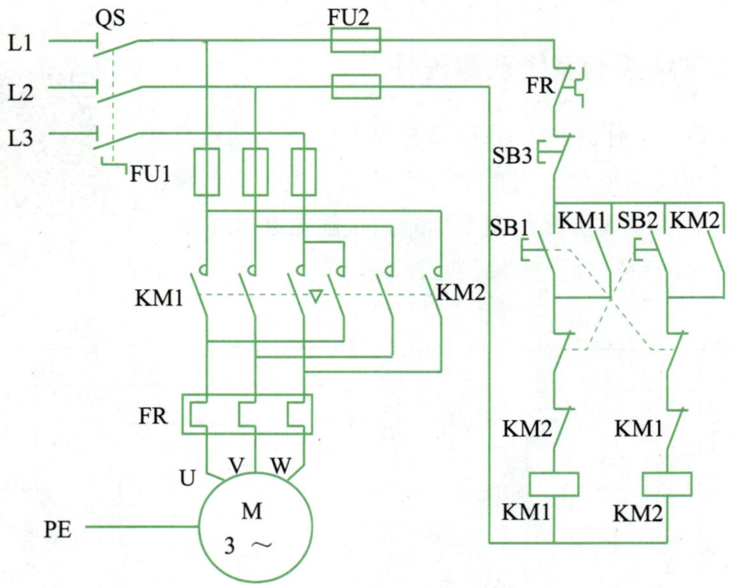

图 2-2　三相异步电动机复合联锁正反转控制电路

表 2-2　指示灯模拟调试动作分合对照表

执行	功能			
	电动机正转起动	电动机正转停止	电动机反转起动	电动机反转停止
操作 SB1	LED1 亮（即 KM1 吸合）	—	—	—
操作 SB3	—	LED1 灭（即 KM1 断电）	—	—
操作 SB2	—	—	LED2 亮（即 KM2 吸合）	—
操作 SB3	—	—	—	LED2 灭（即 KM2 断电）

续表

执行	功能			
	电动机正转起动	电动机正转停止	电动机反转起动	电动机反转停止
操作 FR	—	LED1 灭 （即 KM1 断电）	—	LED2 灭 （即 KM2 断电）

3. 用 PLC 改造 C620 型普通车床电气控制

仔细阅读与分析 C620 型普通车床电气控制电路图（如图 2-3 所示），确定电动机及指示灯的控制要求。

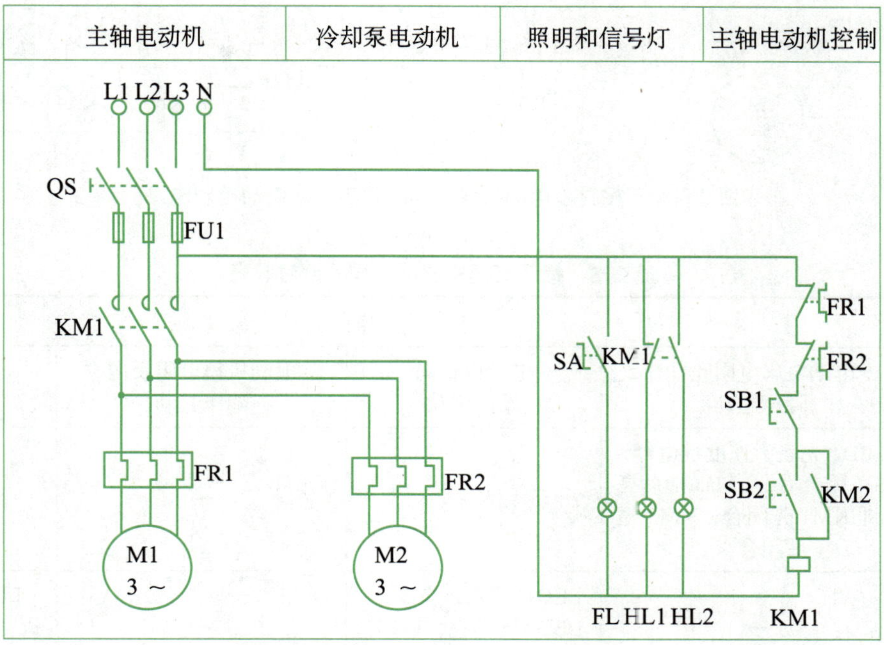

图 2-3　C620 型普通车床电气控制电路

用 PLC 进行控制系统改造的控制要求如下：

（1）主轴电动机控制。

主电路中的 M1 为主轴电动机，按下起动按钮 SB2，KM1 得电吸合，辅助触点 KM1 闭合自锁，KM1 主触头闭合，主轴电动机 M1 起动。

（2）冷却泵电动机控制。

主电路中的 M2 为冷却泵电动机。在主轴电动机起动的同时，冷却泵电动机起动；主轴电动机停止，冷却泵电动机也自动停止。

（3）照明和信号灯电路。

接通电源，HL2 直接得电发光，作为停止信号灯；HL1 主轴运行时发光，作为运行信号灯。

EL 为照明灯，将开关 SA 闭合 EL 亮，将开关 SA 断开 EL 灭。

4. 三相异步电动机的双向起动双向反接制动控制系统改造设计

图 2-4 所示的电路是三相异步电动机双向起动双向反接制动控制电路，在实训平台上用指示灯模拟调试程序，即用 LED1、LED2、LED3 的亮灭情况分别代表主电路的三只接触器 KM1、KM2、KM3 的分合动作情况。指示灯模拟调试动作分合对照表见表 2-3。

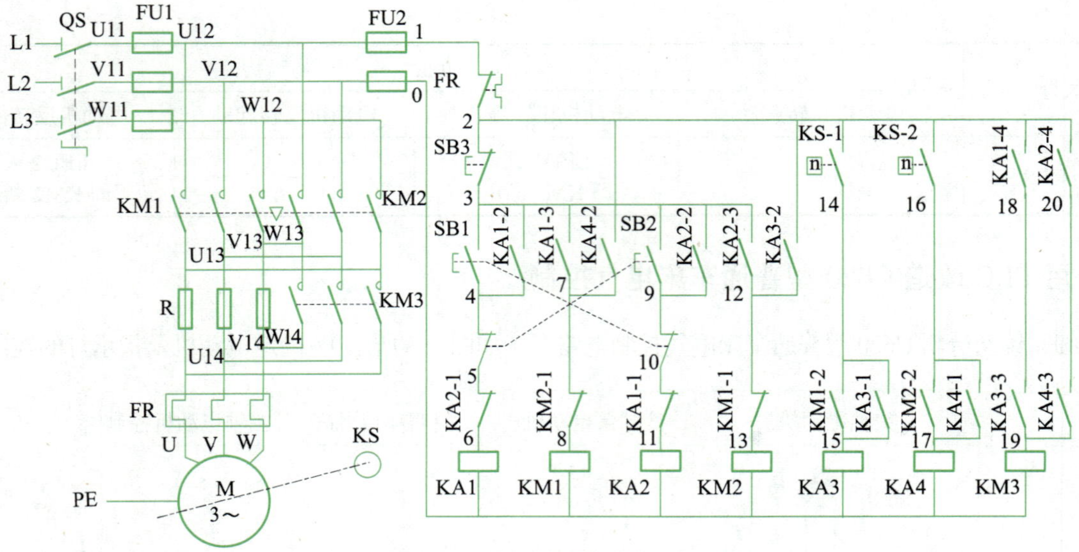

图 2-4　三相异步电动机双向起动双向反接制动控制电路

表 2-3　指示灯模拟调试动作分合对照表

执行	功能			
	电动机串电阻正向降压起动	电动机正向反接制动	电动机串电阻反向降压起动	电动机反向反接制动
操作 SB1	LED1 先亮，速度继电器 KS-1 闭合后，LED3 随后亮（即 KM1 先闭合，KM3 随后闭合）	—	—	—
操作 SB3	—	LED1、LED3 先灭，LED2 随即亮，LED2 随后又灭	—	LED2、LED3 先灭，LED1 随即亮，LED1 随后又灭
操作 SB2	—	—	LED2 先亮，速度继电器 KS-2 闭合后，LED3 随后亮（即 KM2 先闭合，KM3 随后闭合）	—
操作 FR	LED1、LED3 立刻灭（即 KM1、KM3 立刻断电）	—	LED2、LED3 立刻灭（即 KM2、KM3 立刻断电）	—

二、任务实施

分析图 2-1、图 2-2、图 2-3 和图 2-4 所示的电气控制原理图。预习、回顾用 PLC 改造继电 – 接触式控制线路的一般步骤及技巧、PLC 选用原则、程序设计步骤、基本指令的应用及线路的连接等相关知识点。

1. 设计流程

（1）按照控制要求设计 PLC 控制器的输入 / 输出（I/O）地址分配表。

（2）按照控制要求进行 PLC 控制器的输入 / 输出（I/O）接线图的设计。

（3）将编写好的程序录入到 GX Works2 编程软件中，并进行程序的下载及运行。

（4）根据任务要求对程序进行模拟调试。

（5）完成课题的任务评价。

2. 先导课题

根据图 2-5 所示的 PLC 改造继电器控制原理图，完成如下设计。

（1）点动控制。

每按动起动按钮 SB1 一次，电动机作星形连接运转一次。

（2）自锁控制。

按起动按钮 SB1，电动机连接起动，只有按下停止按钮 SB2 时电动机才停止运转。

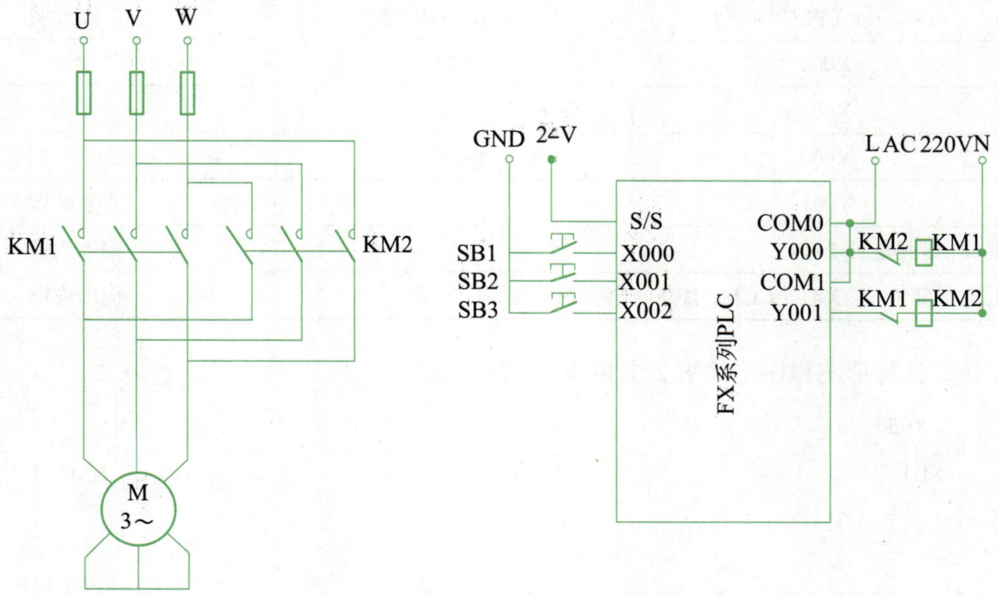

图 2-5　点动、自锁及联锁控制设计图

设计思路如图 2-6 所示。

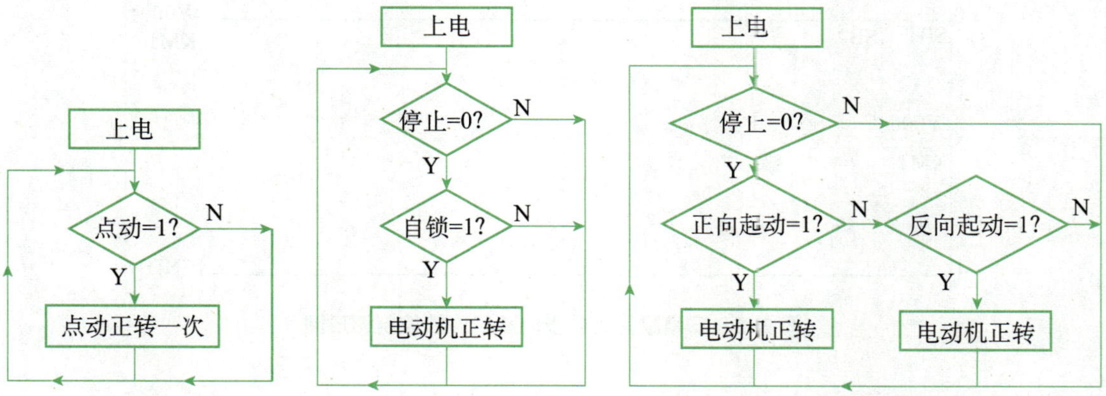

(a)点动控制　(b)自锁控制　(c)联锁正反转控制

图 2-6　程序设计流程图

（3）设计步骤。

1）检查实训设备中器材及调试程序。

2）按照 I/O 端口分配功能表或接线图完成 PLC 与实训模块之间的接线，认真检查，确保正确无误。

3）编写梯形图，进行编译，直至无误，用 SC-09 通信编程电缆连接计算机串口与 PLC 通信口，打开 PLC 主机电源开关，下载程序至 PLC 中，下载完毕后将 PLC 的“RUN/STOP”开关拨至“RUN”状态。

4）分别按动 SB1～SB3，观察并记录电动机运行状态。

5）尝试编译新的控制程序，实现不同于示例程序的控制效果。

（4）I/O 端口分配功能。

I/O 端口分配功能见表 2-4。

表 2-4　PLC 改造继电器控制课题 I/O 端口分配功能表

序号	PLC 地址（PLC 端子）	电气符号（面板端子）	功能说明
1	X000	SB1	起动
2	X001	SB2	停止
3	Y000	KM1	继电器 01
4	Y001	KM2	继电器 02
5	主机 S/S 接电源 24V		输入规格
6	主机 COM0、COM1、COM2 接交流电源 N		输出规格

（5）参考设计梯形图程序（如图 2-7 和图 2-8 所示）。

图 2-7　三相鼠笼式异步电动机点动控制梯形图

图 2-8　三相鼠笼式异步电动机连续控制梯形图

3. 任务 1 扩展训练

（1）二分频电路（脉冲上升沿接触、脉冲下降沿接触的应用）。

在完成前面任务的基础上，拓展思维。用单按钮控制电动机的起停：图 2-9 为三相异步电动机的连续控制电路图，是由 SB1 与 SB2 两个按钮分别控制电动机的起动与停止的，请用 PLC 进行编程，实现用一个按钮代替两个按钮完成电动机的起动与停止功能。

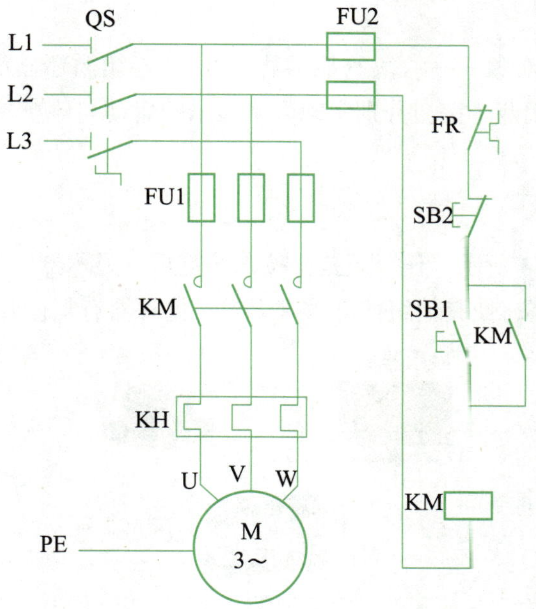

图 2-9　电动机连续控制电路

（2）运用“设置线圈（置位指令）”和“重设线圈（复位指令）”完成图 2-9 的编程，要求用两个按钮实现。

任务 2　八段码、抢答器及电动机顺序起动逆向停止控制系统设计

操作视频

八段数码管显示及编程

一、任务描述

1. 八段码控制系统设计

图 2-10 为八段数码管的外形图，它实质上是七只发光二极管组成的阿拉伯数字及数字后的小数点显示器，其工作原理如图 2-11 与图 2-12 所示。下面请按照要求进行 PLC 的程序设计与调试。

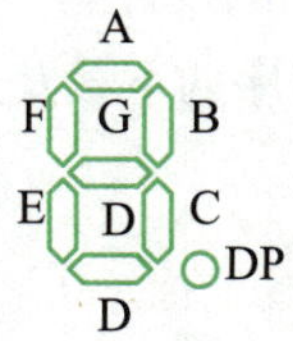

图 2-10　八段数码管实物外形图

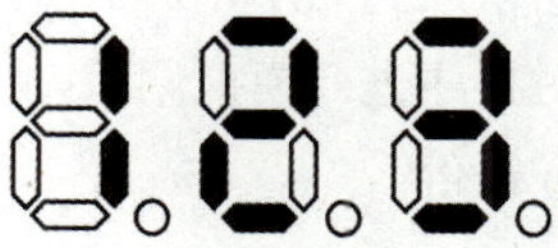

图 2-11　八段码显示数字“1”“2”“3”

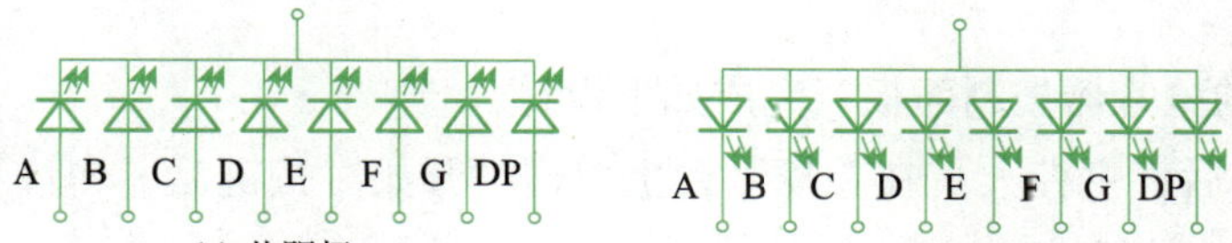

(a) 共阴极　　(b) 共阳极

图 2-12　八段码显示电路原理图

设计要求如下：

请用 PLC 实现输出控制对象——八段码显示器从 0～9 连续循环显示，要求升序显示的阿拉伯数字间的时间间隔为 1s，并且用两个按钮分别实现数字显示的启动与停止。

2. 抢答器控制系统设计

一个四组抢答器如图 2-13 所示，任一组抢先按下按键后，显示器能及时显示该组的编号并使蜂鸣器发出响声，同时锁住抢答器，使其他组按下按键无效。抢答器有复位开关，复位后可以重新抢答。

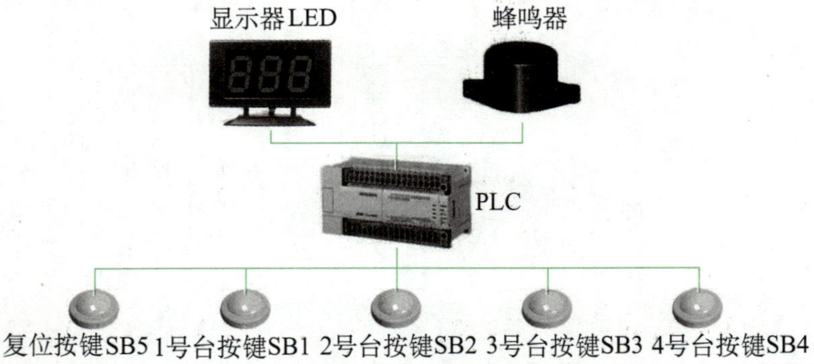

图 2-13　四组抢答器的结构示意图

3. 电动机顺序起动逆向停止控制系统设计

用 PLC 设计一套三级皮带运输机的控制。现实生产中，为了避免物料在运输途中堆积，实现正常传输，皮带运输的三台拖动电动机 M1、M2 和 M3 起动时要按一定的时间间隔顺序起动：M1 到 M2 的时间间隔为 5s，M2 到 M3 的时间间隔为 5s；停车时也要按一定的时间间隔逆序停车：M3 到 M2 的时间间隔为 3s，M2 到 M1 的时间间隔为 3s。

二、任务实施

1. 设计流程

按任务描述情况，分别完成八段码、抢答器及电动机顺序起动逆向停止控制系统设计，按如下步骤实施任务：

（1）按照控制要求设计 PLC 控制器的输入 / 输出（I/O）地址分配表。

（2）按照控制要求进行 PLC 控制器的输入 / 输出（I/O）接线图的设计。

（3）将编写好的程序录入到 GX Works2 编程软件中，并进行程序的下载及运行。

（4）根据任务要求对程序进行模拟调试。

（5）完成课题的任务评价。

2. 先导课题

操作视频

抢答器

根据图 2-14 所示的抢答器控制面板，完成如下设计：

（1）系统初始上电后，主控人员在总控制台上单击“开始”按键后，允许各队人员开始抢答，即各队抢答按键有效。

（2）抢答过程中，1～4 队中的任何一队抢先按下各自的抢答按键（S1、S2、S3、S4）后，该队指示灯（L1、L2、L3、L4）点亮，LED 数码显示系统显示当前的队号，并且其他队的人员继续抢答无效。

（3）主控人员对抢答状态确认后，单击“复位”按键，系统又继续允许各队人员开始抢答，直至又有一队抢先按下自己的抢答按键。

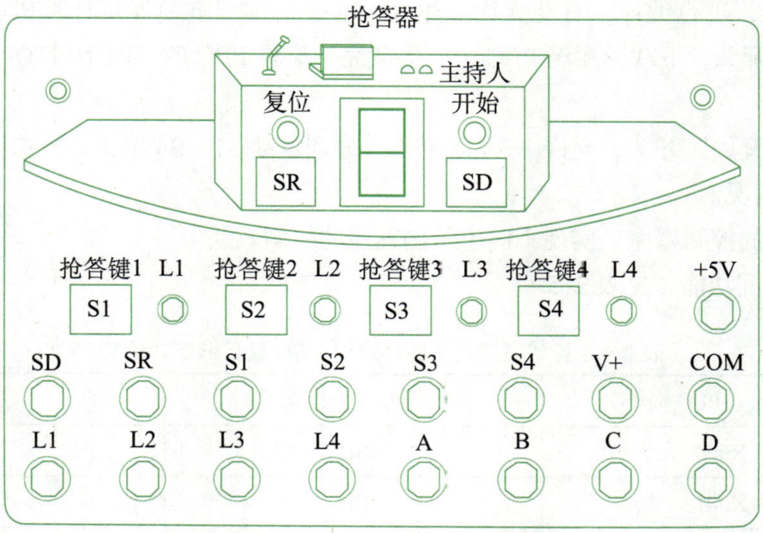

图 2-14　先导课题抢答器控制面板

设计思路如图 2-15 所示。

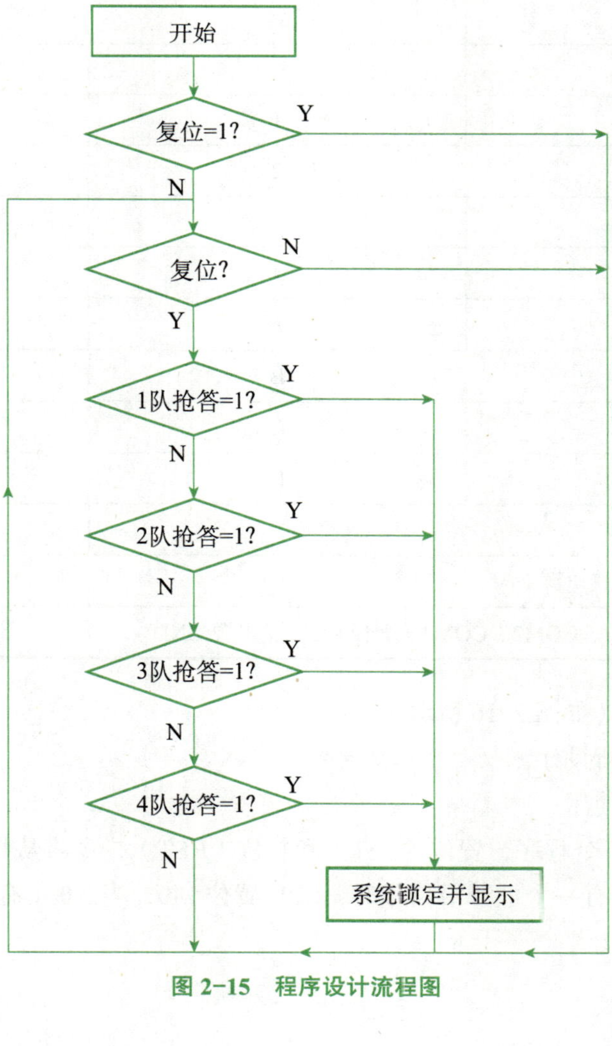

图 2-15　程序设计流程图

（4）设计步骤。

1）检查实训设备中器材及调试程序。

2）按照 I/O 端口分配功能表或接线图完成 PLC 与实训模块之间的接线，认真检查，确保正确无误。

3）编写梯形图，进行编译，直至无误，用 SC-09 通信编程电缆连接计算机串口与 PLC 通信口，打开 PLC 主机电源开关，下载程序至 PLC 中，下载完毕后将 PLC 的“RUN/STOP”开关拨至“RUN”状态。

4）分别点动“开始”开关，允许 1～4 队抢答。分别点动 S1～S4 按钮，模拟四个队进行抢答，观察并记录系统响应情况。

5）尝试编译新的控制程序，实现不同于示例程序的控制效果。

（5）I/O 端口分配功能（见表 2-5）。

表 2-5　抢答器课题（先导课题）I/O 端口分配功能表

序号	PLC 地址（PLC 端子）	电气符号（面板端子）	功能说明
1	X000	SD	启动
2	X001	SR	复位
3	X002	S1	1 队抢答
4	X003	S2	2 队抢答
5	X004	S3	3 队抢答
6	X005	S4	4 队抢答
7	Y000	1	1 队抢答显示
8	Y001	2	2 队抢答显示
9	Y002	3	3 队抢答显示
10	Y003	4	4 队抢答显示
11	Y004	A	数码控制端子 A
12	Y005	B	数码控制端子 B
13	Y006	C	数码控制端子 C
14	Y007	D	数码控制端子 D
15	面板 +5V 接电源 5V		电源正端
16	主机 S/S、面板 V+ 接电源 24V		电源正端
17	主机 COM0、COM1、COM2、COM3、面板 COM 接电源 GND		电源地端

（6）PLC 外部接线图（如图 2-16 所示）。

（7）梯形图程序（自行设计）。

（8）置位、复位指令使用。

图 2-17 为置位复位指令程序，置位（SET）和复位（RST）指令将从指定地址的点置位或复位。如图 2-17 所示：当 X000 有一个上升沿信号时，CPU 置位 M0；当 X001 有一个上升沿信号时，CPU 复位 M0。

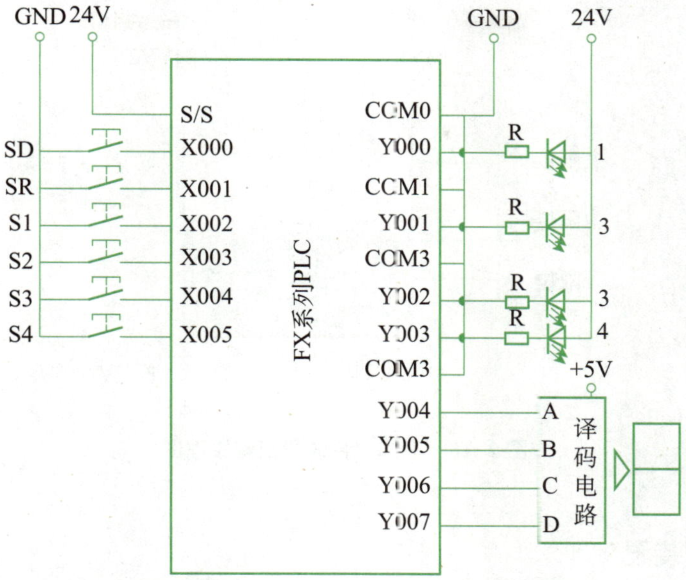

图 2-16　抢答器课题（先导课题）PLC 外部接线图

图 2-17　置位、复位指令程序

任务 3　多种液体混合装置控制系统设计

一、任务描述

操作视频

多种液体混合装置

1. 两种液体混合装置

化工行业经常涉及多种化学液体的混合问题，如图 2-18 所示为某液体混合装置，上限位、下限位和中限位液位传感器在各自被液体淹没时为 ON，反之为 OFF。阀 YV1、阀 YV2 和阀 YV3 为电磁阀，线圈通电时打开，线圈断电时关闭。开始时容器是空的，各阀门均关闭，各传感器均为 OFF。按下启动按钮后，打开阀 YV1，液体 A 流入容器，中限位开关变为 ON 时，关闭阀 YV1，打开阀 YV2，液体 B 流入容器。当液面达到上限位开关时，关闭阀 YV2，电动机 M 开始运行，搅动液体，10s 后停止搅动，打开阀 YV3，放出混合液，当液面降至下限位开关之后再过 5s，容器放空，关闭阀 YV3，打开阀 YV1，又开始下一周期的操作。按下停止按钮，在当前工作周期的操作结束后，才停止操作。

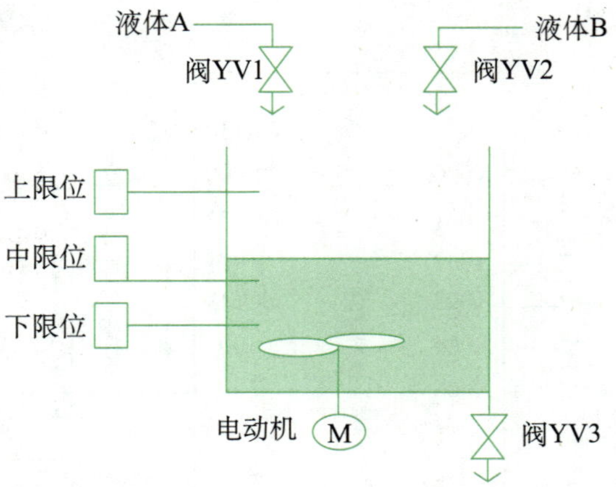

图 2-18　液体混合装置控制原理图

2. 三种液体混合装置

如图 2-19 所示为三种液体混合模拟装置，由液面传感器 SL1、SL2、SL3，液体 A、B、C 阀门，混合液体阀门，电磁阀 YV1、YV2、YV3、YV4，搅匀电动机 M，加热器 H，温度传感器 T 组成，实现三种液体的混合、搅匀、加热等功能。

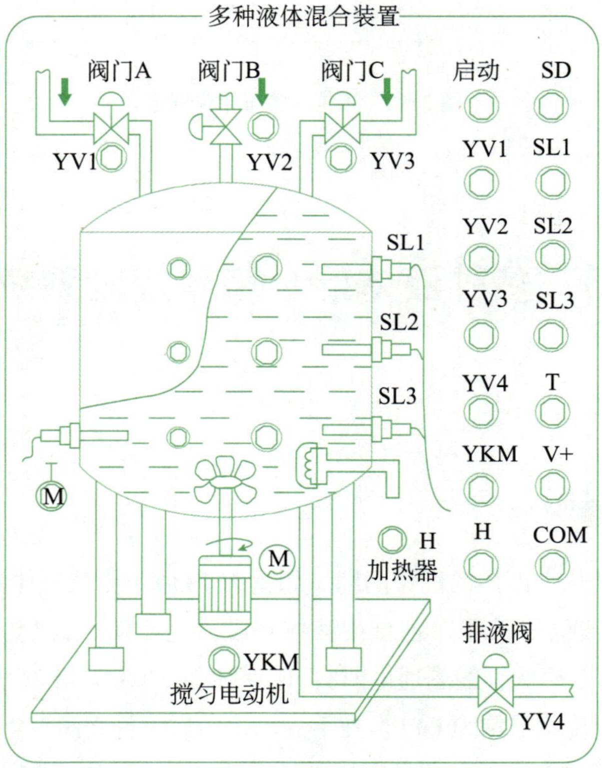

图 2-19　三种液体混合模拟装置

总体控制要求如下：

（1）打开“启动”开关，装置投入运行。首先液体 A、B、C 阀门关闭，混合液阀门打开 10s 将容器放空后关闭。然后液体 A 阀门打开，液体 A 流入容器。当液面到达 SL3 时，SL3 接通，关闭液体 A 阀门，打开液体 B 阀门。当液面到达 SL2 时，关闭液体 B 阀门，打开液体 C 阀门。当液面到达 SL1 时，关闭液体 C 阀门。

（2）搅匀电动机开始搅匀、加热器开始加热。当混合液体在 6s 内达到设定温度时，加热器停止加热，搅匀电动机工作 6s 后停止搅动；当混合液体加热 6s 后还没有达到设定温度时，加热器继续加热，当混合液体达到设定温度时，加热器停止加热，搅匀电动机停止工作。

（3）搅匀结束后，混合液体阀门打开，开始放出混合液体。当液面下降到 SL3 时，SL3 由接通变为断开，再过 2s 后，容器放空，混合液体阀门关闭，开始下一周期。

（4）关闭“启动”开关，在当前的混合液体处理完毕后，停止操作。

二、任务实施

1. 设计流程

按任务描述情况，完成任务 3 课题的设计要求，按如下步骤实施任务：

（1）按照控制要求设计 PLC 控制器的输入 / 输出（I/O）地址分配表。

（2）按照控制要求进行 PLC 控制器的输入 / 输出（I/O）接线图的设计。

（3）将编写好的程序录入到 GX Works2 编程软件中，并进行程序的下载及运行。

（4）根据任务要求对程序进行模拟调试。

（5）完成课题的任务评价。

2. 设计指导（以三种液体混合装置为例）

（1）设计思路（如图 2-20 所示）。

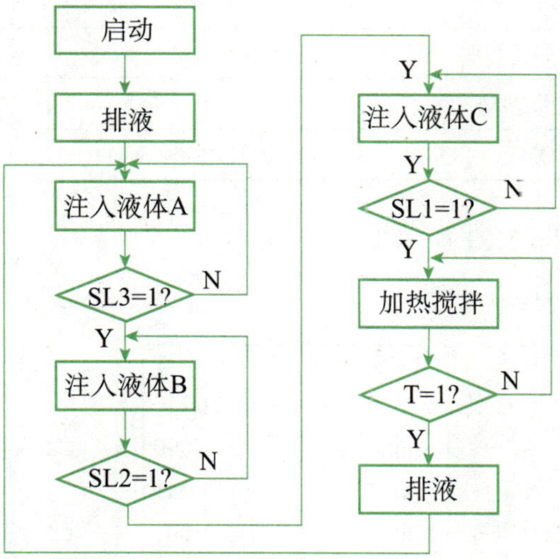

图 2-20　三种液体混合程序设计流程图

（2）设计步骤。

1）检查实训设备中器材及调试程序。

2）按照 I/O 端口分配功能表或接线图完成 PLC 与实训模块之间的接线，认真检查，确保正确无误。

3）编写梯形图，进行编译，直至无误，用 SC-09 通信编程电缆连接计算机串口与 PLC 通信口，打开 PLC 主机电源开关，下载程序至 PLC 中，下载完毕后将 PLC 的 ‘RUN/STOP” 开关拨至 “RUN” 状态。

4）打开“启动”开关，将 SL1、SL2、SL3 拨至“OFF”状态，观察液体混合阀门 YV1、YV2、YV3、YV4 的工作状态。

5）等待 20s 后，观察液体混合阀门 YV1、YV2、YV3、YV4 的工作状态有何变化，依次将 SL1、SL2、SL3 液面传感器拨至“ON”状态，观察系统各阀门、搅动电动机 YKM 及加热器 H 的工作状态。

6）将测温传感器的开关拨至“ON”状态，观察系统各阀门、搅动电动机 YKM 及加热器 H 的工作状态。

7）关闭“启动”开关，系统停止工作。

（3）I/O 端口分配功能（见表 2-6）。

表 2-6　三种液体混合 I/O 端口分配功能表

序号	PLC 地址（PLC 端子）	电气符号（面板端子）	功能说明
1	X000	SD	启动（SD）
2	X001	SL1	液位传感器 SL1
3	X002	SL2	液位传感器 SL2
4	X003	SL3	液位传感器 SL3
5	X004	T	温度传感器 T
6	Y000	YV1	进液阀门 A
7	Y001	YV2	进液阀门 B
8	Y002	YV3	进液阀门 C
9	Y003	YV4	排液阀门
10	Y004	YKM	搅拌电动机
11	Y005	H	加热器
12	主机 S/S、面板 V+ 接电源 24V		电源正端
13	主机 COM0、COM1、COM2、COM3、面板 COM 接电源 GND		电源地端

（4）PLC 外部接线图（如图 2-21 所示）。

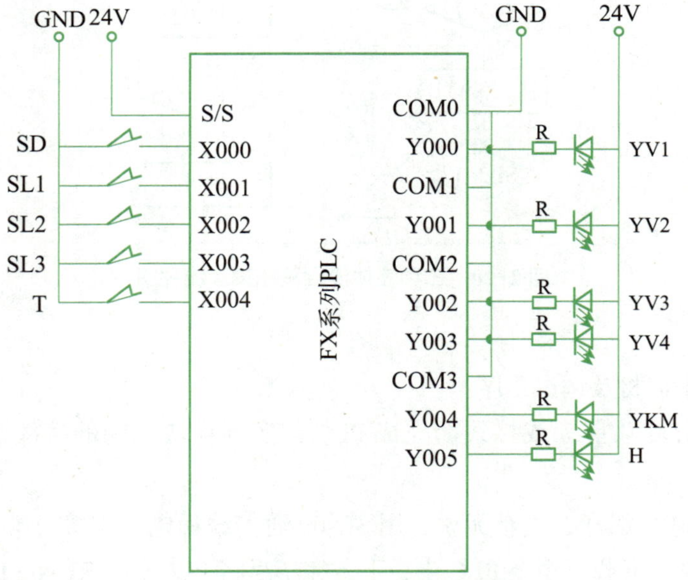

图 2-21　三种液体混合课题 PLC 外部接线图

（5）参考梯形图（如图 2-22 所示）。

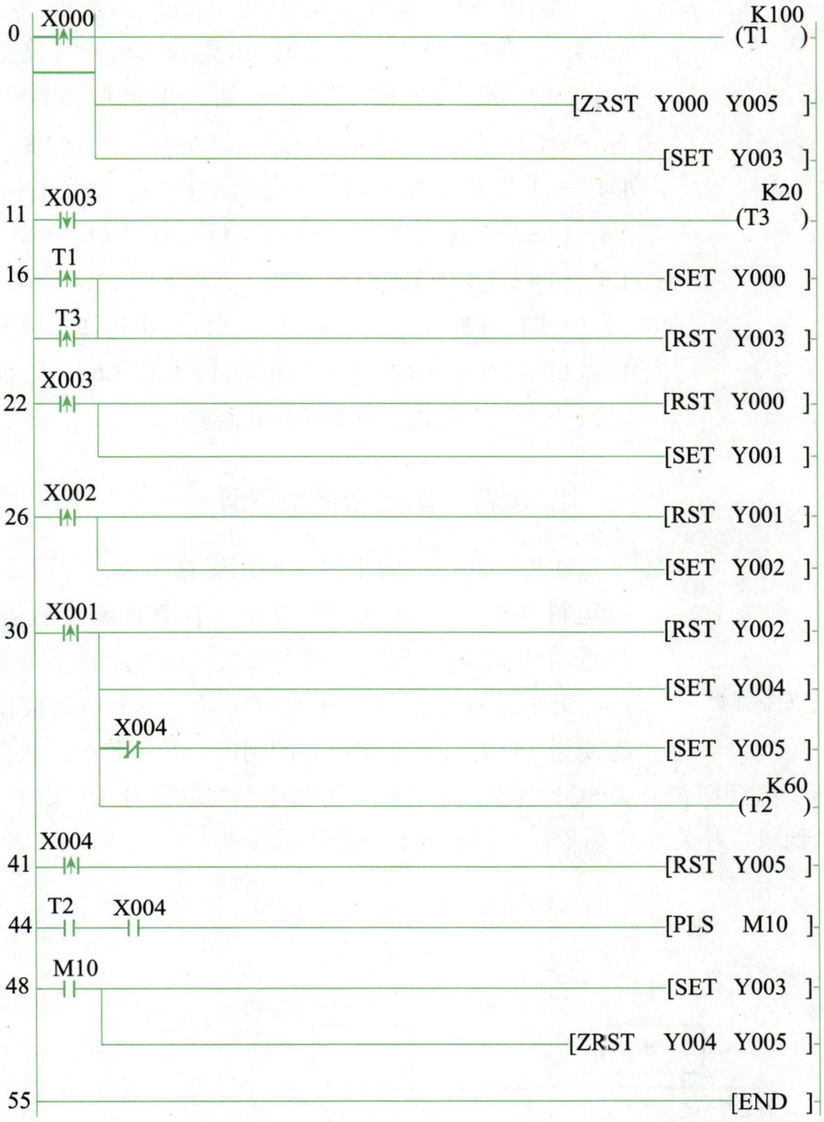

图 2-22　三种液体混合课题梯形图

任务 4　天塔之光及运料小车控制系统设计

操作视频

天塔之光

一、任务描述

1. 天塔之光控制系统设计

依据实际生活中对天塔之光的运行控制要求，运用可编程控制器的强大功能，实现模拟控制。图 2-23 所示为天塔之光控制面板。

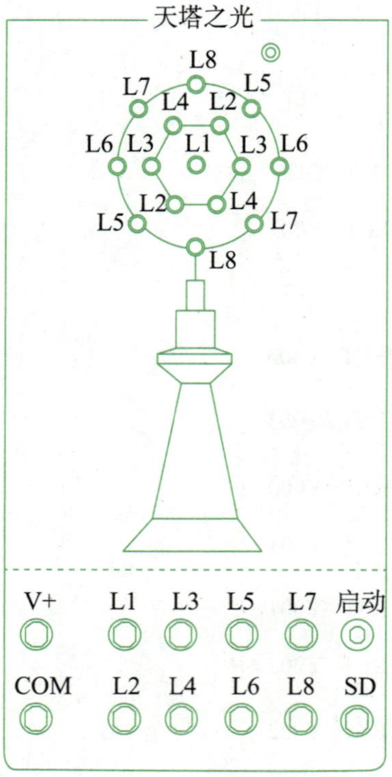

图 2-23　天塔之光控制面板

具体控制要求如下：

（1）模式 1：按下启动按钮，L1 亮 1s 后灭，接着 L2、L3、L4 亮 1s 后灭，再接着 L5、L6、L7、L8 亮 1s 后灭，L1 又亮，如此循环下去。

（2）模式 2：按下启动按钮，指示灯按以下规律循环显示：L1 → L2 → L3 → L4 → L5 → L6 → L7 → L8 → L1 → L2、L3、L4 → L5、L6、L7、L8 → L1 → L2、L3、L4 → L5、L6、L7、L8 → L1 → L2、L3、L4 → L5、L6、L7、L8 → L1 → L1、L2 → L1、L3 → L1、L4 → L1、L8 → L1、L7 → L1、L6 → L1、L5 → L1、L2、L8 → L1、L3、L7 → L1、L4、L6 → L1、L2、L3、L4 → L1、L5、L6、L7、L8、→ L1、L2、L3、L4、L5、L6、L7、L8 → L1。关闭启动按钮，天塔之光控制系统停止运行。

2. 运料小车控制系统设计

在自动化生产线上经常使用运料小车，如图 2-24 所示，货物通过运料小车 M 从 A 地运到 B 地，在 B 地卸货后运料小车 M 再从 B 地返回 A 地待命。本任务用 PLC 来控制运料小车的工作。假设运料小车开始停在左侧限位开关 SQ2 处，按下启动按钮，装料电动机状态变为“ON”，打开储料斗的闸门，开始装料，3s 后关闭贮料斗的闸门，运料小车右行，碰到限位开关 SQ1 后停下来卸料，卸料电动机状态变为“ON”，2s 后卸料停止，运料小车左行，碰到限位开关 SQ2 后返回初始状态，停止运行。

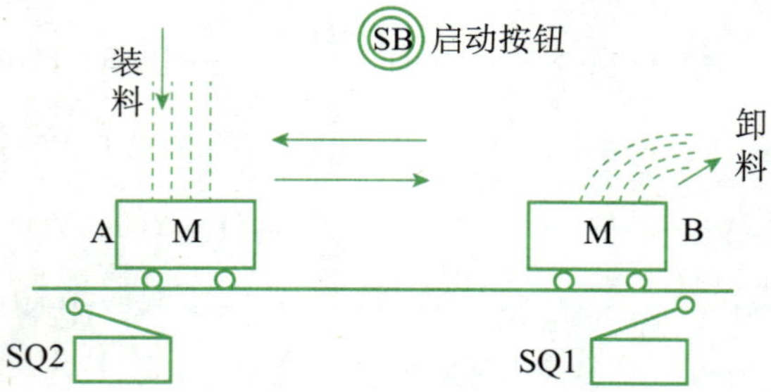

图 2-24　运料小车示意图

操作视频

三相异步电动机延时正反向控制

二、任务实施

按任务描述情况，分别完成天塔之光和运料小车控制系统设计，在制定控制系统的方案时，充分考虑工程的组成及实现，主要从机械部件的动作顺序、动作条件、必要的保护和联锁，系统工作方式（如手动、自动、半自动）和安全保护措施及紧急情况处理等方面着手设计。

1. 设计流程

（1）按照控制要求设计 PLC 控制器的输入 / 输出（I/O）地址分配表。

（2）按照控制要求进行 PLC 控制器的输入 / 输出（I/O）接线图的设计。

（3）将编写好的程序录入到 GX Works2 编程软件中，并进行程序的下载及运行。

（4）根据任务要求对程序进行模拟调试。

（5）完成课题的任务评价。

2. 设计指导（以天塔之光为例）

（1）设计步骤。

1）检查实训设备中器材及调试程序。

2）按照 I/O 端口分配功能表或接线图完成 PLC 与实训模块之间的接线，认真检查，确保正确无误。

3）编写梯形图，进行编译，直至无误，用 SC-09 通信编程电缆连接计算机串口与 PLC 通信口，打开 PLC 主机电源开关，下载程序至 PLC 中，下载完毕后将 PLC 的“RUN/STOP”开关拨至“RUN”状态。

4）打开“启动”开关，系统进入自动运行状态，调试天塔之光控制程序并观察工作状态。

5）关闭“启动”开关，系统停止运行。

（2）I/O 端口分配功能（见表 2-7）。

表 2-7　天塔之光 I/O 端口分配功能表

序号	PLC 地址（PLC 端子）	电气符号（面板端子）	功能说明
1	X000	SD	启动
2	Y000	L1	指示灯 L1
3	Y001	L2	指示灯 L2
4	Y002	L3	指示灯 L3
5	Y003	L4	指示灯 L4
6	Y004	L5	指示灯 L5
7	Y005	L6	指示灯 L6
8	Y006	L7	指示灯 L7
9	Y007	L8	指示灯 L8
10	主机 S/S、面板 V+ 接电源 24V		电源正端
11	主机 COM0、COM1、COM2、COM3、面板 COM 接电源 GND		电源地端

（3）PLC 外部接线图（如图 2-25 所示）。

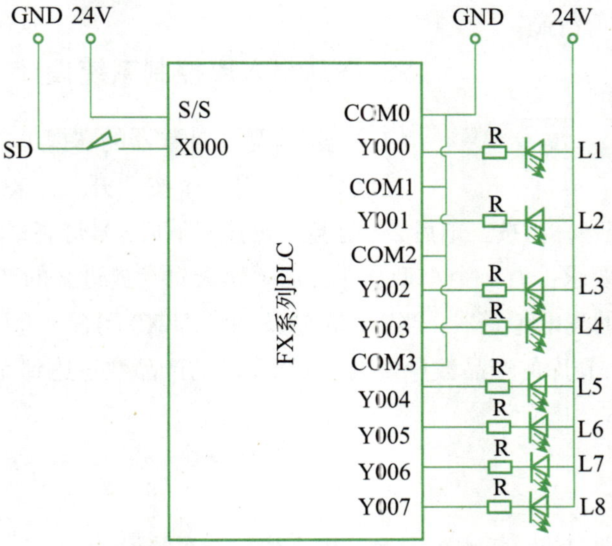

图 2-25　天塔之光课题 PLC 外部接线图

（4）梯形图程序（自行设计）。

任务 5　水塔水位及产品出入库控制系统设计

一、任务描述

1. 水塔水位控制系统设计

操作视频

水塔水位

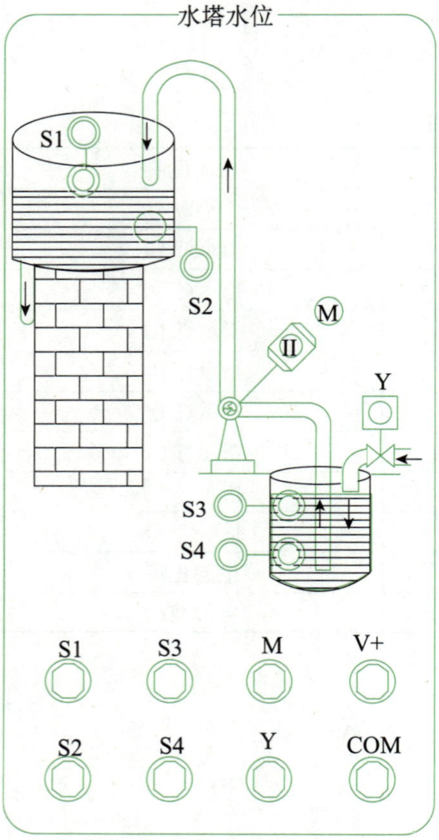

图 2-26　水塔水位控制系统模拟装置

如图 2-26 所示为水塔水位控制系统模拟装置，完成如下设计：

（1）各限位开关定义如下：

S1 定义为水塔水位上部传感器（ON：液面已到水塔上限位，OFF：液面未到水塔上限位）；

S2 定义为水塔水位下部传感器（ON：液面已到水塔下限位，OFF：液面未到水塔下限位）；

S3 定义为水池水位上部传感器（ON：液面已到水池上限位，OFF：液面未到水池上限位）；

S4 定义为水池水位下部传感器（ON：液面已到水池下限位，OFF：液面未到水池下限位）。

（2）当水位低于 S4 时，阀 Y 开启，系统开始向水池中注水，5s 后如果水池中的水位还未达到 S4，则 Y 指示灯闪亮，系统报警。

（3）当水池中的水位高于 S3、水塔中的水位低于 S2 时，电动机 M 开始运转，水泵开始由水池向水塔中抽水。

当水塔中的水位高于 S1 时，电动机 M 停止运转，水泵停止向水塔抽水。

2. 产品出入库控制系统设计

（1）先导课题（计数器的掌握）。

控制要求：用一个按钮开关（X0）控制三个灯（Y1、Y2、Y3），按钮按三下后 1 号灯亮，再按三下后 2 号灯亮，再按三下后 3 号灯亮，再按一下全灭，以此反复。

（2）产品出入库控制要求：有一个小型仓库，需要每天对存放进来的产品数量进行统计。在仓库的出入口设置有检测产品的光电传感器：当有产品进库时，即 X0 闭合，仓库的产品数量就加 1；当有产品出库时，即 X1 闭合，仓库的产品数量就减 1；当仓库的产品数量达到 50 个时，开始报警。

二、任务实施

按任务描述情况，分别完成水塔水位及产品出入库控制系统设计。

1. 设计流程

（1）按照控制要求设计 PLC 控制器的输入 / 输出（I/O）地址分配表。
（2）按照控制要求进行 PLC 控制器的输入 / 输出（I/O）接线图的设计。
（3）将编写好的程序录入到 GX Works2 编程软件中，并进行程序的下载及运行。
（4）根据任务要求对程序进行模拟调试。
（5）完成课题的任务评价。

2. 设计指导（以水塔水位为例）

（1）较复杂逻辑程序的编写方法。

在编写较复杂逻辑程序时，应遵循以下原则及顺序：

1）确定系统所需的动作及次序。

①第一步是设定系统输入及输出数目，可由系统的输入及输出分立元件数目直接取得。

②第二步是根据系统的控制要求，确定控制顺序、各器件相应关系以及作出何种反应。

2）将输入及输出器件编号。

每一个输入和输出器件，包括定时器、计数器、内置继电器等都有一个唯一的对应编号，不能混用。

3）画出梯形图。

根据控制系统的动作要求，画出梯形图。梯形图设计规则如下：

①触点应画在水平线上，不能画在垂直分支上。应根据自左至右、自上而下的原则和对输出线圈的几种可能控制路径来画。

②不包含触点的分支应放在垂直方向，不可放在水平位置，以便于识别触点的组合和对输出线圈的控制路径。

③在有几个串联回路相并联时，应将触头多的那个串联回路放在梯形图的最上面。在有几个并联回路相串联时，应将触点最多的并联回路放在梯形图的最左面。这种安排下，所编制的程序简洁明了，语句较少。

④不能将触点画在线圈的右边，只能在触点的右边接线圈。

（2）设计思路（如图 2-27 所示）。

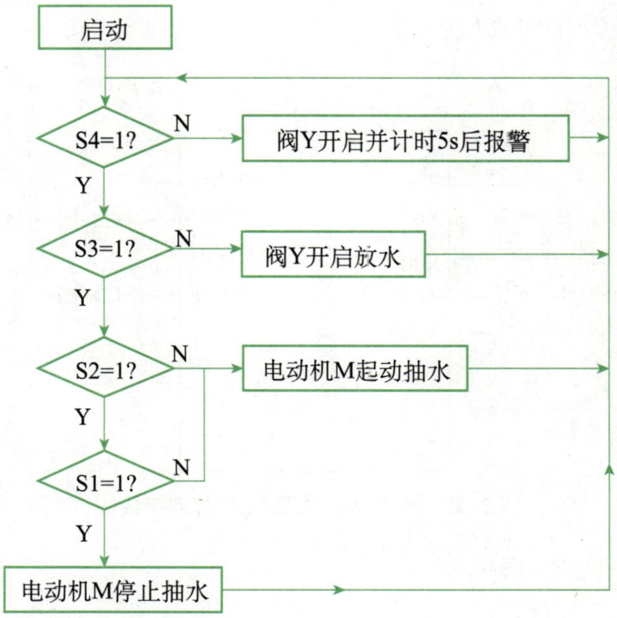

图 2-27　水塔水位程序设计流程图

（3）设计步骤。

1）检查实训设备中的器材及调试程序。

2）按照 I/O 端口分配功能表或接线图完成 PLC 与实训模块之间的接线，认真检查，确保正确无误。

3）编写梯形图，进行编译，直至无误，用 SC-09 通信编程电缆连接计算机串口与 PLC 通信口，打开 PLC 主机电源开关，下载程序至 PLC 中，下载完毕后将 PLC 的“RUN/STOP”开关拨至“RUN”状态。

4）将各限位开关拨至以下状态：S1=0、S2=0、S3=0、S4=0。观察阀门 Y 的状态，5s 后如果 S4 仍然未拨至“ON”状态，则观察阀门 Y 的状态。

5）将 S4 拨至“ON”状态，观察抽水电动机 M 的状态；继而将 S1 拨至“ON”状态，观察抽水电动机 M 的状态。

6）尝试编译新的控制程序，实现不同于示例程序的控制效果。

（4）I/O 端口分配功能（见表 2-8）。

表 2-8　水塔水位 I/O 端口分配功能表

序号	PLC 地址（PLC 端子）	电气符号（面板端子）	功能说明
1	X000	S1	水塔液位上限位
2	X001	S2	水塔液位下限位
3	X002	S3	水池液位上限位
4	X003	S4	水池液位下限位
5	Y000	M	抽水电动机
6	Y001	Y	进水阀门
7	主机 S/S、面板 V+ 接电源 24V		电源正端
8	主机 COM0、COM1、面板 COM 接电源 GND		电源地端

（5）PLC 外部接线图（如图 2-28 所示）。

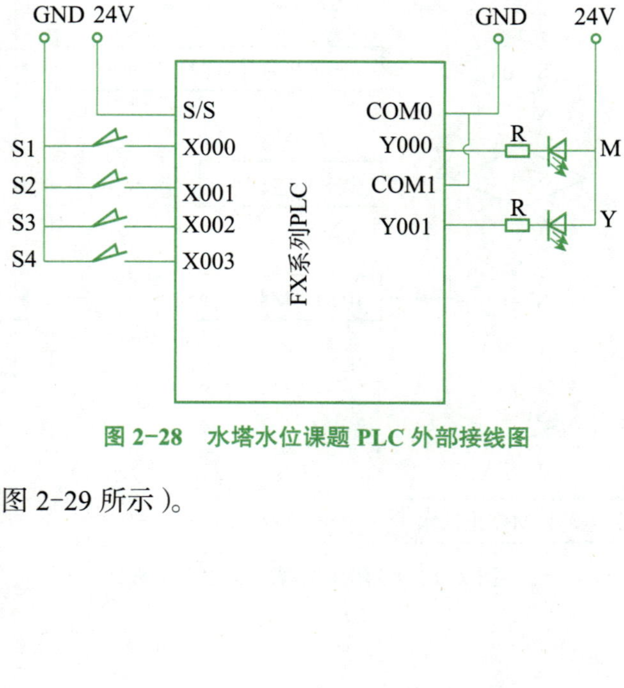

图 2-28　水塔水位课题 PLC 外部接线图

（6）参考梯形图（如图 2-29 所示）。

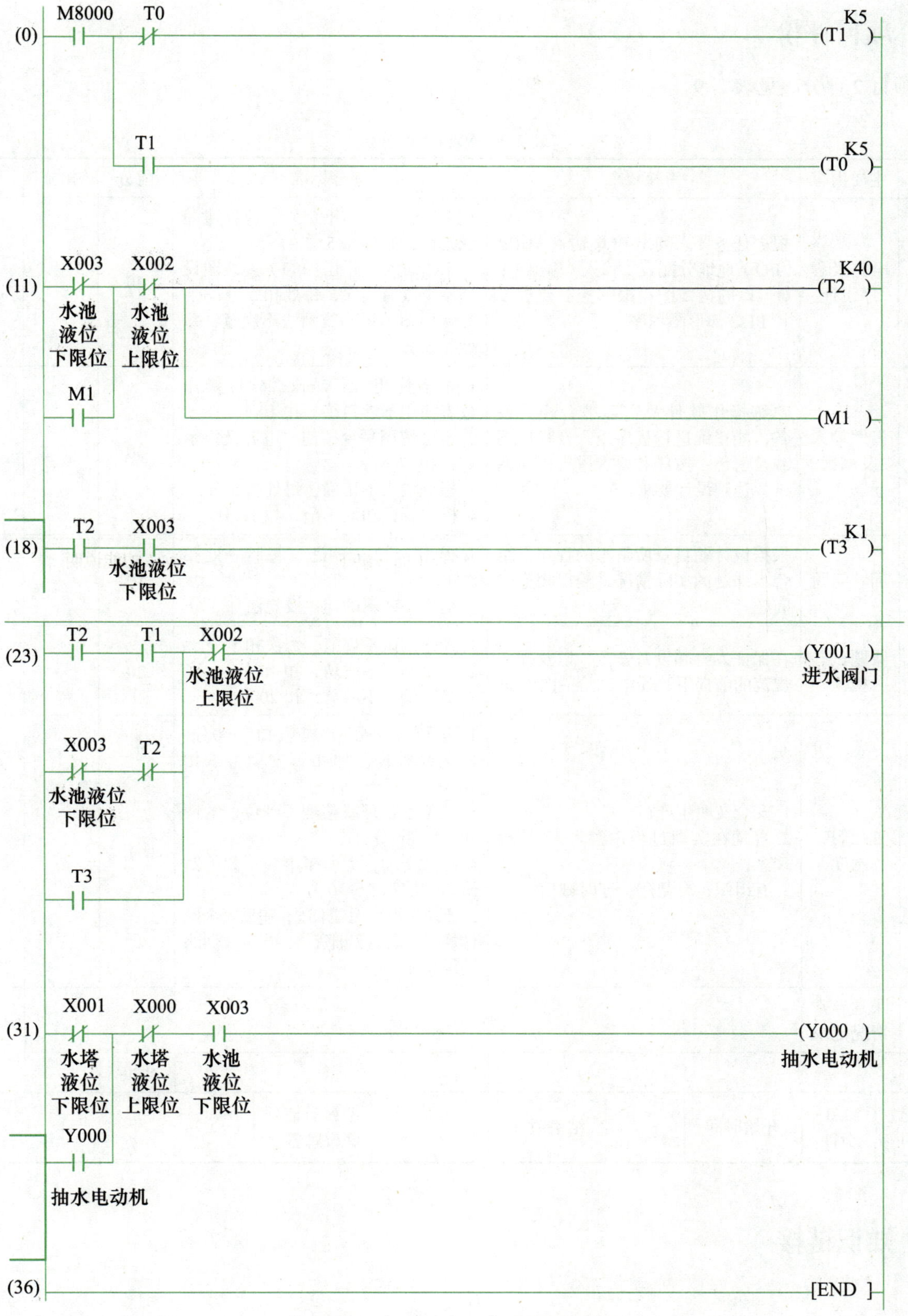

图 2-29　水塔水位课题参考梯形图

项目评价

项目 2 评分表见表 2-9。

表 2-9　项目 2 评分表

<table>
<tr><th>序号</th><th>主要内容</th><th colspan="2">考核要求</th><th colspan="2">评分标准</th><th>配分</th><th>扣分</th><th>得分</th></tr>
<tr><td>1</td><td>电路及程序设计</td><td colspan="2">根据任务要求列出 PLC 输入 / 输出（I/O）地址分配表、输入 / 输出（I/O）口的接线图；根据控制要求设计 PLC 梯形图程序</td><td colspan="2">1.PLC 输入 / 输出（I/O）地址遗漏或错误，每处扣 5 分；
2.PLC 输入 / 输出（I/O）接线图设计不全或有错误，每处扣 5 分；
3. 梯形图不正确或画法不规范，每处扣 5 分</td><td>40</td><td></td><td></td></tr>
<tr><td>2</td><td>程序输入及调试</td><td colspan="2">熟练操作软件及实训平台相关设备，能正确进行程序录入及程序下载及上传；按任务要求进行模拟调试，达到设计要求</td><td colspan="2">1. 不会使用 GX Works2 软件操作或者使用不够熟练，扣 10 分；
2. 不会使用平台按钮、电源及指示灯，扣 10 分；
3. 指令输入不正确，每处扣 5 分；
4. 模拟调试功能不全，扣 10 分</td><td>30</td><td></td><td></td></tr>
<tr><td>3</td><td>回答问题</td><td colspan="2">根据设计题目及所编写的程序，结合本课题的实际情况，提出相应的问题</td><td colspan="2">1. 提出 1～2 个问题，每错一处扣 5 分；
2. 提出一些新的建议及想法加 5 分</td><td>10</td><td></td><td></td></tr>
<tr><td>4</td><td>课题试验检验</td><td colspan="2">在保证人身和设备安全，以及操作规范的前提下，通电试验一次成功</td><td colspan="2">1. 操作调试不规范，每次扣 5 分。
2. 一次调试不成功，扣 10 分；
二次调试不成功，扣 20 分</td><td>20</td><td></td><td></td></tr>
<tr><td>5</td><td>6S 管理制度</td><td colspan="2">1. 安全文明生产；
2. 自觉在实训过程中融入 6S 管理理念；
3. 有组织，有纪律，守时诚信</td><td colspan="2">1. 违反安全文明生产规范,扣5～40分;
2. 乱线敷设，加扣不安全分，扣 10 分；
3. 工位不整理或整理不到位，酌情扣 10～20 分；
4. 随意走动，无所事事，不刻苦钻研，酌情扣 5～10 分；
5. 不思进取，无理取闹，违反安全操作规程，取消实训资格，当天实训课题得 0 分</td><td>倒扣</td><td></td><td></td></tr>
<tr><td>6</td><td>课堂异常情况记录</td><td colspan="5"></td><td></td><td></td></tr>
<tr><td>备注</td><td colspan="3"></td><td colspan="2">合计</td><td>100</td><td></td><td></td></tr>
<tr><td>额定时间</td><td>120 分钟</td><td>开始时间</td><td></td><td>结束时间</td><td></td><td>考评员或任课教师签字</td><td colspan="2">年　月　日</td></tr>
</table>

知识链接

一、PLC 的外部接线原则

1. 漏型及源型输入

当我们把输入点 X 接到 0V、S/S 接到 24V 时，这意味着信号从 X 端流出，从 S/S 端流入。对于三菱 PLC 来说，信号从 X 端流出，我们称之为漏型输入接法（如图 2-30 所示）；反之，信号从 X 端流入，我们称之为源型输入接法（如图 2-31 所示）。

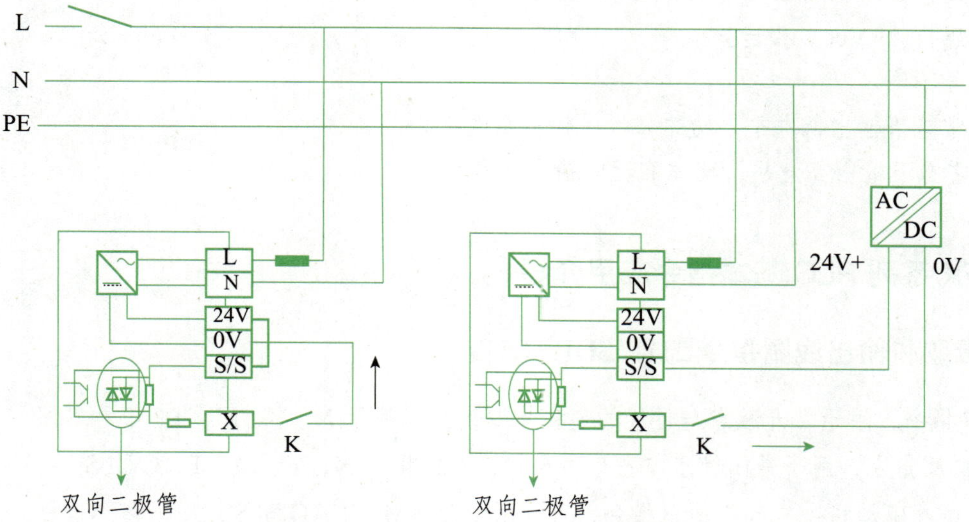

图 2-30　PLC 外部接线漏型输入接法

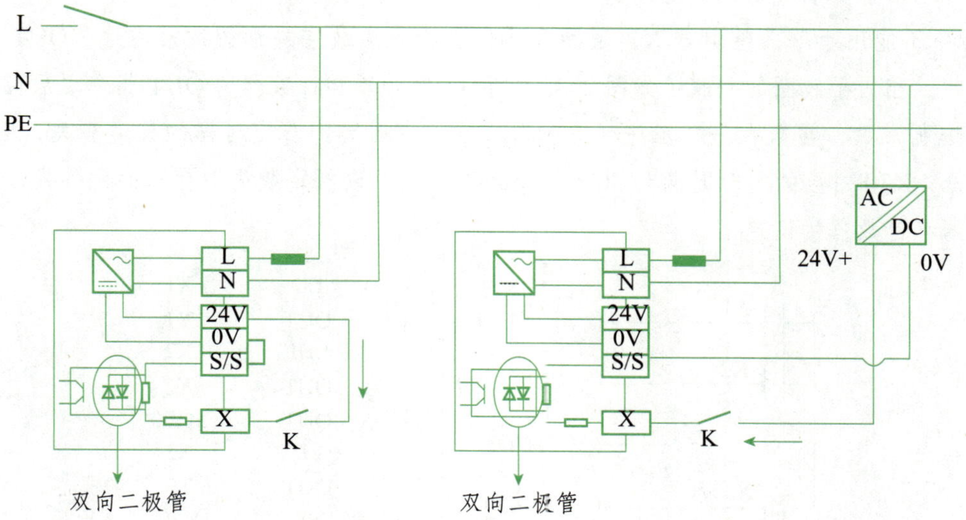

图 2-31　PLC 外部接线源型输入接法

我们常用的开关信号的传感器分为 NPN、PNP。NPN 输出的信号是低电平，而 PNP 输出的信号是高电平，所以漏型输入接的是 NPN 型传感器，源型输入接的是 PNP 型传感器。

2. 光电开关 NPN 和 PNP 的区别

（1）电压输出不同。

NPN 型：可简称 N 型，N 表示信号端为负电压输出。

PNP 型：可简称 P 型，P 表示信号端为正电压输出。

（2）内部开关连接不同。

NPN 型内部开关连接信号端与负极。

PNP 型内部开关连接信号端与正极。

（3）信号电源接线不同。

NPN：通常用于正极电源的情况，负载接在集电极和发射极之间，通过开关导通将负载接到地线（GND）。PNP：适用于负极电源的情况，负载同样接在集电极和发射极之间，但当开关导通时，它将负载与电源正极（+Vcc）相连。

（4）信号不同。

NPN：常态下输出低电平，物体靠近时输出高电平。

PNP：常态下输出高电平，物体靠近时输出低电平。

二、FX 系列 PLC 基本指令应用介绍

1. 逻辑取和输出线圈指令 LD、LDI、OUT

LD：取指令，用于常开触点与母线的连接指令，可以用于 X、Y、M、T、C 和 S。

LDI：取反指令，用于常闭触点与左母线连接，可以用于 X、Y、M、T、C 和 S。

OUT：线圈驱动指令，也叫输出指令，可以用于 Y、M、T、C 和 S。

LD 与 LDI 指令对应的触点一般与左侧母线相连，在使用 ANB、ORB 以及 MC、STL 指令时，用来定义与其他电路串并联的电路的起始触点。

OUT 指令不能用于输入继电器 X，线圈和输出类指令应放在梯形图的最右边。OUT 指令可以连续使用若干次，相当于线圈的并联（如图 2-32 所示）。定时器和计数器的 OUT 指令之后应设置以字母 K 开始的十进制常数，常数占一个步序。定时器实际的定时时间与定时器的种类有关，图中的 T0 是 100ms 定时器，K30 对应的定时时间为 30×100ms=3s。也可以指定数据寄存器的元件号，用它里面的数作为定时器和计数器的设定值。

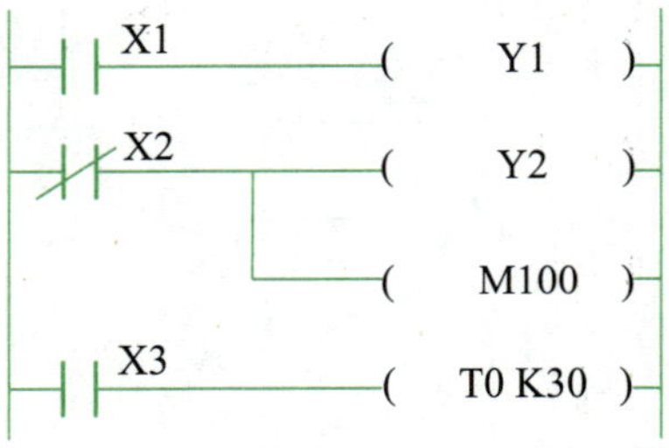

LD	X1
OUT	Y1
LDI	X2
OUT	Y2
OUT	M100
LD	X3
OUT	T0
SP	K30

图 2-32　LD、LDI、OUT 指令应用

计数器的设定值用来表示计完多少个计数脉冲后计数器的位元件变为 1。

如果使用手持式编程器，那么输入指令“OUT T0”后，应按标有 SP（Space）的空格键，再输入设置的时间值常数。定时器和 16 位计数器的设定值为 1～32 767，32 位计数器的设定值为 -2 147 483 648～2 147 483 647。

2. 触点串并联指令

AND：与指令，用于单个常开触点的串联，完成逻辑“与”运算。

ANI：与非指令，用于单个常闭触点的串联，完成逻辑“与非”运算。

OR：或指令，用于单个常开触点的并联，完成逻辑“或”运算。

ORI：或非指令，用于单个常闭触点的并联，完成逻辑“或非’运算。

触点串联次数不受限制，但受到外围设备输出的限制，最好做到 1 行不超过 10 个触点和 1 个线圈，总共不超过 24 行，应用如图 2-33 所示。触点并联指令 OR、ORI 应用如图 2-34 所示。

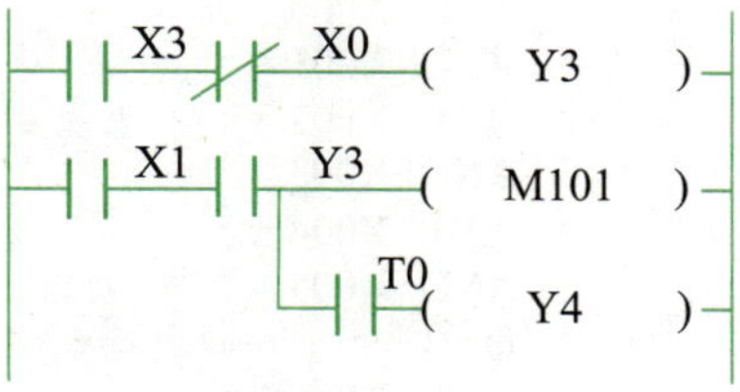

LD	X3
ANI	X0
OUT	Y3
LD	X1
AND	Y3
OUT	M101
AND	T0
OUT	Y4

图 2-33　AND、ANI 指令应用

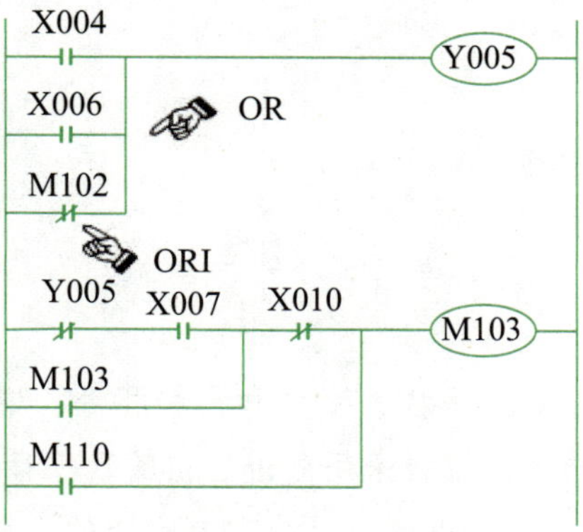

0	LD	X004
1	OR	X006
2	ORI	M102
3	OUT	Y005
4	LDI	Y005
5	AND	X007
6	OR	M103
7	ANI	X010
8	OR	M110
9	OUT	M103

串联连接

并联连接

图 2-34　OR、ORI 指令应用

3. 串联电路块的并联指令 ORB

ORB：或块指令，用于两个或两个以上触点串联连接的电路之间的并联，称之为串联电路块的并联连接，没有操作元件。几个串联电路块并联时，串联电路块开始用 LD 或 LDI 指令，结束时用 ORB 指令，应用如图 2-35 所示。

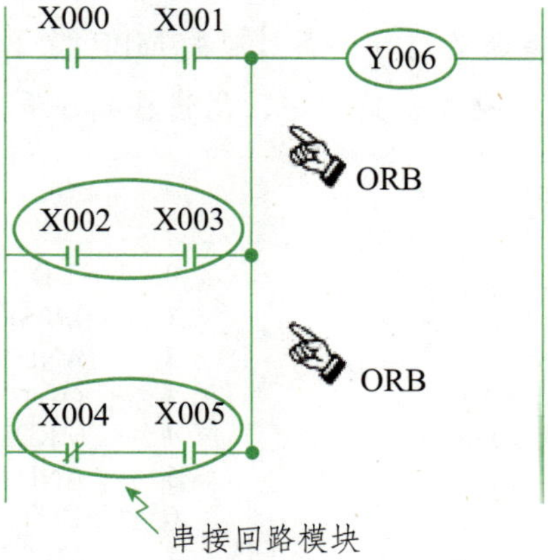

0	LD	X000
1	AND	X001
2	LD	X002
3	AND	X003
4	ORB	
5	LDI	X004
6	AND	X005
7	ORB	
8	OUT	Y006

图 2-35　ORB 指令应用

4. 并联电路块的串联指令 ANB

ANB：与块指令，用于两个或两个以上触点并联连接的电路之间的串联，称之为并联电路块的串联连接，没有操作元件。几个并联电路块串联时，并联电路块开始用 LD 或 LDI 指令，结束时用 ANB 指令。单个触点与前面电路并联或串联时不能用电路块指令，应用如图 2-36 所示。

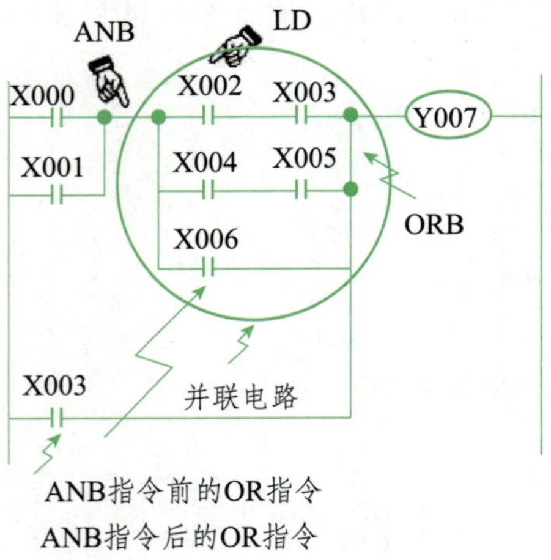

0	LD	X000	
1	OR	X001	
2	LD	X002	分支起点
3	AND	X003	
4	LDI	X004	
5	AND	X005	
6	ORB		并联电路块结束
7	OR	X006	
8	ANB		与前面的电路串联
9	OR	X003	
10	OUT	Y007	

图 2-36　ANB 指令应用

5. 栈指令：MPS、MRD、MPP

MPS（Push）、MRD（Read）、MPP（Pop）指令分别是进栈、读栈和出栈指令，它们用于多重输出电路。FX 系列有 11 个存储中间运算结果的堆栈存储器，堆栈采用先进后出的数据存取方式。

MPS 指令用于储存电路中有分支点处的逻辑运算结果，以便以后处理有线圈的支路时，可以调用该运算结果。使用一次 MPS 指令，当时的逻辑运算结果压入堆栈的第一层，堆栈中原来的数据依次向下一层推移。

MRD 指令读取存储在堆栈最上层的电路中分支点处的运算结果，将下一个触点强制性地连接在该点。读数后堆栈内的数据不会上移或下移。

MPP 指令弹出（调用并去掉）存储的电路中分支点处的运算结果。首先将下一触点连接在该点，然后从堆栈中去掉该点的运算结果。使用 MPP 指令时，堆栈中各层的数据向上移动一层，最上层的数据在使用后从栈内消失。

如图 2-37 应用案例所示，每一条 MPS 指令必须有一条对应的 MPP 指令，处理最后一条支路时必须使用 MPP 指令，而不是 MRD 指令。在一个独立电路块中，用进栈指令同时保存在堆栈中的运算结果不能超过 11 个。

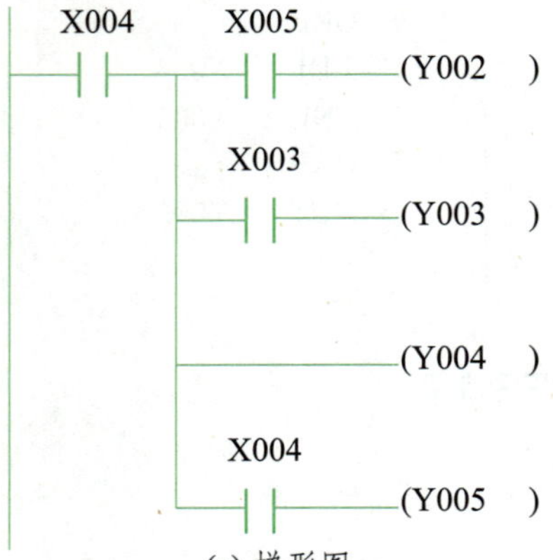

(a) 梯形图

0	LD	X004
1	MPS	
2	AND	X005
3	OUT	Y002
4	MRD	
5	AND	X003
6	OUT	Y003
7	MPP	
8	OUT	Y004
9	AND	X004
10	OUT	Y005
11	END	

(b) 梯形图对应的指令表

图 2-37　栈指令应用

6. 置位与复位指令（SET、RST）

SET（置位指令）：使被操作的目标元件置位并保持。

RST（复位指令）：使被操作的目标元件复位并保持清零状态。

使用 SET、RST 指令控制电动机单方向连续运行的波形图、梯形图和指令表如图 2-38 所示。当 X0 常开接通时，Y0 变为“ON”状态并一直保持该状态，即使 X0 断开，Y0 的“ON”状态仍维持不变；只有当 X1 的常开闭合时，Y0 才变为“OFF”状态并保持，即使 X1 常开断开，Y0 也仍为“OFF”状态。

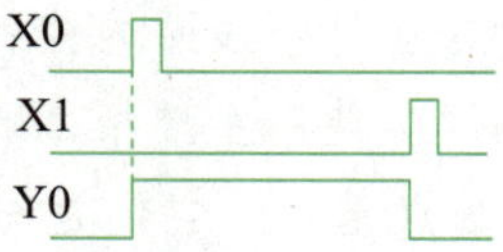

(a) 波形图

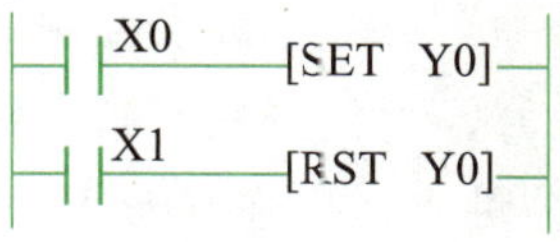

(b) 梯形图

LD	X0
SET	Y0
LD	X1
RST	Y0

(c) 指令表

图 2-38　SET、RST 指令控制电动机连续运行

（1）SET 指令的目标元件为 Y、M 和 S，RST 指令的目标元件为 Y、M、S、T、C、D、V、Z。RST 指令常被用来对 D、Z、V 的内容清零，还用来复位积算定时器和计数器。

（2）对于同一目标元件，SET、RST 可多次使用，顺序也可随意调整。SET、RST 指令的功能与数字电路中 R-S 触发器的功能相似，SET 与 RST 指令之间可以插入别的程序。如果它们之间没有别的程序，那么最后的指令有效。

7. 脉冲输出指令 PLS、PLF

PLS：在输入信号上升沿产生脉冲输出。PLF：在输入信号下降沿产生脉冲输出。脉冲输出指令应用案例如图 2-39 所示。使用过程中要注意：特殊辅助继电器不能作为目标元件。

（1）使用 PLS 时，元件 Y、M 仅在驱动输入接通后一个扫描周期内动作（置 1）。

（2）使用 PLF 时，元件仅在驱动输入断开后的一个扫描周期内动作。

（3）特殊继电器不能用作 PLS 或 PLF 的操作元件。

（4）使用这两条指令时，要特别注意目标元件。

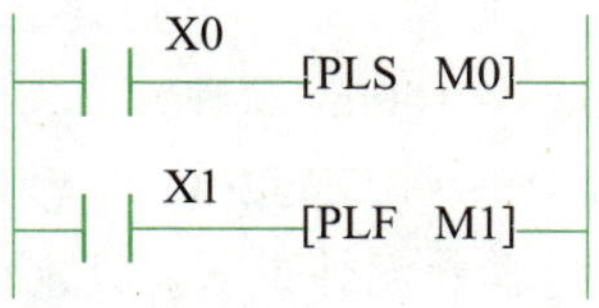

LD	X0
PLS	M0
LD	X1
PLF	M1

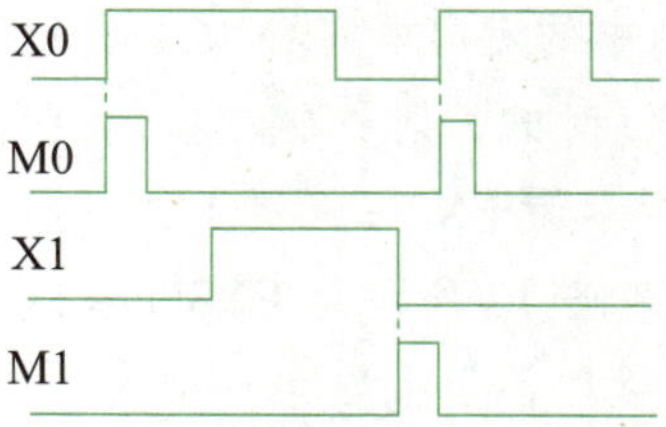

图 2-39　脉冲输出指令应用

8. 取反指令 INV

INV：执行该指令后将原来的运算结果取反。取反指令的使用如图 2-40 所示，如果 X0 断开，则 Y0 为“ON”状态，否则 Y0 为“OFF”状态。使用时应注意 INV 不能像指令表中的 LD、LDI、LDP、LDF 那样与母线连接，也不能像指令表中的 OR、ORI、ORP、ORF 指令那样单独使用。

图 2-40 取反指令应用

9. 主控及主控复位指令 MC、MCR

MC：主控指令，用于公共串联触点的连接。MCR：主控复位指令，即作为 MC 的复位指令。在编程时，经常会遇到多个线圈同时受一个或一组触点控制的情况。如果在每个线圈的控制电路中都串入同样的触点，那么将多占用存储单元，可使用主控指令解决这一问题。使用主控指令的触点称为主控触点，它在梯形图中与一般的触点垂直。它们是与母线相连的常开触点，是控制一组电路的总开关。

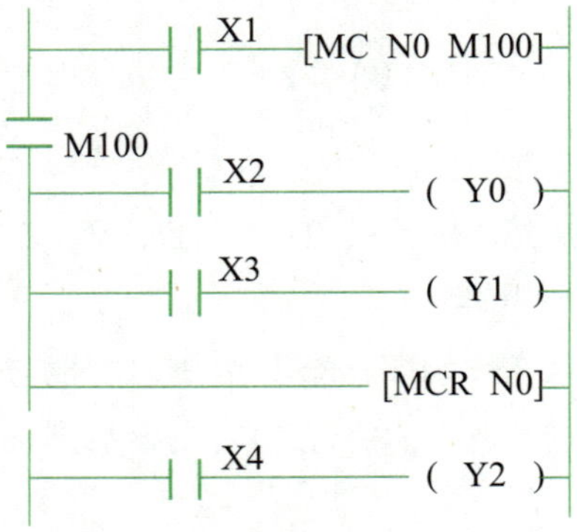

图 2-41 主控指令应用

与主控触点相连的触点必须用 LD 或 LDI 指令。换句话说，执行 MC 指令后，母线移到主控触点的后面去了，MCR 使母线（LD 或 LDI 点）又回到原来的位置。

如图 2-41 所示，X1 的常开触点接通时，执行从 MC 到 MCR 之间的指令，MC 指令的输入电路断开时，不执行上述区间的指令，其中的积算定时器、计数器、用复位 / 置位指令驱动的软元件保持其当时的状态；其余的元件被复位，非积算定时器和用 OUT 指令驱动的元件变为“OFF”状态。

三、定时器与计数器应用介绍

1. 定时器

PLC 中的定时器（T）相当于继电器控制系统中的通电型时间继电器。它可以提供无限对常开、常闭延时触点。定时器中有一个设定值寄存器（一个字长）、一个当前值寄存器（一个字长）和一个用来存储其输出触点的映像寄存器（一个二进制位），这三个量使用同一地址编号，但使用场合不一样，意义也不同。FX 系列中的定时器可分为通用定时器、积算定时器两种。它们是通过对一定周期的时钟脉冲进行累计而实现定时的，时钟脉冲有周期为 1ms、10ms、100ms 三种，当所计数值达到设定值时触点动作。表 2-10 所示为 FX2N 系列 PLC 的定时器软元件说明，表 2-11 所示为 FX3G 系列 PLC 的定时器软元件说明，表 2-12 所示为 FX3U 系列 PLC 的定时器软元件说明。设定值可用常数 K 或数据寄存器 D 的内容来设置。常数也作为一种软器件处理，因为无论是在程序中还是在 PLC 内部存储器中它都占有一定的存储空间。十进制常数用 K 表示，如常数 234 表示成 K234；十六进制常数则用 H 表示，如常数 234 表示成 H234。

表 2-10 FX2N 系列 PLC 的定时器软元件说明

定时器名称	定时器软元件编号	数量（个）	计时范围
100ms 通用定时器	T000 ~ T199	200	0.1 ~ 3 276.7s
10ms 普通定时器	T200 ~ T245	46	0.01 ~ 327.67s
1ms 积算定时器	T246 ~ T249	4	0.001 ~ 32.767s
100ms 积算定时器	T250 ~ T255	6	0.1 ~ 3 276.7s

表 2-11　FX3G 系列 PLC 的定时器软元件说明

100ms 型 0.1 ~ 3 276.7s	10ms 型 0.01 ~ 327.67s	1ms 累计型 0.001 ~ 32.767s	100ms 累计型 0.1 ~ 3 276.7s	1ms 型 0.001 ~ 32.767s	电位器型 0 ~ 255 的数值
T0 ~ T199 200 点	T200 ~ T245 46 点	T246 ~ T249 4 点 执行中断 保持用	T250 ~ T255 6 点 保持用	T256 ~ T319 64 点	内置 2 点 D8030、D8031 中 保存
子程序 程序用 T192 ~ T199					

表 2-12　FX3U 系列 PLC 的定时器软元件说明

100ms 型 0.1 ~ 3 276.7s	10ms 型 0.01 ~ 327.67s	1ms 累计型 0.001 ~ 32.767s	100ms 累计型 0.1 ~ 3 276.7s	1ms 型 0.001 ~ 32.767s
T0 ~ T199 200 点	T200 ~ T245 46 点	T246 ~ T249 4 点 执行中断 保持用	T250 ~ T255 6 点 保持用	T256 ~ T511 256 点
子程序 程序用 T192 ~ T199				

（1）通用定时器。

可编程控制器中的定时器是对机内 1ms、10ms、100ms 等不同规格时钟脉冲累加计时的。通用定时器的动作时序与工作原理如图 2-42 所示。当 X000 接通时，普通定时器 T000 线圈被驱动，T000 当前值计数器对 100ms 脉冲进行累计（加法）计数，该值与设定值 K20 不断进行比较，当两个值相等时，输出触点接通，即定时线圈得电后，其触点延时 2s（20×0.1s）后动作。驱动 T000定时器工作的输入软继电器常开触头 X000 复位或输入继电器 X000 断电时，T000 定时器立即复位，T000 延时闭合输出触点也立即复位，等待下一次的驱动信号的到来再重新开始定时工作。

值得注意的是：

1）计时中，计时条件 X000 断开或 PLC 电源停电时，计时过程中止且当前值寄存器复位（置 0）。

2）如果 X000 断开或 PLC 电源停电发生在计时过程完成且定时器的触点已动作，那么触点的动作也不能保持。

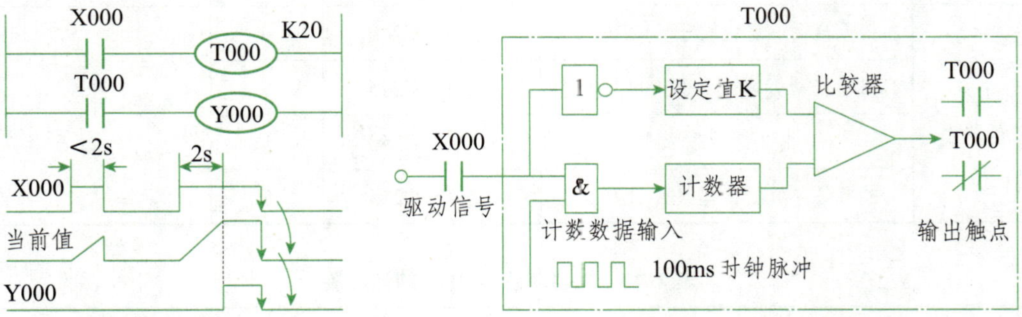

(a) 通用定时器时序图　　(b) 通用定时器工作原理图

图 2-42　通用定时器的动作时序与工作原理

（2）积算定时器。

积算定时器具有断电保持功能，因此也称为保持型定时器。

积算定时器的工作原理如图 2-43 所示。积算定时器在计时条件失去或 PLC 断电时，其当前值寄存器的内容及触点状态均可保持，可在多次断续的计时过程中“累计”计时时间，所以称为“积算”定时器。因为积算定时器的当前值寄存器及触点都有记忆功能，所以必须在程序中加入专门的复位指令。图中，X001 是复位条件，当 X001 接通执行“RST T250”指令时，T250 的当前值寄存器及触点同时置 0。

一般情况下，从计时条件采样输入到定时器延时输出控制，其延时最大误差为 $2T$，T 为一个程序扫描时间，通常在十几毫秒到几十毫秒之间。

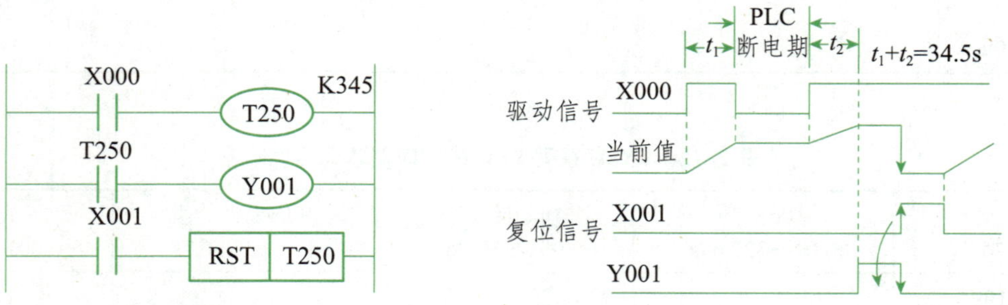

(a) 积算定时器梯形图　　(b) 积算定时器时序图

图 2-43　积算定时器的工作原理

2. 计数器

计数器是 PLC 实现逻辑运算和算术运算及其他各种特殊运算必不可少的重要器件，它是由一系列电子电路组成的。根据不同用途、工作方式和工作特点，计数器有多种类型。FX2N 系列 PLC 中共有 256 个计数器，见表 2-13；FX3G 系列 PLC 的计数器见表 2-14。

表 2-13　FX2N 系列 PLC 的计数器

计数器分类及名称			计数器软元件编号	数量（个）	计数设定值范围
内部信号计数用计数器（内部计数器）	16 位单向增计数器	通用型	C000～C099	100	0～32 767
		掉电保持型	C100～C199	100	
	32 位双向增/减计数器	通用型	C200～C219	20	−2 147 483 648～+2 147 483 647
		掉电保持型	C220～C234	15	
高速计数器（外部计数器）	1 相无启动/复位端子（单输入）		C235～C240	6	
	1 相带启动/复位端子（单输入）		C241～C245	5	
	1 相 2 计数输入型		C246～C250	5	
	2 相双计数输入型（A-B 型）		C251～C255	5	

表 2-14　FX3G 系列 PLC 的计数器

16 位增计数器 0～32 767		32 位增/减计数器 −2 147 483 648～+2 147 483 647	
通用型	掉电保持型 （EEPROM 保持）	通用型	掉电保持型 （EEPROM 保持）
C0～C15 16 点	C16～C199 184 点	C200～C219 20 点	C220～C234 15 点

计数器的使用方法：

在执行扫描操作时，对内部器件（如X、Y、M、S、T和C）的信号通/断进行计数的计数器称为信号计数器。为保证信号计数的准确性，其接通和断开时间要比PLC的扫描周期稍长，即机内信号的频率低于扫描频率，因此，内部计数器是低速计数器，也称通用计数器。

（1）16位增计数器。

从表2-13和表2-14可见，16位增计数器有“通用型”和“掉电保持型”两种类型。这两种计数器设定值都在K1～K32 767范围内，其中K0与K1的含义相同，即在第一次计数时，其输出触点动作。

16位增计数器的工作原理如图2-44所示。图中，X011为计数输入信号，每接通一次，计数器当前值加1，达到设定值时计数器输出触点动作。此时，即使X011再接通，计数器当前值也保持不变。当复位输入X010接通（ON）时，程序执行RST指令，计数器复位，当前值变为0，其输出触点也断开（OFF）。

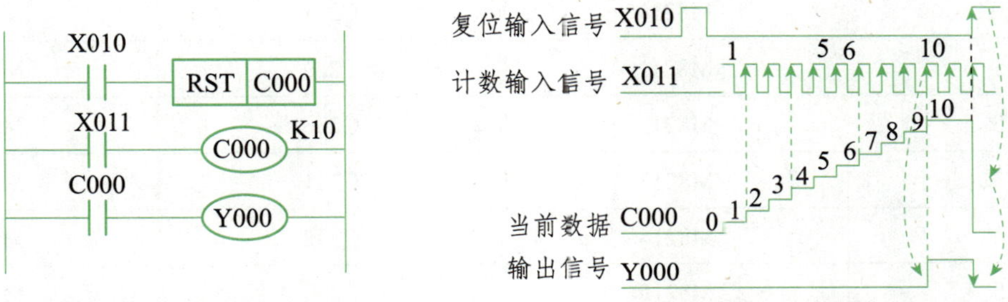

(a) 16位增计数器梯形图　　(b) 16位增计数器时序图

图2-44　16位增计数器的工作原理

计数器的设定值，除了可用常数K设定外（在规定设定范围内），也可以间接通过指定数据寄存器来设定，其设定值可超出规定范围。例如，将一个大于规定最大设定值的数用MOV指令送入指定数据寄存器中，当计数输入达到最大值后，仍能继续读数。

（2）32位增/减计数器。

从表2-13和表2-14可见，32位增/减计数器也有“通用型”和“掉电保持型”两种。这两种计数器设定值都在-2 147 483 648～+2 147 483 647范围内，且在计数器计数值的设定方法上也分直接设定与间接设定两种方法。

直接设定：用常数K在上述设定范围内任意设定。

间接设定：指定某两个地址号紧连在一起的数据寄存器D的内容为设定值。

32位增/减计数器的设定值寄存器为32位。由于双向计数，因此32位的首位为符号位。设定值的最大绝对值为31位二进制数所表示的十进制数。设定值可直接用常数或间接用数据寄存器D的内容。间接设定时，要用元件号紧连在一起的两个数据寄存器。计数的方向（增计数器或减计数器）由特殊辅助继电器M8200～M8234设定：

对于C□□□ { 当M8□□□接通（置1）时为减法计数；当M8□□□断开（置0）时为加法计数 }

表2-15所示为与计数方向相关的特殊辅助继电器列表。

表 2-15　与计数方向相关的特殊辅助继电器

计数器号	切换方向	计数器号	切换方向
C200	M8200	C218	M8218
C201	M8201	C219	M8219
C202	M8202	C220	M8220
C203	M8203	C221	M8221
C204	M8204	C222	M8222
C205	M8205	C223	M8223
C206	M8206	C224	M8224
C207	M8207	C225	M8225
C208	M8208	C226	M8226
C209	M8209	C227	M8227
C210	M8210	C228	M8228
C211	M8211	C229	M8229
C212	M8212	C230	M8230
C213	M8213	C231	M8231
C214	M8214	C232	M8232
C215	M8215	C233	M8233
C216	M8216	C234	M8234
C217	M8217		

32位增 / 减计数器的工作原理如图 2 -45 所示。图中，X014 作为计数输入驱动 C200 线圈进行加计数或减计数。X012 为计数方向选择。计数值为 -5。当计数器的当前值由 -6 增加为 -5 时，输出信号 Y001 触点置 1；由 -5 减少为 -6 时，输出信号 Y001 触点置 0。

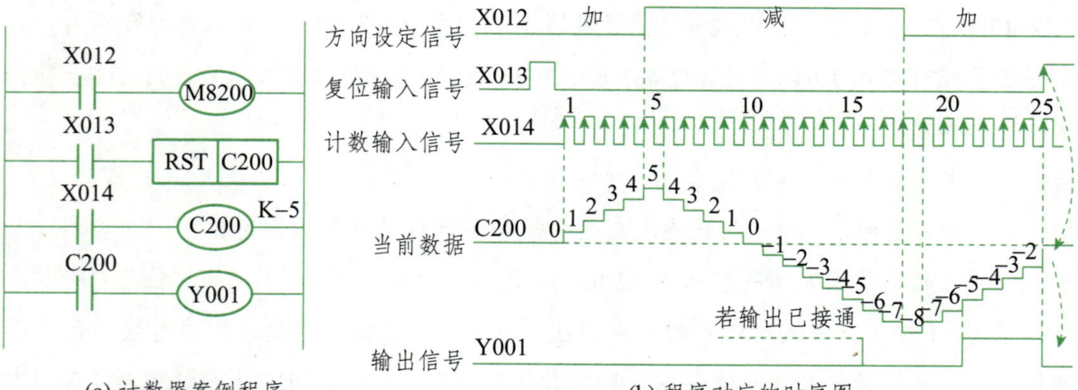

图 2-45　32 位增 / 减计数器的工作原理

32 位增 / 减计数器为循环计数器。当前值的增减虽与输出触点的动作无关，但从 +2 147 483 647 起再进行加计数，当前值就变成 -2 147 483 648。从 -2 147 483 648 起再进行减计数，则当前值变为 +2 147 483 647。

四、常用程序案例

1. 连续脉冲生成程序

FX 系列 PLC 内部有四个特殊辅助继电器（软元件），即 M8011（10ms 时钟）、M8012（100ms 时钟）、M8013（1s 时钟）、M8014（1min）四个时钟脉冲，它们可以直接产生周期固定的连续脉冲。

在 PLC 程序设计中，也经常会用到设计出来的连续脉冲发生器，以此产生连续的脉冲信号作为计数器的计数脉冲或其他作用。图 2-46 与图 2-47 所示的梯形图就能产生连续脉冲的案例程序。

在图 2-46 中，利用辅助继电器 M000 产生一个脉宽为一个扫描周期、脉冲周期为两个扫描周期的连续脉冲。该梯形图是利用 PLC 的扫描工作方式来设计的。当 X000 常开触点闭合后，第一次扫描到 M000 的常闭触点时，因为 M000 线圈得电后其常闭触点已经断开，所以 M000 线圈失电。这样，M000 线圈的得电时间为一个扫描周期。M000 线圈不断连续地得电、失电，其常开触点也随之不断连续地断开、闭合，就产生了脉宽为一个扫描周期的连续脉冲信号输出。此程序的缺点是脉冲宽度和脉冲周期不可调节。

在图 2-47 中，利用定时器 T000 产生一个周期可调节的连续脉冲。当 X000 常开触点闭合后，第一次扫描到 T000 常闭触点时，它是闭合的，于是，T000 线圈得电，经过 1s 的延时，T000 常闭触点断开。T000 常闭触点断开后的下一个扫描周期中，当扫描到 T000 常闭触点时，因为它已断开，使 T000 线圈失电，所以 T000 常闭触点又随之恢复闭合。这样，在下一个扫描周期扫描到 T000 常闭触点时，又使 T000 线圈得电，重复以上动作，T000 的常开触点连续闭合、断开，就产生了脉宽为一个扫描周期、脉冲周期为 1s 的连续脉冲。改变 T000 常数设定值，就可以改变脉冲周期。

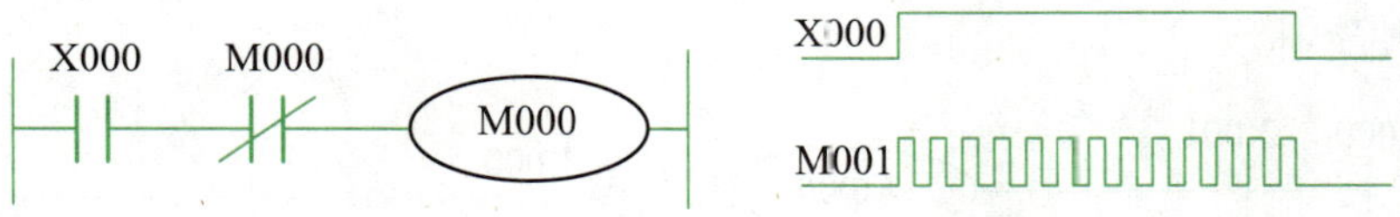

图 2-46　周期不可调的连续脉冲发生器

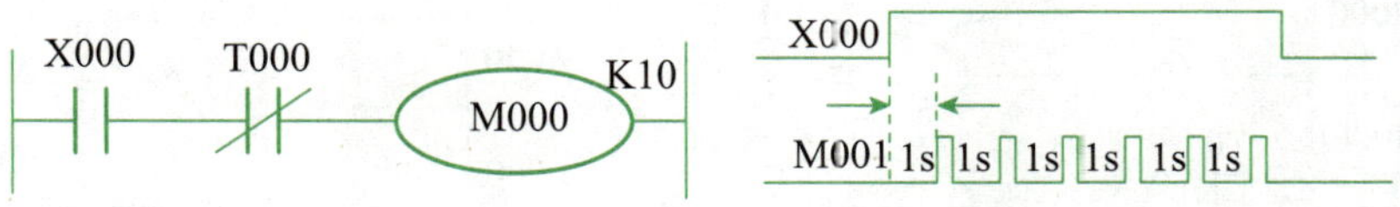

图 2-47　周期可调的连续脉冲发生器

2. 延时接通、延时断开程序

延时接通、延时断开程序利用定时器实现延时功能。图 2-48（a）为延时接通程序，图 2-48（b）为其时序图。当 X000 的输入端子接通时，输入继电器 X000 线圈接通，其常开触点 X000 闭合，内部继电器线圈 M000 接通并自保持。M000 的常开触点接通，定时器 T0 开始计时，延时 3s 后 T0 的常开触点闭合，输出继电器线圈 Y000 得电保持。当输入端 X001 接通时，内部继电器线圈 M000 断电，M000 的常开触点断开，定时器 T0 复位，T0 常开触点断开，输出继电器线圈 Y000 失电。

图 2-48（c）也为延时接通程序，该图说明定时器时间必须满足设定的定时时间，当定时器的连续通电时间大于本身设定时间时，其对应的触点导通。图 2-48（d）为其时序图。

图 2-49（a）为延时断开程序，图 2-49（b）为其时序图。当 X000 的输入端子接通时，内部继电器线圈 M000 接通并自保持。M000 的常开触点接通，定时器 T0 开始计时，同时输出继电器为 ON，延时 3s 后，T0 常闭触点断开，输出继电器线圈 Y000 断电。

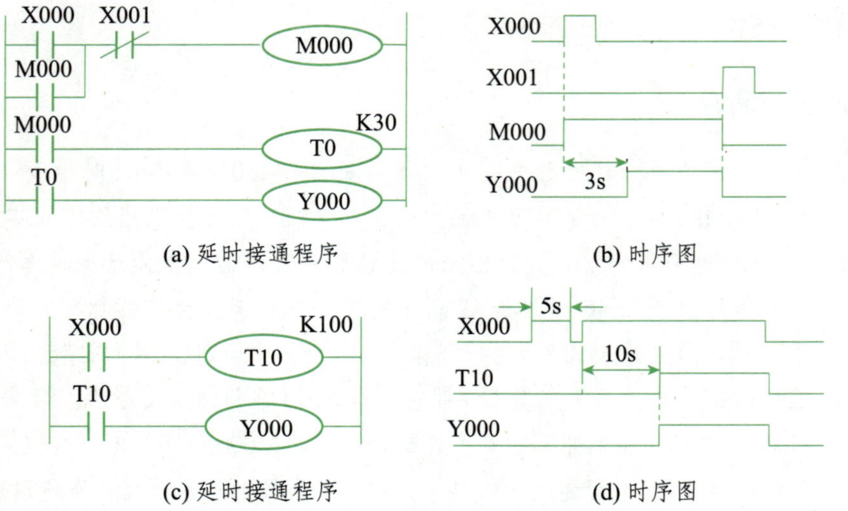

(a) 延时接通程序　(b) 时序图

(c) 延时接通程序　(d) 时序图

图 2-48　延时接通电路

图 2-49（c）也为延时断开程序，只是计时的开始时间与图 2-49（a）不同：图 2-49（a）的定时器是从 X000 的上升沿就开始计时，而图 2-49（c）的定时器是从 X001 的下降沿才开始计时的。图 2-49（d）为其时序图。

图 2-49（e）为另一种延时断开程序，该图说明：当定时器的启动信号 X000 的接通时间少于 10s 时，输出信号 Y017 的接通时间保持 10s；当 X000 的接通时间大于 10s 时，Y017 的接通时间与 X000 的接通时间相同，即输出信号 Y017 最少接通时间为 10s。在工程上采用这种程序，可控制负载的最少工作时间。图 2-49（f）为其时序图。

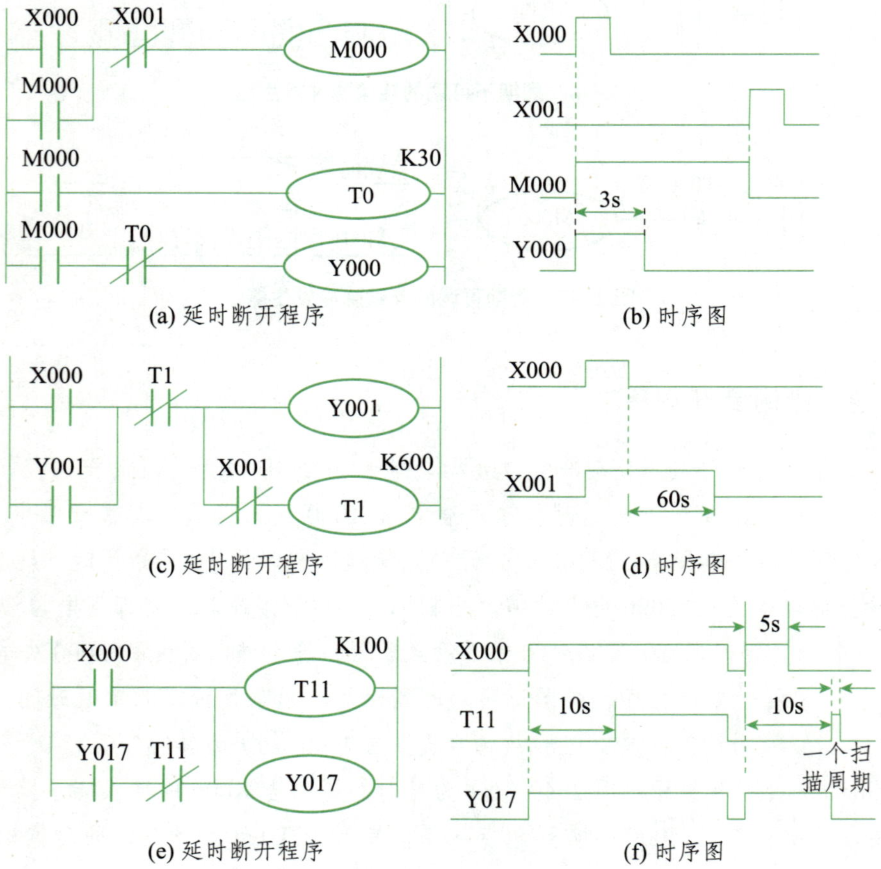

(a) 延时断开程序　(b) 时序图

(c) 延时断开程序　(d) 时序图

(e) 延时断开程序　(f) 时序图

图 2-49　延时断开电路

3. 长时间延时电路

无论是哪一种时间控制程序，其定时时间的长短都是由定时器常数设定值决定的。在 FX 系列 PLC 中，编号为 T0～T199 的定时器常数设定值的取值范围为 0.1～3 276.7s，即最长的定时时间为 3 276.7s，不到 1 小时。如果需要设定时间为 1 小时或更长的定时器，则可以采用下面的方法实现长时间延时。

长时间延时电路可以由多个定时器实现（如图 2-50（a）所示），或者由定时器和计数器组成的电路实现（如图 2-50（b）所示），或者采用单一的计数器实现（如图 2-50（c）所示），或者采用多个计数器实现（如图 2-50（d）所示）。

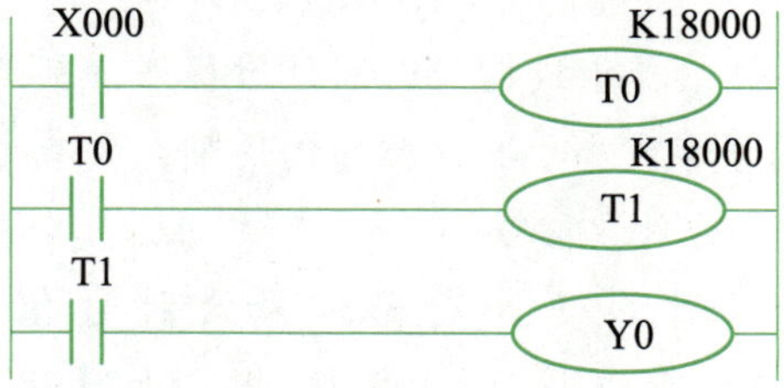

(a) 两个定时器组成的延时扩展电路

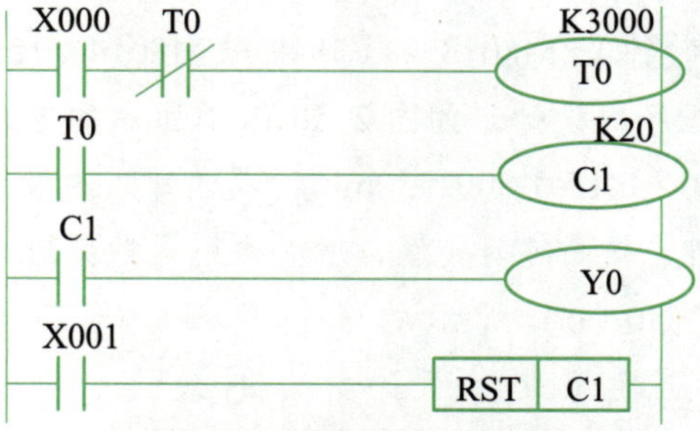

(b) 定时器和计数器组成的延时扩展电路

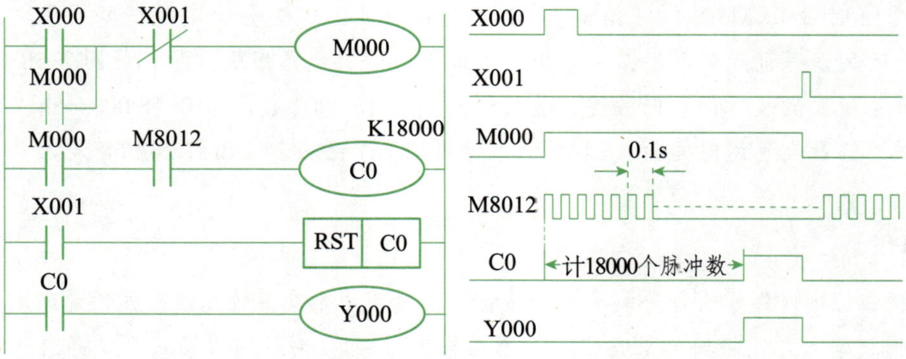

(c) 由一个计数器组成的长时间延时程序

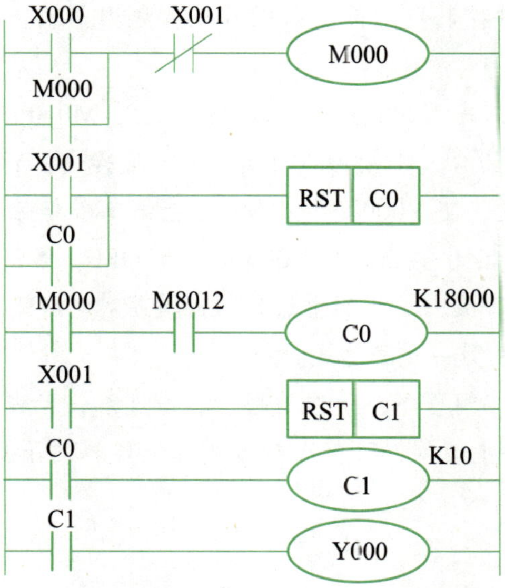

(d) 由两个计数器组成的长时间延时程序

图 2-50　长时间延时电路

图 2-50（a）所示的电路是由两个定时器形成的延时 1 小时的长时间延时电路。当 X000 闭合后，定时器 T0 开始计时，1 800s 后 T0 常开触点闭合，定时器 T1 开始计时，再经 1 800s 后 T1 常开触点闭合，输出继电器 Y000 经过 1 小时（1 800s+1 800s）的等待才使输出为 ON。

图 2-50（b）所示的电路是由定时器和计数器组成的延时 6 000s 的长时间延时电路。当 X000 闭合后，定时器 T0 开始计时，300s 后 T0 常开触点闭合，常闭触点断开，计数器计数一次。定时器 T0 重新开始计时，300s 后计数器再计数一次，如此反复，当计数到第 20 次时 C1 常开触点闭合保持，继电器 Y000 输出为 ON。当 X001 闭合时，C1 复位，Y000 输出为 OFF。

要让单一的计数器实现定时功能，必须将脉冲生成程序或时钟脉冲信号作为计数器的输入信号。时钟脉冲信号可以由 PLC 内部特殊继电器产生，如 FX 系列 PLC 内部的 M8011（10ms 时钟）、M8012（100ms 时钟）、M8013（1s 时钟）、M8014（1min 时钟）等。下面我们利用 M8012 时钟脉冲进行长时间延时程序的设计，如图 2-50（c）所示的电路是由一个计数器组成的长时间延时程序，其延迟时间为 18 000×0.1s=1 800s=30min。延迟时间的最大误差一般等于或小于时钟脉冲的周期，要减小延迟时间的误差、提高定时精度，就必须用周期更短的时钟脉冲作为计数信号。

图 2-50（c）所示的长时间延时程序的最大延迟时间受计数器的最大计数值和时钟脉冲的周期限制，而计数器的最大计数值为 32 767，所以该延时程序的最大延迟时间为 32 767×0.1s=3 276.7s=54.6min，不到 1 h。可见，要增大最大延迟时间，可以增大时钟脉冲的周期，如采用 M8013（1s 时钟）、M8014（1min 时钟）等时钟脉冲，但这会使定时精度下降。为了获得更长时间的延时，同时又能保证定时精度，可采用两级或更多的计数器串级计数。如图 2-50（d）所示的程序是由两个计数器组成的长时间延时程序，其延迟时间为 18 000×0.1s×10=18 000s=5h。可见两个计数器串级后，能得到的最大延迟时间为：32 767×0.1s×32 767=29 824.34h=1 242.68 天。

4. 分频电路

在 PLC 控制系统中，经常有需要利用一个按钮的反复使用来交替控制执行元件通断的要求，即在输出为“0”时，通过输入可以将输出变成“1”；而在输出为“1”时，通过输入可以将输出变成“0”。

实现这一控制要求的程序比较多，常见的如图 2-51（a）、（b）、（c）、（d）所示。图中的 Y000 为执行元件的驱动器，由于这种控制要求的输入信号动作频率是输出信号的 2 倍，因此常称为“二分频”。

图 2-51（a）为二分频电路，当 X000 端加入脉冲信号后，M010 在 X000 脉冲信号的上升沿接通一个扫描周期，M010 常开触点闭合，常闭触点断开，1 支路接通，Y000 为 ON。当 M010 的单脉冲结束后，M010 复位，2 支路接通，使 Y000 保持。M010 在第二个单脉冲信号到来时，使 2 支路断开，Y000 为 OFF。单脉冲结束后，M010 复位，使 Y000 继续为 OFF。第三个单脉冲和第四个单脉冲重复前面的过程，完成输入信号的二分频，这里的重点是扫描周期对电路的影响。

图 2-51（b）为二分频电路的另一种表达式。

图 2-51（c）所示的二分频控制程序，动作清晰、容易理解，但占用了 M000～M003 共 4 个内部继电器，在控制要求复杂的设备上使用，可能会导致内部继电器的不足，为此可以使用图 2-50（a）、（b）、（d）实现控制要求。

5. 互锁程序

三相异步电动机的可逆运转要求控制电动机的正反转用的接触器 KMI 与 KM2 的常闭触头之间添

加互锁（联锁），以防止电动机主电路相间短路事故的发生。互锁程序表达如图2-52所示。

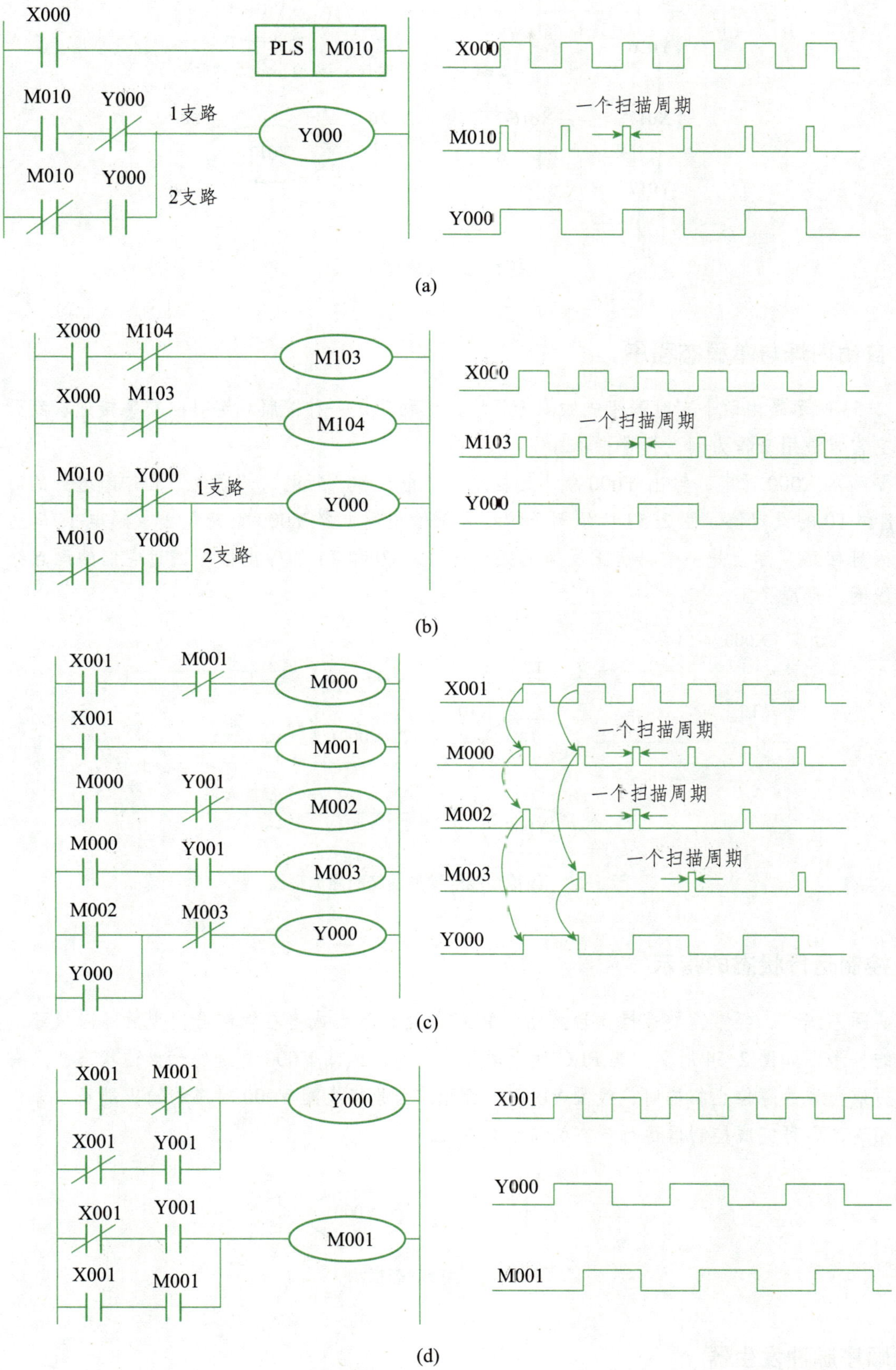

图 2-51　二分频电路

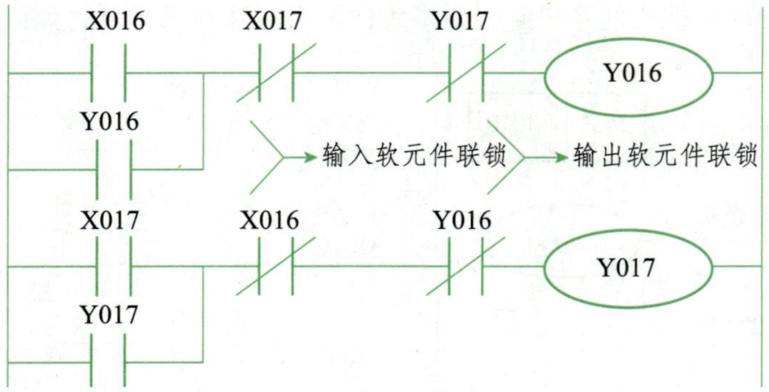

图 2-52　互锁程序

6. 自动闪烁与单稳态程序

图 2-53 所示是由两个定时器组成的闪烁程序，该程序是一种按照规定时间交替接通、断开的控制信号，它常常被用来作为闪光报警指示。

只要输入 X000 通电，输出 Y000 就周期性地“通电”和“断电”，“通电”和“断电”的时间分别等于 T1 和 T0 的设定值。图 2-53 所示例子的结果是输出继电器 Y000 做断电 2s、通电 1s 周而复始的工作。闪烁回路实际上是一个具有正反馈的振荡回路，T0 和 T1 的输出信号通过它们的触点分别控制对方的线圈，形成了正反馈。

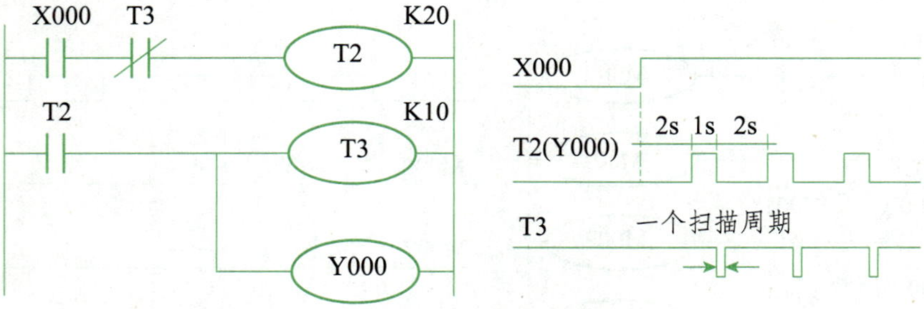

图 2-53　闪烁功能的梯形图与时序原理图

7. 控制运行状态的指示

在实际系统中，经常需要在操作台上指示 PLC 的运行状态或者在控制器出现故障时报警。实现这一功能的梯形图如图 2-54 所示。当 PLC 处于运行状态时，线圈 Y000 总是处于接通状态，只有控制器停止运行或出现故障停止扫描时，线圈 Y000 才断开。因此将线圈 Y000 对应的输出端子与操作台上的指示灯相连，即可完成控制器运行状态的指示功能。

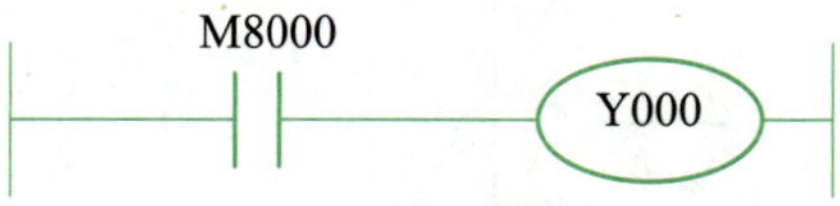

图 2-54　运行状态指示

8. 顺序脉冲发生器

要求顺序脉冲发生器产生如图 2-55（b）所示的脉冲信号。

用 PLC 实现该顺序脉冲发生器的功能，梯形图如图 2-55（a）所示。当输入继电器 X000 触点闭合时，输出继电器 Y000、Y001、Y002 按设定顺序产生脉冲信号；当 X000 断开时，所有输出复位。用计时器产生这种顺序脉冲，其工作过程如下：

（1）当 X000 接通时，定时器 T0 开始计时，同时 Y000 产生脉冲，计时时间到，T0 动断触点断开，Y000 线圈断电；T0 动合触点闭合，T1 开始计时，同时 Y001 输出脉冲。

（2）T1 定时器时间到时，其动断触点断开，Y001 输出也断开；同时，T1 动合触点闭合，T2 开始计时，Y002 输出脉冲。

（3）T2 定时器时间到时，Y002 输出断开，此时，如果 X000 还接通，则重新开始产生顺序脉冲。如此反复，直到 X0 断开为止。

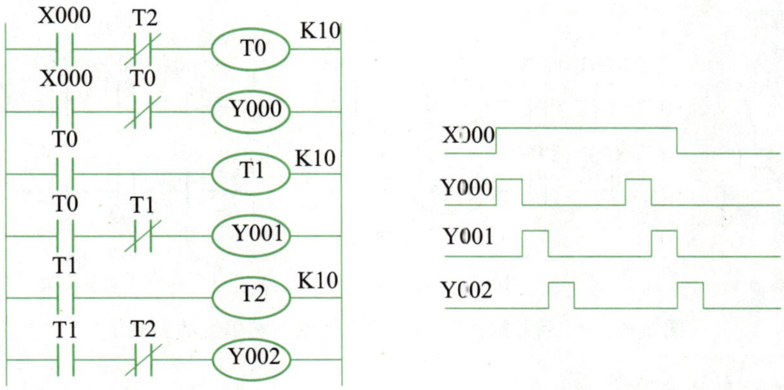

(a) 梯形图　　(b)时序图

图 2-55　顺序脉冲发生器

五、梯形图编程的注意事项

1. 继电接触器控制电路可使用，梯形图不能（不宜）使用的情况

由于 PLC 控制程序与继电接触器控制电路的工作方式不同，因此在编制 PLC 梯形图程序时，应注意以下几种在继电接触器控制电路中可以正常使用，但在 PLC 中需要经过必要的处理的情况。

（1）避免使用“桥接”支路。

图 2-56（a）所示是继电接触器控制电路中为了节约“触点”或设计需要而经常采用的“电桥型连接”支路（以下简称“桥接”支路）。图中通过 KA5 触点的连接，使得触点 KA3 与 KA1 可以同时“交叉”控制线圈 KM5 或 KM6。

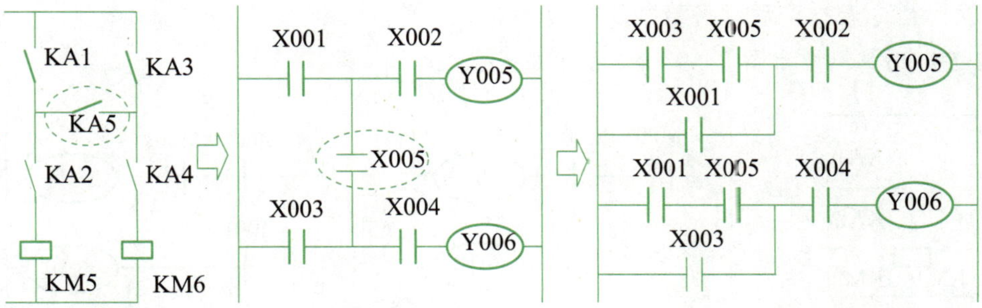

(a) 原理图　　(b) 不正确　　(c) 正确

图 2-56　“桥接”支路的处理

这样的支路在 PLC 梯形图中不能实现。原因如下：

1）梯形图格式不允许，即触点应画在水平线上，而不能画在垂直分支线上。到目前为止，还没有哪一种 PLC 可以进行触点的“垂直”方向布置（除主控触点指令外），图形无法在编程器中输入。

2）违背 PLC 的指令“从上至下”“从左至右”执行顺序的要求。

因此，为了保证每一输出线圈的控制有各自独立的逻辑控制“电路”，需要将图 2-56（b）转化为图 2-56（c）所示的形式。

（2）避免出现“后置触点”。

图 2-57（a）所示是继电接触器控制电路常见的线圈下使用“后置触点”的情况，在 PLC 梯形图中不允许这样编程，应将图 2-57（b）更改为图 2-57（c）所示的形式。

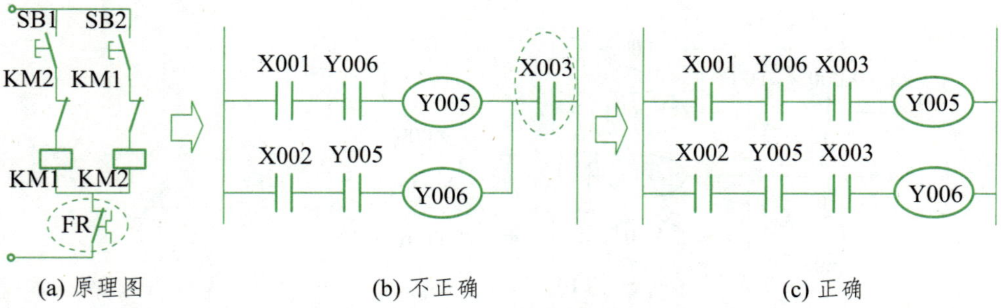

图 2-57 “后置触点”的处理（线圈与右母线的关系）

（3）线圈不能与左母线相连。

图 2-58（a）所示线圈 Y011 直接与左母线相连也是不正确的梯形图编程语法，应该在左母线与输出线圈之间插入由触点群组成的“工作条件”，如插入输入继电器常开触点 X001，如图 2-58（b）所示。

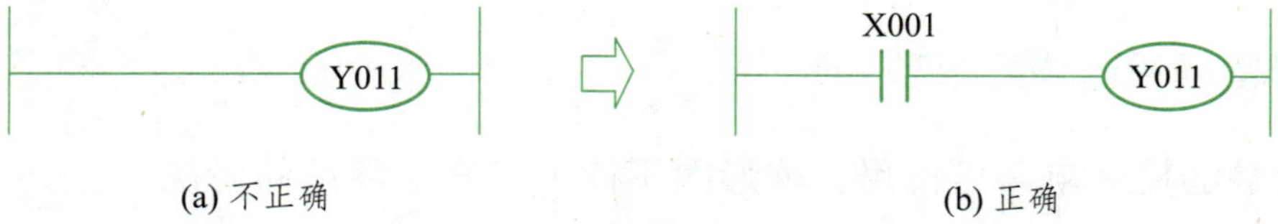

图 2-58 线圈与左母线的关系

（4）不合理的“输出连接”支路处理。

图 2-59（a）所示是继电接触器控制电路中常用的“输出连接”支路，在梯形图中可以进行编程。但是这样的线路在实际处理时需要通过“堆栈”操作才能实现。实际使用时存在以下两方面的缺点：

1）会占用更多的程序存储器空间；

2）在转换为指令表程序后，将给程序的阅读带来不便。

宜将图 2-59（b）转换为图 2-59（c）所示的形式。

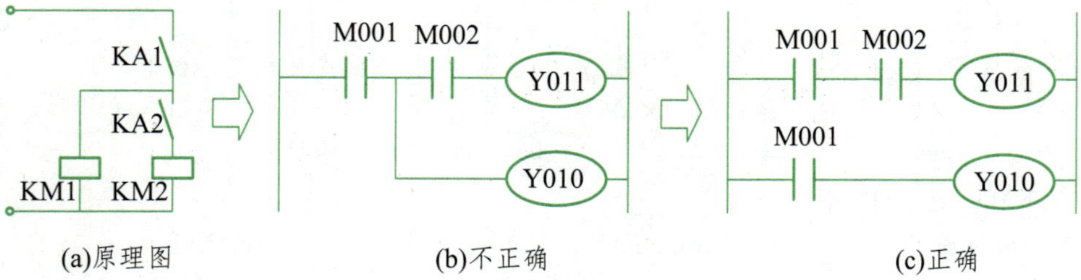

图 2-59 不合理的“输出连接”支路处理

2. 梯形图能使用、继电接触器控制电路不能实现的情况

（1）需慎用的“双线圈输出”。

“双线圈输出”也称“重复线圈输出”。图 2-60（a）所示是梯形图中使用双线圈输出的情况，它在继电接触器控制电路中是不存在的。但是在 PLC 程序中，为了编程的需要，也可以采用。

当梯形图使用重复输出时，Y021 的最终输出状态以最后执行的程序处理结果（第二次输出）为准。对于第二次输出前的程序段，Y021 的内部状态为第一次的输出状态，因此，当 X020 与 X021 同时为“1”、X022 与 X023 有一个为“0”时，图 2-60（b）中的 Y020 将输出“1”，Y021 将输出“0”。

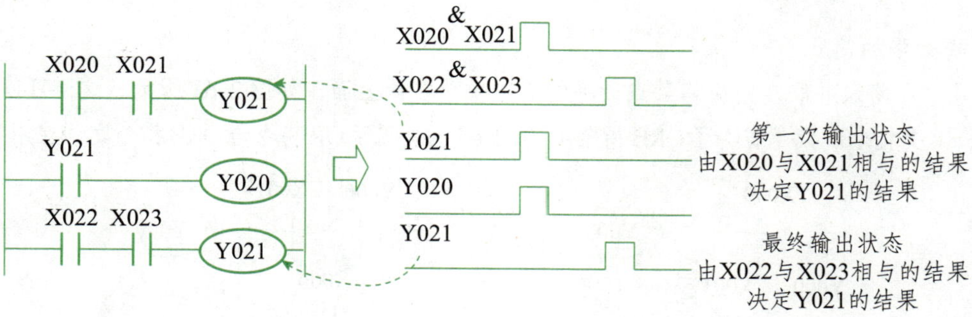

图 2-60　“双线圈输出”的动作规律图示

“双线圈输出”在程序方面并不违反 PLC 的程序输入规则，但因为输出动作复杂，容易引起误操作，所以应谨慎使用。

图 2-61（a）所示亦为双线圈输出的一种情况，可以通过变换梯形图来避免双线圈输出，如图 2-61（b）所示。这两个图在 PLC 中均可输入并执行，且执行的结果是相同的。为程序分析方便或合理占用存储空间起见，建议采用后者。

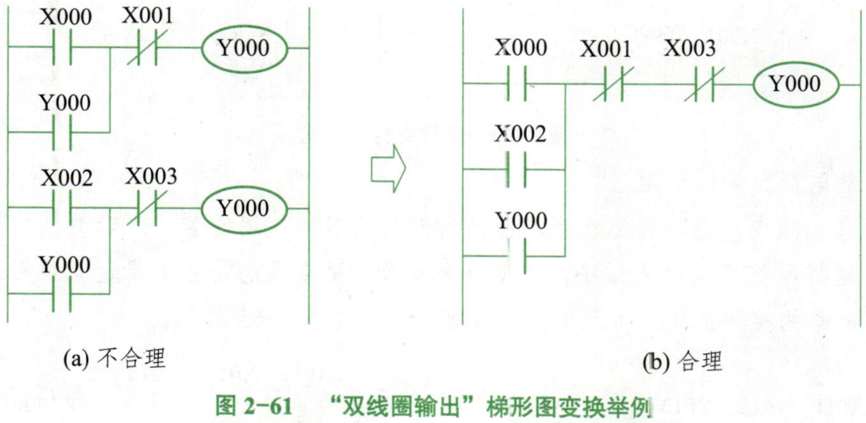

图 2-61　“双线圈输出”梯形图变换举例

（2）“边沿输出”的有效性。

在如图 2-62（a）所示的继电接触器控制电路中，对 KA2 的控制设计是无效的、无意义的，人们将此电路称为“抢时间”控制电路，不能实现控制目的。图 2-62（b）所示是 PLC 梯形图中经常使用的“边沿输出”的程序结构。由于 PLC 程序严格按照梯形图“从上至下”的时序执行，因此在 X1 为“1”的第一个程序执行周期里，可以出现 M000、M001 同时为“1”的状态，即在 M000 中可以获得宽度为一个执行周期的脉冲输出，如图 2-62（c）所示。

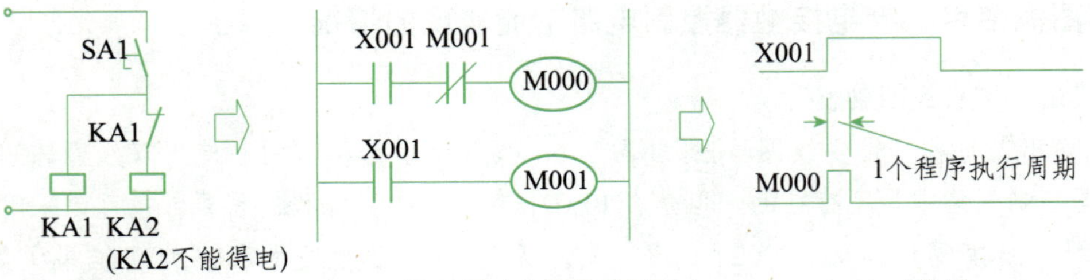

(a) 原理图　　(b) 原理图对应的梯形图　　(c) 时序图

图 2-62　“边沿输出”的原理

3. 梯形图程序的简化

（1）并联支路的简化。

如果有几个电路块并联，则应将触点最多的支路块放在最上面，如图 2-63 所示。这样可以使编制的程序简洁明了，减少指令步数（省去了ORB指令）。图2-63也说明了OR指令与ORB指令之间在用法上的区别。

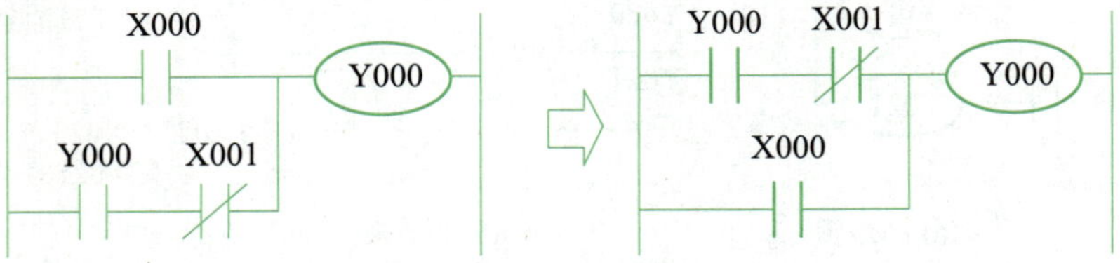

图 2-63　并联支路的简化

（2）串联支路的简化。

在有几个并联回路相串联时，应将并联支路多的尽量靠近母线，如图 2-64 所示。这样同样可以使编制的程序简洁明了，减少指令步数（省去了 ANB 指令）。图 2-64 也说明了 AND 指令与 ANB 指令之间在用法上的区别。

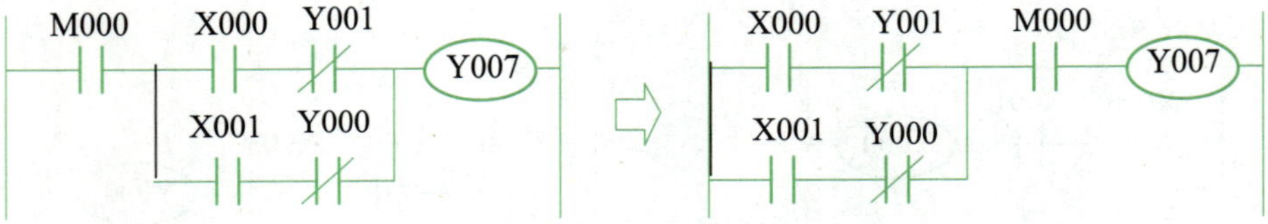

图 2-64　串联支路的简化

（3）用内部继电器简化梯形图。

为了简化程序，减少指令步数，在程序设计时对需要多次使用的若干逻辑运算的组合，应尽量使用内部继电器。这样不仅可以简化程序，减少指令步数，更重要的是在逻辑运算条件需要修改时，只需要修改内部继电器的控制条件，而无须修改所有程序，如图 2-65 所示。

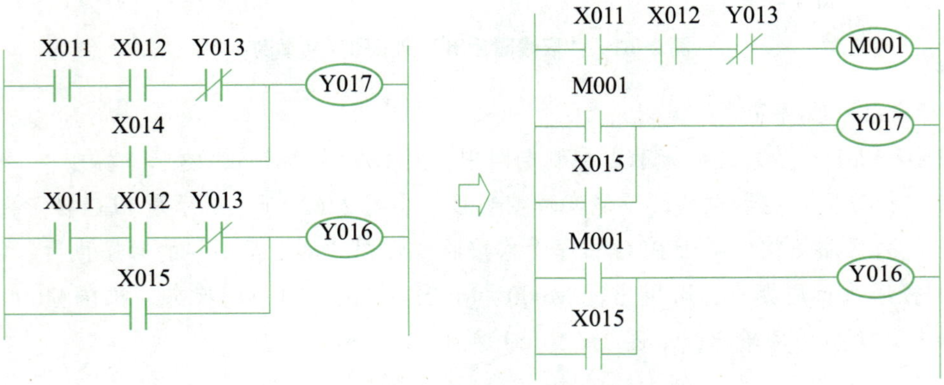

图 2-65　用内部继电器简化梯形图

（4）不含触点的分支应放在垂直方向。

如图 2-66（a）所示的梯形图中虚线圈中不含触点的分支是水平画的，不便于识别触点的组合和对输出线圈的控制路径，应该简化为图 2-66（b），最终简化为图 2-66（c）的结构。

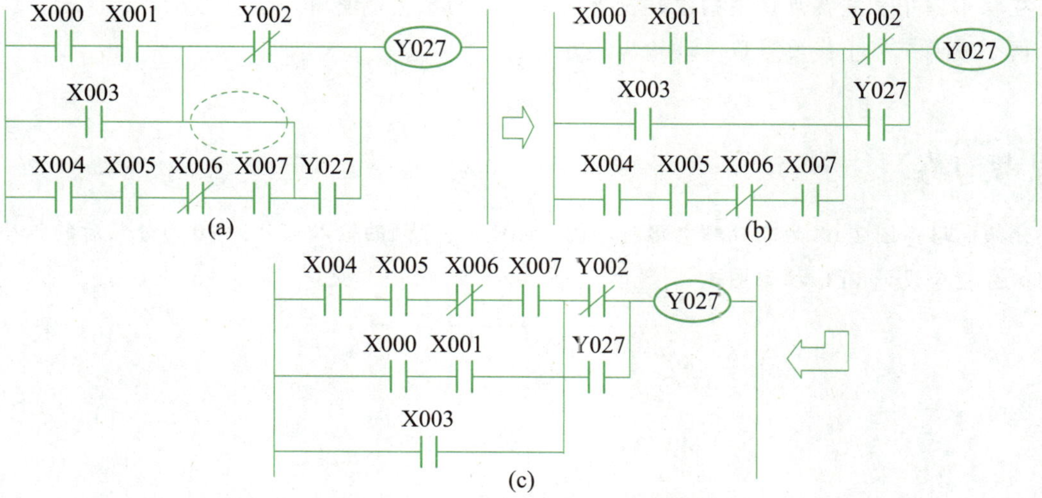

图 2-66　不含触点的分支应放在垂直方向

（5）不可编程梯形图的重新编译。

遇到不可编程的梯形图时，可根据信号流对原梯形图重新编译，以便于正确应用 PLC 基本指令来编程。如图 2-67 所示的实例，将不便于编程的梯形图重新编译成可编程的梯形图。

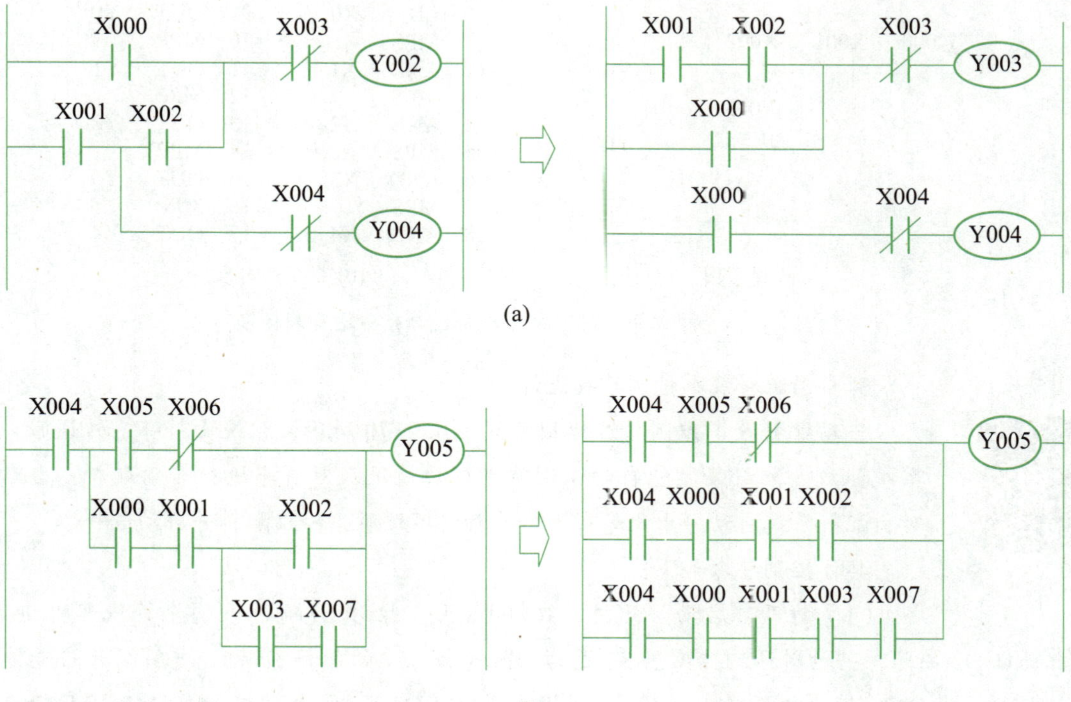

图 2-67　不可编程梯形图的重新编译

4. 其他注意事项

（1）外部输入 / 输出继电器、内部继电器、定时器、计数器等器件的接点可多次重复使用，无须用复杂的程序结构来减少接点的使用次数。

（2）梯形图程序必须符合顺序执行的原则，即“从左至右”“从上至下”地执行，不符合顺序执行原则的电路不能直接编程。

（3）在梯形图中串联接点使用的次数没有限制，可无限次地使用。

（4）两个或两个以上线圈可以并联输出。

思考与练习

1. 分频电路：图 2-68 为二分频电路时序图，X0 为要分频的输入信号，Y0 为分频后的脉冲信号，请利用微分指令设计 PLC 梯形图。

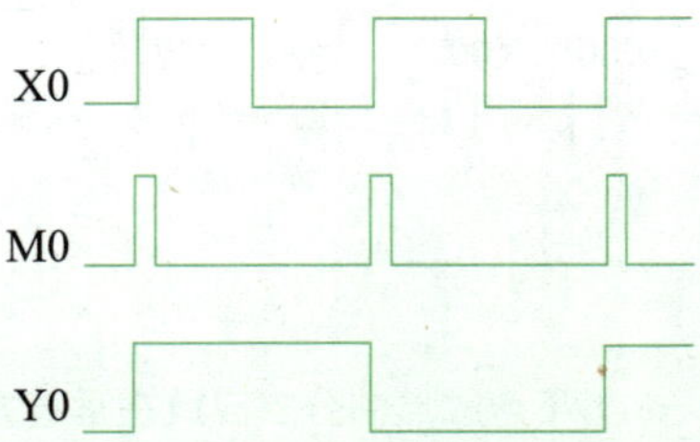

图 2-68　二分频电路

2. 写出图 2-69（a）所示梯形图所对应的指令语句表，并根据图 2-69（b）所示的指令语句表画出对应的梯形图。

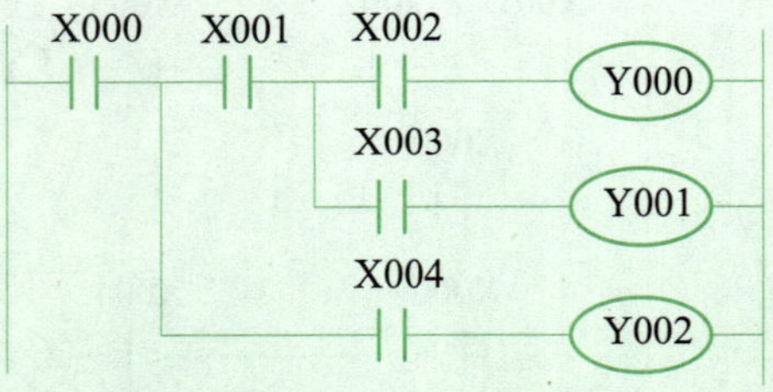

(a) 梯形图

0	LD	X0	9	OUT	Y0
1	MPS		10	MPP	
2	AND	X1	11	OUT	Y1
3	MPS		12	MPP	
4	AND	X2	13	OUT	Y2
5	MPS		14	MPP	
6	AND	X3	15	OUT	Y3
7	MPS		16	MPP	
8	AND	X4	17	OUT	Y4

(b) 指令语句表

图 2-69　梯形图与指令语句表转换

操作视频

自动配料装车

3. 自动配料装车控制系统设计。

自动配料装车控制系统模拟装置如图 2-70 所示，系统由料斗、传送带、检测系统组成。配料装置能自动识别货车到位情况及对货车进行自动配料：当车装满时，配料系统自动停止配料；当料斗物料不足时，停止配料并自动进料。

具体控制要求如下：

（1）打开“启动”开关，红灯 L2 灭，绿灯 L1 亮，表明允许汽车开进装料。料斗出料口 D2 关闭，若物料检测传感器 S1 置为 OFF（料斗中的物料不满），进料阀开启进料（D4 亮）。当 S1 置为 ON（料斗中的物料已满），则停止进料（D4 灭）。电动机 M1、M2、M3 和 M4 均为 OFF。

（2）当汽车开进装车位置时，限位开关 SQ1 置为 ON，红灯信号灯 L2 亮，绿灯 L1 灭；同时起动电动机 M4，经过 1 秒后起动电动机 M3，再经过 2 秒后起动电动机 M2，再经过 1 秒后起动电动机 M1，再经过 1 秒后才打开出料阀（D2 亮），物料经料斗出料。

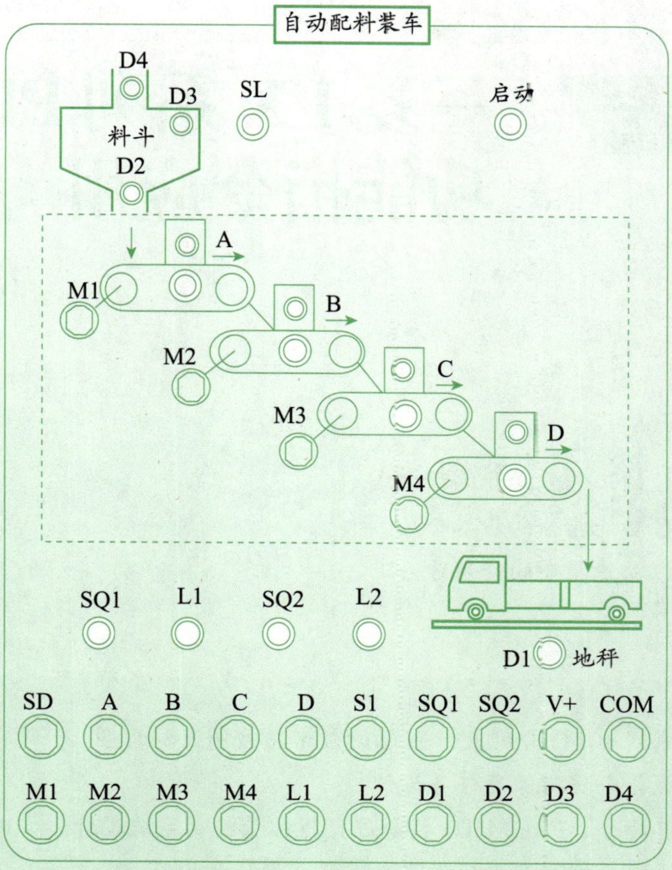

图 2-70　自动配料装车控制系统模拟装置

（3）当车装满时，限位开关SQ2为ON，料斗关闭，1秒后M1停止，M2在M1停止1秒后停止，M3在M2停止1秒后停止，M4在M3停止1秒后最后停止。同时红灯L2灭，绿灯L1亮，表明汽车可以开走。

（4）关闭“启动”开关，自动配料装车的整个系统停止运行。

项目 3 三菱 FX 系列 PLC 功能指令应用

知识目标

1. 了解 FX 系列 PLC 的工作方式和编程方式。
2. 掌握 FX 系列 PLC 功能指令的基本含义。
3. 掌握 FX 系列 PLC 功能指令的使用方法。

技能目标

1. 根据课题任务要求列出 I/O 分配表、PLC 的外部接线图及梯形图。
2. 能够使用其他功能指令进行课题任务设计。
3. 能够使用四则运算指令、FROM/TO 指令进行模拟量控制系统设计。
4. 能够使用移位指令、比较指令、传送指令进行课题任务设计。

案例导入

“娃哈哈”的智能工厂

制造业是国家创新能力的重要战场，是支撑国家经济和社会发展的重要基础产业。我国制造业经过几十年的发展，总体规模和水平得到了大幅提升，综合实力不断增强。在技术创新方面，我国制造业历经了模仿创新、集成创新、引进消化吸收再创新、自主创新等多个阶段，总体的创新能力得到了明显增强，正在由跟随式创新向引领式创新转型。

2015 年，民营企业娃哈哈“食品饮料流程制造智能化工厂项目”入选全国首批工信部智能制造试点示范项目。2017 年，娃哈哈对食品饮料制造流程进行智能化改造，建成了公司第一条智能化饮料生产线，在保证产品质量的同时，提升了能源效率和机械效率，更加绿色环保。这是娃哈哈智能数字化道路上的第一个关键节点。在此之后，娃哈哈持续深耕智能制造，通过数字化为产品质量加码，建立了智能化菌种车间、智能化片剂生产车间、高产能智能化固体饮料生产车间、智能化植物提取车间等多条智能化生产线，同时推动已有饮料生产线从自动化向智能化的改造。未来，娃哈哈将继续立足主业，以产业数字化为手段，开发面向全行业的高端自动化装备、工业机器人的集成应用，这对传统食品饮料制造业向智能化转型起到一定的示范和引领作用。对于本项目的功能指令应用，同学们不仅要完成功能的实现，而且要学习民营企业娃哈哈智能生产流水线控制设计，开展绿色低碳布局，在智能化、清洁化、精细化等多维度，从研发、生产等全链路探索绿色低碳发展，在实现自身高质量发展的同时，不忘使命与担当，在以中国式现代化全面推进中华民族伟大复兴的新征程中作出更大贡献。

任务 1　喷泉控制、装配流水线控制及机械手控制（移位指令）

一、任务描述

1. 喷泉控制系统设计——知识点回顾（定时器）

（1）花式喷泉的设计要求。

按下启动按钮，喷泉控制装置开始工作；按下停止按钮，喷泉控制装置停止工作。喷泉的工作方式由花样选择开关和单步、连续开关决定。当单步、连续开关在单步控制时，喷泉只能按照花样选择开关设置的方式运行一个循环。花式喷泉喷头布局图如图 3-1 所示。

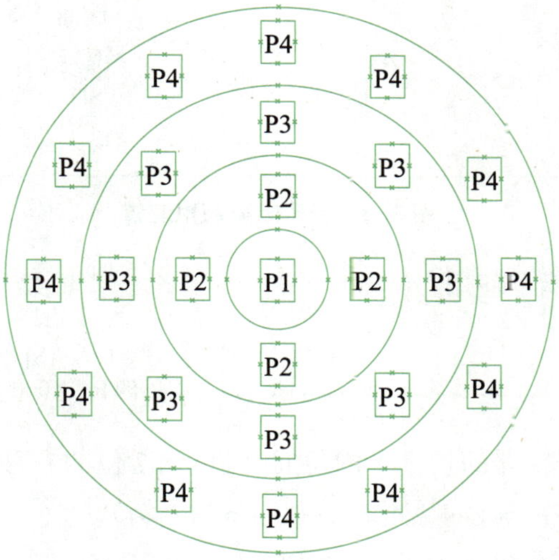

图 3-1　花式喷泉喷头布局图

花样选择开关用于选择喷泉的花样，有 4 种喷水花样。

1）花样选择开关在位置 1 时，按下启动按钮后，P1 号喷头喷水，延迟 3s 后，P2 号喷头喷水，再延迟 3s 后，P3 号喷头喷水，又延迟 3s 后，P4 号喷头喷水。5s 后，如果为单步工作方式，则停止；如果为连续工作方式，则继续循环下去。

2）花样选择开关在位置 2 时，按下启动按钮后，P4 号喷头喷水，延迟 3s 后，P3 号喷头喷水，再延迟 3s 后，P2 号喷头喷水，又延迟 3s 后，P1 号喷头喷水。5s 后，如果为单步工作方式，则停止；如果为连续工作方式，则继续循环下去。

3）花样选择开关在位置 3 时，按下启动按钮后，P4 号、P2 号喷头同时喷水，延迟 3s 后，P3 号、P1 号喷头同时喷水，P4 号、P2 号喷头停止喷水。如此交替 12s 后，4 组喷头全喷水。10s 后，如果为单步工作方式，则停止；如果为连续工作方式，则继续循不下去。

4）花样选择开关在位置 4 时，按下启动按钮后，按照 P4-P3-P2-P1 的顺序，依次间隔 3s 喷水，然后一起喷水。5s 后，按照 P1-P2-P3-P4 的顺序分别延迟 3s 依次停止喷水。在经过 1s 延迟时，按照 P1-P2-P3-P4 的顺序，依次间隔 3s 喷水，然后一起喷水。10s 后停止。如果为单步工作方式，则本流程结束；如果为连续工作方式，则继续循环下去。

操作视频　操作视频

音乐喷泉　舞台灯

（2）音乐喷泉控制系统设计——功能指令应用（移位指令）。

图 3-2 所示为音乐喷泉模拟装置，具体控制要求如下：

1）置位启动开关 SD 为 ON 时，LED 指示灯依次循环显示 1→2→3···→8→1、2→3、4→5、6→7、8→1、2、3→4、5、6→7、8→1→2···，模拟当前喷泉的“水流”状态。

2）置位启动开关 SD 为 OFF 时，LED 指示灯停止显示，系统停止工作。

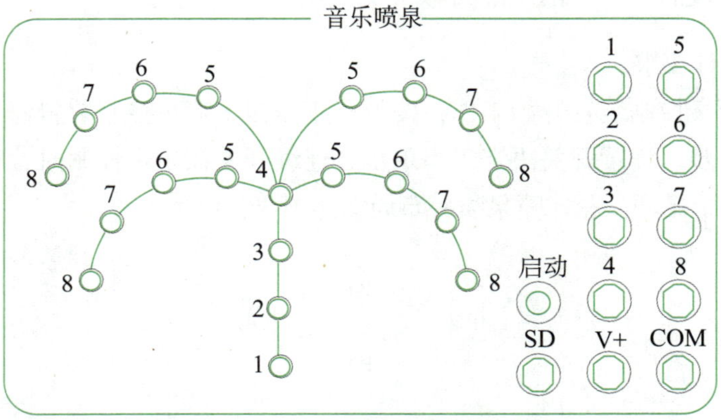

图 3-2　音乐喷泉模拟装置

功能指令介绍——位右移指令使用：

指令解读：对 n1（移位寄存器的长度）的位元件进行 n2 位的右移动的指令；当采用脉冲执行型指令时，驱动输入每一次由 OFF 向 ON 变化时，执行 n2 位移位。

2. 装配流水线控制系统设计——功能指令应用（移位指令）

操作视频

流水线

图 3-3 所示为装配流水线模拟装置，其中的操作工位 A、B、C，运料工位 D、E、F、G 及仓库操作工位 H 能对工件进行循环处理。具体控制要求如下：

（1）闭合“启动”开关，工件经过运料工位 D 送至操作工位 A，在此工位完成加工后再由运料工位 E 送至操作工位 B……，依次传送及加工，直至工件被送至仓库操作工位 H，由该工位完成对工件的入库操作，循环处理。

（2）断开“启动”开关，系统加工完最后一个工件入库后，自动停止工作。

（3）按“复位”键，无论此时工件位于哪一工位，系统均能复位至起始状态，即工件又重新开始从运料工位 D 处开始运送并加工。

（4）按“移位”键，无论此时工件位于哪一工位，系统均能进入单步移位状态，即每按一次“移位”键，工件前进一个工位。

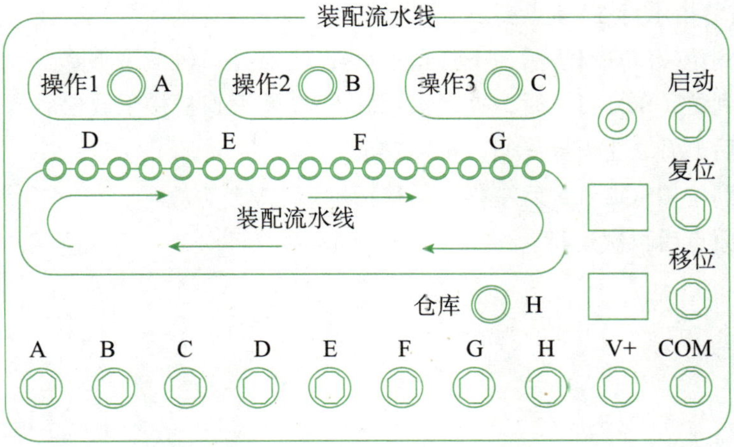

图 3-3　装配流水线模拟装置

功能指令介绍——位左移指令使用：

操作视频

机械手

指令解读：对 n1（移位寄存器的长度）的位元件进行 n2 位的左移动的指令；当采用脉冲执行型指令时，驱动输入每一次由 OFF 向 ON 变化时，执行 n2 位移位。

3. 机械手控制系统设计

图 3-4 所示为机械手控制面板，工件在 A 处被机械手抓取并放到 B 处。

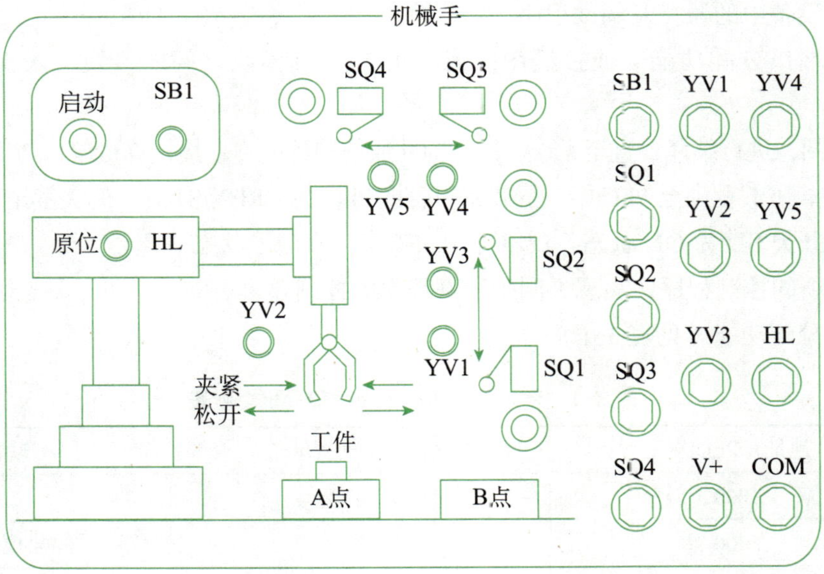

图 3-4　机械手控制面板

具体控制要求如下：

（1）机械手回到初始状态，SQ4=SQ2=1，SQ3=SQ1=0，原位指示灯 HL 点亮，拨动“SB1”启动开关，下降指示灯 YV1 点亮，机械手下降（SQ2=0），下降到 A 处（SQ1=1）后夹紧工件，夹紧指示灯 YV2 点亮。

（2）夹紧工件后，机械手上升（SQ1=0），上升指示灯 YV3 点亮，上升到位（SQ2=1）后，机械手右移（SQ4=0），右移指示灯 YV4 点亮。

（3）机械手右移到位（SQ3=1）后，下降指示灯 YV1 点亮，机械手下降。

（4）机械手下降到位（SQ1=1）后，夹紧指示灯 YV2 熄灭，机械手放松。

（5）机械手放松后上升，上升指示灯 YV3 点亮。

（6）机械手上升到位（SQ2=1）后左移，左移指示灯 YV5 点亮。

（7）机械手回到原点后再次运行。

二、任务实施

1. 设计流程

按任务描述情况，分别完成喷泉控制、装配流水线控制及机械手控制系统设计。具体设计流程如下：

（1）按照控制要求设计 PLC 控制器的输入 / 输出（I/O）地址分配表。

（2）按照控制要求进行 PLC 控制器的输入 / 输出（I/O）接线图的设计。

（3）将编写好的程序录入到 GX Works2 编程软件中，并进行程序的下载及运行。

（4）根据任务要求对程序进行模拟调试。

（5）完成课题的任务评价。

2. 设计指导 1——音乐喷泉控制系统

（1）设计步骤。

1）检查实训设备中的器材及调试程序。

2）按照 I/O 端口分配功能表或接线图完成 PLC 与实训模块之间的接线，认真检查，确保正确无误。

3）编写梯形图，进行编译，直至无误。用 SC-09 通信编程电缆连接计算机串口与 PLC 通信口，打开 PLC 主机电源开关，下载程序至 PLC 中，下载完毕后将 PLC 的“RUN/STOP”开关拨至“RUN”状态。

4）拨动启动开关 SD 为 ON 状态，观察并记录喷泉“水流”状态。

5）尝试编译新的控制程序，实现不同于示例程序的控制效果。

（2）I/O 端口分配功能（见表 3-1）。

表 3-1　音乐喷泉课题 I/O 端口分配功能表

序号	PLC 地址（PLC 端子）	电气符号（面板端子）	功能说明
1	X000	SD	启动
2	Y000	1	喷泉模拟指示灯 1
3	Y001	2	喷泉模拟指示灯 2
4	Y002	3	喷泉模拟指示灯 3
5	Y003	4	喷泉模拟指示灯 4
6	Y004	5	喷泉模拟指示灯 5
7	Y005	6	喷泉模拟指示灯 6
8	Y006	7	喷泉模拟指示灯 7

续表

序号	PLC 地址（PLC 端子）	电气符号（面板端子）	功能说明
9	Y007	8	喷泉模拟指示灯 8
10	主机 S/S、面板 V+ 接电源 24V		电源正端
11	主机 COM0、COM1、COM2、COM3、面板 COM 接电源 GND		电源地端

（3）PLC 外部接线图（如图 3-5 所示）。

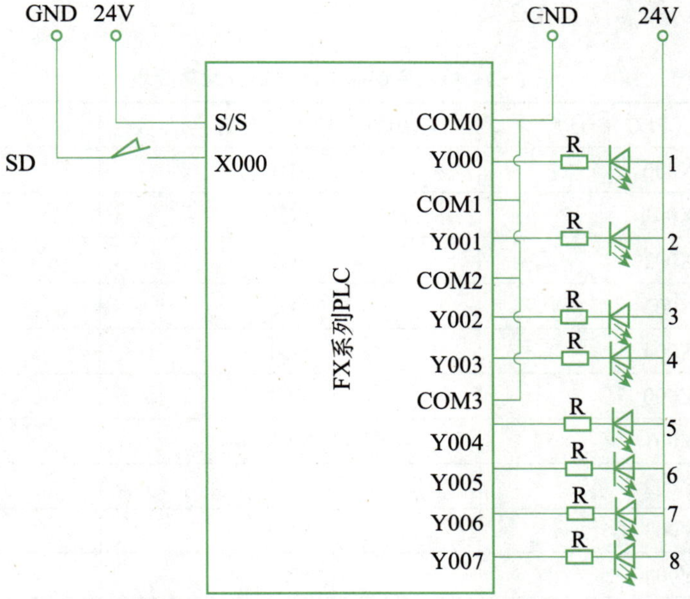

图 3-5　音乐喷泉课题 PLC 外部接线图

（4）程序自行设计。

3. 设计指导 2——机械手控制系统

（1）设计步骤。

1）检查实训设备中的器材及调试程序。

2）按照 I/O 端口分配功能表或接线图完成 PLC 与实训模块之间的接线，认真检查，确保正确无误。

3）打开示例程序或用户自己编写的控制程序，进行编译，有错误时根据提示信息修改，直至无误。用 SC-09 通信编程电缆连接计算机串口与 PLC 通信口，打开 PLC 主机电源开关，下载程序至 PLC 中，下载完毕后将 PLC 的"RUN/STOP"开关拨至"RUN"状态。

4）将左限位开关 SQ4、右限位开关 SQ3 打向左，上限位开关 SQ2、下限位开关 SQ1 打向上，机械手回到初始状态，原位指示灯 HL 点亮。

5）向上拨"SB1"启动开关，下降指示灯 YV1 点亮，模拟机械手下降，上限位开关 SQ2 打向下，下降到 A 处后将下限位开关 SQ1 打向下，开始夹紧工件，夹紧指示灯 YV2 点亮。

6）夹紧工件后，机械手上升，上升指示灯 YV3 点亮，下限位开关 SQ1 打向上，机械手上升到位后，上限位开关 SQ2 打向上。

7）右移指示灯 YV4 点亮，机械手开始右移，左限位开关 SQ4 打向右。

8）机械手右移到位后，右限位开关 SQ3 打向右，下降指示灯 YV1 点亮，机械手下降，上限位开关 SQ2 打向下。

9）机械手下降到位后，下限位开关 SQ1 打向下，夹紧指示灯 YV2 熄灭，机械手放松。

10）机械手放松后上升，上升指示灯 YV3 点亮，下限位开关 SQ1 打向上，机械手上升到位后，上限位开关 SQ2 打向上。

11）机械手上升到位后，左移指示灯 YV5 点亮，右限位开关 SQ3 打向左。

12）机械手左移到位后，左限位开关 SQ4 打向左，机械手完成一个动作周期。

（2）I/O 端口分配功能（见表 3-2）。

表 3-2 机械手课题 I/O 端口分配功能表

序号	PLC 地址（PLC 端子）	电气符号（面板端子）	功能说明
1	X000	SB1	启动开关
2	X001	SQ1	下限位开关
3	X002	SQ2	上限位开关
4	X003	SQ3	右限位开关
5	X004	SQ4	左限位开关
6	Y000	YV1	下降指示灯
7	Y001	YV2	夹紧指示灯
8	Y002	YV3	上升指示灯
9	Y003	YV4	右移指示灯
10	Y004	YV5	左移指示灯
11	Y005	HL	原位指示灯
12	主机 S/S、面板 V+ 接电源 24V		电源正端
13	主机 COM0、COM1、COM2、COM3、面板 COM 接电源 GND		电源地端

（3）PLC 外部接线图（如图 3-6 所示）。

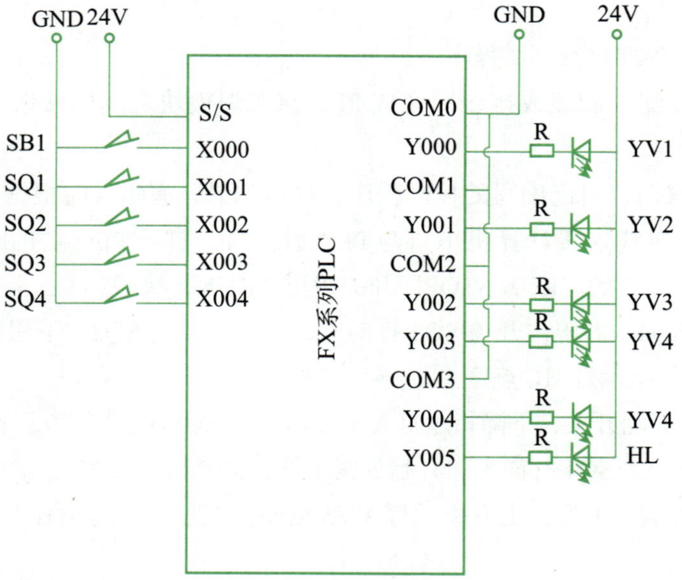

图 3-6 机械手课题 PLC 外部接线图

（4）参考梯形图（如图3-7所示）。

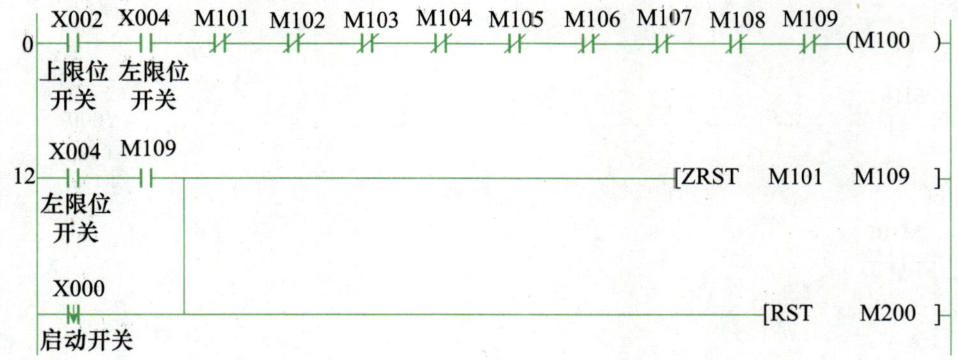

(a)

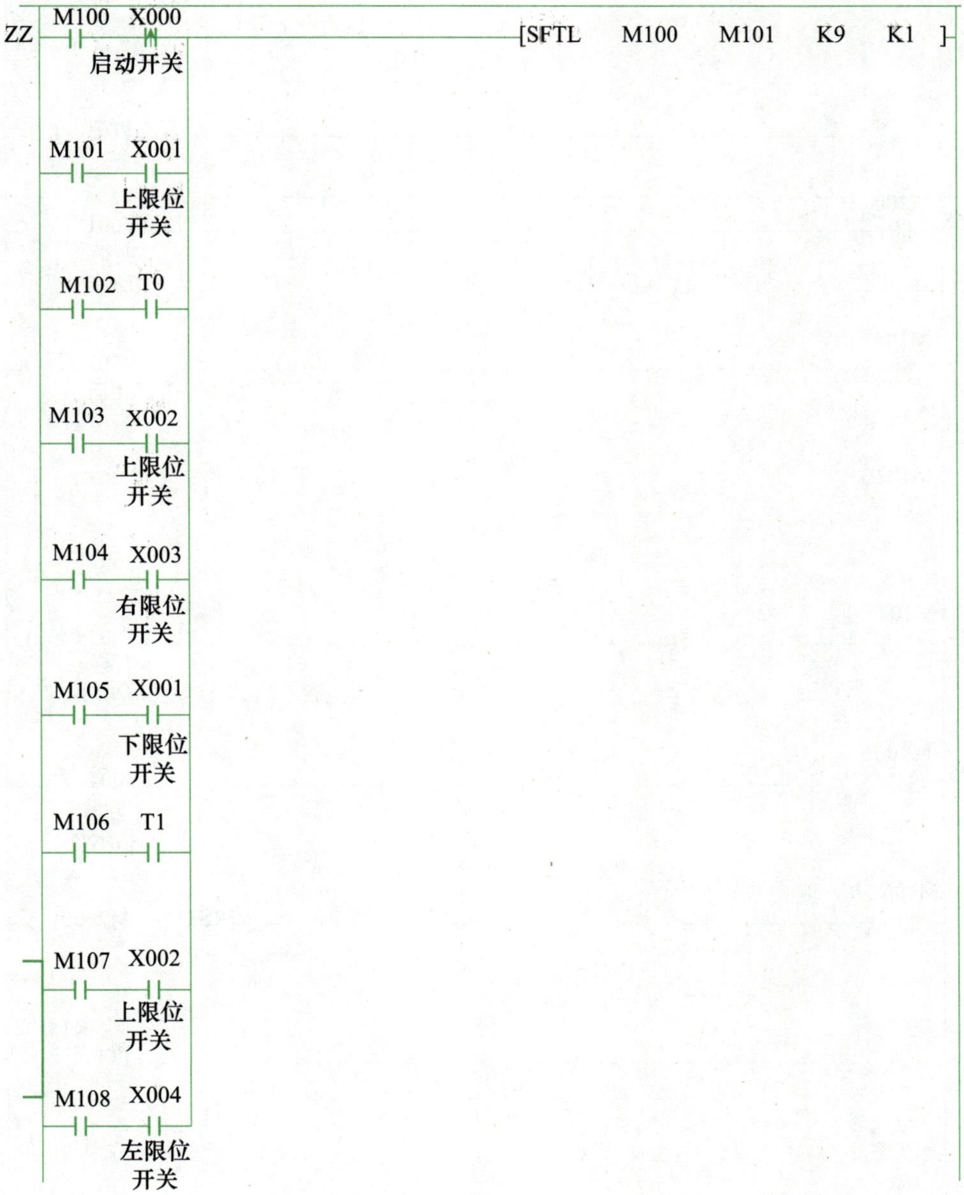

(b)

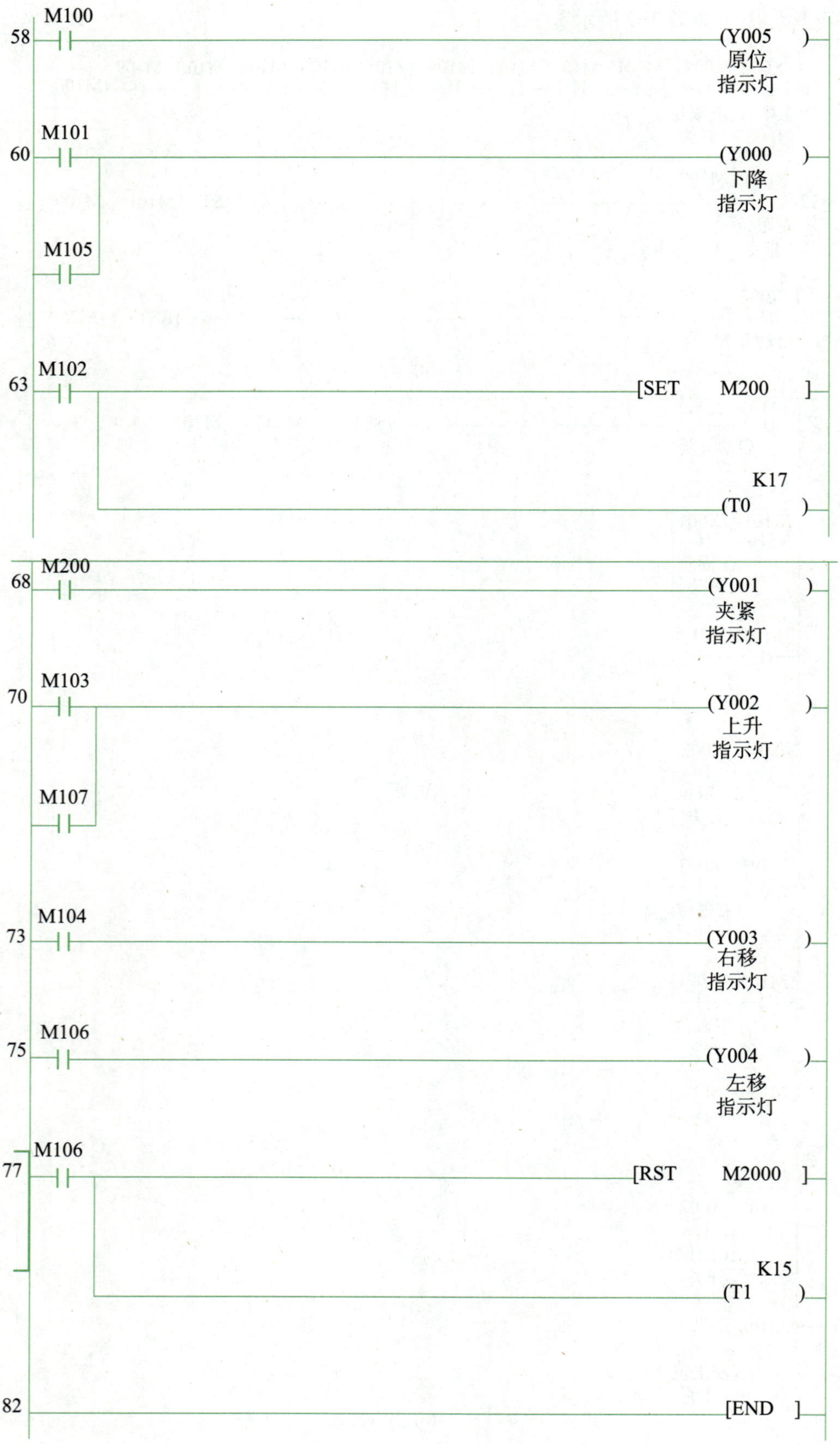

(c)

图 3-7 机械手课题参考梯形图

任务 2　十字路口交通灯控制系统设计（触点比较与移位指令）

一、任务描述

1. 十字路口交通灯设计 1——触点比较指令

设计一个用 PLC 控制的十字路口交通灯的控制系统。其控制要求如下：

（1）自动运行：自动运行时，按下启动按钮，信号灯系统按图 3-8 所示的要求开始工作（绿灯闪烁的周期为 1s）；按下停止按钮，所有信号灯熄灭。

（2）手动运行：手动运行时，两个方向的黄灯同时闪烁，周期为 1s。

（3）要求使用自定义模块进行任务设计。

注：本课题可以加入八段码，模拟十字路口交通灯的倒计时控制。

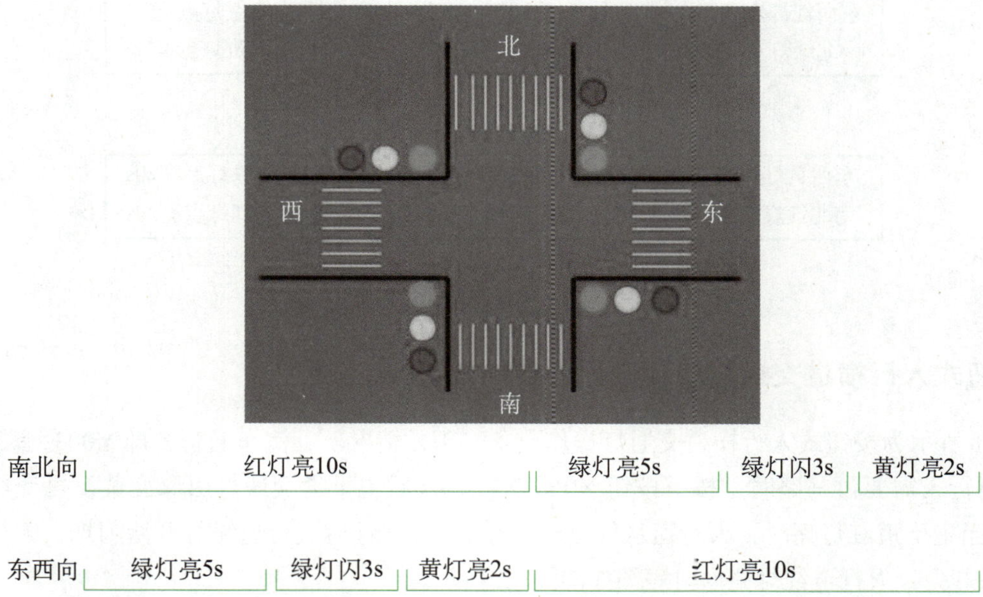

图 3-8　交通灯控制要求

触点比较指令使用：

```
0 [=    D0    K1    ]──────────────────────────(Y000    )
```

指令描述：对源数据内容进行 BIN 比较，对其结果执行后段的运算。如上所示，当 D0 中的数据“等于”常数 K1 时，则 Y000 的输出状态为“1”。本任务需要对定时器 T 进行数据比较。

操作视频

交通灯

2. 十字路口交通灯设计 2——移位指令

图 3-9 所示为交通灯模拟控制面板，具体控制要求如图 3-10 所示。

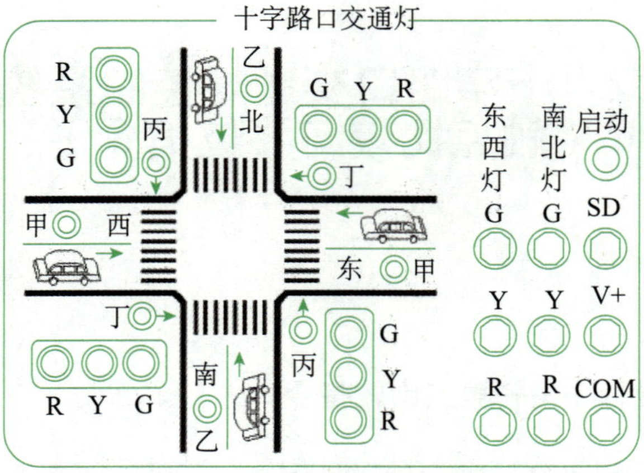

图 3-9 交通灯模拟控制面板

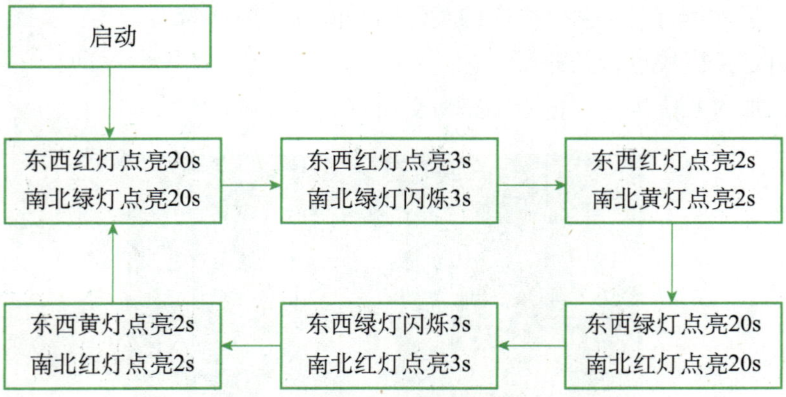

图 3-10 交通灯控制要求

3. 按钮式人行横道交通灯控制设计（多种方法）

图 3-11 所示为按钮式人行横道交通灯操作设备。正常情况下，汽车通行，即 Y003 绿灯亮、Y005 红灯亮；当行人需要过马路时，按下按钮 X0 或 X1，30s 后主干道交通灯由绿变黄，再变红，其中黄灯亮 10s，当主干道红灯亮时，人行道从红灯转成绿灯亮，15s 后人行道绿灯开始闪烁，闪烁 5 次后转为主干道绿灯亮，人行道红灯亮。时序图如图 3-12 所示。

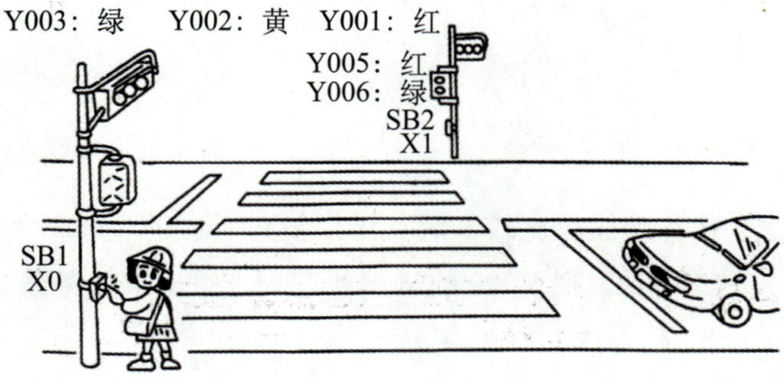

图 3-11 按钮式人行横道交通灯模拟图

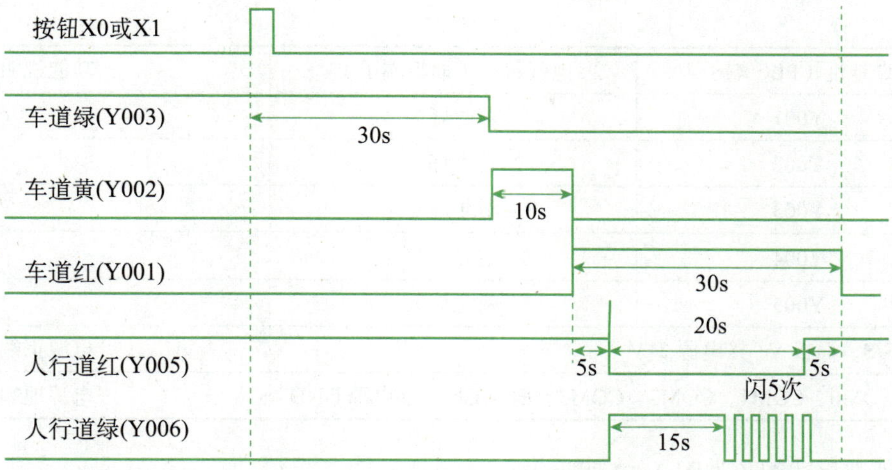

图 3-12　按钮式人行横道交通灯控制时序图

二、任务实施

1. 设计流程

按任务描述情况，用不同编程方法进行程序设计，具体设计流程如下：

（1）按照控制要求设计 PLC 控制器的输入 / 输出（I/O）地址分配表。

（2）按照控制要求进行 PLC 控制器的输入 / 输出（I/O）接线图的设计。

（3）将编写好的程序录入到 GX Works2 编程软件中，并进行程序的下载及运行。

（4）根据任务要求对程序进行模拟调试。

（5）完成课题的任务评价。

2. 设计指导：十字路口交通灯设计 2——移位指令

（1）设计步骤。

1）检查实训设备中的器材及调试程序。

2）按照 I/O 端口分配功能表或接线图完成 PLC 与实训模块之间的接线，认真检查，确保正确无误。

3）打开示例程序或用户自己编写的控制程序，进行编译，有错误时根据提示信息修改，直至无误。用 SC-09 通信编程电缆连接计算机串口与 PLC 通信口，打开 PLC 主机电源开关，下载程序至 PLC 中，下载完毕后将 PLC 的“RUN/STOP”开关拨至“RUN”状态。

4）拨动启动开关 SD 为 ON 状态，观察并记录东西、南北方向主指示灯及各方向人行道指示灯点亮状态。

5）尝试编译新的控制程序，实现不同于示例程序的控制效果。

（2）I/O 端口分配功能（见表 3-3）。

表 3-3　十字路口交通灯设计 2——I/O 端口分配功能表

序号	PLC 地址（PLC 端子）	电气符号（面板端子）	功能说明
1	X000	SD	启动
2	Y000	东西灯 G	

续表

序号	PLC 地址（PLC 端子）	电气符号（面板端子）	功能说明
3	Y001	东西灯 Y	
4	Y002	东西灯 R	
5	Y003	南北灯 G	
6	Y004	南北灯 Y	
7	Y005	南北灯 R	
8	主机 S/S、面板 V+ 接电源 24V		电源正端
9	主机 COM0、COM1、COM2、COM3、面板 COM 接电源 GND		电源地端

（3）PLC 外部接线图（如图 3-13 所示）。

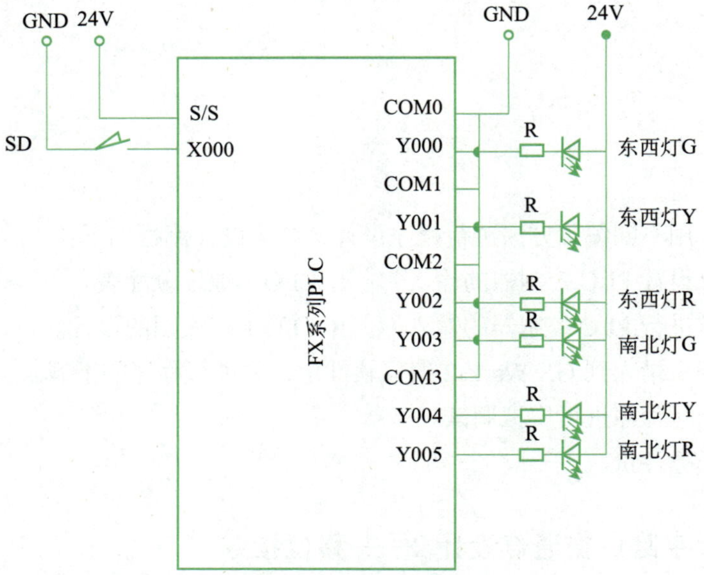

图 3-13 十字路口交通灯设计 2 课题 PLC 外部接线图

（4）参考梯形图（如图 3-14 所示）。

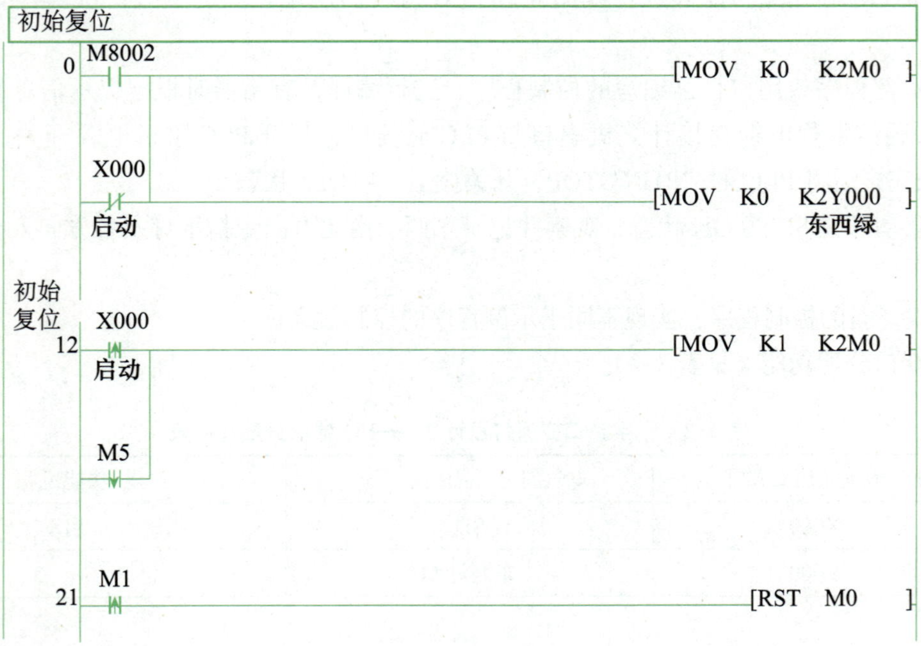

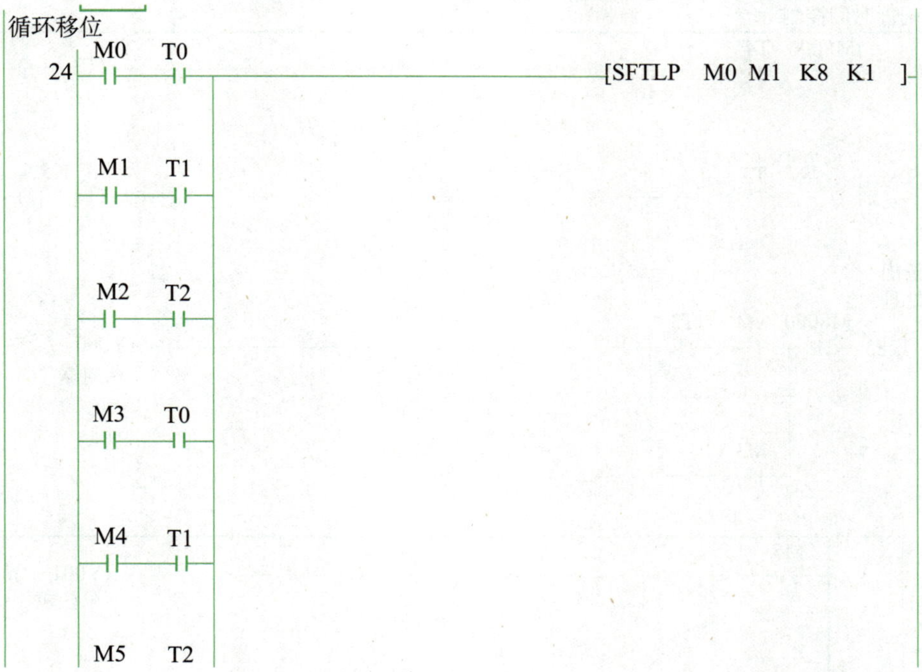
循环移位
24
M0
T0
[SFTLP M0 M1 K8 K1]
M1
T1
M2
T2
M3
T0
M4
T1
M5
T2

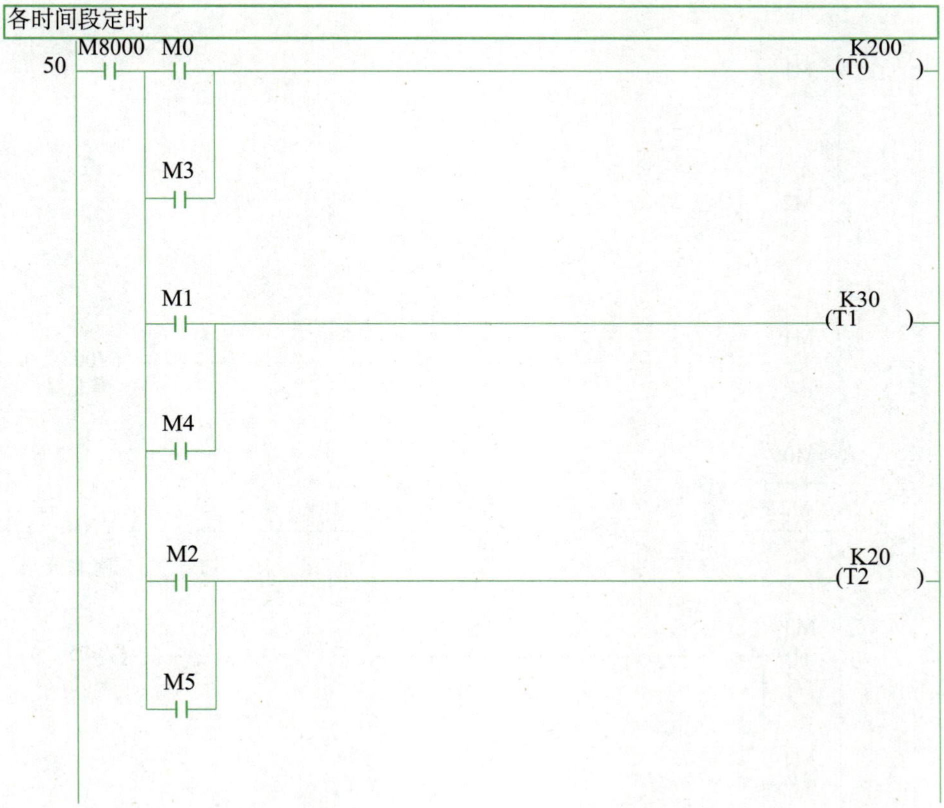
各时间段定时
50
M8000
M0
K200
(T0)
M3
M1
K30
(T1)
M4
M2
K20
(T2)
M5

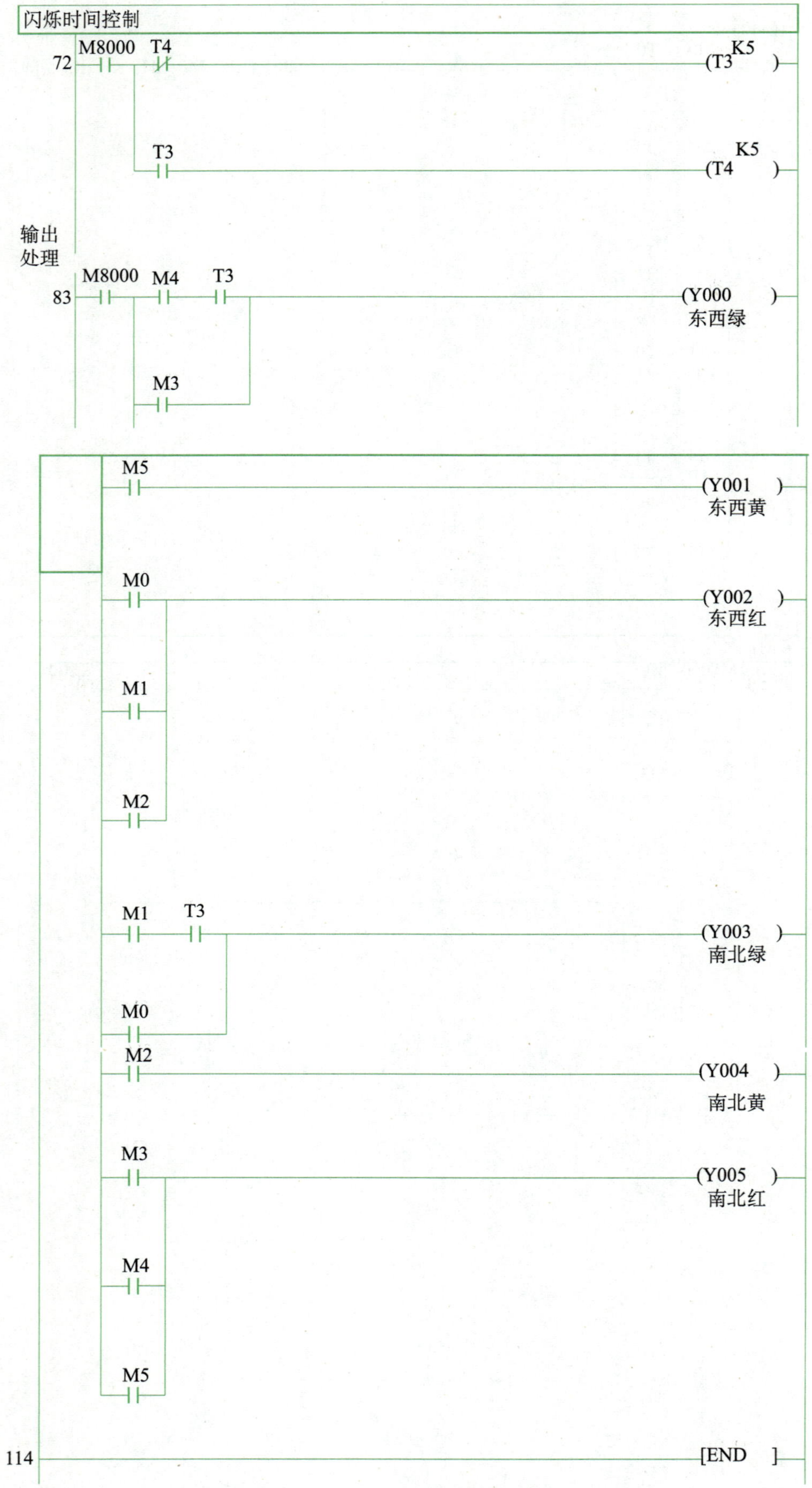

图 3-14　十字路口交通灯设计参考梯形图

任务 3　四节传送带、自控轧钢机及自控成型机控制系统设计（传输与置位、复位指令）

一、任务描述

1. 四节传送带控制系统设计

操作视频

四节传送带

图 3-15 所示为四节传送带控制系统模拟装置，具体控制要求如下：

（1）总体控制要求：如面板图 3-15 所示，系统由传动电动机 M1、M2、M3、M4，故障设置开关 A、B、C、D 组成，完成物料的运送、故障停止等功能。

（2）闭合“启动”开关，首先启动最末一条传送带（电动机 M4），每经过 1s 延时，依次启动一条传送带（电动机 M3、M2、M1）。

（3）当某条传送带发生故障时，该传送带及其前面的传送带立即停止，而其后一级的传送带待运完货物后才能停止。例如，M2 存在故障，则 M1、M2 立即停，经过 1s 延时后，M3 停，再过 1s，M4 停。

（4）排除故障，打开“启动”开关，系统重新启动。

（5）关闭“启动”开关，先停止最前一条传送带（电动机 M1），待物料运送完毕后再依次停止 M2、M3 及 M4 电动机。

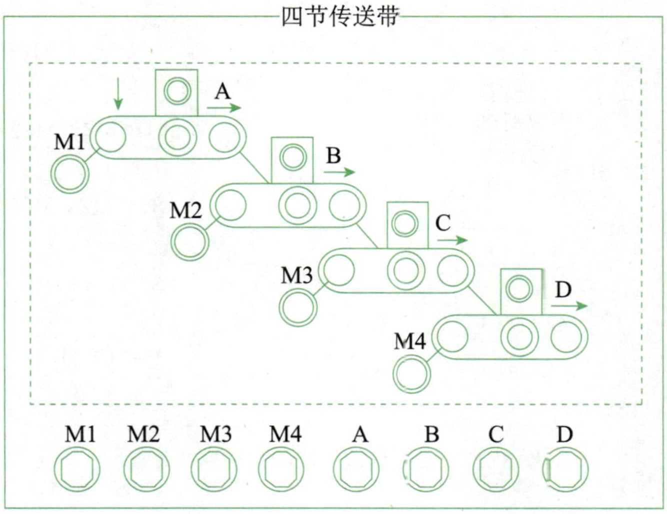

图 3-15　四节传送带控制系统模拟装置

传送指令如图 3-16 所示。当 X000 为 ON 时，将源内容向目标内容传送；当 X000 为 OFF 时，数据不变化。

图 3-16　传送指令说明

2. 自控轧钢机控制系统设计

操作视频

自控轧钢机

图 3-17 所示为自控轧钢机控制系统模拟装置，具体控制要求如下：

（1）总体控制要求：如面板图 3-17 所示，钢板从右侧送入，在 M2、M1、M3 电动机的带动下，经过三次轧压后从左侧送出。

（2）打开 SD 启动开关，系统开始运行，钢板从右侧送入，打开 S1 开关，模拟钢板被检测到，MZ1、MZ2、MZ3 点亮，表示电动机 M1、M2、M3 正转，将钢板自右向左传送。同时指示灯 A 点亮，表示此时只有下压量 A 作用。

（3）钢板经过轧压后，超出 S1 传感器检测范围，电动机 M2 停止转动。

（4）钢板在电动机的带动下，被传送到左侧，被 S2 传感器检测到后，MF1、MF2、MF3 点亮，表示电动机 M1、M2、M3 反转，将钢板自左向右传送。同时指示灯 A、B 点亮，表示此时有下压量 A、B 一起作用。

（5）钢板在电动机的带动下，被传送到右侧，被 S1 传感器检测到后，MZ1、MZ2、MZ3 点亮，表示电动机 M1、M2、M3 正转，将钢板自右向左传送。同时指示灯 A、B、C 点亮，表示此时有下压量 A、B、C 一起作用。

（6）钢板经过轧压后，超出 S1 传感器检测范围，电动机 M2 停止转动。

（7）钢板传送到左侧，被 S2 传感器检测到后，电动机 M1 停止转动。

（8）钢板从左侧送出后，超出 S2 传感器检测范围，电动机 M3 停止转动。

（9）S1 传感器再次检测到钢板后，根据步骤（2）～（8）完成对钢板的轧压。

（10）在运行时，断开 SD 开关，系统需要继续完成一个工作周期后才能停止运行。

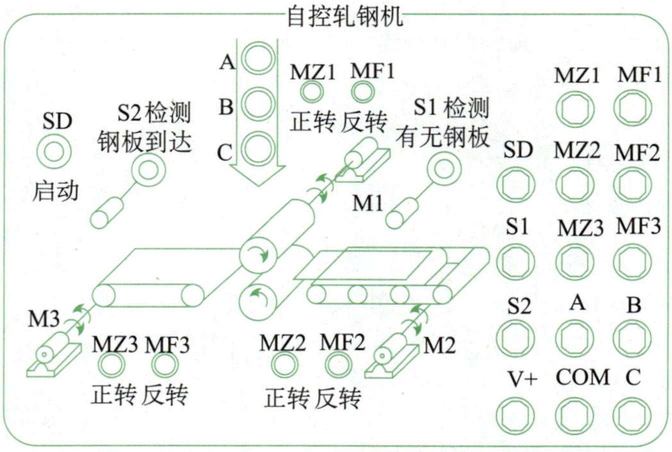

图 3-17　自控轧钢机控制系统模拟装置

3. 自控成型机控制系统设计（传输与置位、复位指令）

操作视频

自控成型机

图 3-18 所示为自控成型机控制系统模拟装置，具体控制要求如下：

（1）总体控制要求：如面板图 3-18 所示，原料在成型机中经过由 Y1、Y2、Y3 电磁阀控制的液压缸的冲压后成型。

（2）原料放入成型机时，各液压缸为初始状态：S1=S3=S5=OFF，S2=S4=S6=ON，Y1=Y2=Y4=OFF，Y3=ON。

（3）打开 SD 启动开关，系统开始运行，Y2=ON，液压缸 B 向下运动，使

S4=OFF。

（4）当液压缸B下降到底部终点时，S3=ON，此时，启动Y1、Y3，液压缸A向右运动，液压缸C向左运动。Y1=Y4=ON时，Y3=OFF，使S2=S6=OFF。

（5）当A、C液压缸退回到初始位置，S2=S6=ON时，B液压缸返回，Y2=OFF时，S3=OFF。

（6）当液压缸返回到初始状态，S4=ON时，系统回到初始状态取出成品，放入原料后，按动“启动”按钮，重新启动，开始下一个工件的加工。

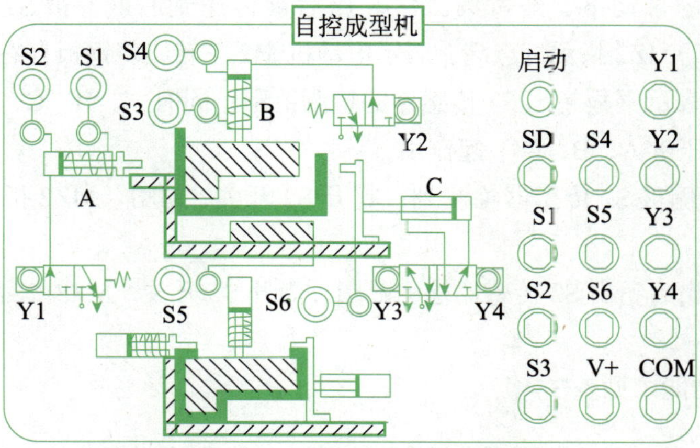

图3-18 自控成型机控制系统模拟装置

二、任务实施

1. 设计流程

按任务描述情况，分别完成四节传送带、自控轧钢机及自控成型机控制系统设计，设计流程如下：

（1）按照控制要求设计PLC控制器的输入/输出（I/O）地址分配表。

（2）按照控制要求进行PLC控制器的输入/输出（I/O）接线图的设计。

（3）将编写好的程序录入到GX Works2编程软件中，并进行程序的下载及运行。

（4）根据任务要求对程序进行模拟调试。

（5）完成课题的任务评价。

2. 设计指导1——自控轧钢机控制系统设计

（1）设计步骤。

1）检查实训设备中的器材及调试程序。

2）按照I/O端口分配功能表或接线图完成PLC与实训模块之间的接线，认真检查，确保正确无误。

3）打开示例程序或用户自己编写的控制程序，进行编译，有错误时根据提示信息修改，直至无误。用SC-09通信编程电缆连接计算机串口与PLC通信口，打开PLC主机电源开关，下载程序至PLC中，下载完毕后将PLC的“RUN/STOP”开关拨至“RUN”状态。

4）先将S1、S2开关断开，再打开SD启动开关，系统开始运行，钢板从右侧送入，此时将S1开关打开，模拟钢板被检测到。MZ1、MZ2点亮，表示电动机M1、M2正转，带动传送带将钢板自右向左传送。同时下压指示灯A点亮，表示此时只有下压量A作用。

5）钢板向右传送并经过第一次轧压后，断开 S1 开关，表示钢板超出 S1 传感器的检测范围，MZ2 指示灯熄灭，电动机 M2 停止转动。MZ3 指示灯点亮，电动机 M3 正转。

6）钢板在电动机的带动下，被传送到左侧，打开 S2 开关，表示钢板被 S2 传感器检测到，MZ1、MZ3 指示灯熄灭，MF3 指示灯点亮，表示电动机 M3 反转，将钢板自左向右传送。

7）断开 S2 开关，表示钢板超出 S2 传感器的检测范围，同时 A、B 指示灯点亮，表示此时有下压量 A、B 一起作用。同时 MF1、MF2 点亮，表示电动机 M1、M2 反转。

8）钢板在电动机的带动下，经过第二次轧压后被传送到右侧，被 S1 传感器检测到后 MF1、MF2、MF3 指示灯熄灭，MZ2 指示灯点亮，表示电动机 M2 正转，将钢板自右向左传送。

9）断开 S1 开关，表示钢板超出 S1 传感器的检测范围，同时 A、B、C、MZ1、MZ2、MZ3 指示灯点亮，表示此时有下压量 A、B、C 一起作用。

10）钢板传送到左侧被 S2 传感器检测到，打开 S2 开关，MZ1、MZ2 指示灯熄灭，电动机 M1、M2 停止转动。

11）钢板从左侧送出后超出 S2 传感器检测范围，断开 S2 开关，MZ3 指示灯熄灭，电动机 M3 停止转动。

（2）I/O 端口分配功能（见表 3-4）。

表 3-4　自控轧钢机控制系统 I/O 端口分配功能表

序号	PLC 地址（PLC 端子）	电气符号（面板端子）	功能说明
1	X000	SD	启动开关
2	X001	S1	S1 检测有无钢板
3	X002	S2	S2 检测有无钢板
4	Y000	MZ1	M1 正转
5	Y001	MF1	M1 反转
6	Y002	MZ2	M2 正转
7	Y003	MF2	M2 反转
8	Y004	MZ3	M1 正转
9	Y005	MF3	M3 反转
10	Y006	A	下压量 A
11	Y007	B	下压量 B
12	Y010	C	下压量 C
13	主机 S/S、面板 V+ 接电源 24V		电源正端
14	主机 COM0、COM1、COM2、COM3、COM4、面板 COM 接电源 GND		电源地端

（3）PLC 外部接线图（如图 3-19 所示）。

（4）梯形图程序自行设计。

3. 设计指导 2——自控成型机控制系统设计

（1）设计步骤。

1）检查实训设备中器材及调试程序。

2）按照 I/O 端口分配功能表或接线图完成 PLC 与实训模块之间的接线，认真检查，确保正确无误。

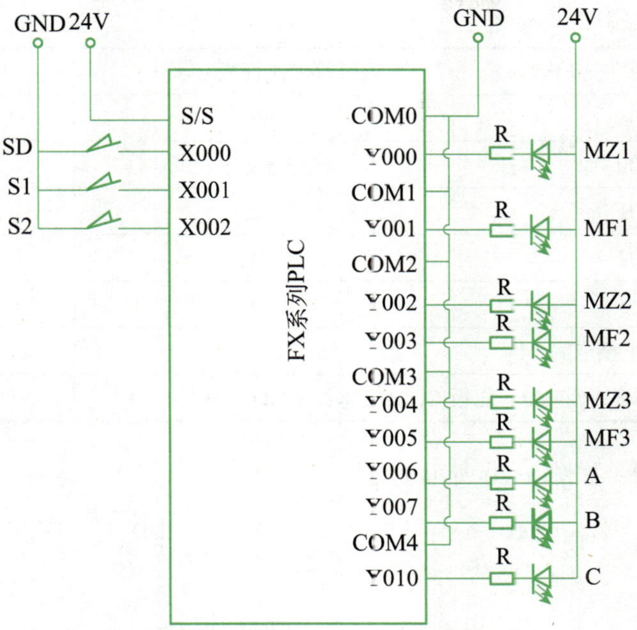

图 3-19　自控轧钢机控制系统课题 PLC 外部接线图

3）打开示例程序或用户自己编写的控制程序，进行编译，有错误时根据提示信息修改，直至无误。用 SC-09 通信编程电缆连接计算机串口与 PLC 通信口，打开 PLC 主机电源开关，下载程序至 PLC 中，下载完毕后将 PLC 的“RUN/STOP”开关拨至“RUN”状态。

4）先将 S1、S3、S5 开关断开，将 S2、S4、S6 开关打开，再打开 SD 启动开关，系统开始运行。

5）Y2 指示灯点亮，液压缸 B 向下运动，断开 S4 开关。

6）液压缸 B 下降到底部终点后，打开 S3。Y1、Y3 指示灯点亮，液压缸 A 向右运动、液压缸 C 向左运动，断开 S2、S6。

7）当液压缸 A 向右运动到终点、液压缸 C 向左运动到终点后，打开 S1、S5 开关，Y1、Y4 指示灯熄灭，原料加工成型。各液压缸开始退回原位。断开 S1、S5 开关。

8）当液压缸 A、液压缸 C 退回到原点后，打开 S2、S6 开关，Y2 指示灯熄灭，断开 S3 开关，液压缸 B 返回原位。

9）当所有的液压缸返回到初始状态后，打开 S4 开关，系统回到初始状态，再次放入原料进行加工。

（2）I/O 端口分配功能（见表 3-5）。

表 3-5　自控成型机控制系统 I/O 端口分配功能表

序号	PLC 地址（PLC 端子）	电气符号（面板端子）	功能说明
1	X000	SD	启动开关
2	X001	S1	Y1 到位开关
3	X002	S2	Y1 原位开关
4	X003	S3	Y2 到位开关
5	X004	S4	Y2 原位开关
6	X005	S5	Y3 到位开关

续表

序号	PLC 地址（PLC 端子）	电气符号（面板端子）	功能说明
7	X006	S6	Y3 原位开关
8	Y000	Y1	电磁阀 1
9	Y001	Y2	电磁阀 2
10	Y002	Y3	电磁阀 3
11	Y003	Y4	电磁阀 4
12	主机 S/S、面板 V+ 接电源 24V		电源正端
13	主机 COM0、COM1、COM2、面板 COM 接电源 GND		电源地端

（3）PLC 外部接线图（如图 3-20 所示）。

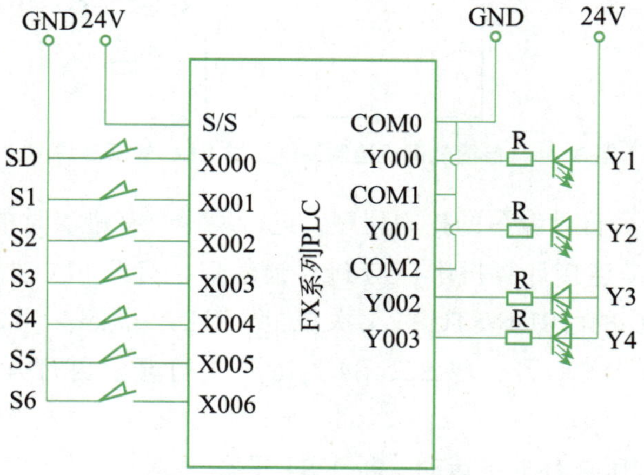

图 3-20　自控成型机控制系统课题 PLC 外部接线图

（4）梯形图程序自行设计。

任务 4　加热炉及蔬菜大棚温度控制系统设计（模拟量）

一、任务描述

1. 加热炉控制系统设计

（1）任务要求。

按下启动按钮 SB1 后指示灯 HL1 点亮，加热炉系统启动。通过温度传感器检测加热炉内的实际温度，系统启动后若温度低于 40℃则接触器 KM1 得电接通加热器自动加热，若温度高于 80℃则接触器 KM1 失电停止加热。当温度在 40℃～80℃区间时 HL2 点亮，温度低于 40℃时 HL3 点亮，温度高于 80℃时 HL4 点亮。按下停止按钮，系统停止，KM1 失电，所有指示灯熄灭。

（2）所用到的指令：BFM 读出 / 写入指令 FROM/TO。

1）BFM 读出指令 FROM。FROM 指令的名称、功能、操作数、梯形图形式见表 3-6。

表 3-6　FROM 指令说明

指令名称	功能	操作数				梯形图形式
		m1	m2	（D·）	n	
FROM	读出特殊功能模块数据	K、H m1=0～7	K、H m2=0～32 767	KnY、KnM、KnS、T、C、D、V、Z	K、H n=0～32 767	X000 [FROM m1 m2 (D·) n]

FROM 指令为读特殊功能模块指令，用于从特殊模块的缓冲存储器中读取数据。指令执行时，将编号为 m1 的特殊功能模块内，编号以 m2 开始的 *n* 个缓冲寄存器的数据读入 PLC，并存入（D·）指定元件开始的连续 *n* 个数据寄存器中。如图 3-21 所示，X000 动合触点闭合时，编号为 1 的模拟量输入模块的 29 号缓冲寄存器的数据被读入 PLC 的 K4M0 这个 16 位的位组合中。

图 3-21　FROM 指令的用法

2）BFM 写入指令 TO。TO 指令的名称、功能、操作数、梯形图形式见表 3-7。

表 3-7　TO 指令说明

指令名称	功能	操作数				梯形图形式
		m1	m2	（S·）	n	
TO	写数据到特殊功能模块	K、H m1=0～7	K、H m2=0～32 767	K、H、KnX、KnY、KnM、KnS、T、C、D、V、Z	K、H n=0～32 767	X000 [TO m1 m2 (S·) n]

TO 指令为 BFM 写入指令，用于将数据写入特殊功能模块。指令执行时，将 PLC 从（S·）指定单元开始的连续 *n* 个字的数据，写入特殊功能模块 m1 中编号以 m2 开始的缓冲寄存器中。TO 指令的用法如图 3-22 所示，X000 动合触点闭合时，将十六进制数据 H3330 写入编号为 1 的模拟量输入模块的 0 号缓冲寄存器中，也就是将该模拟量输入模块的通道 1 设定为电压信号。

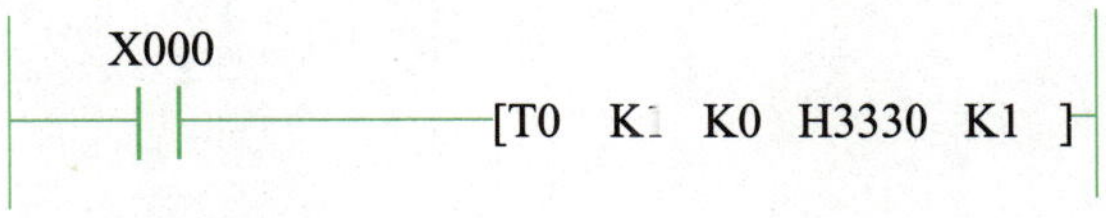

图 3-22　TO 指令的用法

2. 蔬菜大棚温度控制系统设计

温室大棚种植是冬季蔬菜供应的主要来源，温室的作用是改变植物的生长环境，避免外界四季变化和恶劣气候对作物生长的不利影响，为植物生长创造适宜的良好条件。温度控制主要是控制温室内的温度、湿度、通风与光照。设计蔬菜大棚温度控制系统要求如下：

（1）在蔬菜大棚内距离地面一定高度的位置，安装 1 只温度传感器，在土壤中安装湿度传感器。

（2）当大棚室内温度低于 18℃时，指示灯 HL1 亮，暖风机 M1 开始转动；当大棚室内温度高于 28℃时，指示灯 HL2 亮，冷风机 M2 开始转动。当大棚内土壤湿度低于 70% 时，喷淋启动；当大棚内土壤湿度高于 90% 时，停止喷淋，启动烘干设备。

（3）大棚卷帘根据光照实时进行调节。

3. 模拟量概述

在工业控制中，某些输入量（如压力、温度、流量、转速等）是连续变化的模拟量，某些执行机构（如伺服电动机、调节阀、记录仪等）要求 PLC 输出模拟信号，而 PLC 的 CPU 只能处理数字量。模拟量首先被传感器和变送器转换为标准的电流或电压，例如，DC 4～20mA、1～5V、0～10V，PLC 用 A/D 转换器将它们转换成数字量。这些数字量一般是二进制的，带正负号的电流或电压在 A/D 转换后一般用二进制补码表示。

D/A 转换器将 PLC 的数字输出量转换为模拟电压或电流，再去控制执行机构。模拟量 I/O 模块的主要任务就是完成 A/D 转换（模拟量输入）和 D/A 转换（模拟量输出）。

图 3-23 是在炉温控制系统中，炉温用热电阻检测，温度变送器将热电阻提供的几十毫伏的电压信号转换为标准电流（如 420mA）或标准电压（如 0～5V）信号后送给模拟量输入模块，经 A/D 转换后得到与温度成比例的数字量，CPU 将它与温度设定值比较，并按某种控制规律（如 PID）对二者的差值进行运算，将运算结果（数字量）送给模拟量输出模块，经 D/A 转换后变为电流信号或电压信号，用来调节控制天然气的电动调节阀的开度，实现对温度的闭环控制。

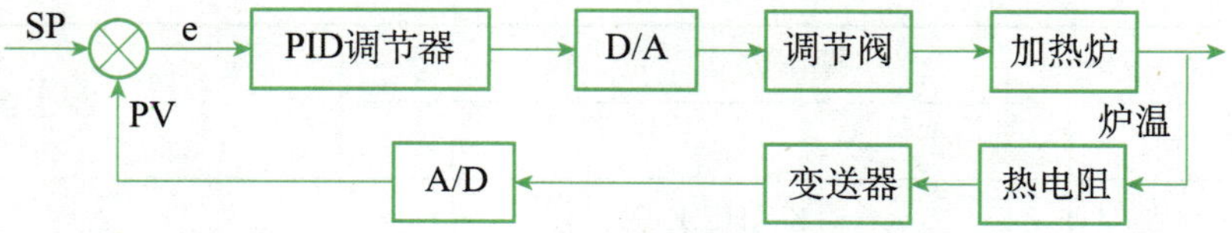

图 3-23　炉温闭环控制系统框图

有的 PLC 有温度检测模块，温度传感器（热电偶或热电阻）与它们直接相连，省去了温度变送器。大中型 PLC 可以配置成百上千个模拟量通道，它们的 D/A、A/D 转换器一般是 12 位的。模拟量 I/O 模块的输入、输出信号可以是电压，也可以是电流；可以是单极性的，如 DC 0～5V、0～10V、1～5V、4～20mA，也可以是双极性的，如 DC ± 50mV、± 5V、± 10V 和 ± 20mA，模块一般可以输入多种量程的电流或电压。A/D、D/A 转换器的二进制位数反映了它们的分辨率，位数越多，分辨率越高，模拟量输入 / 输出模块的另一个重要指标是转换时间。

二、任务实施

1. 设计流程

按任务描述情况，分别完成加热炉及蔬菜大棚温度控制系统设计，具体设计流程如下：

（1）按照控制要求设计 PLC 控制器的输入 / 输出（I/O）地址分配表。

（2）按照控制要求进行 PLC 控制器的输入 / 输出（I/O）接线图的设计。

（3）将编写好的程序录入到 GX Works2 编程软件中，并进行程序的下载及运行。

（4）根据任务要求对程序进行模拟调试。

（5）完成课题的任务评价。

2. 设计指导——加热炉控制系统设计

（1）I/O 端口分配功能（见表 3-8）。

表 3-8　加热炉控制系统 I/O 端口分配功能表

输入设备			输出设备		
设备名称	文字符号	输入地址	设备名称	文字符号	输出地址
启动按钮 SB1	SB1	X0	加热器（线圈）	KM1	Y0
停止按钮 SB2	SB2	X1	指示灯 1	HL1	Y1
			指示灯 2	HL2	Y2
			指示灯 3	HL3	Y3
			指示灯 4	HL4	Y4

表 3-8 为加热炉控制系统的 I/O 分配表，输入设备为启动按钮 SB1 和停止按钮 SB2，输出设备为加热器接触器 KM1 的线圈和 4 个指示灯。温度传感器采用 Pt100 铂电阻，温度变送器采用 SWP-TR-08 型铂电阻温度变送器，可以将 0℃～100℃的温度信号转换为 4～20mA 的电流信号，然后将其送给模拟量输入模块。本次实验采用 FX2N-4AD 模块，其转换特性如图 3-24 所示。

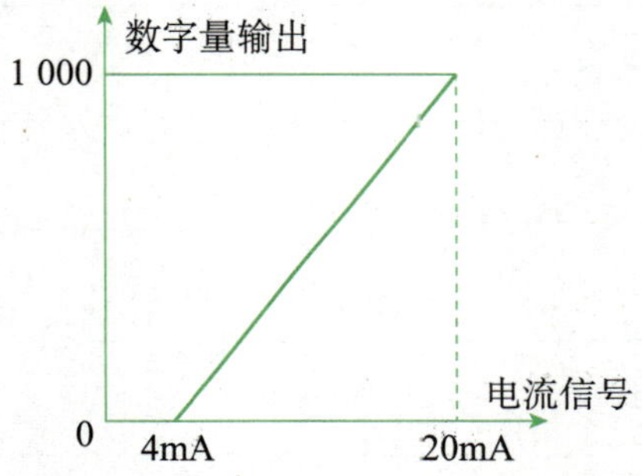

图 3-24　FX2N-4AD 转换特性

（2）PLC 外部接线图（如图 3-25 所示）。

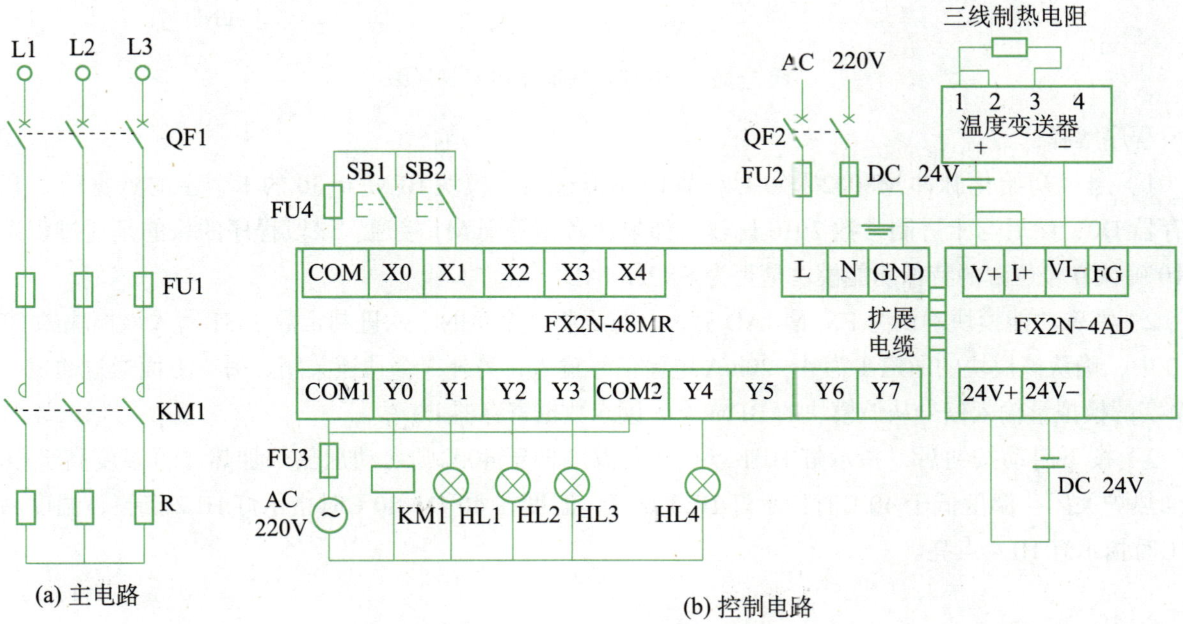

图 3-25　加热炉控制系统 PLC 外部接线图

模拟量输入模块 FX2N-4AD 通过扩展电缆连接基本单元 FX2N-48MR，三线制热电阻的三根线分别连到温度变送器的 1、2、3 端子上，温度变送器与 PLC 的接线如图 3-25 所示。

（3）参考梯形图。

图 3-26 所示为加热炉控制系统的主程序，FX2N-4AD 模拟量输入模块连接在特殊功能模块的 0 号位置。

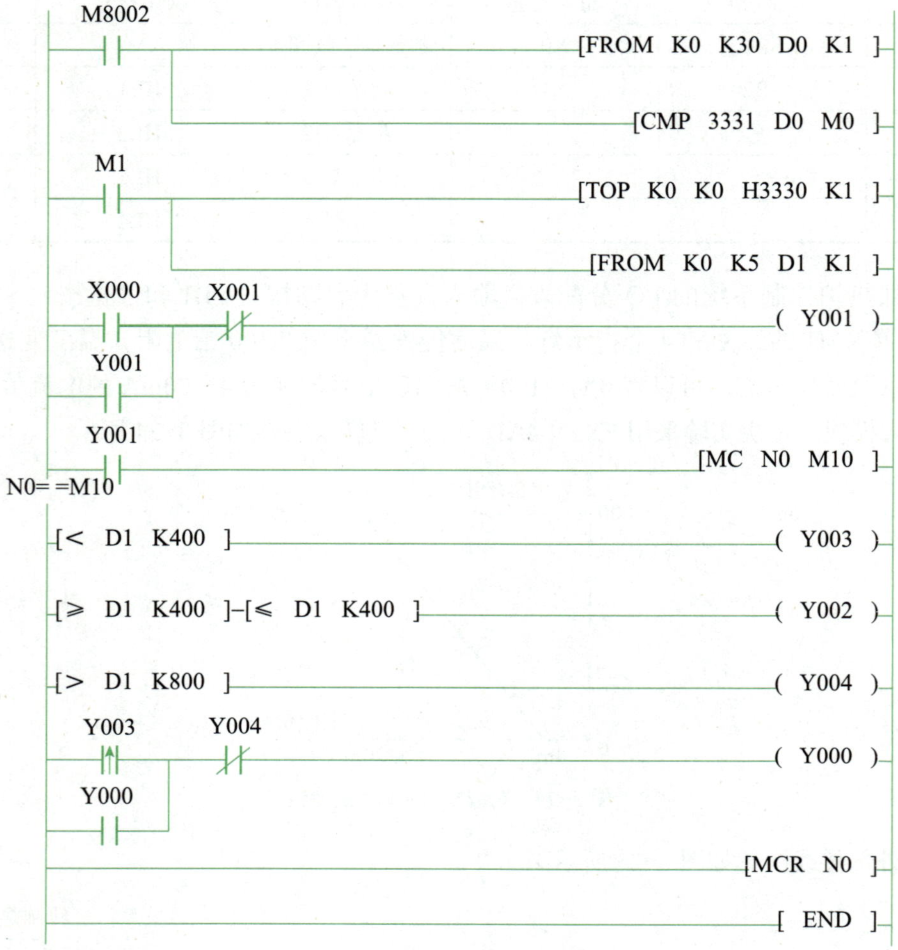

图 3-26 加热炉控制系统 PLC 梯形图

程序解释：

1）通过初始化脉冲 M8002 将 0 号位置的模拟量输入模块 BFM # 30 的 1 个字的数据读入数据寄存器 D0，然后与十进制常数 2010 比较，如果两者相等则 M1 接通。该段程序的目的是通过识别码 2010 确认 0 号位置的特殊功能模块是否为 FX2N-4AD。

2）特殊功能模块确认为 FX2N-4AD 后，一方面将 1 个字的十六进制常数 3331 写入该模块的 BFM # 0 中，确认该模块的通道 1 为 4～20mA 电流信号输入，另外 3 个通道关闭；另一方面通过通道 1 将 1 个字的模拟量输入信号从该模块的 BFM # 5 读入数据寄存器 D1 中。

3）按下启动按钮后，指示灯 HL1 点亮，若温度低于 40℃则启动加热炉加热，若温度高于 80℃则加热炉关闭。温度低于 40℃时指示灯 HL3 点亮，温度在 40℃～80℃时指示灯 HL2 点亮，温度高于 80℃时指示灯 HL4 点亮。

任务 5　密码锁、四则运算指令应用及自动售货机控制系统设计（功能指令）

一、任务描述

1. 密码锁

设计一个三位密码锁的控制系统，控制要求如下：有 7 个按键 SB1～SB7，SB1 为开锁键，按下，如果密码正确，即可正常开锁；SB2～SB7 为可按压键。开锁条件为：百位数为 2，十位数为 3，个位数为 4。SB2、SB3 控制百位数，按一次 SB2，百位数数值加一，按一次 SB3，百位数数值减一，同理，SB4、SB5 控制十位数，SB6、SB7 控制个位数。当三位数为 234（即密码正确）时，按下 SB1 开锁键，密码锁打开，5 秒后密码锁自动关闭，各位数清零复位，密码锁重新锁住。

2. 四则运算

利用 PLC 实现公式计算：$Y=(3*A+60)/2$。

A 为计数器所运算的变量，可以通过增量按钮 1 和减量按钮 2 实现 A 的增大和减小，通过 PLC 内部的数据转换和计算，运算出实数 Y 的大小。当运算结果 Y=33 时，输出指示灯（红灯）；当运算结果 Y=66 时，输出指示灯（绿灯）。当按下复位按钮时，实现 A 与 Y 复位为 0。

操作视频

自动售货机

3. 自动售货机控制系统设计

自动售货机控制系统模拟装置如图 3-27 所示。

具体控制要求如下：

（1）总体控制要求：如面板图 3-27 所示，按 M1、M2、M3 按钮，模拟投入货币，Y 显示投入的货币的数量，按动“QS”和“CF”按钮分别代表购买“汽水”和“咖啡”。出口处的“E”和“F”表示“汽水”和“咖啡”已经取出。购买后 Y 显示剩余的货币，按下“ZL”找零按钮。

（2）按下 M1、M2、M3 三个开关，模拟投入 1 元、2 元、3 元的货币，投入的货币可以累加起来，通过 Y 的数码管显示出当前投入的货币总数。

（3）售货机内的两种饮料有相对应的价格，当投入的货币大于等于其售价时，对应的汽水指示灯 C、咖啡指示灯 D 点亮，表示可以购买。

（4）当可以购买时，按下相应的“汽水按钮”或“咖啡按钮”，同时与之对应的汽水指示灯 A 或咖啡指示灯 B 点亮，表示已经购买了汽水或咖啡。

（5）在购买了汽水或咖啡后，Y 显示当前的余额，按下找零按钮后，Y 显示 00，表示已经清零。

所用到的功能指令如下：

（1）加法计数器：将源数据（S1、S2）合并，将合并结果保存到指定的目标软元件 D 中。

[ADD　K3　D0　D0]

S1　S2　D

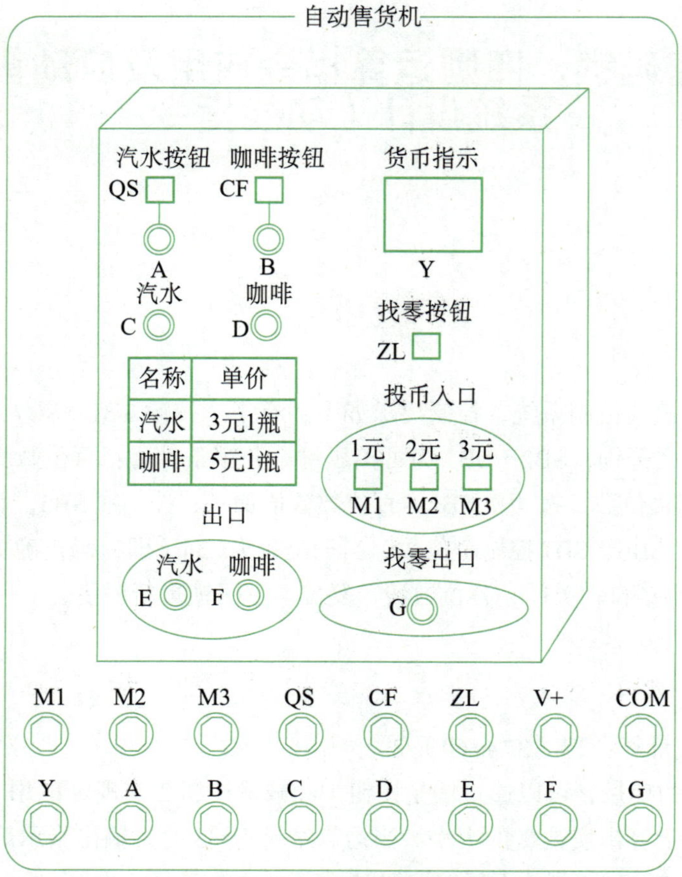

图 3-27　自动售货机控制系统模拟装置

（2）减法计数器：在源软元件数据中，S2 减去源软元件 S1 的数据内容，将合并结果或余数保存到指定的目标软元件 D 中。

```
-[SUB  D0  K5  D0  ]-
       S1  S2  D
```

二、任务实施

1. 设计流程

按任务描述情况，分别完成密码锁、四则运算指令应用及自动售货机控制系统设计，具体设计流程如下：

（1）按照控制要求设计 PLC 控制器的输入 / 输出（I/O）地址分配表。

（2）按照控制要求进行 PLC 控制器的输入 / 输出（I/O）接线图的设计。

（3）将编写好的程序录入到 GX Works2 编程软件中，并进行程序的下载及运行。

（4）根据任务要求对程序进行模拟调试。

（5）完成课题的任务评价。

2. 设计指导——自动售货机控制系统设计

（1）设计思路如图 3-28 所示。

（2）设计步骤。

1）检查实训设备中的器材及调试程序。

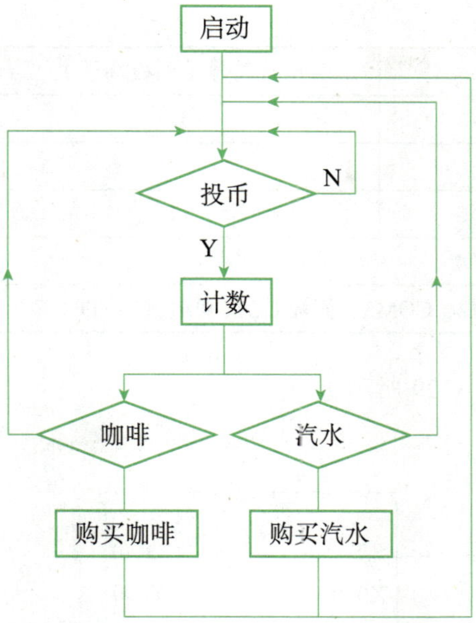

图 3-28　自动售货机控制系统编程思路

2）按照 I/O 端口分配功能表或接线图完成 PLC 与实训模块之间的接线，认真检查，确保正确无误。

3）打开示例程序或用户自己编写的控制程序，进行编译，有错误时根据提示信息修改，直至无误。用 SC-09 通信编程电缆连接计算机串口与 PLC 通信口，打开 PLC 主机电源开关，下载程序至 PLC 中，下载完毕后将 PLC 的“RUN/STOP”开关拨至“RUN”状态。

4）按下“1 元”“2 元”“3 元”按钮后，Y000 的数码管显示出当前投入的货币总数。

5）当投入的货币大于等于商品售价时，对应的汽水指示灯 C、咖啡指示灯 D 点亮，表示可以购买。

6）当可以购买时，按下相应的“汽水按钮”或“咖啡按钮”，同时与之对应的汽水指示灯 A 或咖啡指示灯 B 点亮，表示已经购买了汽水或咖啡。

7）在购买了汽水或咖啡后，Y000 显示当前的余额．按下“找零按钮”后，Y000 显示 00，表示已经清零。

（3）I/O 端口分配功能（见表 3-9）。

表 3-9　自动售货机控制系统 I/O 端口分配功能表

序号	PLC 地址（PLC 端子）	电气符号（面板端子）	功能说明
1	X000	M1	1 元投币
2	X001	M2	2 元投币
3	X002	M3	3 元投币
4	X003	QS	汽水按钮
5	X004	CF	咖啡按钮
6	X005	ZL	找零按钮
7	Y000	Y	货币指示
8	Y001	A	汽水按钮指示
9	Y002	B	咖啡按钮指示
10	Y003	C	汽水
11	Y004	D	咖啡

续表

序号	PLC 地址（PLC 端子）	电气符号（面板端子）	功能说明
12	Y005	E	汽水出口
13	Y006	F	咖啡出口
14	Y007	G	找零出口
15	主机 S/S、面板 V+ 接电源 24V		电源正端
16	主机 COM0、COM1、COM2、COM3、面板 COM 接电源 GND		电源地端

（4）PLC 外部接线图（如图 3-29 所示）。

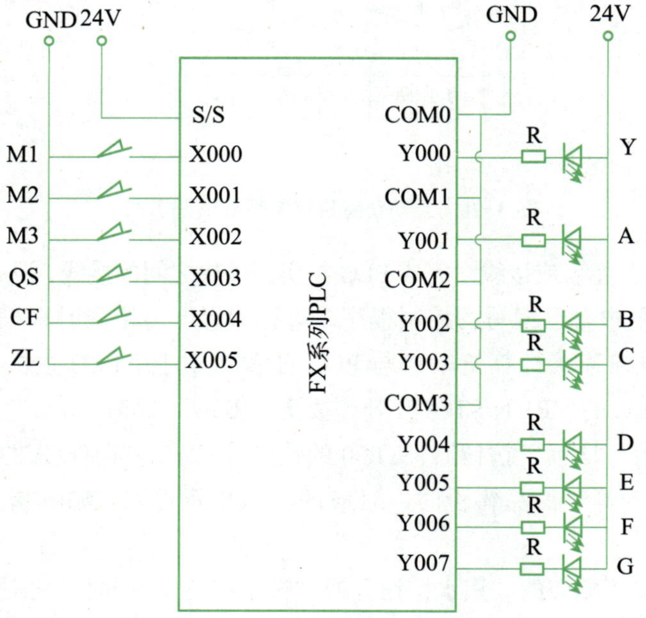

图 3-29　自动售货机控制系统 PLC 外部接线图

（5）参考梯形图（如图 3-30 所示）。

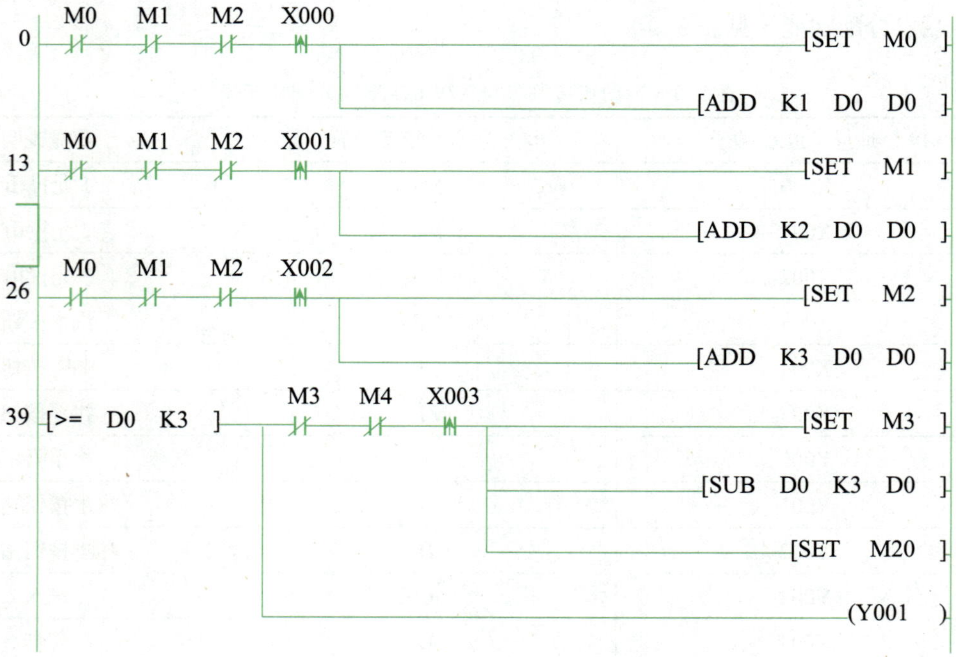

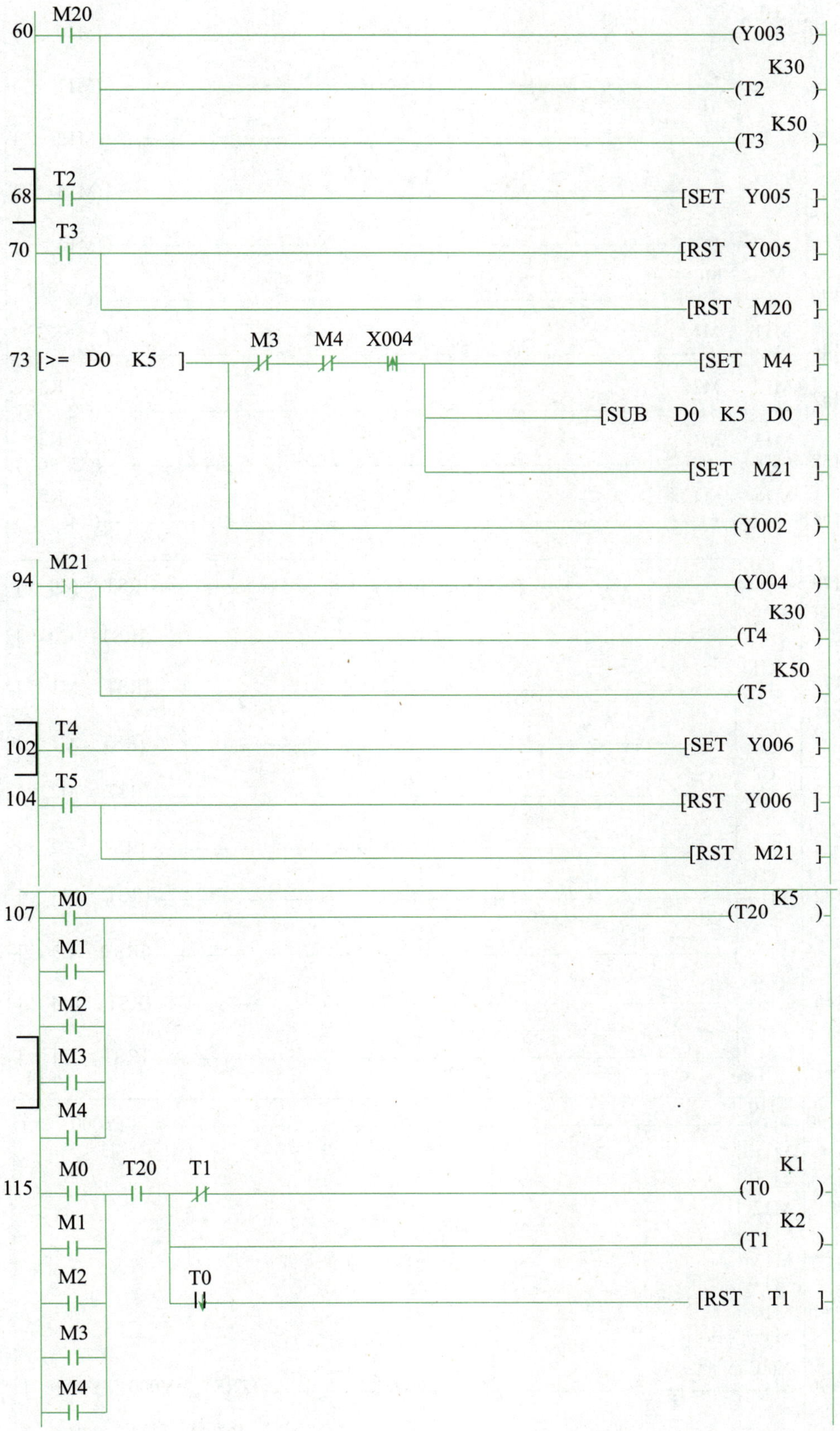
60 M20 (Y003)
K30 (T2)
K50 (T3)
68 T2 [SET Y005]
70 T3 [RST Y005]
[RST M20]
73 [>= D0 K5] M3 M4 X004 [SET M4]
[SUB D0 K5 D0]
[SET M21]
(Y002)
94 M21 (Y004)
K30 (T4)
K50 (T5)
102 T4 [SET Y006]
104 T5 [RST Y006]
[RST M21]
107 M0 K5 (T20)
M1
M2
M3
M4
115 M0 T20 T1 K1 (T0)
M1 K2 (T1)
M2 T0 [RST T1]
M3
M4

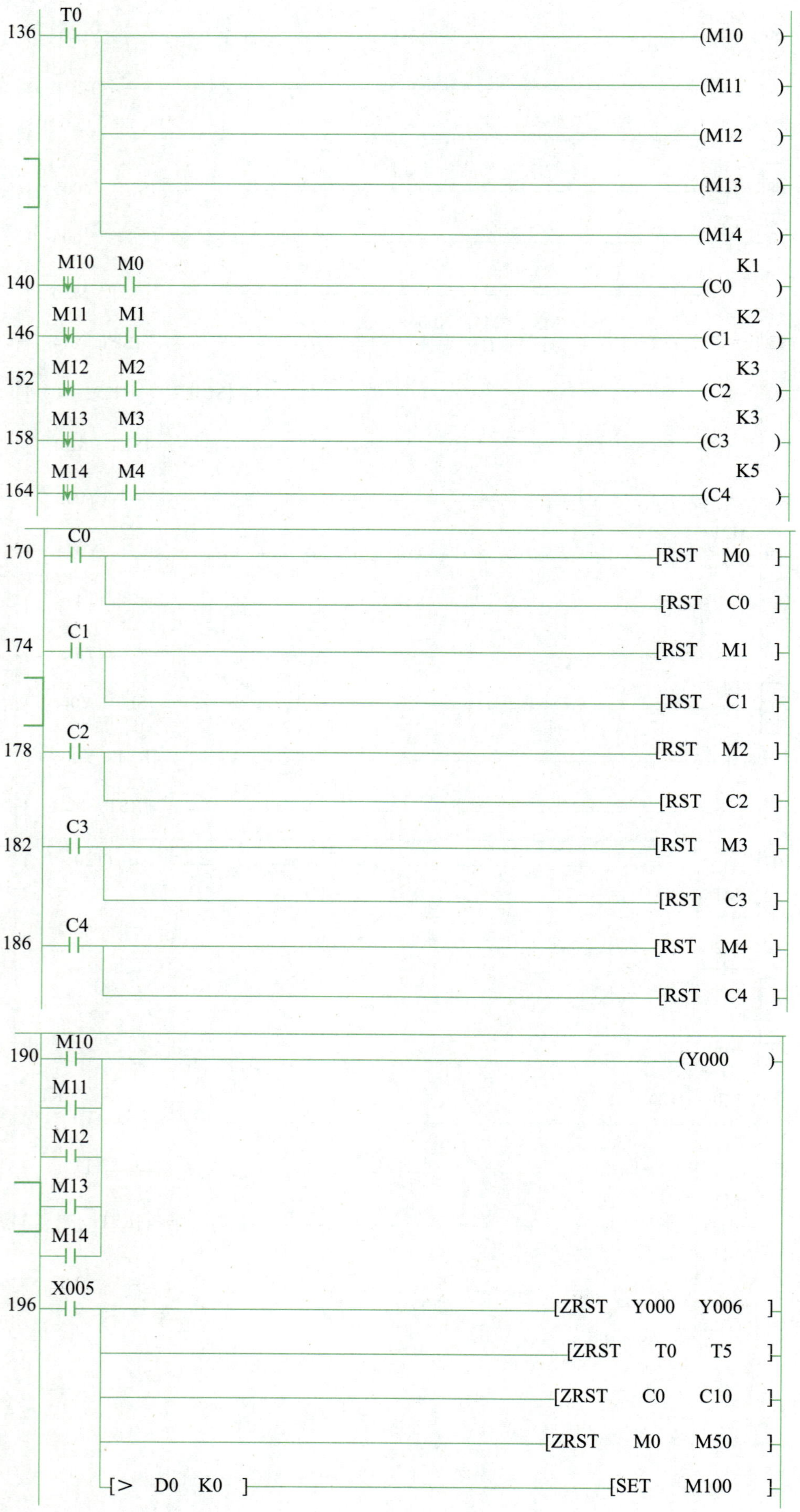
136 T0
(M10)
(M11)
(M12)
(M13)
(M14)
140 M10 M0 K1 (C0)
146 M11 M1 K2 (C1)
152 M12 M2 K3 (C2)
158 M13 M3 K3 (C3)
164 M14 M4 K5 (C4)
170 C0 [RST M0] [RST C0]
174 C1 [RST M1] [RST C1]
178 C2 [RST M2] [RST C2]
182 C3 [RST M3] [RST C3]
186 C4 [RST M4] [RST C4]
190 M10 M11 M12 M13 M14 (Y000)
196 X005
[ZRST Y000 Y006]
[ZRST T0 T5]
[ZRST C0 C10]
[ZRST M0 M50]
[> D0 K0] [SET M100]

图 3-30　自动售货机参考梯形图

项目评价

项目 3 评分表见表 3-10。

表 3-10　项目 3 评分表

序号	主要内容	考核要求	评分标准	配分	扣分	得分
1	电路及程序设计	根据任务要求列出 PLC 输入 / 输出（I/O）地址分配表、输入 / 输出（I/O）口的接线图；根据控制要求设计 PLC 梯形图程序	1. PLC 输入 / 输出（I/O）地址遗漏或错误，每处扣 5 分； 2.PLC 输入 / 输出（I/O）接线图设计不全或有错误，每处扣 5 分； 3. 梯形图不正确或画法不规范，每处扣 5 分	40		
2	程序输入及调试	熟练操作软件及实训平台相关设备，能正确进行程序录入及程序下载和上传；按任务进行模拟调试，达到设计要求	1. 不会使用 GX Works2 软件操作或者使用不够熟练，扣 10 分； 2. 不会使用平台按钮、电源及指示灯，扣 10 分； 3. 指令输入不正确，每处扣 5 分； 4. 模拟调试功能不全，扣 10 分	30		
3	回答问题	根据设计题目及所编写的程序，结合本课题的实际情况，提出相应的问题	1. 提出 1～2 个问题，每错一处扣 5 分； 2. 提出一些新的建议及想法加 5 分	10		
4	课题试验检验	在保证人身和设备安全，以及操作规范的前提下，通电试验一次成功	1. 操作调试不规范，每次扣 5 分。 2. 一次调试不成功，扣 10 分； 二次调试不成功，扣 20 分	20		
5	6S 管理制度	1. 安全文明生产； 2. 自觉在实训过程中融入 6S 管理理念； 3. 有组织，有纪律，守时诚信	1. 违反安全文明生产规范，扣 5～40 分； 2. 乱线敷设，加扣不安全分，扣 10 分； 3. 工位不整理或整理不到位，酌情扣 10～20 分； 4. 随意走动，无所事事，不刻苦钻研，酌情扣 5～10 分； 5. 不思进取，无理取闹，违反安全操作规程，取消实训资格，当天实训课题得 0 分	倒扣		
6	课堂异常情况记录					
备注			合计	100		
额定时间	120 分钟	开始时间	结束时间		考评员或任课教师签字	年　月　日

知识链接

一、触点比较指令

触点比较指令是使用 LD、AND、OR 与关系运算符组合而成，通过对两个数值的关系运算来实现触点通和断的指令，总共有 18 个，见表 3-11。

表 3-11　触点比较指令

指令记号	导通条件	指令记号	导通条件
LD=	S1=S2 导通	AND<>	S1≠S2 导通
LD>	S1>S2 导通	AND≤	S1≤S2 导通
LD<	S1<S2 导通	AND≥	S1≥S2 导通
LD<>	S1≠S2 导通	OR=	S1=S2 导通
LD≤	S1≤S2 导通	OR>	S1>S2 导通
LD≥	S1≥S2 导通	OR<	S1<S2 导通
AND=	S1=S2 导通	OR<>	S1≠S2 导通
AND>	S1>S2 导通	OR≤	S1≤S2 导通
AND<	S1<S2 导通	OR≥	S1≥S2 导通

1. 触点比较指令 LD

LD 是连接到母线的触点比较指令，它又可以分为 LD=、LD>、LD<、LD<>、LD≥、LD≤这 6 个指令，其编程举例如图 3-31 所示。

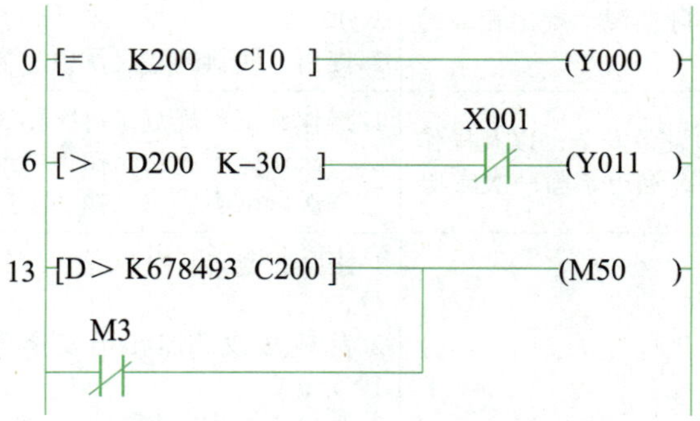

图 3-31　触点比较程序 1

当计数器 C10 的值等于 200 时，驱动 Y000。当 D200 的内容大于 -30，且 X001 非接通时，Y011 置位。当计数器 C200 的当前值小于 678 493 或 M3 不得电时，驱动 M50。

2. 触点比较指令 AND

AND 是比较触点作串联的指令，它又可以分为 AND=、AND>、AND<、AND<>、AND≥、

AND≤这 6 个指令，其编程举例如图 3-32 所示。

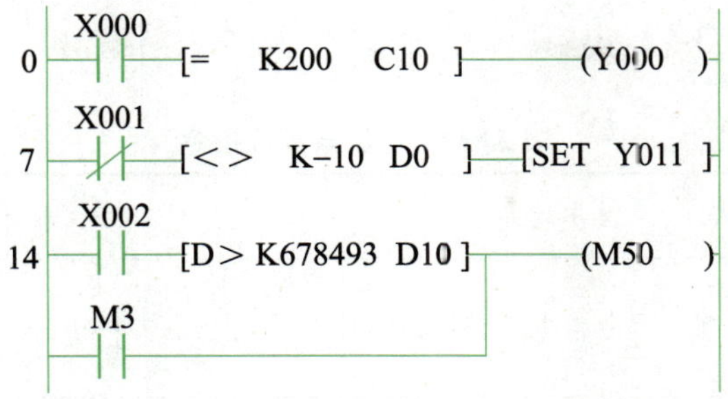

图 3-32　触点比较程序 2

当 X000 为 ON 且 C10 的值等于 200 时，驱动 Y000。

当 X001 为 OFF 且 D0 的值不等于 -10 时，Y011 置位。

当 X002 为 ON 且 D11、D10 的值小于 678 493 或 M3 接通时，驱动 M50。

3. 触点比较指令 OR

OR 是比较触点作并联的指令，它又可以分为 OR=、OR>、OR<、OR<>、OR≥、OR≤这 6 个指令，其编程举例如图 3-33 所示。

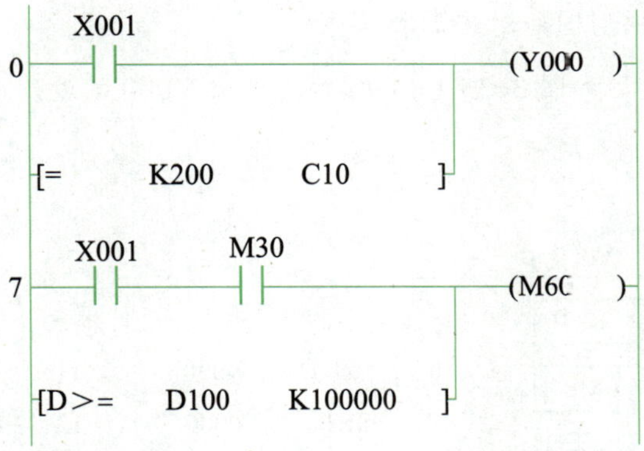

图 3-33　触点比较程序 3

当 X001 为 ON 或 C10 的当前值等于 200 时，驱动 Y000。

当 X001 和 M30 为 ON，或 D101、D100 的值大于等于 100 000 时，驱动 M60。

二、置位与复位指令

1. 指令分类

（1）SET（置位）：置位指令。

（2）RST（复位）：复位指令。

用于各继电器 Y、S 和 M 等，置位和复位，还可以在用户程序的任何地方对某个状态或事件设置或清除标志。

2. 指令说明

置位与复位指令说明见表 3-12。

表 3-12　置位与复位指令

助记符名称	操作功能	梯形图与目标组件
SET 置位	线圈得电保持	SET YMS
RST 复位	线圈失电保持	RST YMSTCD

（1）SET 和 RST 指令有自保功能，X000 一旦接通，即使再断开，Y000 仍保持接通。

（2）SET 和 RST 指令的使用没有顺序限制，并且 SET 和 RST 之间可以插入别的程序，但只在最后执行的一条指令才有效。

（3）RST 指令的目标组件，除与 SET 相同的 YMS 外，还有 TCD。

【例】阅读图 3-34（a）所示的梯形图，试解答：

（1）写出图 3-34（a）梯形图所对应的指令表。

（2）X000 和 X001 的波形如图 3-35（a）所示，画出 Y000 的波形图。

解：指令表如图 3-34（b）所示。

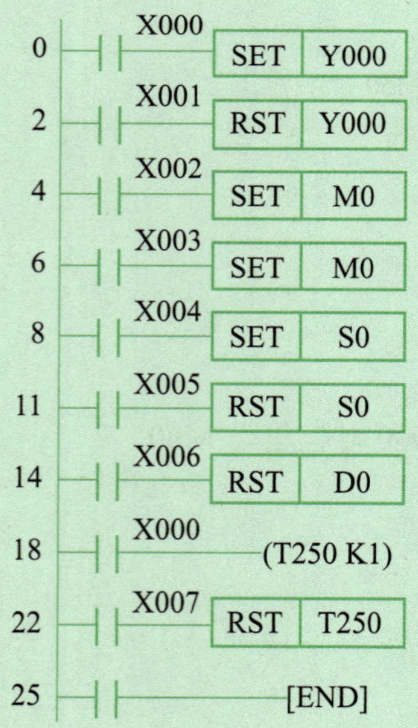

(a) 梯形图

步序	指令			步序	指令		
0	LD	X000		11	LD	X005	
1	SET	Y000		12	RST	S0 ←	2步
2	LD	X001		14	LD	X006	
3	RST	Y000		15	RST	D0 ←	3步
4	LD	X002		18	LD	X000	
5	SET	M0		19	OUT	T250	
6	LD	X003				K1 ←	3步
7	RST	M0		22	LD	X007	
8	LD	X004		23	RST	T250 ←	2步
9	SET	S0 ←	2步	25	END		

(b) 指令表

图 3-34　SET 和 RST 指令举例

根据 SET 和 RST 指令功能，容易分析得出：常开 X000 接通时，线圈 Y000 得电并保持，一直到常开 X001 接通时，线圈 Y000 才失电并保持，所以 Y000 的波形如图 3-35（b）所示。

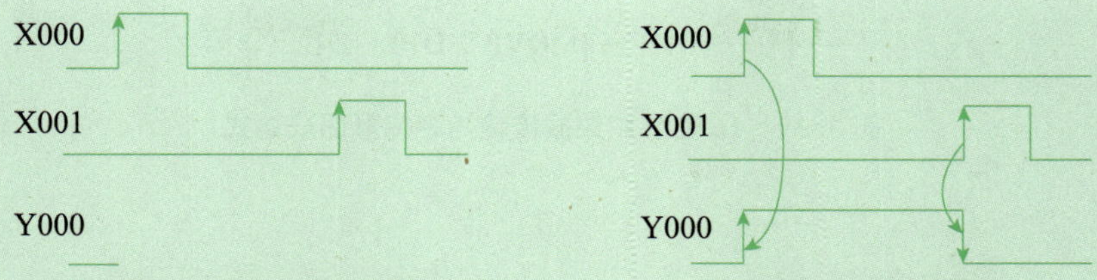

(a) 已知X000、X001波形　　(b) Y000的波形

图 3-35　输入 / 输出波形

三、功能指令

功能指令的基本形式如图 3-36 所示。

图 3-36　功能指令的基本形式

[S ·] 叫做源操作数，其内容不随指令执行而变化，在可利用变址修改软元件的情况下，用加“.”符号的 [S ·] 表示，源的数量多时，用 [S1 ·][S2 ·] 等表示。

[D ·] 叫做目标操作数，其内容随指令执行而改变，如果需要变址操作，则用加“. ”的符号 [D ·] 表示，目标的数量多时，用 [D1 ·][D2 ·] 等表示。

[n ·] 叫做其他操作数，既不做源操作数，又不做目标操作数，常用来表示常数或者作为源操作数或目标操作数的补充说明。可用十进制的 K、十六进制的 H 和数据寄存器 D 来表示。在需要表示多个这类操作数时，可用 [n1]、[n2] 等表示，若具有变址功能，则用加“.”的符号 [n ·] 表示。此外，其他操作数还可用 [m] 来表示。

1. 数据长度和指令类型

（1）数据长度。

功能指令可处理 16 位数据和 32 位数据，如图 3-37 所示。

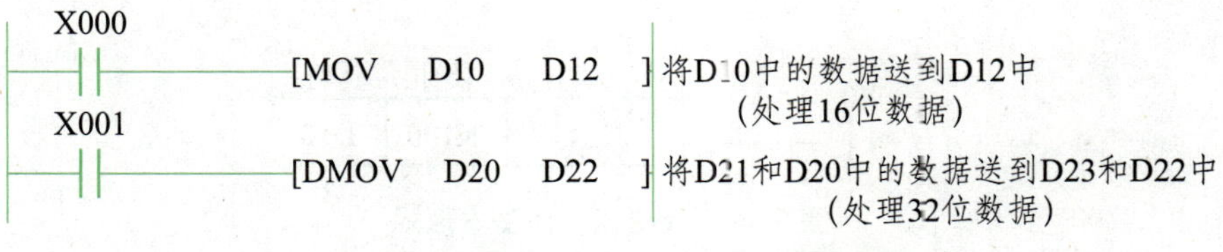

图 3-37　16 位 /32 位数据传输指令梯形图表达式

（2）指令类型。

FX 系列 PLC 的功能指令有连续执行型和脉冲执行型两种。连续执行型指令如图 3-38 所示。

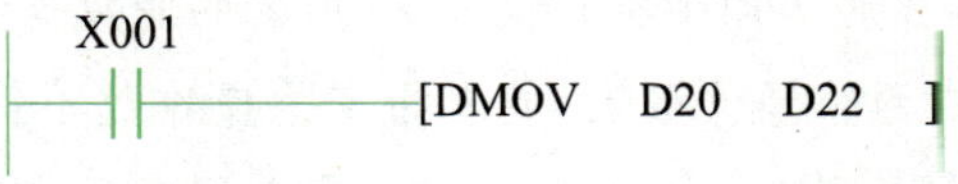

图 3-38　32 位连续数据传输指令梯形图表达式

图 3-38 所示的程序是连续执行方式的例子，当 X001 为 ON 时，上述指令在每个扫描周期都被重复执行一次。

脉冲执行型指令如图 3-39 所示。

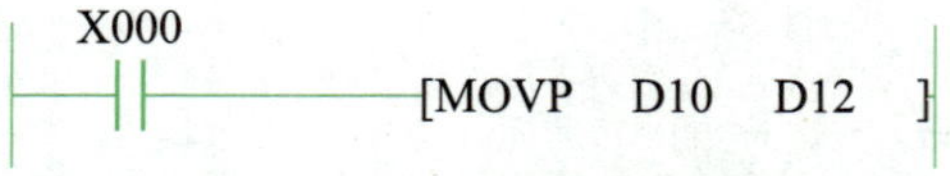

图 3-39 16 位脉冲数据传输指令梯形图表达式

2. 操作数

（1）数据寄存器（D）。

数据寄存器是用于存储数值数据的，其值可通过应用指令、数据存取单元及编程装置进行读出或写入。这些寄存器都是 16 位（最高位为符号位）的，两个相邻的寄存器可组成 32 位数据寄存器（例如：用 D0 表示（D1、D0）32 位数据位）。数据寄存器又分为一般型、停电保持型和特殊型。

（2）位组合数据。

在 FX 系列 PLC 中，是使用 4 位 BCD 码表示 1 位十进制数据。

K1X0 就表示 X3～X0 这 4 个输入继电器的组合。

K1X0 就表示 X7～X0 这 8 个输入继电器的组合。

（3）标志位。

在操作过程中，功能指令的运算结果要影响某些特殊继电器或寄存器，通常称其为标志位。

1）一般标志（位）。

M8020：零标志，如运算结果为 0 时动作；

M8021：借位标志，如做减法时被减数不够减时动作。

2）运算出错标志（位）。

M8067：运算出错标志。

3. 传送指令和比较指令说明

（1）传送指令。

1）传送指令 MOV 是将源操作数内的数据传送到指定的目标操作数内，即 [S] → [D]。

2）传送指令 MOV 的说明如图 3-40 所示。当 X0=ON 时，源操作数 [S] 中的常数 K100 传送到目标操作元件 D10 中。当指令执行时，常数 K100 自动转换成二进制数。当 X0 断开时，指令不执行，数据保持不变。

图 3-40 传送指令的基本形式

（2）比较指令。

比较指令 CMP 是将源操作数 [S1] 和 [S2] 的数据进行比较，结果送到目标操作数 [D] 中。

如图 3-41 所示，在 X0 断开，即不执行 CMP 指令时，M0～M2 保持 X0 断开前的状态。

数据比较是进行代数值大小比较（即带符号比较）。所有的源数据均按二进制处理。当比较指令的操作数不完整（若只指定一个或两个操作数），或者指定的操作数不符合要求（如把 X、D、T、C 指定为目标操作数），或者指定的操作数的元件号超出了允许范围时，使用比较指令就会出错。

4. 传送指令和比较指令的作用

PLC 外部数据可以从输入端口上连接的外部器件获得，需要使用传送指令读取这些器件上的数据

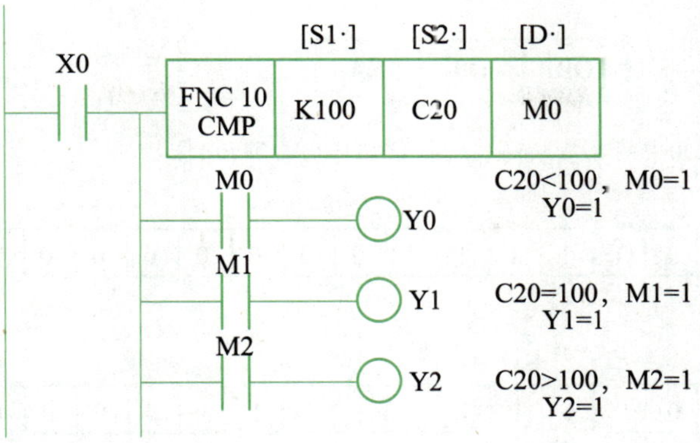

图 3-41　比较指令的基本形式

并送到内部单元；初始数据也可以用程序设置，即向内部单元传送立即数；另外，某些运算数据存储在机内的某个地方，等程序开始运行时通过初始化程序送到工作单元。

（1）机内数据的存取管理。

在数据运算过程中，机内的数据传送是不可缺少的。运算可能涉及不同的工作单元，数据需要在它们之间传送；运算可能会产生一些中间数据，这需要将之传送到适当的地方暂时存放；有时机内的数据需要备份保存，这时就要找地方把这些数据存储妥当。总之，对一个涉及数据运算的程序，数据管理是很重要的。此外，二进制和 BCD 码的转换在数据管理中也是很重要的。

（2）运算处理结果向输出端口传送。

运算处理结果总是要通过输出实现对执行器件的控制，或者输出数据用于显示，或者作为其他设备的工作数据。对于输出口连接的离散执行器件，可成组处理后看作整体的数据单元，按各口的目标状态送入一定的数据，可实现对这些器件的控制。

（3）比较指令用于建立控制点。

控制现场常有将某个物理量的值或变化区间作为控制点的情况。例如，温度低于多少摄氏度时就打开电热器，速度高于或低于一个区间时就报警等。作为一个控制“阀门”，比较指令常出现在工业控制程序中。

四、移位指令

1. 循环右移指令（ROR）

（1）指令格式。

指令格式	(D)ROR(P)	(D·)	n	n≤16（16位指令） n≤32（32位指令）

可使用软元件范围	FNC30														
	(D)ROR(P)	K，H	KnX	KnY	KnM	KnS	C	T	D	V，Z	X	Y	M	S
	5/9步	n		(D.)										

（2）指令说明。

循环右移指令（ROR）是将（D·）中的数值从高位向低位移动 *n* 位，最右面的 *n* 位回转到高位，如图 3-42 所示。

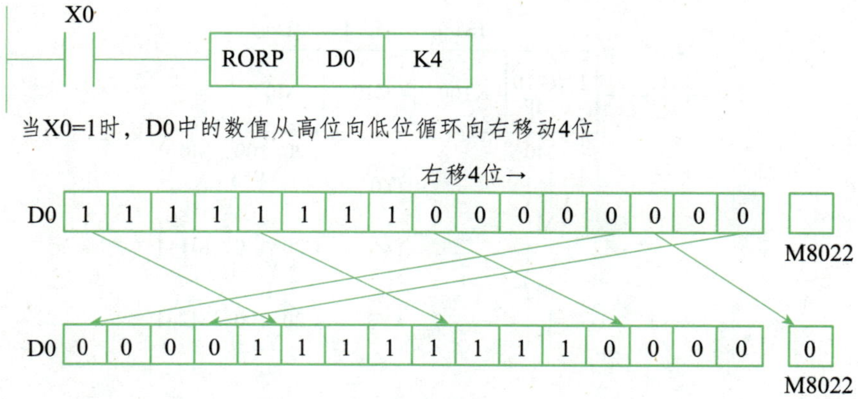

图 3-42 循环右移指令（ROR）说明

2. 循环左移指令（ROL）

（1）指令格式。

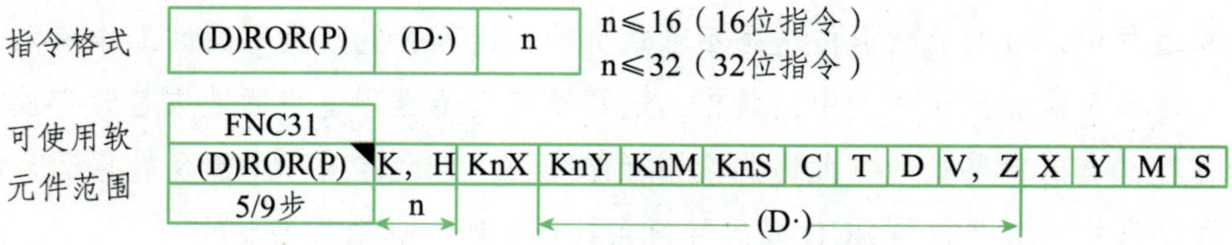

（2）指令说明。

循环左移指令（ROL）是将（D·）中的数值从低位向高位移动 *n* 位。最左面的 *n* 位回转到低位，如图 3-43 所示。

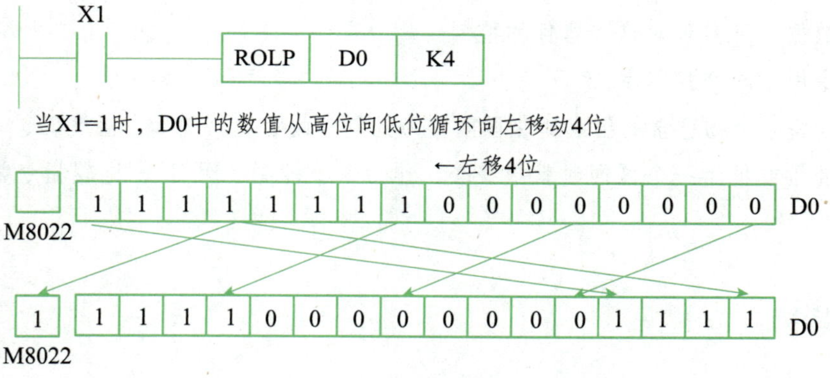

图 3-43 循环左移指令（ROL）说明

【例】按 1-2 相激磁方式控制一台四相步进电动机。可正反转控制，每步为 1s。电动机运行时，指示灯亮，四相步进电动机的 1-2 相激磁方式波形如图 3-44 所示，图 3-45 为其对应的梯形图。

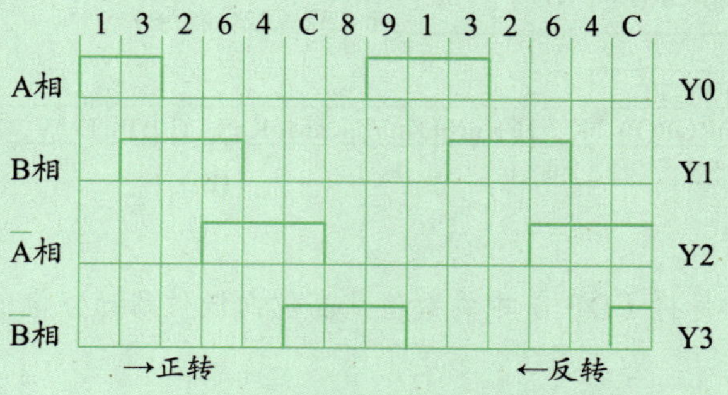

图 3-44 四相步进电动机 1-2 相激磁方式波形

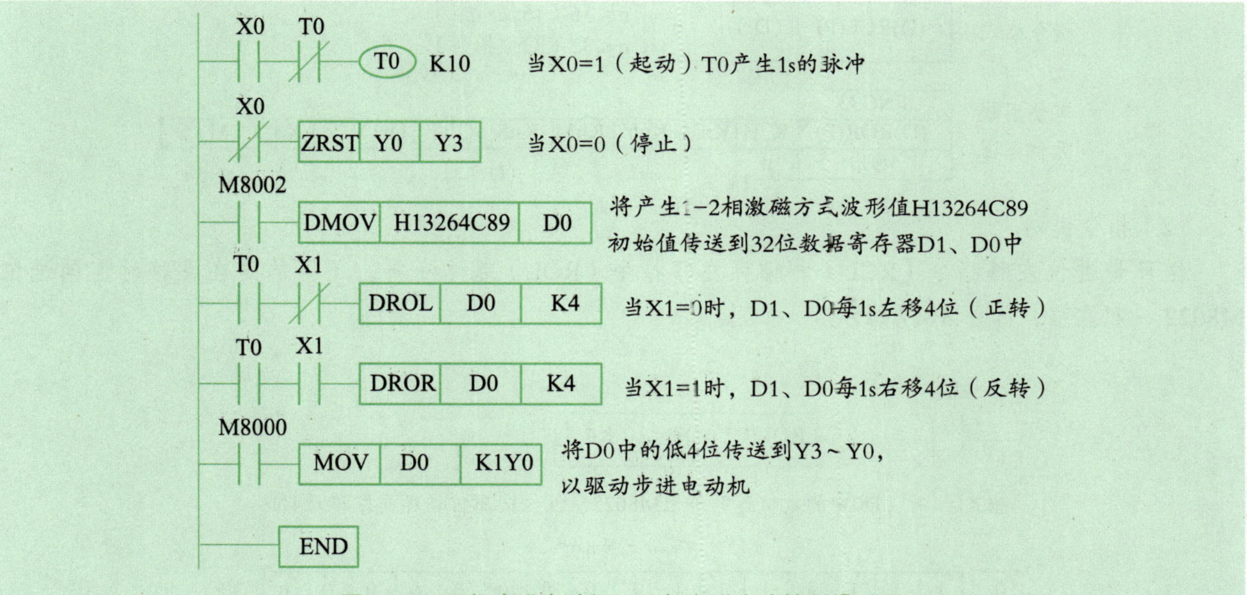

图 3-45　四相步进电动机 1-2 相激磁方式控制梯形图

3. 循环带进位右移指令（RCR）

（1）指令格式。

指令格式	(D)ROR(P)	(D·)	n	n≤16（16位指令） n≤32（32位指令）

可使用软元件范围：

FNC32 (D)ROR(P) 5/9步	K，H	KnX	KnY	KnM	KnS	C	T	D	V，Z	X	Y	M	S
	n		(D·)										

（2）指令说明。

循环带进位右移指令（RCR）和循环右移指令（ROR）基本一样，不同的是在右移时连同进位 M8022 一起右移，如图 3-46 所示。

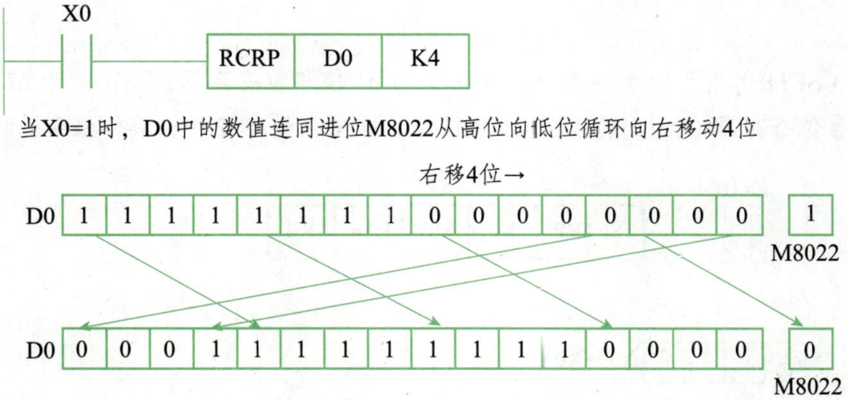

图 3-46　循环带进位右移指令（RCR）说明

4. 循环带进位左移指令（RCL）

（1）指令格式。

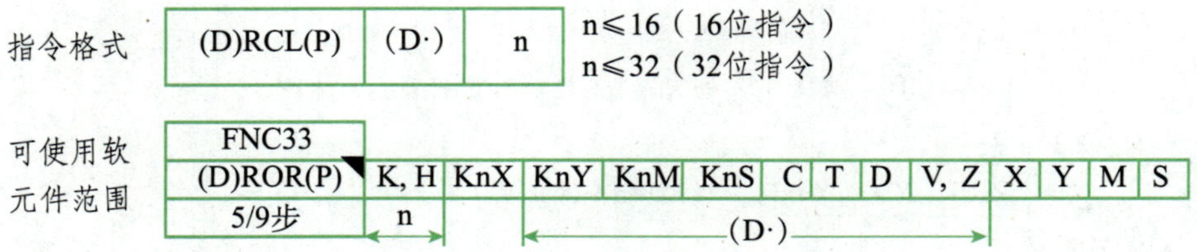

（2）指令说明。

循环带进位左移指令（RCL）和循环左移指令（ROL）基本一样，不同的是在左移时连同进位 M8022 一起左移，如图 3-47 所示。

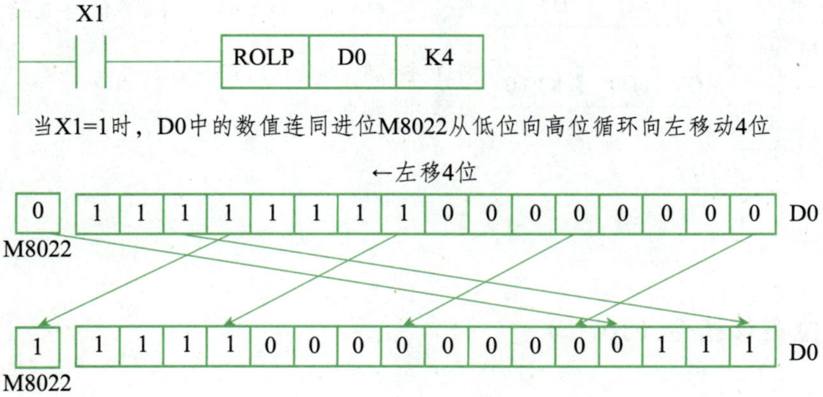

图 3-47　循环带进位左移指令（RCL）说明

5. 位右移指令（SFTR）

（1）指令格式。

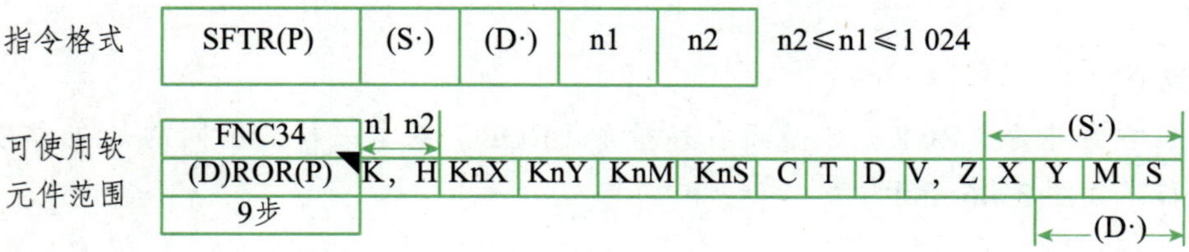

（2）指令说明。

位右移指令（SFTR）用于位元件右移。（D·）为 n1 位移位寄存器，（S·）为 n2 位数据，当执行该指令时，n1 位移位寄存器（D·）将（S·）的 n2 位数据向右移动 n2 位，具体指令说明如图 3-48 所示。

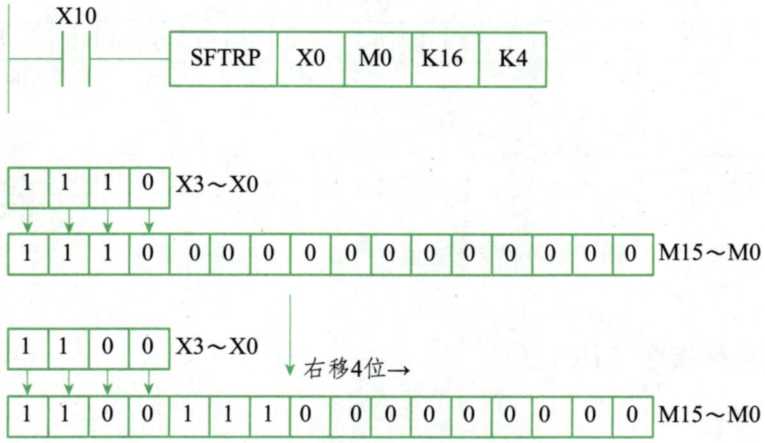

图 3-48　位右移指令（SFTR）说明

6. 位左移指令（SFTL）

（1）指令格式。

指令格式	SFTL(P)	(S·)	(D·)	n1	n2	n2≤n1≤1 024

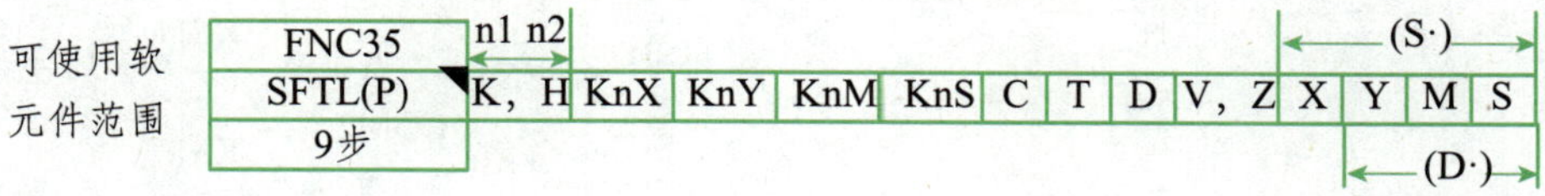

（2）指令说明。

位左移指令（SFTL）用于位元件左移。（D·）为 n1 位移位寄存器，（S·）为 n2 位数据，当执行该指令时，n1 位移位寄存器（D·）将（S·）的 n2 位数据向左移动 n2 位，具体指令说明如图 3-49 所示。

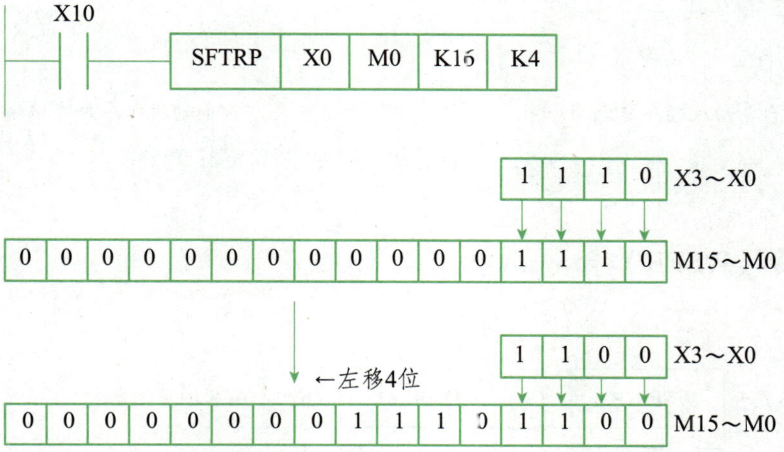

图 3-49　位左移指令（SFTL）说明

【例】用按钮控制 5 条皮带传送机的顺序。

皮带传送机由 5 台三相异步电动机 M1～M5 控制。起动时，按下起动按钮，起动信号灯亮 5s 后，电动机按从 M1 到 M5 的顺序每隔 5s 起动一台，电动机全部起动后，起动信号灯灭。停止时，再按下停止按钮，停止信号灯亮，同时电动机按从 M5 到 M1 的顺序每隔 3s 停止一台，电动机全部停止后，停止信号灯灭，如图 3-50 所示。其对应的程序及外部接线图如图 3-51 所示。

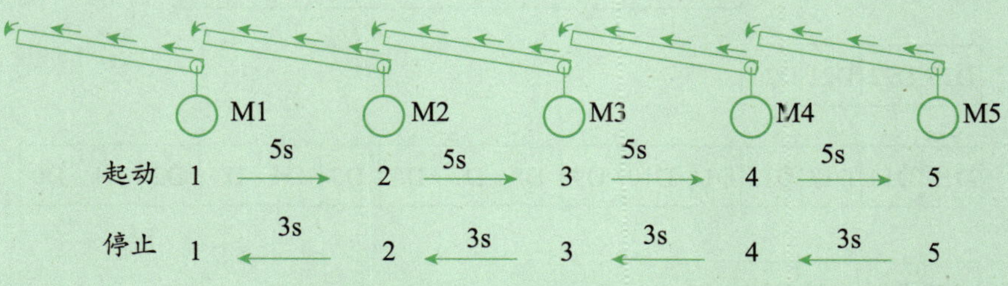

图 3-50　5 条皮带传送机的顺序控制

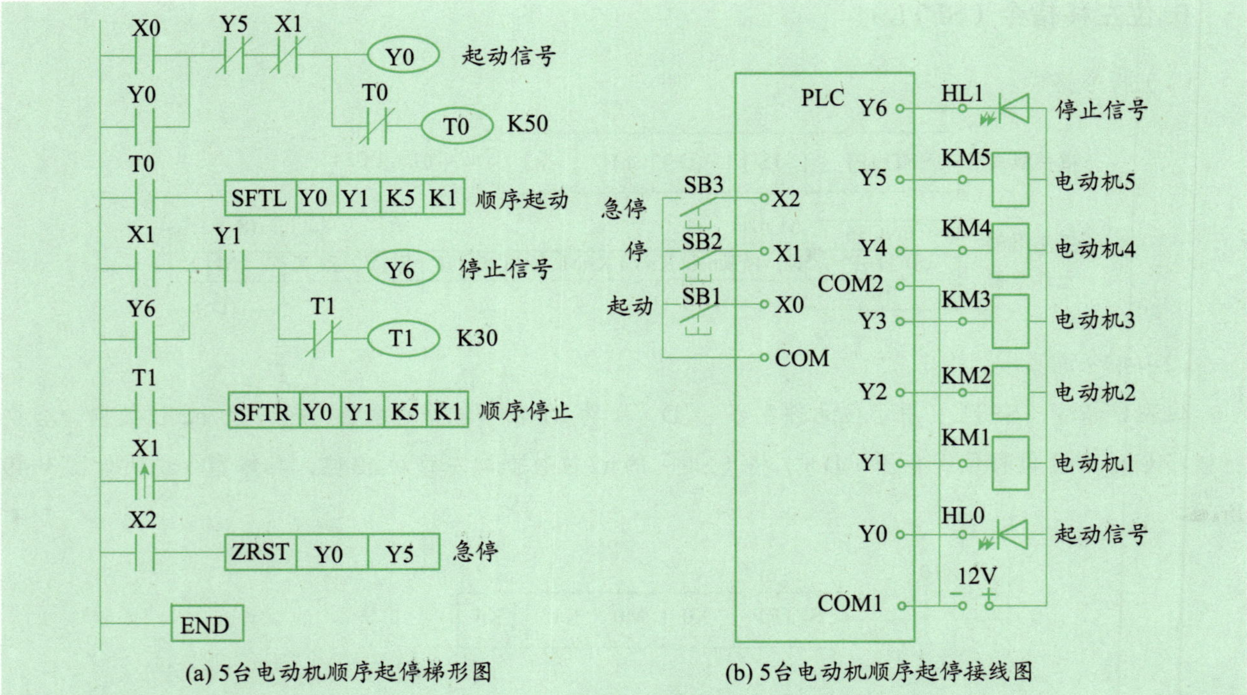

图 3-51　5 条皮带传送机顺序控制的梯形图、接线图

7. 字右移指令（WSFR）

（1）指令格式。

指令格式	WSFR(P)	(S·)	(D·)	n1	n2	n2≤n1≤512

可使用软元件范围：

FNC36 / WSFR(P) / 9步	K，H	KnX	KnY	KnM	KnS	C	T	D	V，Z	X	Y	M	S
(S·)		←							→				
(D·)			←						→				
n1 n2	↔												

（2）指令说明。

字右移指令（WSFR）是以字为单位，对（D·）的 n1 位字的字元件进行 n2 位字的向右移位。具体指令说明如图 3-52 所示。

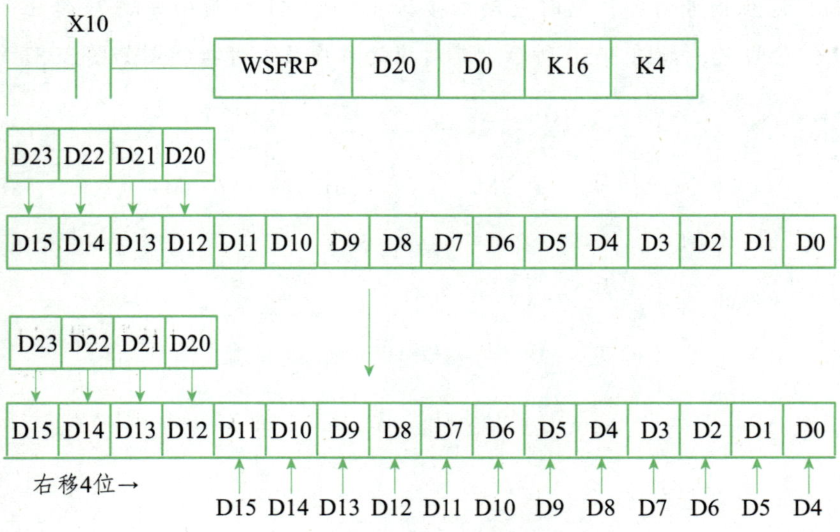

图 3-52　字右移指令（WSFR）说明

8. 字左移指令（WSFL）

（1）指令格式。

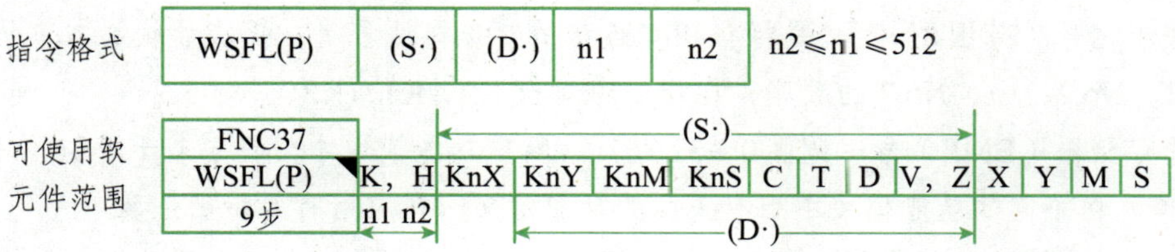

（2）指令说明。

字左移指令（WSFL）是以字为单位，对（D·）的n1位字的字元件进行n2位字的向左移位。具体指令说明如图3-53所示。

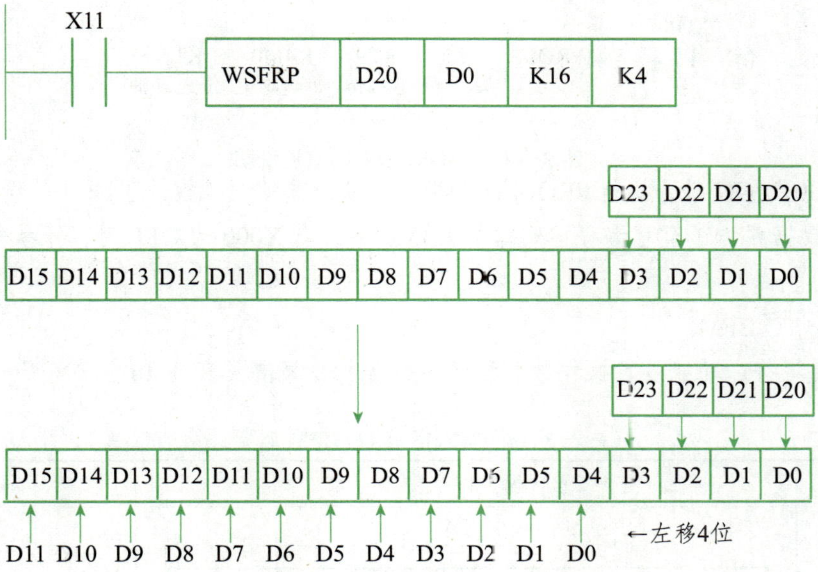

图3-53　字左移指令（WSFL）说明

五、PLC模拟量指令

1. FROM/TO指令

（1）读出指令FROM BFM。

读出指令的助记符、功能号、操作数和程序步数等指令概要见表3-13。

表3-13　读出指令FROM BFM概要

BFM读出指令		操作数	程序步
P	FNC78 FROM FROM（P）	(D·)：KnY、KnM、KnS、T、C、D、V，Z K，H：m1，m2，n m1，m2，n　特殊单元 m1=0～7　模块单元号 m2=0～32 767　缓冲存储器（BFM）号 n=1～32 767　传送点数 （适用软元件：K，H　KnX　KnY　KnM　KnS　T　C　D　V，Z）	FROM FROM（P）　9步 （D）FROM （D）FROM（P）　17步
D			

指令格式：FROM ml m2 D n

指令功能：读特殊功能模块指令，是将增设的特殊单元 m1 缓冲存储器（BFM）m2 中的内容读到可编程控制器 [S（*）] 中的指令。

m1：模块单元号（范围 0～7），是指与 PLC 连接的特殊模块号码，模块号从基本单元最近的开始，按 No.0、N0.1、No.2、…、No.7 的顺序，在指令中对应 K0、K1、K2、…、K7。

m2：缓冲存储器（BMF）号（范围 0～32 767）。特殊功能模块中内置了若干个 16 位 RAM 存储器。每一个 BFM 单元在不同的功能模块中都有不同的功能定义，在应用时要特别注意。

D：传送地点，是 FROM 指令目标操作数，用于保存从功能模块中读取的数据。

n：传送点数，表示从功能模块读取数据或向功能模块写入数据的位数（范围 1～32 767）。K1 表示 16 位数据。

FROM 指令的应用说明如图 3-54 所示。

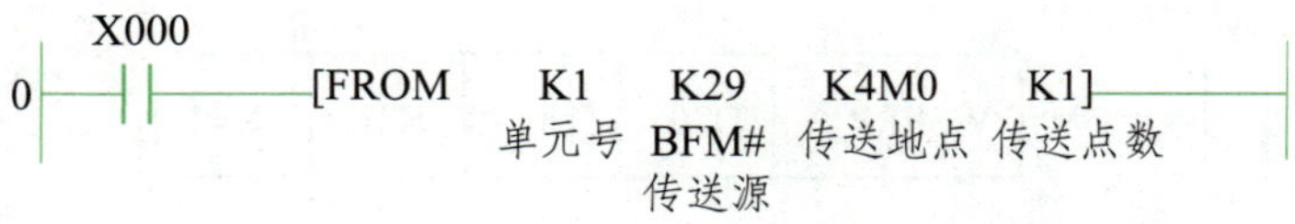

图 3-54 FROM 指令的应用说明

图中，当 X000 为 ON 时，执行 FROM 读出指令，从特殊单元（模块）No.1 的缓冲存储器（BFM）#29 中读出 16 位数据并传送至可编程控制器的 K4M0 中；当 X000 为 OFF 时，不执行传送指令，传送地点的数据不变化。

（2）写入指令 TO BFM。

写入指令的助记符、功能号、操作数和程序步数等指令概要见表 3-14。

表 3-14 写入指令 TO BFM 概要

BFM 写入指令		操作数	程序步
P	FNC79 TO TO（P）	(D·)：KnY、KnM、KnS、T、C、D、V,Z K,H、KnX、KnY、KnM、KnS、T、C、D、V,Z m1,m2,n：K,H m1=0～7 模块单元号 m2=0～32 767 缓冲存储器（BFM）号 n=1～32 767 传送点数 特殊单元	TO TO（P） 9 步 （D）TO （D）TO（P） 17 步
D			

指令格式：TO m1 m2 S n

指令功能：写入特殊功能模块指令，是将 [s（*）] 的 n 点数据写入特殊单元 m1 缓冲存储器 m2 中的指令。

m1：模块单元号（范围 0～7），是指与 PLC 连接的特殊模块号码，模块号从基本单元最近的开始，按 No.0、No.1、N0.2、…、No.7 的顺序，在指令中对应 K0、Kl、K2、…、K7。

m2：缓冲存储器（BMF）号（范围 0～32 767）。特殊功能模块中内置了若干个 16 位 RAM 存储器。每一个 BFM 单元在不同的功能模块中都有不同的功能定义，在应用时要特别注意。

S：传送地点，是 TO 指令在 PLC 内的源操作数，用于向功能模块传送数据的存储单元。

n：传送点数，表示从功能模块读取数据或向功能模块写入数据的位数（范围 l～32 767）。K1 表示 16 位数据。

【例】图 3-55 为写入指令 TO BFM 的梯形图。

图 3-55　TO 指令的应用

图中，当 X000 为 ON 时，执行 FROM 写入指令，从可编程控制器的 K4M0 中对特殊单元（模块）N0.1 的缓冲存储器（BFM）#29 写入 16 位数据；当 X0 为 OFF 时，不执行传送指令。

注意：

- 脉冲指令执行后，传送地点的数据也不变化。
- 位元件的数指定是 K1～K4（16 位指令）、Kl～K8（32 位指令）。

（3）FROM/TO 指令的操作数处理。

1）特殊单元、模块号 [m1]。

①模块号从基本单元最近的开始，按 No.0 → No.1 → No.2 →…→ N0.7 的顺序连接。

②模块号根据 FROM/TO 指令指定哪个模块工作而设定。

2）缓冲存储器（BFM）号 [m2]。

①特殊增设模块中内藏了 32 点 16 位 RAM 存储器，称为缓冲存储器。编号范围为 #0～#32 767，其内容由各模块的控制目的决定。

②用 32 位指令对 BFM 处理时，指定的 BFM 为低 16 位，其后续编号的 BFM 为高 16 位。

3）传送点数 [n]。

①用 n 指定传送的字点数。16 位指令的 n=2 和 32 位指令的 n=1 为相同含义。

②在特殊辅助继电器 M8164（FROM/TO 指令的传送点数指定寄存器）中的内容作为传送点数 [n] 进行处理。

4）特殊辅助继电器 M8028 的作用。

①当 M8028 为 OFF 时，FROM、TO 指令执行时为中断禁止状态。此时若有中断或定时器中断则将能执行，只有在 FROM、TO 指令执行完后才响应中断，并且这两条指令可以在中断中使用。

②当 M8028 为 ON 时，FROM、TO 执行时允许响应中断状态。如果中断产生则会立即响应，但在中断程序中不能使用 FROM、TO 指令。

【例】当 X000 为 ON 时，指令根据 m1 指定的单元号（K1）特殊模块，将 m2 指定的缓冲存储器 BFM#29（K29）内 16 位数据读出并传送到可编程控制器的 K4M0 即 M0～M15 中，传送的数据为一个字。当 X001 为 ON 时，指令将指定的 D0 中的 16 位数据写入 No.1 特殊模块缓冲存储器的 BFM#12 中。最后的 K1 表示传送一个字。缓冲存储器读写指令应用如图 3-56 所示。

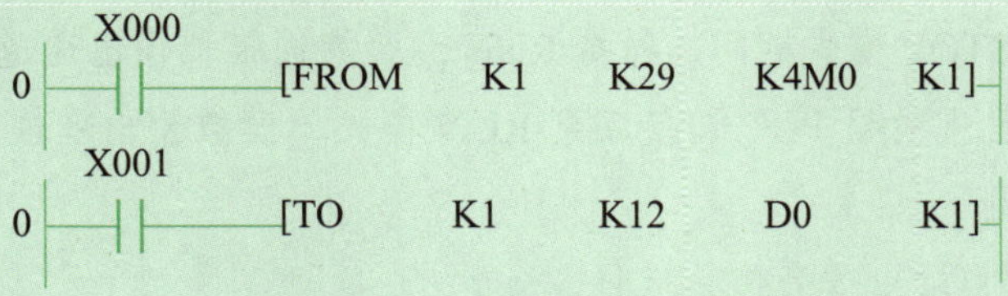

图 3-56　缓冲存储器读写指令应用

2. 特殊功能模块

在使用 PLC 组成的控制系统中，通常会处理一些特殊信号，如流量、压力、温度等，这就要使用特殊功能模块。FX 系列 PLC 的特殊功能模块有模拟量输入 / 输出模块、数据通信模块、高速计数器模块、位置控制模块及人机界面等。

模拟量输入模块是将现场仪表输出的标准信号 0～10mA、4～20mA、1～5V DC 等模拟信号转换成适合 PLC 内部处理的数字信号。输入的模拟信号经运算放大器放大后进行 A/D 转换，再经光耦合器为 PLC 提供一定位数的数字信号。模拟量输出模块是将 PLC 处理后的数字信号转化成现场仪表可以接受的标准信号 4～20mA、1～5V 等模拟信号输出，以满足生产现场连续控制信号的需求。FX2N 系列常用的 PLC 模拟量输入 / 输出模块如图 3-57 所示。

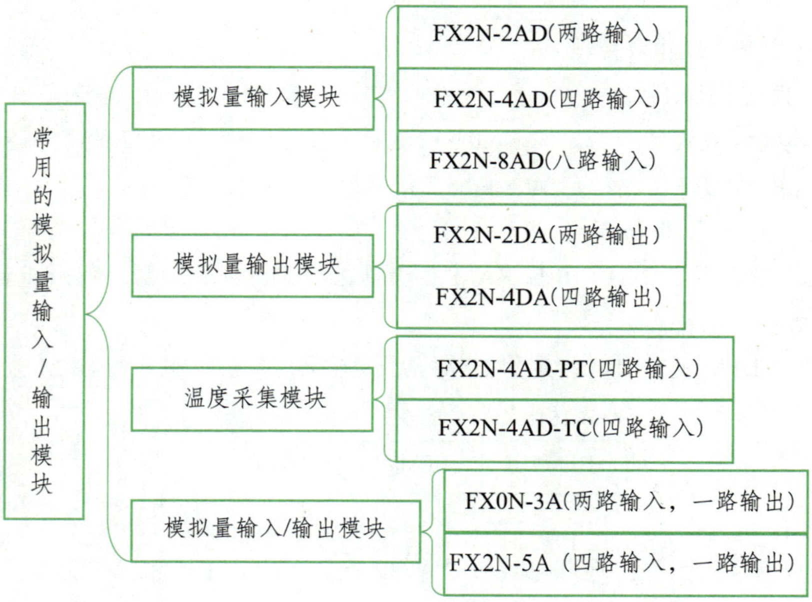

图 3-57　FX2N 系列常用的 PLC 模拟量输入 / 输出模块

（1）FX0N-3A 模拟特殊功能模块介绍。

FX0N-3A 模拟特殊功能模块有两个输入通道和一个输出通道。输入通道接收模拟信号并将模拟信号转换成数字值，输出通道采用数字值并输出等量模拟信号。最大分辨率为 8 位。在输入 / 输出基础上选择的电压或电流由用户接线方式决定。PLC 和 FX0N-3A 之间的通信由光电耦合器保护。FX0N-3A 在 PLC 扩展母线上占用 8 个 I/O 点，8 个 I/O 点可以分配给输入或输出。所有数据传输和参数设置都是通过应用到 PLC 中的 TO/FROM 指令，通过 FX0N-3A 的软件控制调节的。在输入 / 输出方式上，电流或电压类型的区分是通过端子的接线方式决定的。两个模拟输入通道可接受的输入为 DC 0～10V，DC 0～5V 或 4～20mA。 FX0N-3A 模块可以与 FX2N、FX2NC、FX1N、FX0N 系列 PLC 连接使用。与 FX2N 系列 PLC 连接使用时最多可以连接 8 个模块，模块使用 PLC 内部电源。

（2）上位机 PLC 的状态改变，模块的运行情况如下：

1）RUN—STOP：在 STOP 模式期间，保持 RUN 运行期间模拟输出通道使用的最后一个操作值。

2）STOP—RUN：一旦上位机 PLC 切换回到 RUN 模式，模拟输出就恢复到由程序控制的正常状态的数字值。

3）PLC 电源关闭：模拟输出信号停止运行。

（3）FX0N-3A 模块的外部接线方式和信号特性。

1）FX0N-3A 模块的外部结构及接线方式如图 3-58 所示。

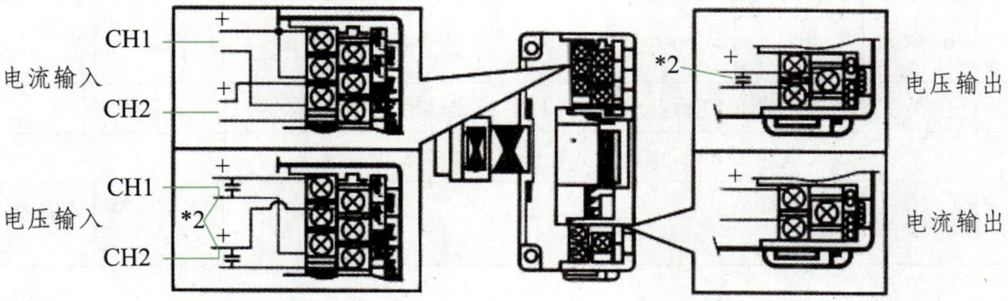

图 3-58　FX0N-3A 模块的外部结构及接线方式

模拟输入通道 1 有三个接线端子 Vinl、Iinl 和 COM1，电压模拟信号输入时将信号的地分别接 Vinl 和 COM1，电流模拟信号输入时，先将 Vinl 和 Iinl 短接再接输入信号，COMl 接公共地。模拟输入通道 2 的接线方式同通道 1。

要特别注意的是，两个输入通道在使用时必须选择相同类型的输入信号，即都是电压类型或都是电流类型，不能将一个通道作为模拟电压输入而将另一个作为电流输入，这是因为两个通道使用相同的偏值量和增量值。另外，当电压输入存在波动或有大量噪声时，在位置 *2 处连接一个 0.1～0.47μF 的电容。

电压输出时接 Vout 和 COM，电流输出时接 Iout 和 COM。

2）FX0N-3A 模块的信号特性。

图 3-59 为三种不同标准类型模拟输入的转换特性图，数据的有效范围是 1～250。

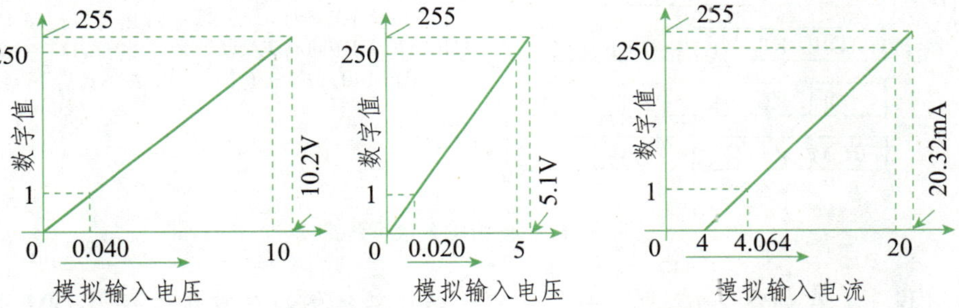

图 3-59　FX0N-3A 输入模块的信号特性

图 3-60 为模拟输出的转换特性图，输出数据的有效范围是 1～250。如果输出数据超过 8 位，则只有低 8 位数据有效，高于 8 位的数据将被忽略掉。

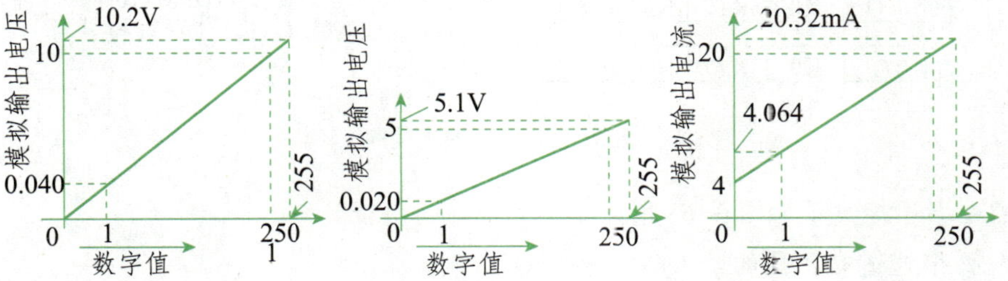

图 3-60　FX0N-3A 输出模块的信号特性

3）FX0N-3A 模块的输入 / 输出控制程序。

FX0N-3A 模块内部分配有 32 个缓冲存储器 BFM0～BFM31，其中使用的有 BFM0、BFM16 和

BFM17，其余均未使用。各缓冲存储器的功能见表 3-15。

表 3-15　FX0N-3A 模块内部缓冲存储器

缓冲存储器编号	b15-b8	b7	b6	b5	b4	b3	b2	b1	b0
0	保留	通过 BFM#17 的 b0 选择 A/D 转换通道的当前值输入数据（以 8 位存储）							
16	保留	D/A 转换通道上的当前值输出数据（以 8 位存储）							
17	保留						D/A 转换启动	A/D 转换启动	A/D 转换通道
1～5，18～31	保留								

说明：BFM17 的各位作用如下：

b0=0 选择模拟输入通道 1;

b0=l 选择模拟输入通道 2;

bl=0 → 1，启动 A/D 转换处理；

b2=0 → 1，启动 D/A 转换处理。

①模拟输入读取程序。在如图 3-61 所示的程序中，当 M0 变成 ON 时，从模拟输入通道 1 读取数据；当 M1 变为 ON 时，从模拟输入通道 2 读取数据。

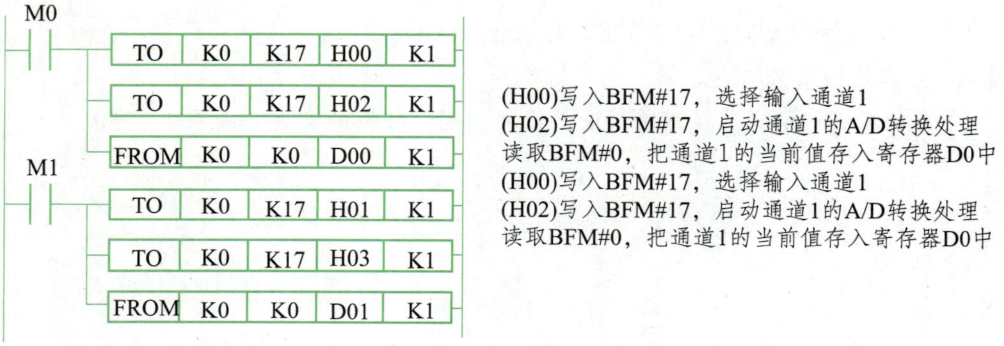

图 3-61　模拟输入读取程序

②模拟输出程序。在如图 3-62 所示的程序中，需要转换的数据放于寄存器 D02 中，当 M0 变成 ON 时，将 D02 中的数据送到 D/A 转换器转换成相应的模拟量输出。

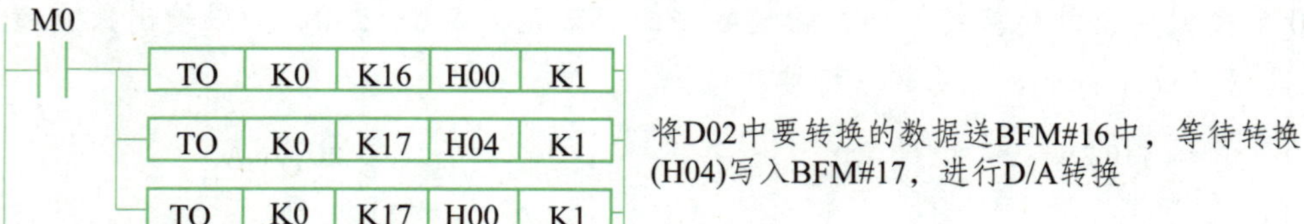

图 3-62　模拟输出程序

4）FX0N-3A 端子接线（如图 3-63 所示）。

模块不允许两个通道有不同的输入特性。

如果电压输入 / 输出方面出现任何波动或者有过多的电噪声，则要在线路上并上电容器。

A/D OFFSET：输入（模拟量转数字量）偏置校准电位器。

A/D GAIN：输入（模拟量转数字量）增益校准电位器。

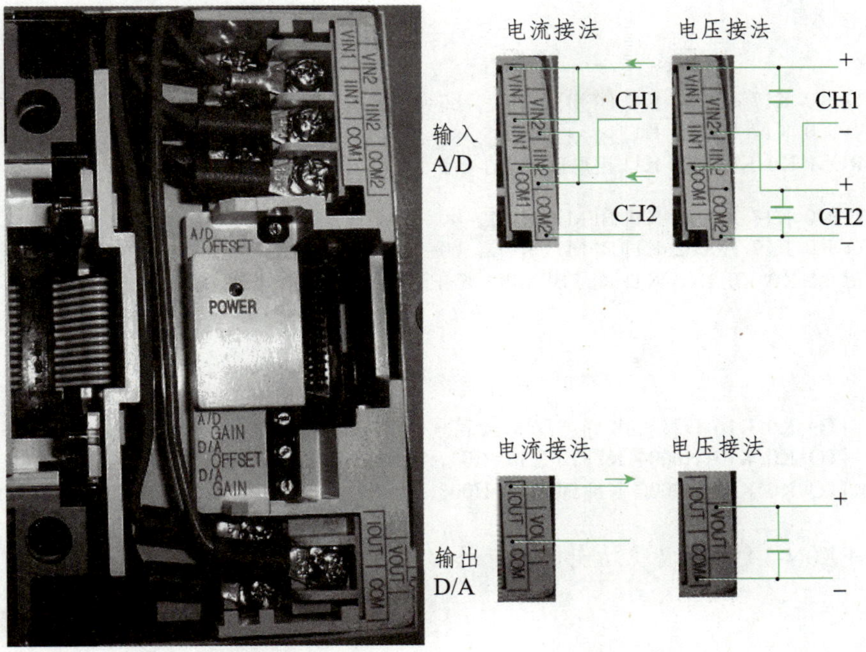

图 3-63　FX0N-3A 端子接线

注：图中电容为 0.1～0.47μF。

D/A OFFSET：输出（数字量转模拟量）偏置校准电位器。

D/A GAIN：输出（数字量转模拟量）增益校准电位器。

5）实例 1（FROM / TO）：

① FROM 指令：

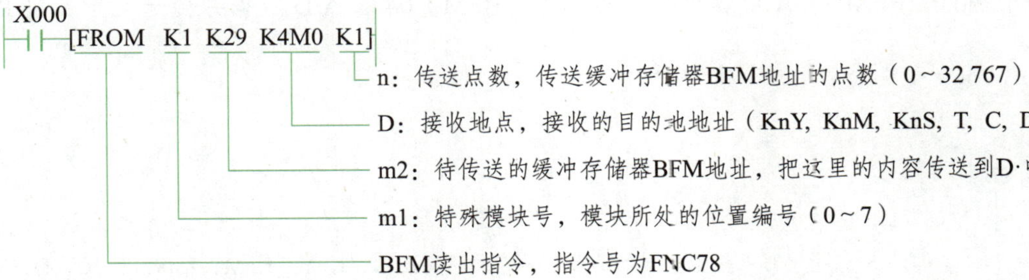

注释：从特殊模块（单元）No.1 的缓冲存储器（BFM）29# 中读出 16 位数据并传送至上位机 PLC 的 K4M0 中。

② TO 指令：

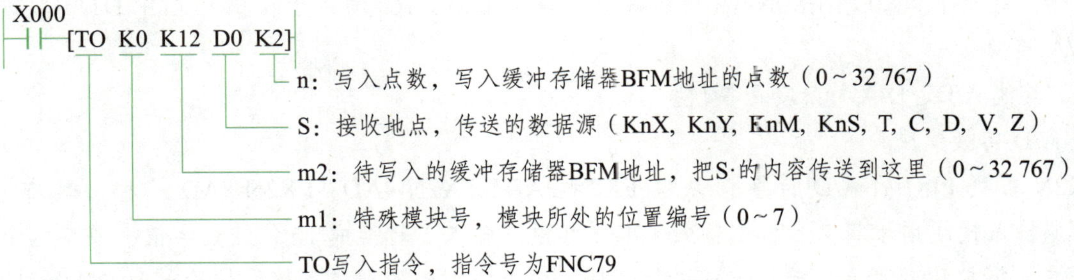

注释：对特殊模块（单元）No.0 的缓冲存储器（BFM）12#、13# 分别写入上位机 PLC 中 D0、D1 的数据。

a. 使用模拟输入。

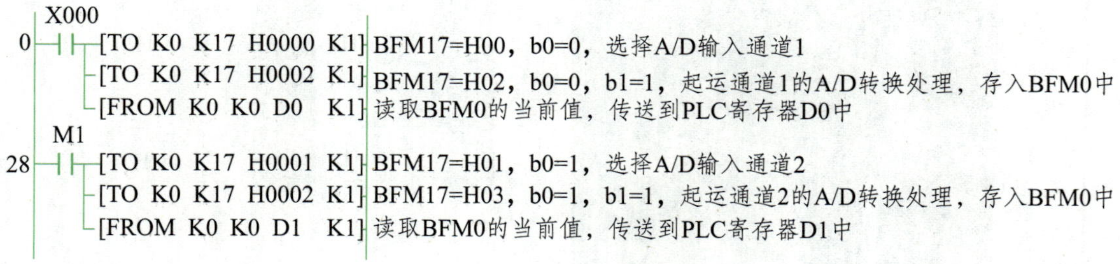

b. 使用模拟输出。

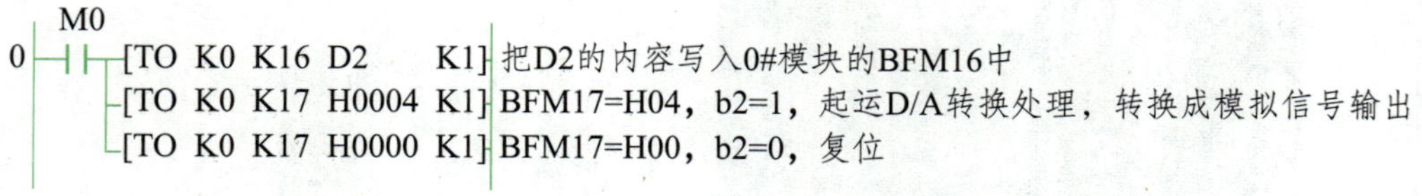

6）实例 2（FX0N-3A 模拟特殊功能模块专用指令 RD3A/WR3A）：

① RD3A 指令：

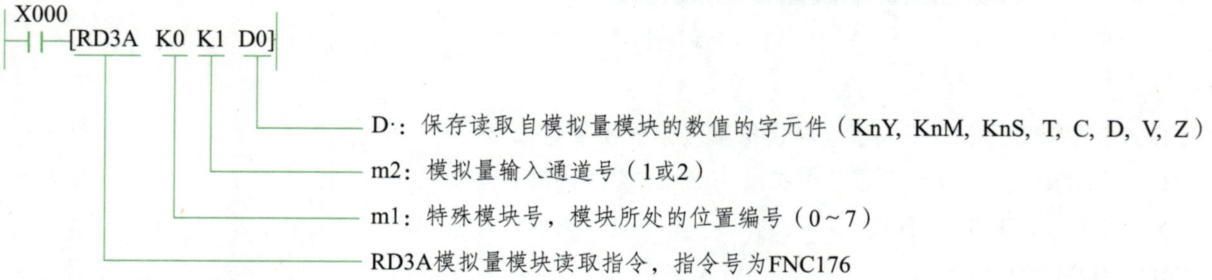

注释：从处于 No.0 的 FX0N-3A 中读出缓冲存储器（BFM）0# 的 A/D 数据并传送至上位机 PLC 的 D0 中。

② WR3A 指令：

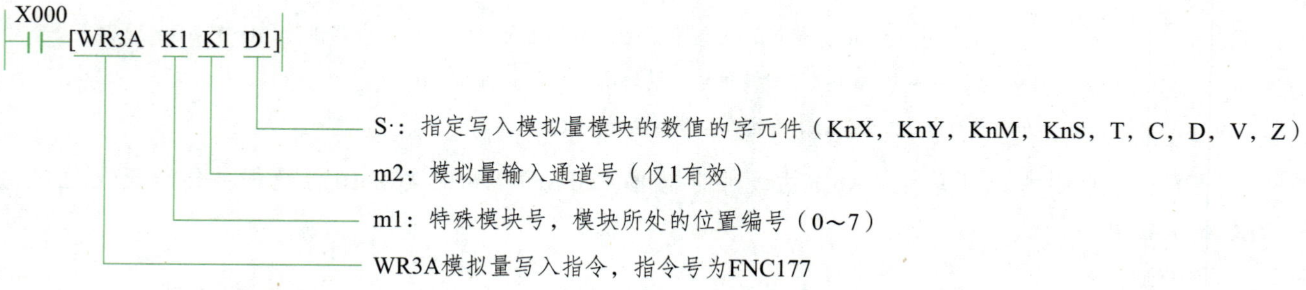

注释：对处于 No.0 的 FX0N-3A 中缓冲存储器（BFM）16# 写入上位机 PLC 中 D1 的数据，以便进行 D/A 转换。

（4）其他 A/D、D/A 特殊功能模块。

1）A/D 转换模块。

FX2N 系列 PLC 的 A/D 转换模块有 FX2N-2AD、FX2N-4AD、FX2N-8AD 三种。其中，FX2N-2AD 模拟输入模块用于将 2 点模拟输入（电压和电流输入）转换成 12 位的数字值，并将这个值输入到 PLC 中。模拟输入可通过接线方式进行选择，两个模拟输入通道可接受的输入为 DC 0～10V、DC 0～5V 或 4～20mA。模拟到数字的转换特性可以通过调节器进行调节。此模块占用 8 个 I/O 点，可以用 FROM/TO 指令与 PLC 进行数据传输。

在接线时，只需要将输入模拟量接到相应的端子，电压接 Vin 和 COM 端子，电流接 Iin 和 COM 端子（且将 Vin 和 Iin 短接），但两个通道应同时为电压输入或电流输入。其输入特性如图 3-64 所示。

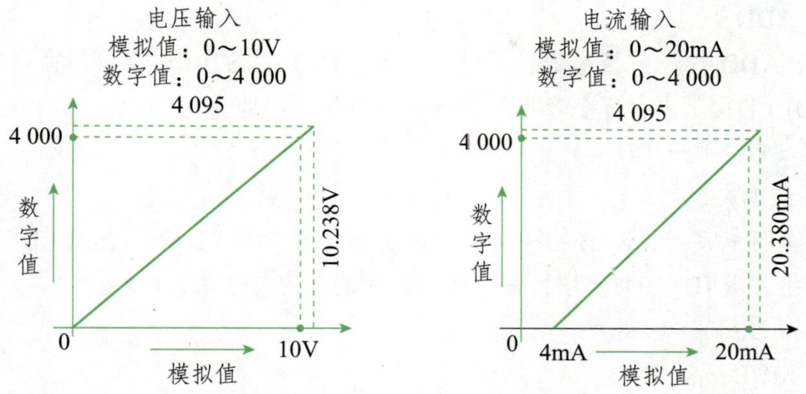

图 3-64　FX2N-2AD 模块输入特性

2）D/A 转换模块。

FX2N 系列 PLC 的 D/A 转换模块有 FX2N-2DA、FX2N-4DA 两种。其中，FX2N-2DA 模拟量输出模块用于将 12 位的数字值转换成 2 点模拟输出（电压和电流输出），并将这个值输入到 PLC 中。模拟输出可通过接线方式进行选择，两个模拟输出通道可接受的输出为 DC 0～10V、DC 0～5V 或 4～20mA。数字到模拟的转换特性可以通过调节器进行调节。此模块占用 8 个 I/O 点，可以用 FROM/TO 指令与 PLC 进行数据传输。

接线时，模拟电压输出端子是 Vout 和 COM（且将 Iout 和 COM 短接），模拟电流输出端子是 Iout 和 COM。输出特性如图 3-65 所示。

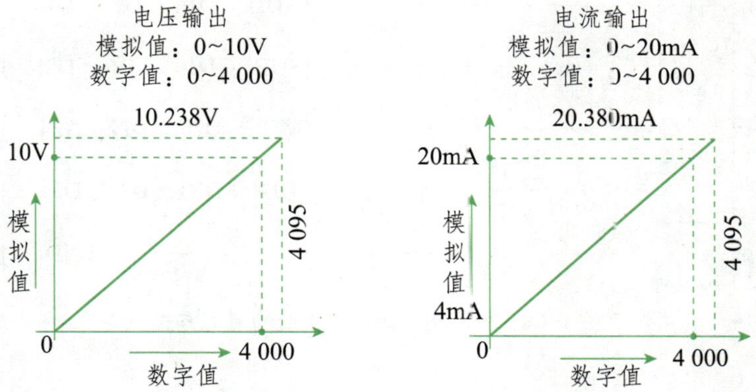

图 3-65　FX2N-2DA 模块输出特性

3）FX2N-4AD-PT、FX2N-4AD-TC 模拟特殊模块。

FX2N-4AD-PT 模拟特殊模块是将来自 4 个铂温度传感器（Pt100，3 线，100Ω）的输入信号放大，并将数据转换成 12 位的可读数据，存储在主处理单元中。FX2N-4AD-TC 模拟特殊模块是将来自 4 个热电偶传感器（K 或 J 型）的输入信号放大，并将数据转换成 12 位的可读数据，存储在主处理单元中。对于这两种模块，摄氏和华氏数据都可以读。所有数据的传输和参数设置可以通过各自的软件控制来调整。数据读出由 FROM/TO 指令完成。各占用扩展总线的 8 个 I/O。

六、运算指令

1. 算术运算指令

（1）加法指令 ADD。

当 X0 接通时，ADD 指令将指定的源操作数 [S1]（D10）、[S2]（D12）中的二进制数相加，结果送到目标操作数 [D]（D14）中，每个数据的最高位为符号位，即：

（D10）＋（D12）→（D14）

（2）减法指令 SUB。

当指令执行的条件满足时，SUB 指令将指定的源操作数 [S1]（D10）、[S2]（D6）中的二进制数相减，结果送到目标操作数 [D]（D8）中，每个数据的最高位为符号位，即：

（D10）－（D6）→（D8）

（3）乘法指令 MUL。

当指令执行的条件满足时，MUL 指令将指定的源操作数 [S1]（D20）、[S2]（D22）中的二进制数相乘，结果送到目标操作数 [D] 中，每个数据的最高位为符号位，即：

（D20）×（D22）→（D25、D24）积的低 16 位送到（D24），高 16 位送到（D25）

（4）除法指令 DIV。

当指令执行的条件满足时，DIV 指令将指定的源操作数 [S1]（D30）、[S2]（D32）中的二进制数相除，[S1]（D30）为被除数，[S2]（D32）为除数，结果送到目标操作数 [D] 中，每个数据的最高位为符号位，即：

（D30）÷（D32）→（D35、D34）商的低 16 位送到（D34），高 16 位送到（D35）

加、减、乘、除指令的书写方式如图 3-66 所示。

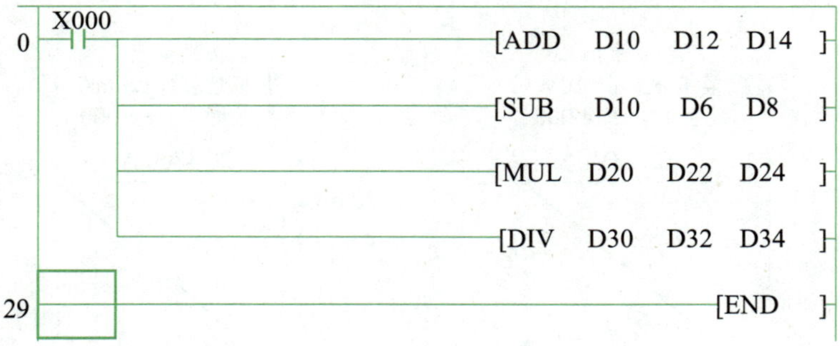

图 3-66　加、减、乘、除指令的书写方式

2. 数据处理指令

平方根指令 SQR：16 位运算占 5 个程序步，32 位运算占 9 个程序步。平方根指令的书写方式如图 3-67 所示。

图 3-67　平方根指令的书写方式

3. PID 运算

PID 可谓控制领域的长青树，它具有比例、积分、微分三种调节作用，因此又称为比例积分微分

调节器。在工业过程控制中，90% 以上的控制系统回路都具有 PID 结构。其在温度控制中的使用已达数十年之久，是一种成熟的技术，它具有结构简单、易于理解和实现等特性，且一些高级控制都是以 PID 为基础改进的。

（1）PID 控制系统原理。

常规 PID 控制系统原理框图如图 3-68 所示。系统由控制器和被控对象组成。PID 控制器是一种线性控制器，它根据给定值 $r(t)$ 与实际输出值 $c(t)$ 构成控制偏差：

$$e(t)=r(t)-c(t)$$

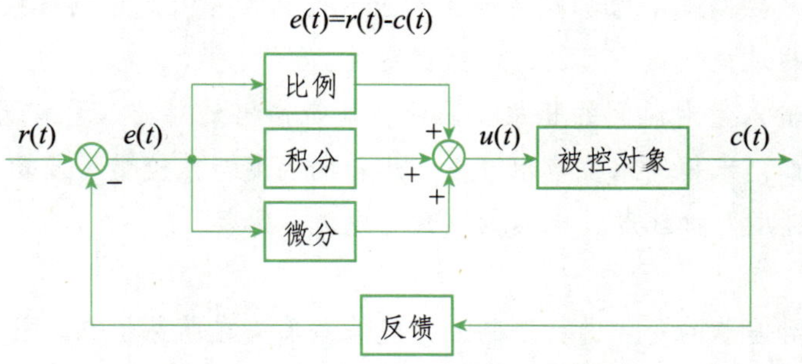

图 3-68　常规 PID 控制系统原理框图

其将偏差的比例（P）、积分（I）和微分（D）通过线性组合构成控制量，对被控对象进行控制，故称为 PID 控制器。其控制规律为：

$$u(t)=K_{\mathrm{P}}\left[e(t)+\frac{1}{T_{\mathrm{I}}}\int_0^t e(t)\mathrm{d}t+\frac{T_{\mathrm{D}}\mathrm{d}e(t)}{\mathrm{d}t}\right] \tag{3-1}$$

在使用 PID 控制器中，放大比例系数可以改变系统的响应速度，比例系数选择必须适当。增大比例系数 K_{P}，可以减少系统的稳态误差和动态偏差，但调节过程会趋于振荡；减小比例系数 K_{P}，可以减少系统调节过程的振荡，但又增加了稳态误差和动态偏差。积分环节能消除被调量的偏差，但调节时间变长，积分速度同样要选择适当，在同样偏差情况下，增大积分逗度值，调节器动作速度加快，减小动态偏差；相反，减小积分速度值，会增加系统的动态误差，减少振荡。因此，因为积分作用易造成系统调节过程的振荡，所以只有在控制对象和系统的惯性及滞后都很小时才能使用积分调节器。在实际工业控制中，积分环节一般只有和其他环节配合使用，才能取得较好的效果。在 P 调节器中，微分环节的作用是对系统输出和偏差的变化有一定的预见作用，微分调节器的输出与被调量偏差的变化速度成正比，在调节过程开始阶段，被调量离给定值小，但变化速度较大，如果采用比例环节、积分环节调节，其调节作用都很弱，而采用微分调节，其效果却很强，它使调节器产生一个很大的位移，微分调节具有超前特性，能限制控制偏差的进一步增大，可有效地减小动态偏差。

由上面论述可知：在 P 调节器中，比例调节的作用是可使调节过程趋于稳定，但会产生稳态误差；积分作用可消除被调量的稳态误差，但可能会使系统振荡甚至使系统不稳定；微分调节能有效地减小动态偏差。

（2）比例环节的微分方程为：

$$y=K_{\mathrm{P}}e(t) \tag{3-2}$$

式中：y 为输出；K_{P} 为比例系数；$e(t)$ 为输入偏差。

比例环节调节器是自动控制系统中遇到最多的一种。调节器的输出与输入偏差成正比。只要偏差出现，就能及时地产生与之成比例的调节作用，使被控量朝着减小偏差的方向变化，具有调节及时的特点。因为调节作用发生在系统存在偏差的情况下，所以不可能做到无静差调节。同时要注意，K_{P} 过大会导致动态品质变坏，甚至使系统不稳定。

（3）积分环节。

积分环节是指输出 $y(t)$ 与输入偏差 $e(t)$ 的积分成比例的作用，其作用是消除静差。积分方程为：

$$y=\frac{1}{T_I}\int_0^t e(t)\mathrm{d}t \qquad (3\text{-}3)$$

式中：T_I 是积分时间常数，它表示积分速度的大小，T_I 越大，积分速度越慢，积分作用越弱。

积分作用的特点：只要偏差不为零就会产生对应的控制量并依此影响被控量。增大 T_I 会减小积分作用，即减慢消除静差的过程，减小超调，提高稳定性。

积分环节输出量为输入量对时间的积累。因此，凡是输出量对输入量有储存和积累特点的元件一般都含有积分环节。例如，水箱的水位与水流量、烘箱的温度与热流量（或功率）、机械运动中的转速与转矩、位移与速度、速度与加速度、电容的电量与电流，等等。

（4）微分环节。

微分调节的作用是对偏差的变化进行控制，并使偏差消失在萌芽状态。其微分方程为：

$$y(t)=T_D\frac{\mathrm{d}e(t)}{\mathrm{d}t} \qquad (3\text{-}4)$$

微分分量对偏差的任何变化都会产生控制作用，以调整系统输出，阻止偏差变化。偏差变化越快，则产生的阻止作用越大。从分析可以看出，微分调节的特点是：加入微分调节将有助于减小超调量，使系统趋于稳定。它加快了系统的动作速度，减少了调整的时间，从而改善了系统的动态性能。

由于单纯的比例环节存在静差，单纯的积分调节动作过于缓慢，过渡过程时间长，甚至造成系统不稳定，而单纯的微分调节也存在严重的不足，其对静态偏差毫无抑制能力，因此不能单独使用。所以在实际生产中，总是同时使用上面两种调节规律，如 PI、PD 等，按其比例、积分、微分通过线性组合构成控制量，组成 PID 控制器。三种调节规律结合在一起既可快速敏捷，又可平稳准确，只要配合适当，便可得到满意的调节效果。

思考与练习

1. 用循环或移位指令编写流水灯程序：共有 8 盏灯，正方向顺序全通、反方向顺序全断控制。

2. 有 6 盏灯，用 2 个控制按钮控制，一个为启动按钮，一个为停止按钮。按下启动按钮时，6 盏灯按正方向顺序逐个全亮；按下停止按钮时，6 盏灯按反方向顺序逐个全灭。灯亮或灯灭位移间隔 1s。

3. 有 10 个学生，每个学生的数据包括学号、姓名、三门课的成绩，输入 10 个学生的数据，要求计算三门课的总平均成绩，分别统计总平均成绩高于 80 分、高于 70 分而低于 80 分、高于 60 分而低于 70 分、低于 60 分的学生，并降序排名。

4. 实现 8 站运料小车随机呼叫的控制。某车间有 8 个工作台，送料小车往返于工作台之间送料，如下图所示。每个工作台设有一个限位开关（SQ）。

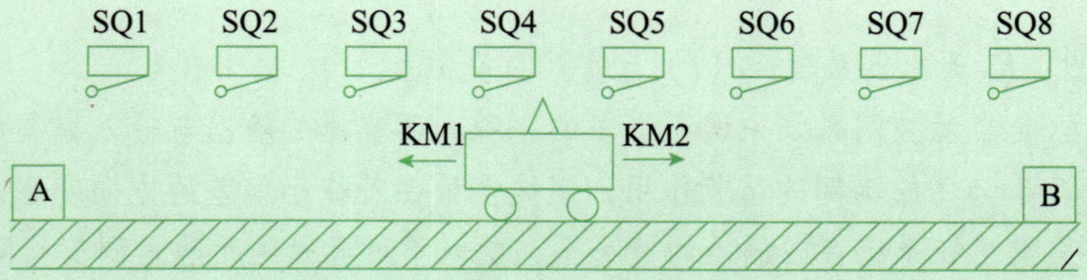

具体控制要求如下：

设送料车现暂停于m号工作台（SQm为ON）处，m号指示灯亮，停止灯C亮起，这时n号工作台呼叫（SQn为ON）。

（1）当$m>n$时，送料车左行，左行灯A亮，直至到达n号工作台，左行灯A灭，m号指示灯灭，n号指示灯亮，停止灯C亮，到位停车。

（2）当$m<n$时，送料车右行，右行灯B亮，直至到达n号工作台，右行灯B灭，m号指示灯灭，n号指示灯亮，停止灯C亮，到位停车。

项目 4 顺序功能图（SFC）指令应用

知识目标

1. 熟悉顺序功能图（SFC）的特点。
2. 掌握顺序功能图的要素及基本结构。
3. 学会根据 PLC 控制程序画出状态转移图。
4. 掌握状态转移图及步进顺控指令的应用方法。

技能目标

1. 掌握顺序功能图的设计方法。
2. 学会步进顺序控制程序的设计思维和方法。
3. 学会将工艺流程图转换为状态转移图。
4. 掌握单流程及并行结构顺序功能图程序编写方法。
5. 掌握状态转移跳转和重复流程的编程方法。

案例导入

中国创时代的新标准——中国车

党的二十大报告指出：“推动战略性新兴产业融合集群发展，构建新一代信息技术、人工智能、生物技术、新能源、新材料、高端装备、绿色环保等一批新的增长引擎。构建优质高效的服务业新体系，推动现代服务业同先进制造业、现代农业深度融合。”

“复兴号”是由中国标准动车组和中国铁路总公司组织、具有完全自主知识产权、达到世界先进水平的动车组列车。其核心动力设备——三相异步电动机是本项目的研究学习对象。孙秋林是“复兴号”研制电机座的“制造大拿”，十几年来带领科研团队，持之以恒地坚持科技创新。当时他接到中国中车集团有限公司的一个合作意向，是做轨道交通产品“复兴号”的电机座，但做电机座的材料必须达到 −50℃低冲性能试验要求。这是第一次面对新的挑战，孙秋林下定决心一定要试制成功。在新产品研发方面，他组织技术人员加班加点，反复试制工艺，经过半年的艰难工作，终于把轨道交通产品“复兴号”的电机座产品交样合格，YJ268A 电机座将应用于时速 250 公里的“复兴号”。中国标准动车组的电机座实现了一次交样合格，这也使得孙秋林所在公司成为国内唯一一家一次性通过电机座样件审核的铸件供应商。复兴号 CR450 动车组在研制先期试验时，在郑州至重庆高速铁路巴东至万州段成功实现隧道内单列时速 403 公里、相对交会时速达 806 公里；在济南至郑州高铁濮阳至郑州段成功实现明线上单列时速 435 公里、相对交会时速达 870 公里，创造了高铁动车组列车明线和隧道交会速度世界纪录。新型复兴号高速综合检测列车采用我国自主研发的涡流制动、碳陶制动盘、永磁牵引系统等新技术，由 4 辆动车和 4 辆拖车组成，增强了动车组列车的安全性、可靠性、效能性、经济性，整体性能达到世界领先水平，填补了国内多项技术空白。同学们在学习设计控制电动机运转任务时，也要学习"时代楷模"孙秋林的敢于创新、刻苦攻坚、精益求精的工匠精神，以专业技能投身报国，推动我国向工业强国发展。

任务 1　电动机改造控制系统设计

操作视频

用 PLC 实现电动机自动变速双速运转能耗制动控制

一、任务描述

1. 三相异步电动机自动变速双速运转能耗制动控制

图 4-1 是自动变速双速运转能耗制动控制电路，用 PLC 来实现该电路的设计改造，试用多种编程方式进行程序设计。

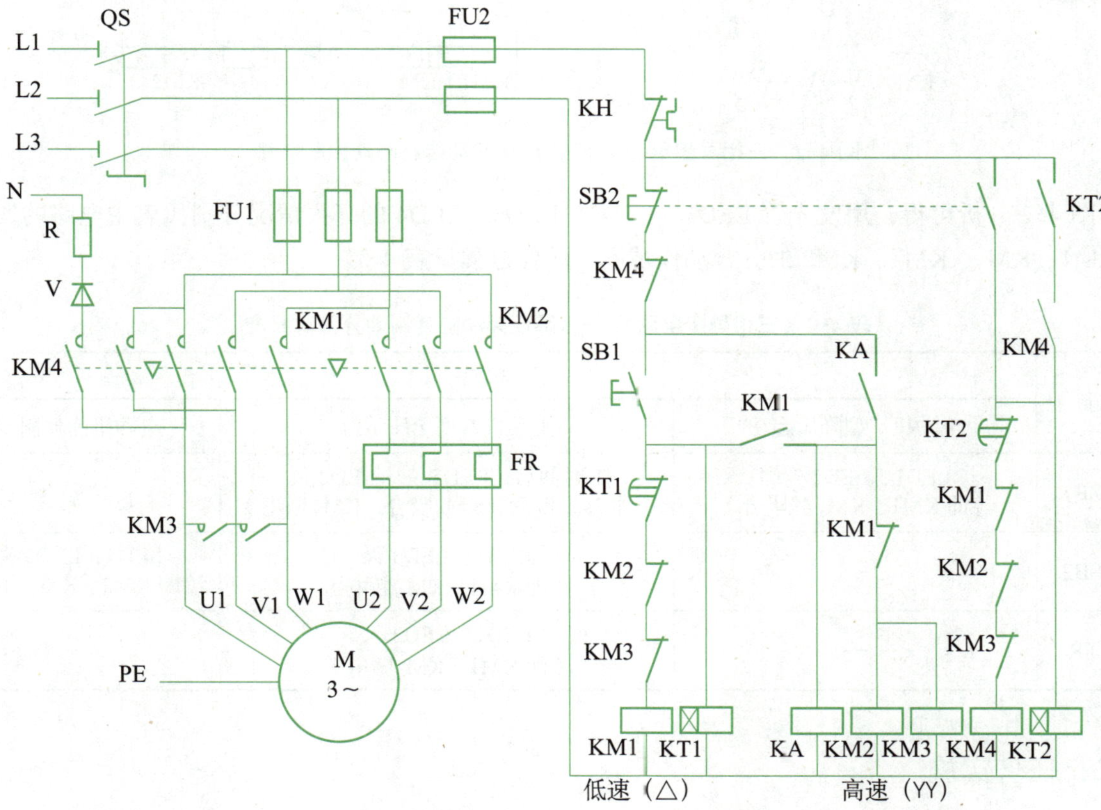

图 4-1　自动变速双速运转能耗制动控制电路

由图 4-1 分析可得，双速电动机的控制电路动作过程如下：

（1）起动：按下 SB1 → KM1 和 KT1 吸合→ KA 吸合→经 KT1 延时→ KM1 失电→ KM2 和 KM3 吸合，就完成了低高速自动转换过程。

（2）停止：按下 SB2→KM2 和 KM3 失电→KM4 和 KT2 吸合→经 KT2 延时→KM4 和 KT2 失电，就完成了制动过程。

2. 三相异步电动机Y–△降压起动能耗制动控制

图 4-2 为三相异步电动机Y–△降压起动能耗制动控制电路，用 PLC 实现该电路的改造设计。

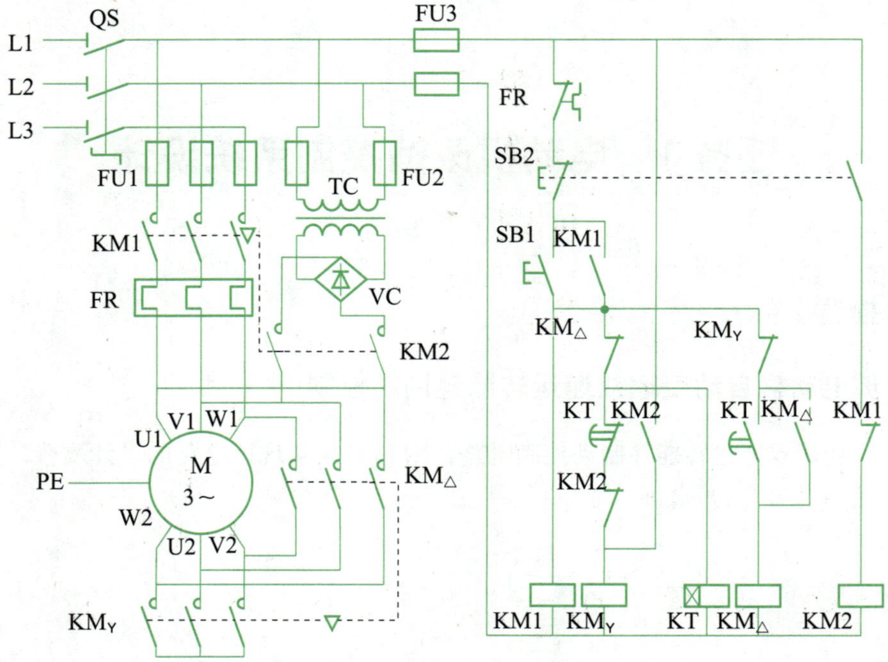

图 4–2　三相异步电动机 Y–△降压起动能耗制动控制电路

由图 4-2 分析可得，用发光管 LED1、LED2、LED3、LED4 的亮灭情况分别代表主电路的四只接触器 KM1、KM_Y、$KM_\triangle$、KM2 的分合动作情况，动作过程见表 4–1。

表 4–1　三相异步电动机Y–△降压起动能耗制动分合对照表

执行	功能		
	电动机Y型降压起动	电动机△型全压运行	电动机能耗制动
操作 SB1	LED1、LED2 先亮（即 KM1、KM_Y 先吸合）	T 时间后，LED3 亮，LED2 灭（即 3s ± 1s 后，$KM_\triangle$吸合，KM_Y 断电）	—
操作 SB2	—	LED1、LED3 灭（即 KM1、$KM_\triangle$断电）	LED4、LED2 亮（即 KM2、KM_Y 吸合）
操作 FR	—	LED1、LED3 灭（即 KM1、$KM_\triangle$断电）	—

二、任务实施

1. 任务分析

步进顺序控制，就是按照生产工艺要求，在输入信号的作用下，根据内部的状态和时间顺序，一步接一步有序地控制生产过程的进行。在实现顺序控制的设备中，输入信号来自现场的按钮开关、行程开关、接触器触点、传感器的开关信号等，输出控制的负载一般是接触器、电磁阀等。通过接触器控制电动机动作或通过电磁阀控制气动、液动装置动作，使生产机械有序地工作。步进顺序控制中，生产过程或生产机械按秩序、有步骤地连续工作。通常，可以把一个较复杂的生产过程分解为若干步，每一步对应生产的一个控制任务（工序），也称为一个状态。

（1）三相异步电动机Y-△降压起动能耗制动控制。

Y-△降压起动能耗制动控制的工作流程为：系统处于初始静止状态时，按下起动按钮，系统转入第一步——星形起动状态，延时一段时间后转入第二步——三角形运行状态，按下停止按钮，系统能耗制动后回到初始状态。从图 4-3 可以看到，每个方框表示一个工序，方框之间用带箭头的直线相连，箭头方向表示工序转移方向。按生产工艺过程，将转移条件写在直线旁边，转移条件满足时，上一步工序完成，下一步工序开始。方框描述了该工序应该完成的控制任务。

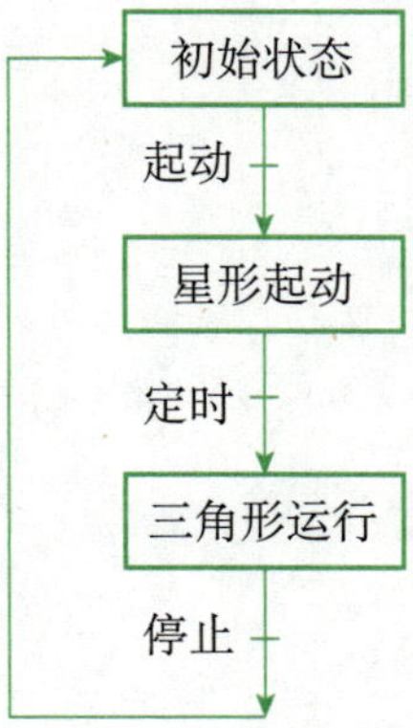

图 4-3 Y-△ 降压起动能耗制动控制流程图

（2）三相异步电动机自动变速双速运转能耗制动控制。

根据动作顺序画出顺序功能图，在绘制时的具体操作要求如下：

1）方向箭头：表示步进点的行进方向。

2）横杠线：表示转移条件。只有满足这个转移条件，才能由当前步转移到下一步。

3）驱动事件：表示在当前的步状态时要执行的功能或动作。

4）原点：在流程图与顺序功能图中以双层方块表示，以示与一般步的区别。

5）步进点在三菱编程软件中用 S 表示。在这里，我们用辅助继电器 M 来实现步进功能。

根据要求画出流程图和顺序功能图，如图 4-4 和图 4-5 所示。

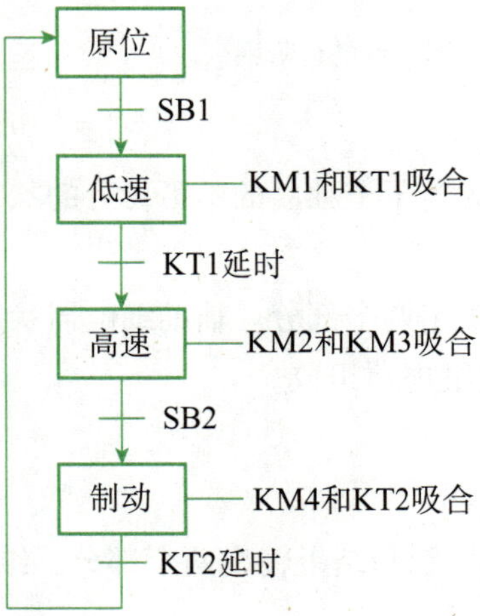

图 4-4 流程图

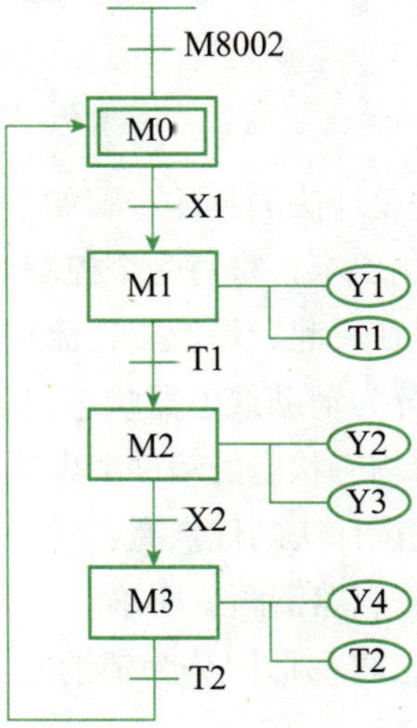

图 4-5 顺序功能图

6）根据顺序功能图设计梯形图。

设计的梯形图如图 4-6 所示，图中没有把 KH 画出来。

（3）步进顺序控制程序设计。

步进顺序控制程序有两种设计方法：辅助继电器步进设计法和顺序功能图步进设计法。辅助继电器步进设计法是一种系统化的设计方法，它有一套完整方法和步骤。它简单易学，设计周期短，规律性强，克服了经验法的试探性和随意性。

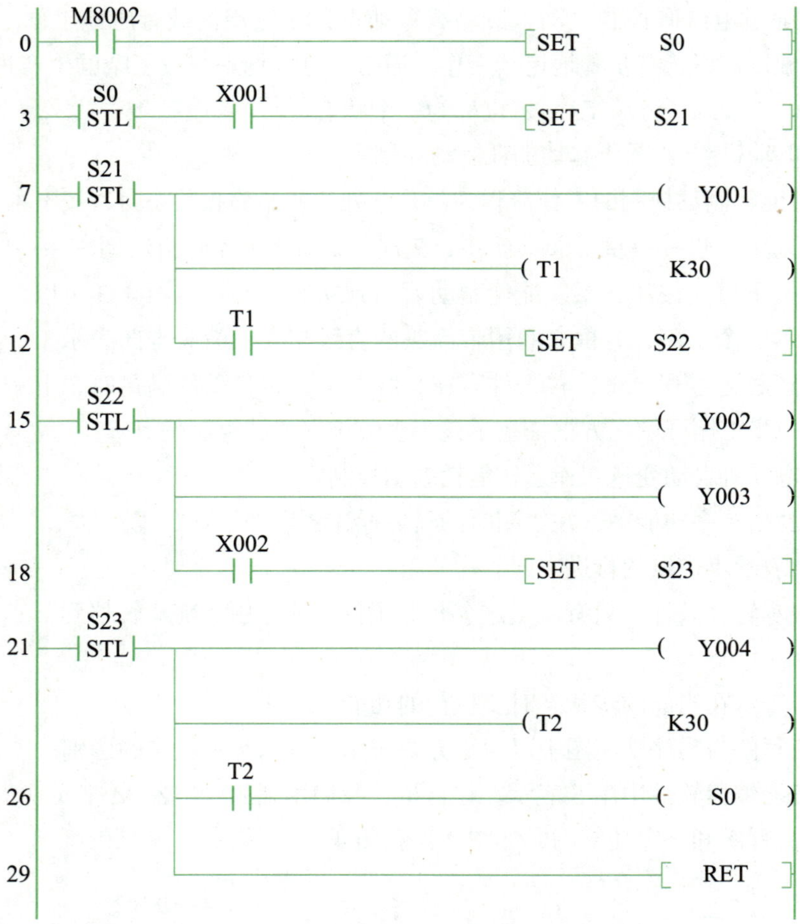

图 4-6　根据顺序功能图设计的梯形图

辅助继电器步进设计法的具体步骤如下：

1）仔细分析控制要求，将每一个控制要求细化为若干个独立的不可再分的状态，按照动作的先后顺序，将状态一一串在一起，形成工作流程。

2）程序的结构分为辅助继电器状态控制和结果输出两个部分。辅助继电器状态控制部分控制状态的顺序，程序输出由相应状态的辅助继电器驱动输出继电器组成。

辅助继电器步进设计法的优点有：

1）系统化设计，思路清晰、明确。

2）结构化设计，将梯形图分为辅助继电器状态控制和结果输出两个部分，结构清楚，层次分明，可读性好。

3）每个状态的梯形图相似，便于检查、修改和调试。

4）简单易学，设计时间短，实用性强。

2. 实施步骤

按任务描述情况，分别完成图 4-1 及图 4-2 电动机改造控制系统设计，具体设计流程如下：

（1）按照控制要求设计 PLC 控制器的输入 / 输出（I/O）地址分配表。

（2）按照控制要求进行 PLC 控制器的输入 / 输出（I/O）接线图的设计。

（3）将编写好的程序录入到 GX Works2 编程软件中，并进行程序的下载及运行。

（4）分别用顺序功能图（SFC）及普通编写方式进行程序编写。

（5）根据任务要求对程序进行模拟调试。

（6）完成课题的任务评价。

任务 2　机械手控制系统设计

一、任务描述

设计一个气动机械手 PLC 控制系统，其工艺流程要求如下：

通过气动机械手的升降、左右移动及抓取释放将物料件从工位 A 搬运到工位 B 。气动机械手简易示意图如图 4-7 所示。该气动机械手的夹钳是通过夹紧 / 松开电磁阀 YV0 的通电来实现的：当夹紧 / 松开电磁阀 YV0 通电并延时 2s 时，夹钳抓取物料件；当夹紧 / 松开电磁阀 YV0 断电并延时 2s 时，夹钳释放物料件。该气动机械手的升降移动是通过上升电磁阀 YV1 和下降电磁阀 YV2 的通电来实现的：当上升电磁阀 YV1 通电后，升降伸缩臂上升，在到达上升限位 SQ1 时（限位开关 SQ1 接通），上升电磁阀 YV1 断电，升降伸缩臂停止上升；当下降电磁阀 YV2 通电后，升降伸缩臂下降，在到达下降限位 SQ2 时（限位开关 SQ2 接通），下降电磁阀 YV2 断电，升降伸缩臂停止下降。该气动机械手的左右移动是通过左移电磁阀 YV3 和右移电磁阀 YV4 的通电来实现的：当左移电磁阀 YV3 通电后，左右伸缩臂左移，在到达左移限位 SQ3 时（限位开关 SQ3 接通），左移电磁阀 YV3 断电，左右伸缩臂停止左移；当右移电磁阀 YV4 通电后，左右伸缩臂右移，在到达右移限位 SQ4 时（限位开关 SQ4 接通），右移电磁阀 YV4 断电，左右伸缩臂停止右移。

通过操作选择开关 SA1 可对该气动机械手的五种操作模式进行选择，即手动操作模式、回原位操作模式、自动单步运行操作模式、自动单周期运行操作模式和自动连续运行操作模式。在进行自动操作前，气动机械手只有回原位才可运行。

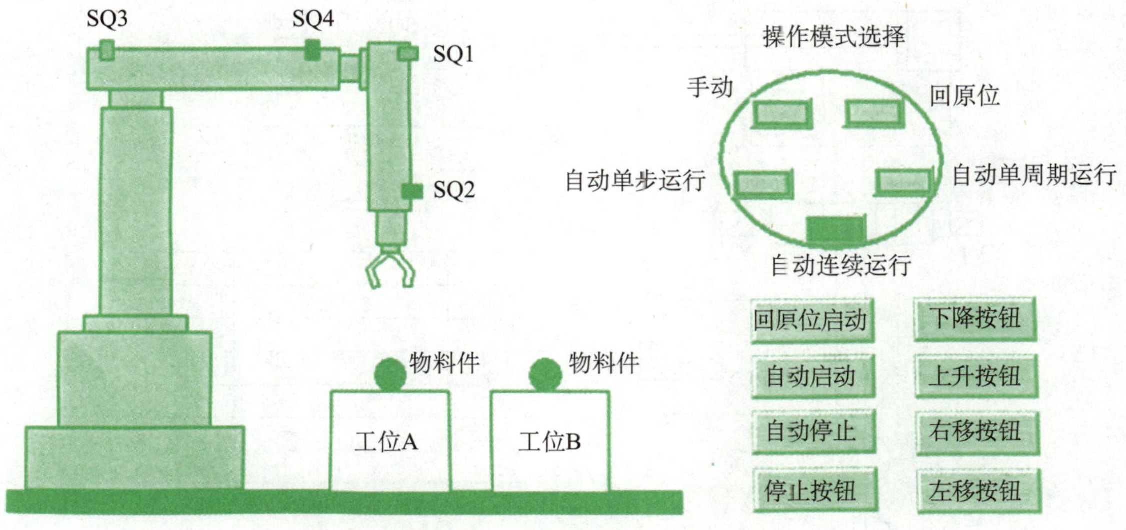

图 4-7　气动机械手简易示意图

二、任务实施

（1）按照控制要求设计 PLC 控制器的输入 / 输出（I/O）地址分配表。

（2）按照控制要求进行 PLC 控制器的输入 / 输出（I/O）接线图的设计。

（3）将编写好的程序录入到 GX Works2 编程软件中，并进行程序的下载及运行。

（4）分别用顺序状态功能图（SFC）及普通编写方式进行程序的编写。

（5）根据任务要求对程序进行模拟调试。

（6）完成课题的任务评价。

任务 3　具有跳跃循环的液压动力滑台的设计

一、任务描述

液压动力滑台的工作循环、油路系统和电磁阀通断表如图 4-8 所示。SQ1 为原位行程开关，SQ2 为工进行程开关。在整个工进过程中，SQ2 一直受压，故采用长挡铁。SQ3 为加工终点行程开关。在设计过程中，假设液压泵电动机已起动，不用进行 I/O 分配。具体控制要求如下：

（1）工作方式设置为自动循环、手动、单周期。

（2）需要电源指示显示，以及工进、快进、快退工作状态指示。

（3）有必要的电气保护和联锁。

（4）自动循环或单周期运行时应按图 4-8 所示的顺序动作。说明如下：按下起动按钮 SB1 后，滑台即从起点开始进入循环，直至压到 SQ3 后滑台自动退回原位；也可按下快退按钮 SB2，使滑台在其他任何位置上立即退回原位。

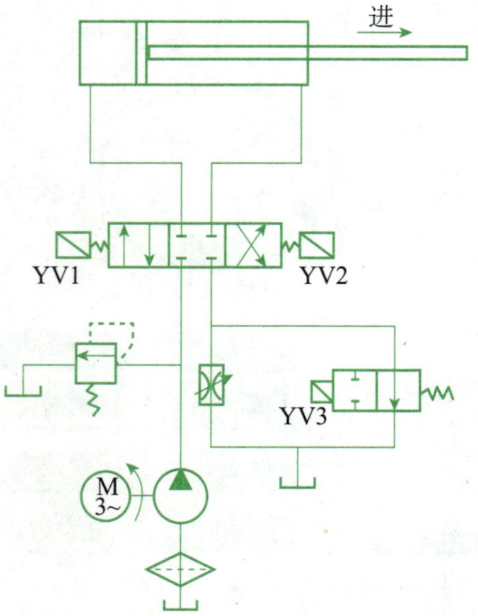

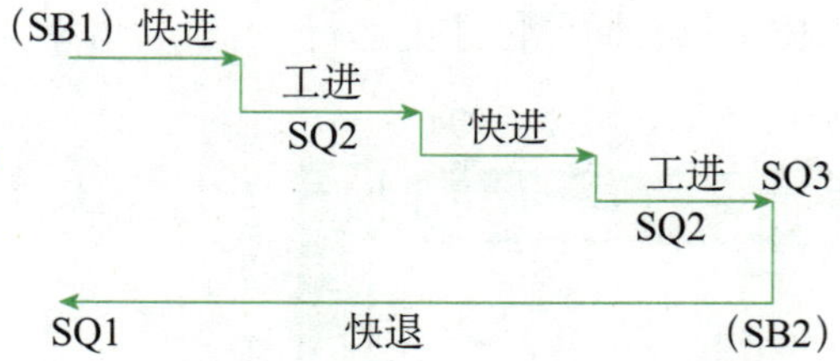

	YV1	YV2	YV3
原位	−	−	−
快进	+	−	−
工进	+	−	+
快进	+	−	−
工进	+	−	+
快退	−	+	−

图 4-8　液压动力滑台运行示意图

二、任务实施

（1）按照控制要求设计 PLC 控制器的输入 / 输出（I/O）地址分配表。
（2）按照控制要求进行 PLC 控制器的输入 / 输出（I/O）接线图的设计。
（3）将编写好的程序录入到 GX Works2 编程软件中，并进行程序的下载及运行。
（4）分别用顺序状态功能图（SFC）及普通编写方式进行程序的编写。
（5）根据任务要求对程序进行模拟调试。
（6）完成课题的任务评价。

任务 4 自控门及运料小车控制系统设计

一、任务描述

1. 自控门控制系统设计

现实生活中，酒店、银行、商场及写字楼等地方自动门随处可见。其工作方式是通过内外两侧的感应开关来感应人的出入。当有人进入或者靠近时，感应传感器给控制器一个输入信号，控制器通过驱动装置开门；让人通过后，再将门关上。具体控制要求如下：

（1）当有人由内到外或由外到内通过传感器探测器 S1 或 S2（如图 4-9 所示）时，开门执行机构 KM1、KM3 动作，电动机正转，到达开门限位开关 S3、S5 位置时，电动机停止运行。

（2）自动门在开门位置停留 8s 后，进入关门过程，关门执行机构 KM2、KM4 起动，电动机反转，当门移动到关门限位开关 S4、S6 位置时，电动机停止运行。

（3）在关门过程中，当有人由外到内或由内到外通过传感器探测器 S2 或 S1 时，应立即停止关门，并自动进入开门程序。

（4）在门打开后的 8s 等待时间内，当人员由外到内或由内到外通过传感器探测器 S2 或 S1 时，必须重新开始等待 8s 后，再自动进入关门过程，以保证人员安全通过。

（5）当自动门处于手动状态时，可通过 S3、S4、S5、S6 限位开关进行相应的开门或关门控制。

（6）按下起动按钮 SB1 时，自动门开始运行，绿色指示灯亮；按下按钮 SB2 时，自动门停止运行，红色指示灯亮。

注：第（1）点解释：按下停止按钮，自动门进入关门过程。第（5）点解释：为了便于维护，自动门应具有手动和自动两种工作方式。

2. 运料小车控制系统设计

在自动化生产线上经常使用运料小车，如图 4-10 所示，货物通过运料小车 M 从 A 地运到 B 地，在 B 地卸货后运料小车 M 再从 B 地返回 A 地待命。本任务用 PLC 来控制运料小车的工作。假设运料小车开始停在左侧限位开关 SQ2 处，按下起动按钮，装料电动机状态变为 ON，打开储料斗的闸门，开始装料，3s 后关闭贮料斗的闸门，运料小车右行，碰到限位开关 SQ1 后停下来卸料，卸料电动机状态变为 ON，2s 后卸料停止，运料小车左行，碰到限位开关 SQ2 后返回初始状态，停止运行。

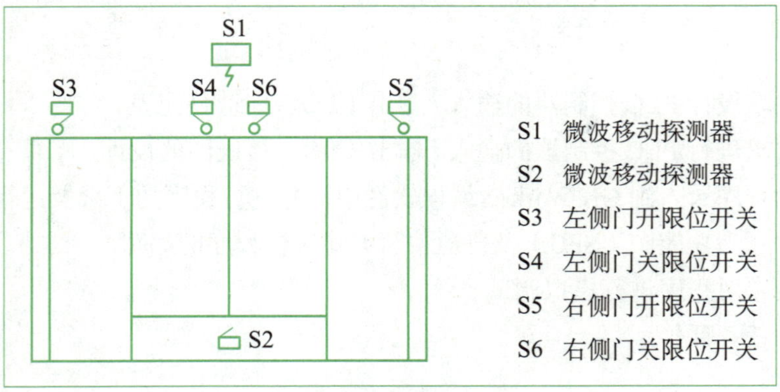

图 4-9 自控门结构示意图

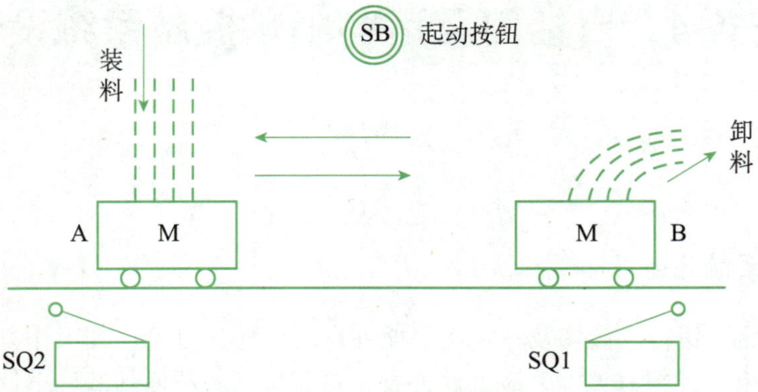

图 4-10 运料小车示意图

二、任务实施

按任务描述情况，分别完成自控门及运料小车控制系统设计，在制定控制系统的方案时，充分考虑工程的组成及实现，主要从机械部件的动作顺序、动作条件、必要的保护和联锁、系统工作方式（如手动、自动、半自动）和安全保护措施及紧急情况处理等着手设计。

（1）按照控制要求设计 PLC 控制器的输入 / 输出（I/O）地址分配表。

（2）按照控制要求进行 PLC 控制器的输入 / 输出（I/O）接线图的设计。

（3）将编写好的程序录入到 GX Works2 编程软件中，并进行程序的下载及运行。

（4）分别用顺序功能图（SFC）及普通编写方式进行程序的编写。

（5）根据任务要求对程序进行模拟调试。

（6）完成课题的任务评价。

任务 5 大小球分选传送机械控制系统设计

一、任务描述

某机械手用来分选钢质大球和小球，系统运行原理如图 4-11 所示，具体控制要求如下：

（1）机械手最开始处于原点位置，即左限、上限位置且有原点显示。

（2）起、停按钮分别控制机械手的运转，其中停止按钮按下后系统需要恢复至原点。

（3）起动后，机械臂动作顺序为：下行→吸球→上行至上限→右行至右限→下行→放球→上行至上限→左行至原点。

（4）右限位置有大球右限和小球右限。下行吸球时，若吸住的是大球，下限开关 LS2 断开（=“0”）；吸住小球时，下限开关 LS2 接通（=“1”）。

（5）控制系统停止有 3 种情况：

1）若接近开关 PSO 检测到球槽内无球，则系统停止运行；

2）若停止按钮 SB2 按下，则运行完此次循环后系统停止运行且恢复至原点；

3）若急停按钮 SB3 按下，则不论系统处于哪一位置都立刻停止运行。

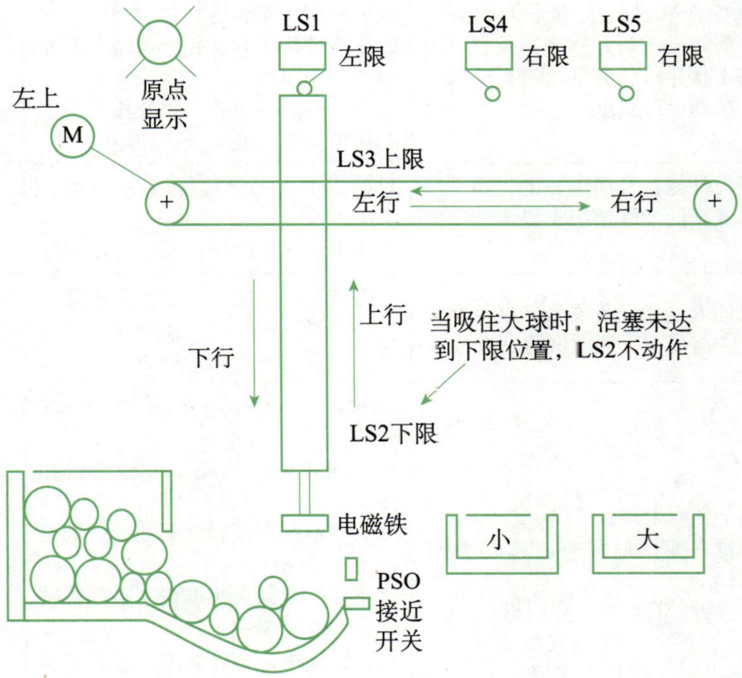

图 4-11　系统运行原理示意图

二、任务实施

按任务描述情况，完成大小球分选传送机械控制系统设计，按如下步骤实施任务：

（1）按照控制要求设计 PLC 控制器的输入 / 输出（I/O）地址分配表。

（2）按照控制要求进行 PLC 控制器的输入 / 输出（I/O）接线图的设计。

（3）将编写好的程序录入到 GX Works2 编程软件中，并进行程序的下载及运行。

（4）分别用顺序功能图（SFC）及普通编写方式进行程序的编写。

（5）根据任务要求对程序进行模拟调试。

（6）完成课题的任务评价。

项目评价

项目 4 评分表见表 4-2。

表 4-2　项目 4 评分表

序号	主要内容	考核要求	评分标准	配分	扣分	得分
1	电路及程序设计	根据任务要求列出 PLC 输入 / 输出（I/O）地址分配表输入 / 输出（I/O）口的接线图；根据控制要求设计 PLC 梯形图程序	1. PLC 输入 / 输出（I/O）地址遗漏或错误，每处扣 5 分； 2. PLC 输入 / 输出（I/O）接线图设计不全或有错误，每处扣 5 分； 3. 梯形图不正确或画法不规范，每处扣 5 分	40		
2	程序输入及调试	熟练操作软件及实训平台相关设备，能正确进行程序录入及程序下载和上传；按任务要求进行模拟调试，达到设计要求	1. 不会使用 GX Works2 软件操作或者使用不够熟练，扣 10 分； 2. 不会使用平台按钮、电源及指示灯，扣 10 分； 3. 指令输入不正确，每处扣 5 分； 4. 模拟调试功能不全，扣 10 分	30		
3	回答问题	根据设计题目及所编写的程序，结合本课题的实际情况，提出相应的问题	1. 提出 1～2 个问题，每错一处扣 5 分； 2. 提出一些新的建议及想法加 5 分	10		
4	课题试验检验	在保证人身和设备安全，以及操作规范的前提下，通电试验一次成功	1. 操作调试不规范，每次扣 5 分。 2. 一次调试不成功，扣 10 分； 二次调试不成功，扣 20 分	20		
5	6S 管理制度	1. 安全文明生产； 2. 自觉在实训过程中融入 6S 管理理念； 3. 有组织，有纪律，守时诚信	1. 违反安全文明生产规范，扣 5～40 分； 2. 乱线敷设，加扣不安全分，扣 10 分； 3. 工位不整理或整理不到位，酌情扣 10～20 分； 4. 随意走动，无所事事，不刻苦钻研，酌情扣 5～10 分； 5. 不思进取，无理取闹，违反安全操作规程，取消实训资格，当天实训课题得 0 分	倒扣		
6	课堂异常情况记录					
备注			合计	100		
额定时间	120 分钟	开始时间	结束时间	考评员或任课教师签字	年　月　日	

知识链接

一、经验设计法介绍

经验设计法类似于传统的继电器电路设计方法，对具有继电器电路设计与安装基础的电气工作人员较适用。我们已在前面学习了继电器电路。经验设计法有两种情况：一是原来已有继电器电路，现把它改为 PLC 控制，属于改装，所以可以把它看成翻译法；二是原来没有继电器电路，一般先形成继电器电路，再改为梯形图，所以对复杂电路或者控制对象较复杂的情况，使用比较不方便，对一般改装比较适用。现在以本课题为例说明该方法。

（1）熟悉被控制设备的加工工艺与机械动作过程，根据继电器电路图分析和掌握控制系统的工作原理。

前文图 4-1 是自动变速双速运转能耗制动控制电路。其工作原理可以自行分析。

（2）确定 PLC 的输入信号和输出负载。

在继电器电路图中，交流接触器和电磁阀等执行机构用 PLC 的输出继电器来驱动控制，它们的线圈接在 PLC 的输出端，称为 PLC 的输出负载。在本课题中，PLC 的输出负载为 KM1、KM2、KM3、KM4。按钮、控制开关、限位开关、接近开关等用来给 PLC 提供控制命令和反馈信号，它们接在 PLC 的输入端，称为 PLC 的输入信号。在本课题中，输入信号为 SB1、SB2、KH。

需要说明的是：继电器电路中的中间继电器和时间继电器的功能是用 PLC 内部的辅助继电器和定时器来完成的，与 PLC 有输入继电器和输出继电器无关。如果在继电器电路中中间继电器要驱动主电路，如驱动电磁阀，就可以作为 PLC 的输出负载。在本课题中没有。另外，由于 PLC 内部的定时器只有延时触点，实际的继电器电路有瞬时触点，因此要用 PLC 实现定时器的瞬时触点功能，只能通过辅助继电器来解决。KH 可以接在输入端，也可以接在输出端。

（3）写出 PLC 的输入 / 输出地址分配表。

在绘制 PLC 的外部接线图前，一般先要确定 PLC 的各输入信号和输出负载对应的输入继电器和输出继电器的元件号，通常把这个工作称为写出 PLC 的地址分配表（I/O 分配表）。

（4）绘制 PLC 接线图。

PLC 接线图也称为输入 / 输出接口图或 I/O 接口图，能明确标出 PLC 各输入 / 输出点与外部元件的连线状况，是进行 PLC 线路连接的依据。接线图在前面已学过，这里可以自己绘制。

（5）设计梯形图。

根据继电器电路图设计 PLC 梯形图。把继电器电路图转变成 PLC 梯形图，应按梯形图的规则进行，线圈应在最右边。

二、状态转移图及步进顺控指令介绍

很多设备的动作都具有一定的顺序，如流水线、物件的搬运等，都是一步接着一步进行的。针对这些类似工序步进动作的控制，可以用顺序功能图的方法来解决，在 PLC 软件中有专门的顺序功能图（SFC）和步进指令。

1. 流程图

首先，分析电动机循环正反转控制，其控制要求为：电动机正转 3s，暂停 2s，反转 3s，暂停 2s，如此循环 5 个周期，然后自动停止。运行中，可按停止按钮停止，热继电器动作也应停止。

从上述的控制要求中，可以知道：电动机循环正反转控制实际上是一个顺序控制，整个控制过程可分为 6 个工序（也叫阶段），即复位、正转、暂停、反转、暂停、计数；每个阶段又分别完成如下工作（也叫动作），即初始复位、停止复位、热保护复位，正转、延时，暂停、延时，反转、延时，暂停、延时，计数；各个阶段之间只要条件成立就可以过渡（也叫转移）到下一阶段。因此，可以很容易地画出电动机循环正反转控制的工作流程图，如图 4-12 所示。

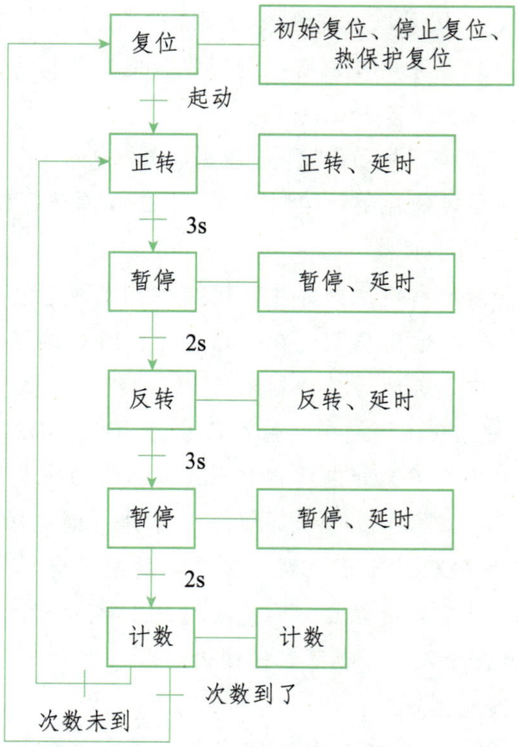

图 4-12　工作流程图

2. 状态转移图

（1）状态转移图的设计思想。

在课题设计过程中，一是将流程图中的每一个工序（或阶段）用 PLC 的一个状态继电器来替代；二是将流程图中的每个阶段要完成的工作（或动作）用 PLC 的线圈指令或功能指令来替代；三是将流程图中各个阶段之间的转移条件用 PLC 的触点或电路块来替代；四是流程图中的箭头方向就是 PLC 状态转移图中的转移方向。

（2）设计状态转移图的方法和步骤。

1）将整个控制过程按任务要求进行分解，其中的每一个工序都对应一个状态（即步），并分配状态继电器。电动机循环正反转控制的状态继电器的分配如下：

复位→ S0，正转→ S20，暂停→ S21，反转→ S22，暂停→ S23，计数→ S24

2）弄清楚每个状态的功能、作用。状态的功能是通过 PLC 驱动各种负载来完成的，负载既可由状态元件直接驱动，也可由其他软触点的逻辑组合驱动。

3）找出每个状态的转移条件和方向，即在什么条件下将下一个状态“激活”。状态的转移条件既可以是单一的触点，也可以是多个触点的串、并联电路的组合。

4）根据控制要求或工艺要求，画出状态转移图。

（3）状态转移图的特点。

1）可以将复杂的控制任务或控制过程分解成若干个状态。

2）相对于某一个具体的状态来说，控制任务简单，给局部程序的编制带来了方便。

3）整体程序是局部程序的综合，只要搞清楚各状态需要完成的动作、状态转移的条件和转移的方向，就可以进行状态转移图的设计。

4）这种图形很容易理解，可读性很强，能清楚地反映全部控制的工艺过程。

根据要求可以画出如图 4-13 所示的状态转移图。

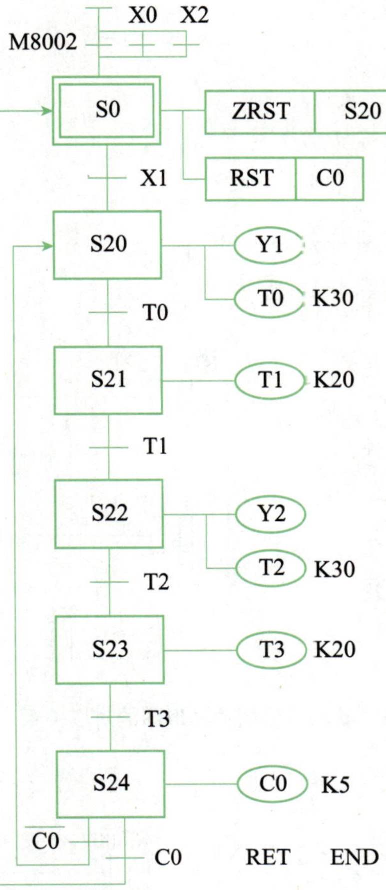

图 4-13　电动机循环正反转控制的状态转移图

3. 状态继电器

FX 系列 PLC 共有 1 000 个状态寄存器，其编号及用途见表 4-3。

表 4-3　FX 系列 PLC 的状态继电器

类 别	元件编号	个 数	用 途 及 特 点
初始状态	S0 ~ S9	10	用作 SFC 的初始状态
返回状态	S10 ~ S19	10	多运行模式控制中，用作返回原点的状态
一般状态	S20 ~ S499	480	用作 SFC 的中间状态
掉电保持状态	S50 ~ S899	400	具有停电保持功能，用于停电恢复后需要继续执行的场合
信号报警状态	S900 ~ S999	100	用作报警元件使用

说明：（1）状态的编号必须在规定的范围内选用。

（2）各状态元件的触点在 PLC 内部可以无数次使用。

（3）不使用步进指令时，状态元件可以作为辅助继电器使用。

（4）通过参数设置，可以改变一般状态元件和掉电保持状态元件的地址分配。

4. 步进顺控指令

FX 系列 PLC 的步进顺控指令有两条：一是步进触点（也叫步进开始）指令 STL，二是步进返回（也叫步进结束）指令 RET。

（1）STL 指令。

STL 指令用于“激活”某个状态，其梯形图符号为—[ ]—。

（2）RET 指令。

RET 指令用于返回主母线，其梯形图符号为—[RET]。

状态转移图和梯形图的对应关系如图 4-14 所示。

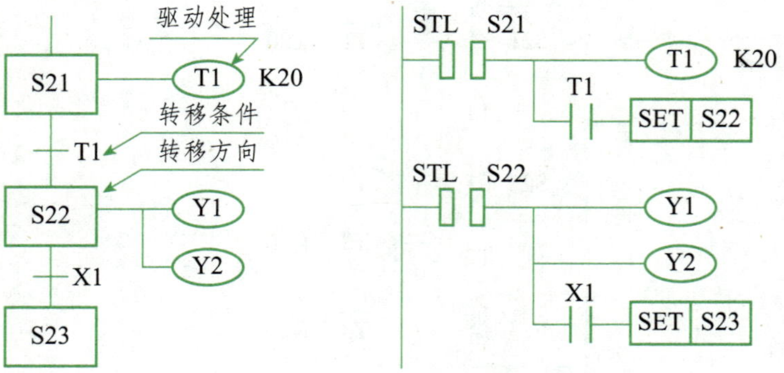

图 4-14 状态转移图和梯形图的对应关系

旋转工作台的状态转移图和梯形图如图 4-15 所示。

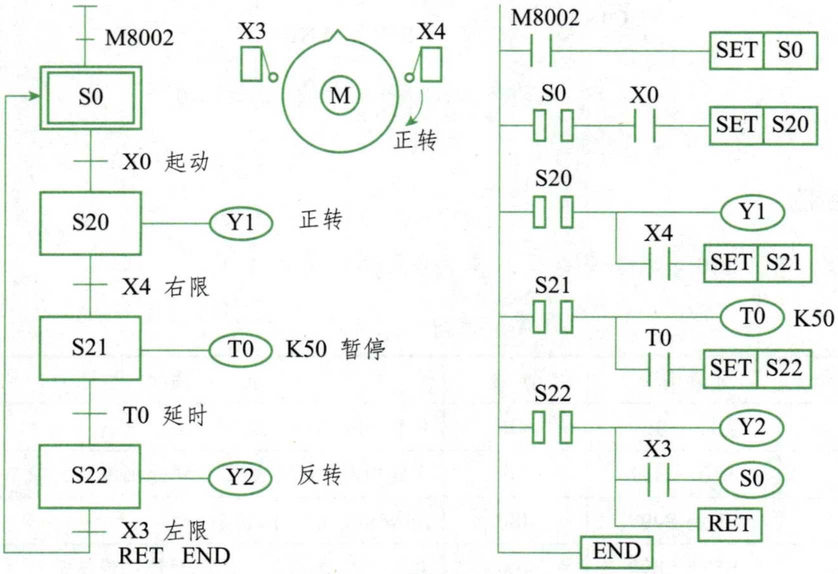

图 4-15 旋转工作台的状态转移图和梯形图

5. 状态转移图的编程方法

（1）状态的三要素。

状态转移图中的状态有驱动负载、转移目标和转移条件三个要素。如图 4-16 所示，Y5 为驱动负载，S21 为转移目标，X3 为转移条件。

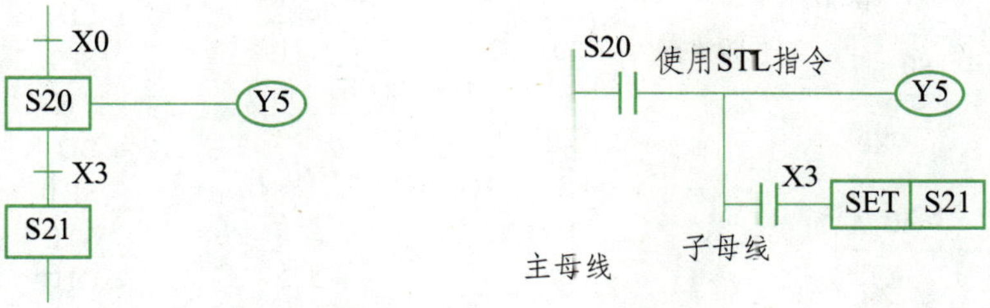

图 4-16　状态的三要素

（2）状态转移图的编程方法。

步进顺控的编程原则：先进行负载驱动处理，然后进行状态转移处理。状态转移图的指令表如图 4-17 所示。

STL	S20	使用STL指令
OUT	Y5	负载驱动处理
LD	X3	转移条件
SET	X21	转移处理

图 4-17　状态转移图的指令表

（3）注意事项。

1）程序执行完某一步要进入下一步时，要用 SET 指令进行状态转移，激活下一步，并把前一步复位。

2）状态不连续转移时，用 OUT 指令。非连续状态流程图如图 4-18 所示。

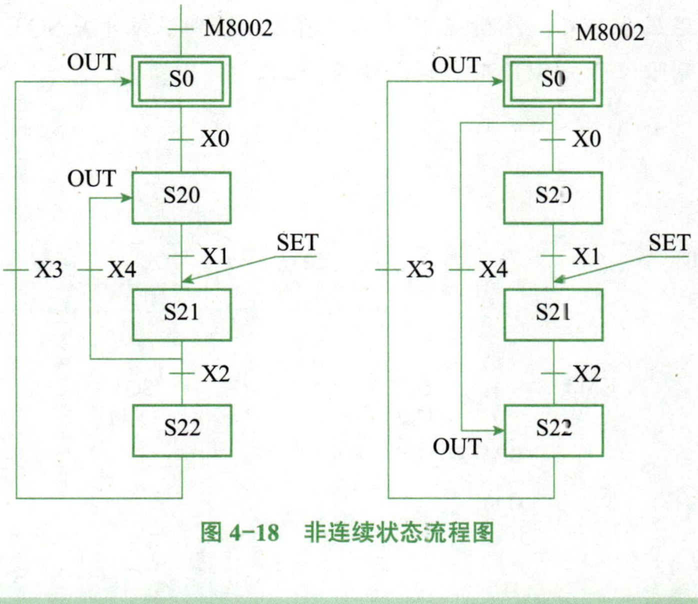

图 4-18　非连续状态流程图

【例 1】液压工作台的步进指令编程元素包括状态转移图、梯形图、指令表，如图 4-19 所示。

指令	元件
LD	M8002
SET	S0
STL	S0
LD	X0
SET	S20
STL	S20
OUT	Y0
OUT	Y2
LD	X1
SET	S21
STL	S21
OUT	Y0
LD	X2
SET	S22
STL	S22
OUT	Y1
LD	X3
OUT	S0
RET	
END	

图 4-19　状态转移图、梯形图、指令表

【例 2】运料小车两地卸料控制线路如图 4-20 所示，单个工作周期的控制工艺要求如下：

（1）按下起动按钮 SB，运料小车前进，碰到限位开关 SQ1 停 5s 后，运料小车后退；

（2）运料小车后退压合 SQ2，停 5s 后，第二次前进，碰到限位开关 SQ3，再次后退；

（3）后退再次碰到限位开关 SQ2 时，运料小车停止。

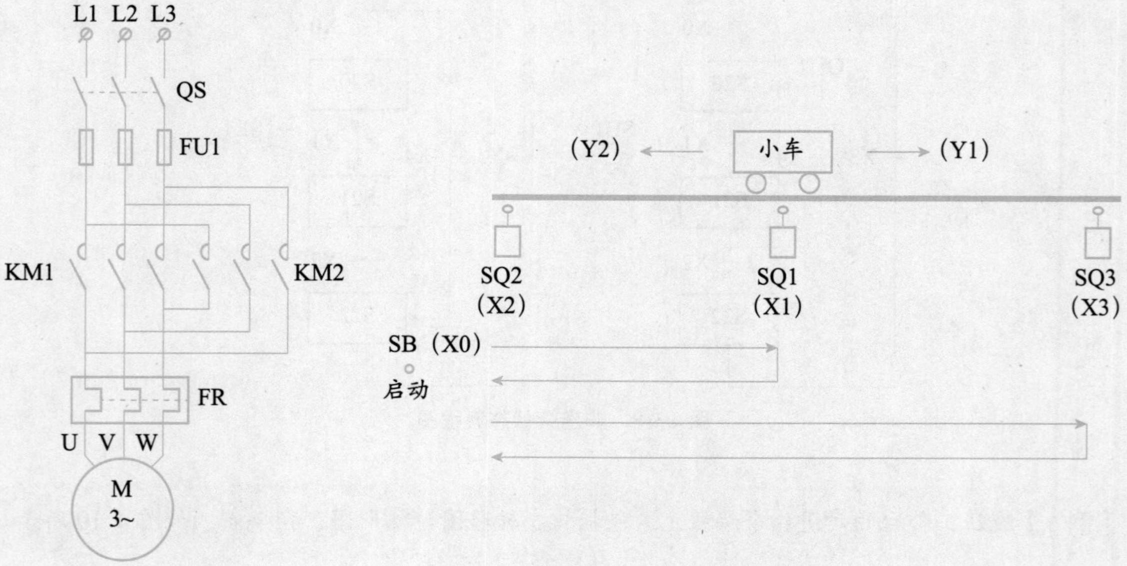

图 4-20　运料小车两地卸料控制线路及要求

解：（1）PLC 接线图：

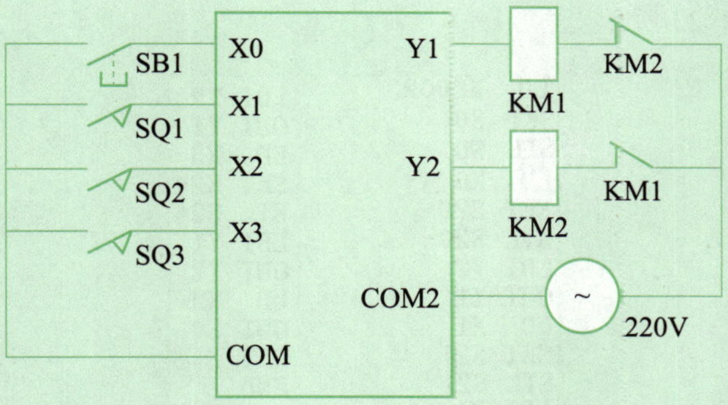

（2）将整个过程按任务要求分解为各状态，并分配状态元件：

初始状态 S0 →前进→ S20 →后退 S21 →延时 5s S22 →再前进 S23 →再后退 S24

注意：S20 与 S23、S21 与 S24 虽然功能相同，但是处于不同状态，故编号也不同。

（3）每个状态的功能、作用：

S0：PLC 上电做好工作准备；

S20：前进（输出 Y1，驱动电动机 M 正转）；

S21：后退（输出 Y2，驱动电动机 M 反转）；

S22：延时 5s（定时器 T0，设定为 5s，延时到 T0 动作）；

S23：同 S20；

S24：同 S21。

说明：各状态的输出可由状态元件直接驱动，也可由其他软元件触点的逻辑组合间接驱动，如图 4-21 所示。

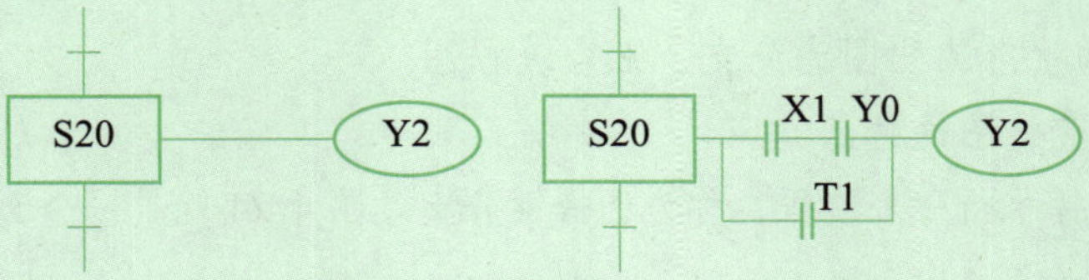

图 4-21　状态元件直接驱动和间接驱动

（4）状态转移图及梯形图（如图 4-22 所示）。

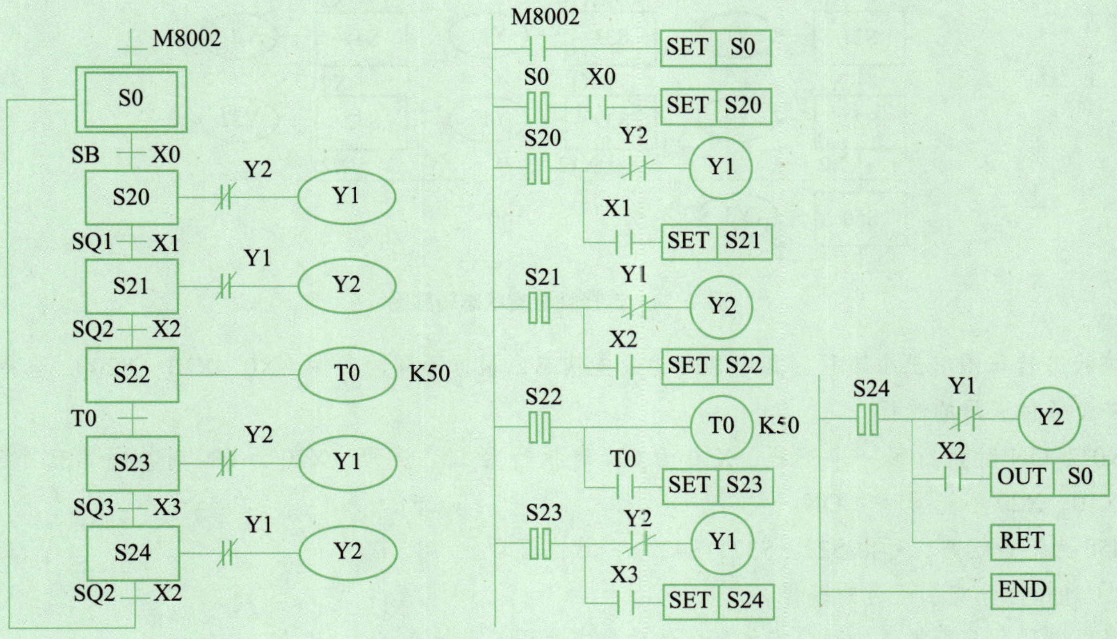

图 4-22　状态转移图及梯形图

（5）指令表（如图 4-23 所示）。

```
LD   M8002
SET  S0
STL  S0
LD   X0
SET  S20
STL  S20
LDI  Y2
OUT  Y1
LD   X1
SET  S21
STL  S21
LDI  Y1
OUT  Y2
LD   X2
SET  S22
STL  S22
OUT  T0
     K50
LD   T0
SET  S23
STL  S23
LDI  Y2
OUT  Y1
LD   X3
SET  S24
STL  S24
LDI  Y1
OUT  Y2
LD   X2
OUT  S0
RET
END
```

图 4-23　指令表

6. 分支序列结构

分支可分为选择性分支和并行性分支。选择序列结构：从多个流程中按条件选择执行其中一个流程。并行分支结构：多个流程分支可同时执行的分支流程称为并行性分支。

（1）选择性分支的状态转移图。

存在多种工作顺序的状态流程图为分支、汇合流程图。

1）选择性分支状态转移图的特点。

从多个流程顺序中选择执行一个流程，称为选择性分支。图 4-24 就是一个选择性分支的状态转移图。

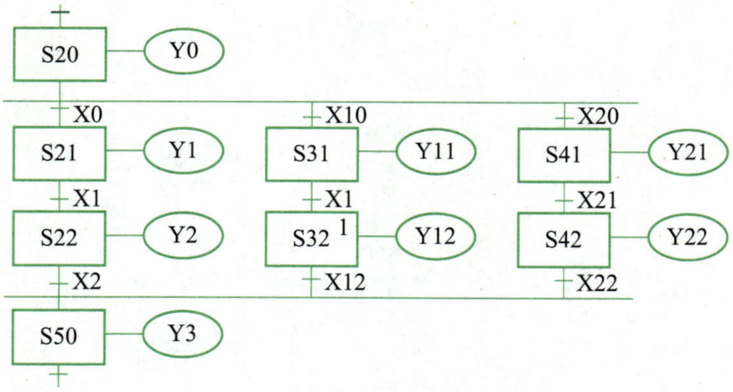

图 4-24　选择性分支状态转移图

该状态转移图有三个流程，其中 S20 为分支状态，根据不同的条件（X0、X10、X20），选择执行其中一个条件满足的流程。

X0 为 ON 时执行第一个流程，X10 为 ON 时执行第二个流程，X20 为 ON 时执行第三个流程。X0、X10、X20 不能同时为 ON。

S50 为汇合状态，可由 S22、S32、S42 任一状态驱动。

2）选择性分支、汇合的编程。

编程原则是首先集中处理分支状态，然后集中处理汇合状态。

编程方法是先进行分支状态的驱动处理，再依顺序进行转移处理；进行汇合时，将每条分支的最后状态进行汇合处理。选择性分支指令如图 4-25 所示。

```
分支转移
STL   S20
OUT   Y0
LD    X0
SET   S21
LD    X10
SET   S31
LD    X20
SET   S41

第一条分支
STL   S21
OUT   Y1
LD    X1
SET   S22
STL   S22
OUT   Y2

第二条分支
STL   S31
OUT   Y11
LD    X1
SET   S32
STL   S32
OUT   Y12

第三条分支
STL   S41
OUT   Y21
LD    X21
SET   S42
STL   S42
OUT   Y22

三条分支汇合
STL   S22
LD    X2
SET   S50
STL   S32
LD    X12
SET   S50
STL   S42
LD    X22
SET   S50
STL   S50
OUT   Y3
```

图 4-25 选择性分支指令

（2）并行性分支、汇合的编程。

多个流程分支可同时执行的分支流程称为并行性分支，如图 4-26 所示。

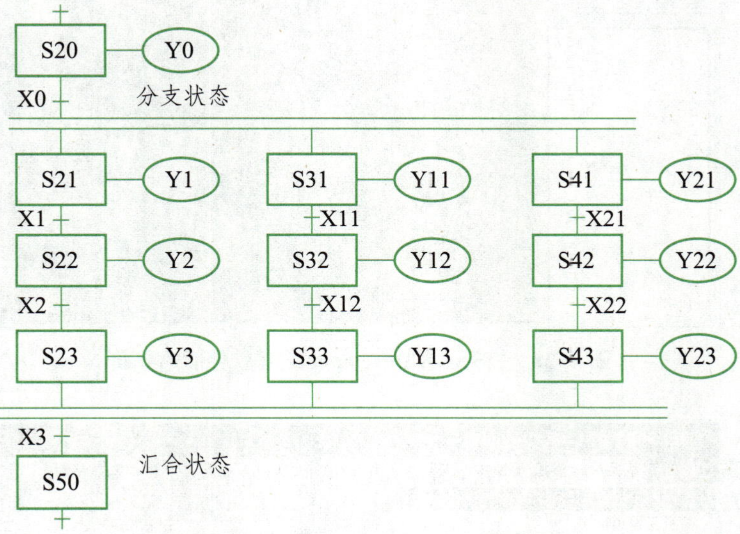

图 4-26 并行性分支状态转移图

并行性分支的编程原则是首先集中进行并行性分支的转移处理，然后处理每条分支的内容，最后集中进行汇合处理。并行性分支指令如图 4-27 所示。

```
分支转移
STL   S20
OUT   Y0
LD    X0
SET   S21
SET   S31
SET   S41

第一条分支
STL   S21
OUT   Y1
LD    X1
SET   S22
STL   S22
OUT   Y2
LD    X2
SET   S23
STL   S23
OUT   Y3

第二条分支
STL   S31
OUT   Y11
LD    X1
SET   S32
STL   S32
OUT   Y12
LD    X12
SET   S33
STL   S33
OUT   Y14

第三条分支
STL   S41
OUT   Y21
LD    X21
SET   S42
STL   S42
OUT   Y22
LD    X22
SET   S43
STL   S43
OUT   Y23

三条分支汇合
STL   S22
STL   S32
STL   S42
LD    X3
SET   S50
STL   S50
OUT   Y3
```

图 4-27 并行性分支指令

三、直接用顺序功能图（SFC）编写程序

先根据工程控制功能要求画出顺序功能图，然后按顺序功能图编写出相应的梯形图，再输入 PLC 进行调试运行，这是一种编程方法。另一种方法是直接用编程软件中的 SFC 功能进行编程。这里介绍用 GX Developer 编程软件中的 SFC 功能编辑顺序功能图。

用 GX Developer 编程软件中的 SFC 功能编辑顺序功能图的步骤如下：

（1）打开软件，出现如图 4-28 所示的界面。

（2）单击“工程”→“创建新工程”，如图 4-29 所示。

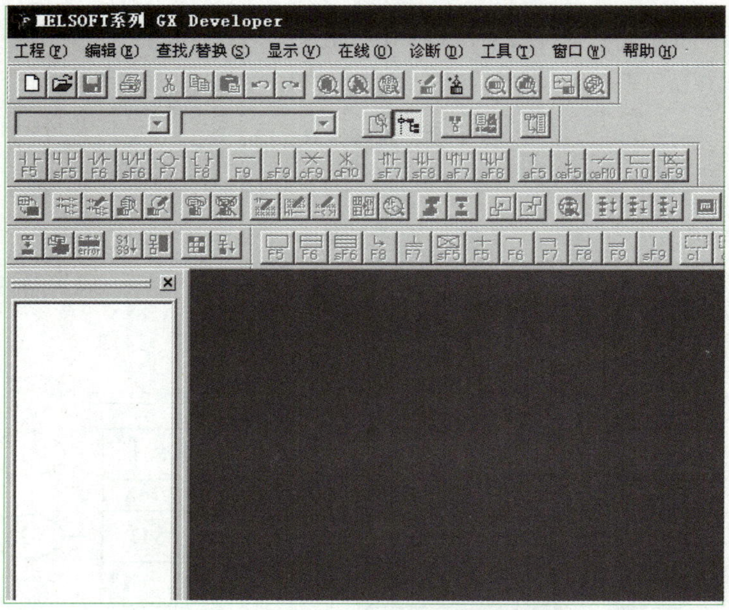

图 4-28　打开 GX Developer 编程软件后的界面

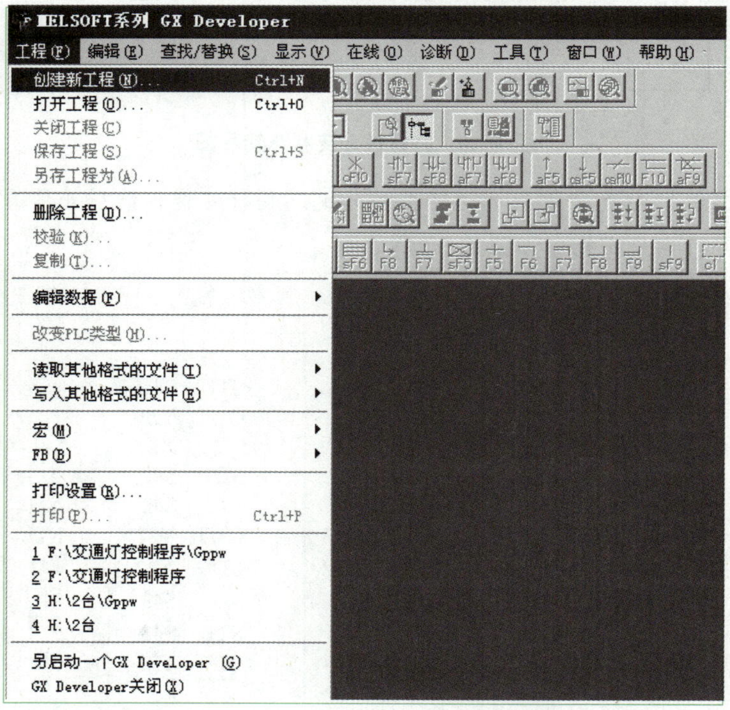

图 4-29　单击“工程”→“创建新工程”

（3）单击“创建新工程”后，出现如图 4-30 所示的对话框。

（4）在程序类型栏中，选中“SFC”，在“设置工程名”前打勾，在工程名的空格中填写为工程取的名称，如图 4-31 所示。

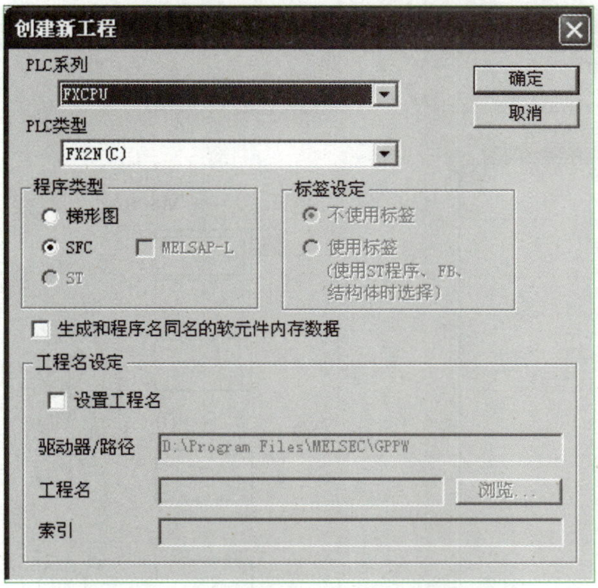

图 4-30　“创建新工程”对话框

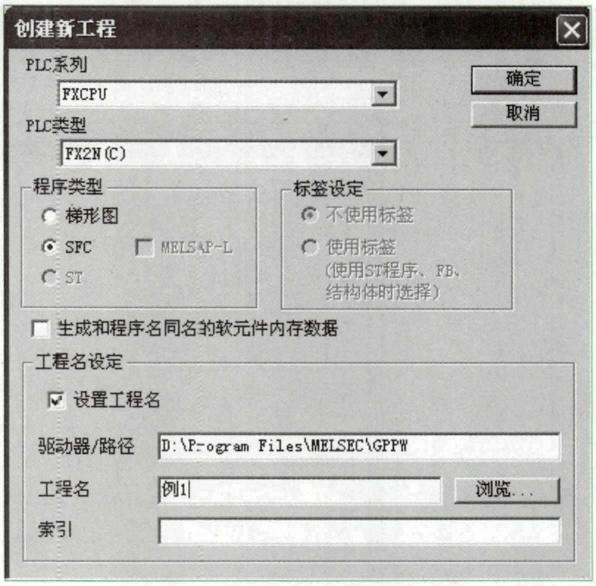

图 4-31　填入工程名称

（5）单击“确定”按钮，出现如图 4-32 所示的对话框。

图 4-32　对话框

（6）单击“是”按钮，出现如图 4-33（a）所示的表格。

这是一份有关块信息的表格。在进行 SFC 编程时，块分为两种类型，一种是梯形图块，另一种是 SFC 块。所谓梯形图块，是指不属于步状态、游离在整个步结构之外的梯形图部分，如起始、结束、单独关停及其他有专门要求的内容，这些内容无法编到 SFC 块中，只能单独处理。而 SFC 块指的是步与步相连的顺序功能图。一个完整的顺序功能图都由两个部分组成，即梯形图块和 SFC 块。两种编程块的数量根据程序的具体情况而定，分别编写。编写前要对每一块进行定义，编写完成后要对每一块进行“转换”。“转换”后的每一块自动组合成一个完整的程序。

（7）下面以图 4-33（b）所示的简单顺序功能图为例，说明块的定义与具体的编写过程。

1）定义梯形图块。要将图 4-33（b）所示的顺序功能图进行 SFC 软件编辑，第一步必须有一条梯形图语句，如图 4-34 所示。它是梯形图块，不属于 SFC，所以要单独作为一个块来处理。

具体方法是在图 4-35 所示的表格中，专门把它作为一个块来处理。如图 4-35 所示，双击 No 列下的“0”出现一个对话框，对话框内写入块标题，如“起始步”，然后选中“梯形图块”，再单击“执行”按钮。

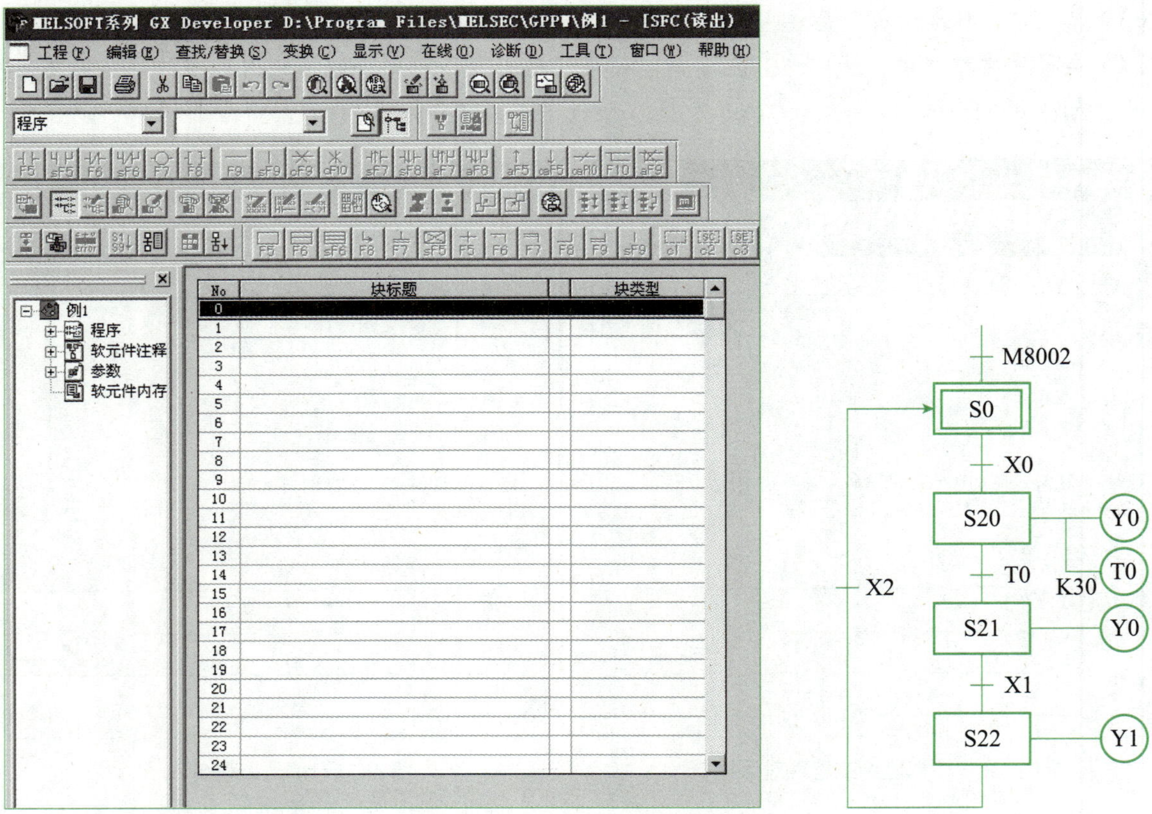

（a）块信息列表　　（b）SFC状态图

图 4-33　案例说明分析

图 4-34　起始语句

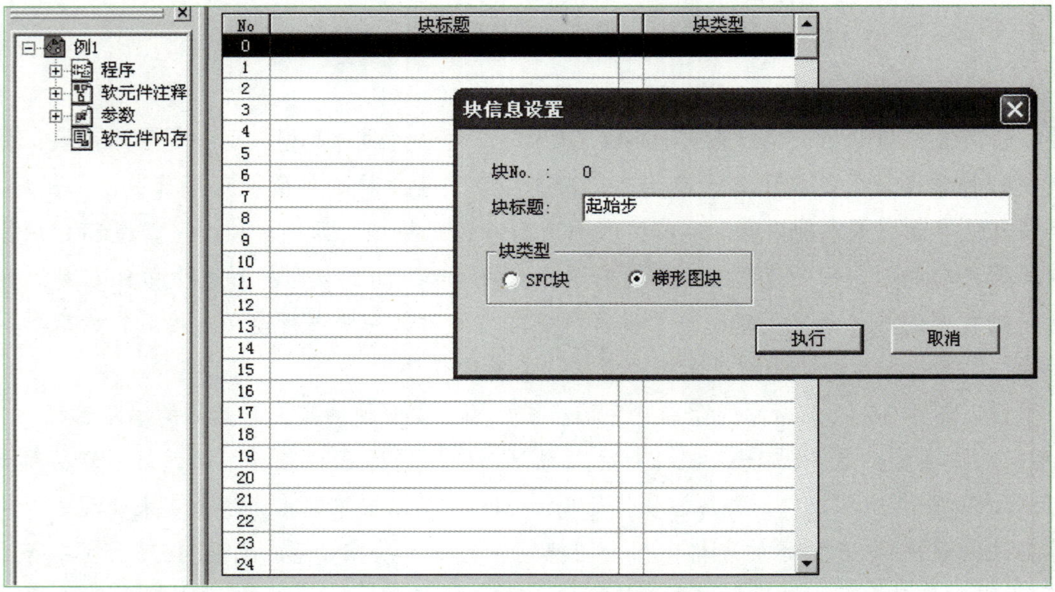

图 4-35　设置梯形图块

单击“执行”按钮后，出现如图 4-36 所示的界面。

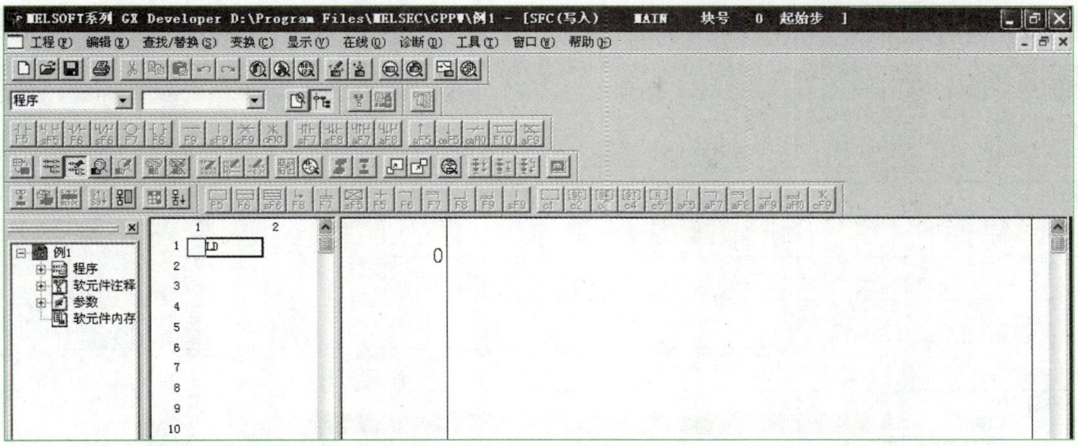

图 4-36　梯形图块编辑界面

按梯形图的画法，在右框处写入语句，如图 4-37 所示。

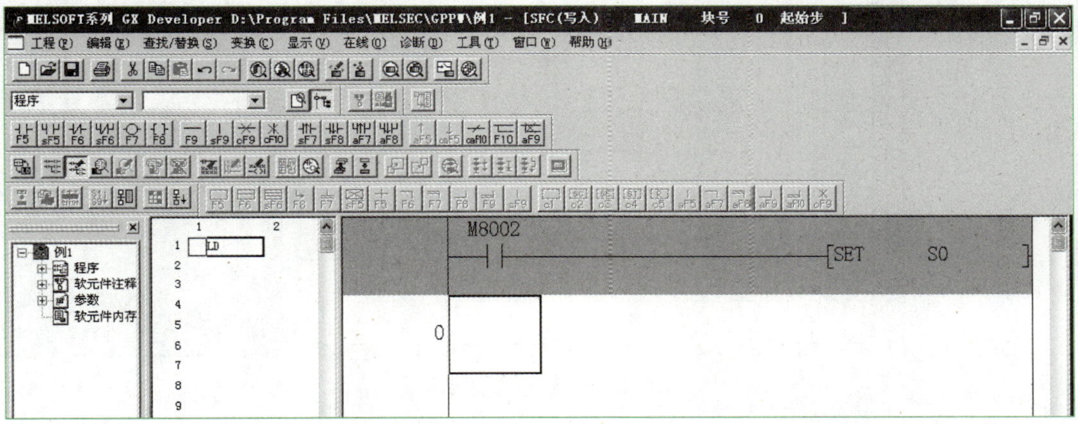

图 4-37　写入语句

单击工具栏上的“转换”按钮，回到如图 4-38 所示的块信息列表。如果回不来，则单击左框内的“程序”→“MAIN”即可。“梯形图块”前面的“-”表示已转换，如果是“*”则表示未转换，要再单击“转换”，使“*”变成“-”。

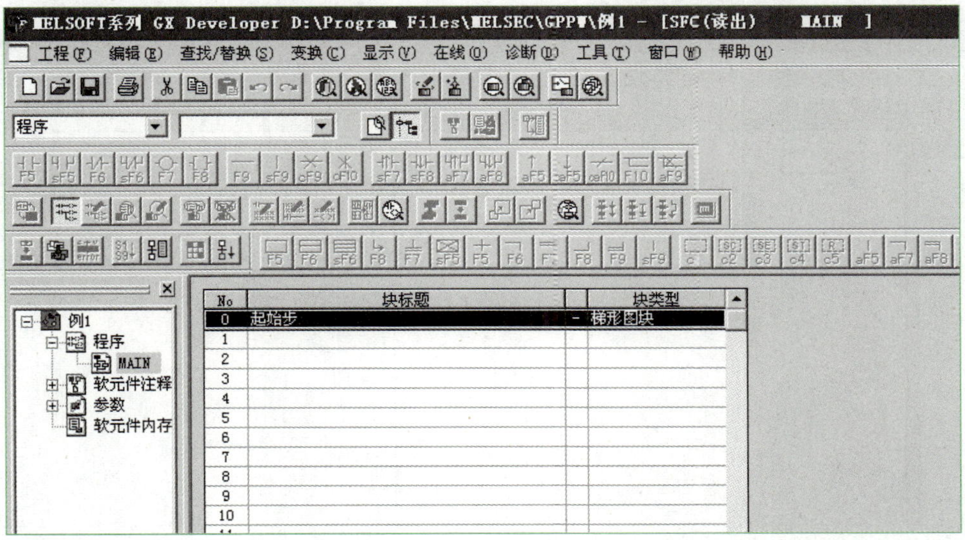

图 4-38　块信息列表

2）定义 SFC 块。把鼠标移到 No 列下的“1”，双击鼠标左键，出现如图 4-39 所示的对话框。

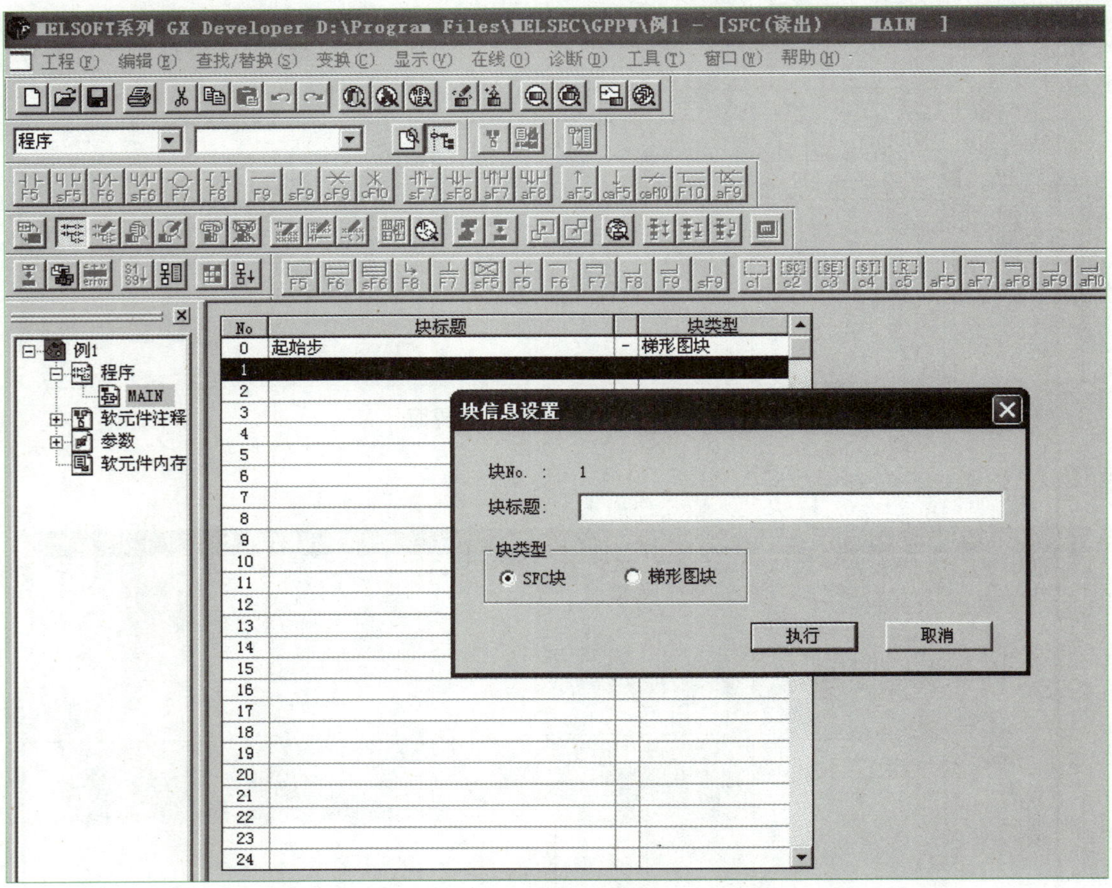

图 4-39 块设置对话框

在“块标题”的空格里可填写“主程序”或其他名称，然后选中“SFC 块”，单击“执行”按钮，出现如图 4-40 所示的编辑界面。

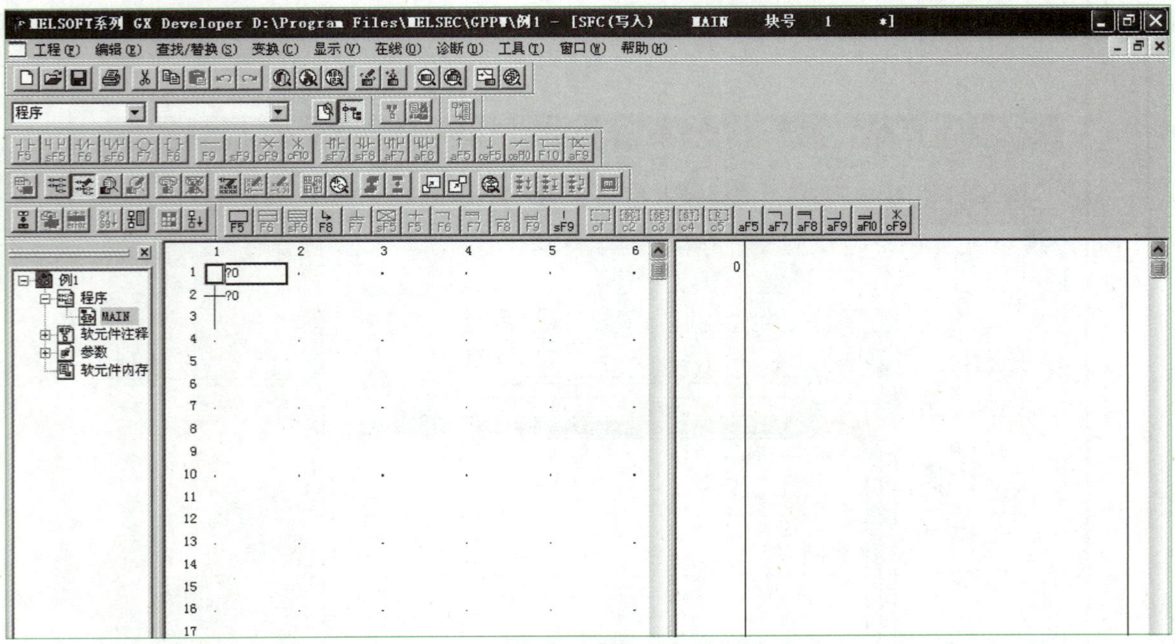

图 4-40 SFC 编辑界面

连续按回车键，一直到框图与实际流程状态基本一致，然后选中“JUMP”，把“12”改成“0”，如图 4-41 所示。

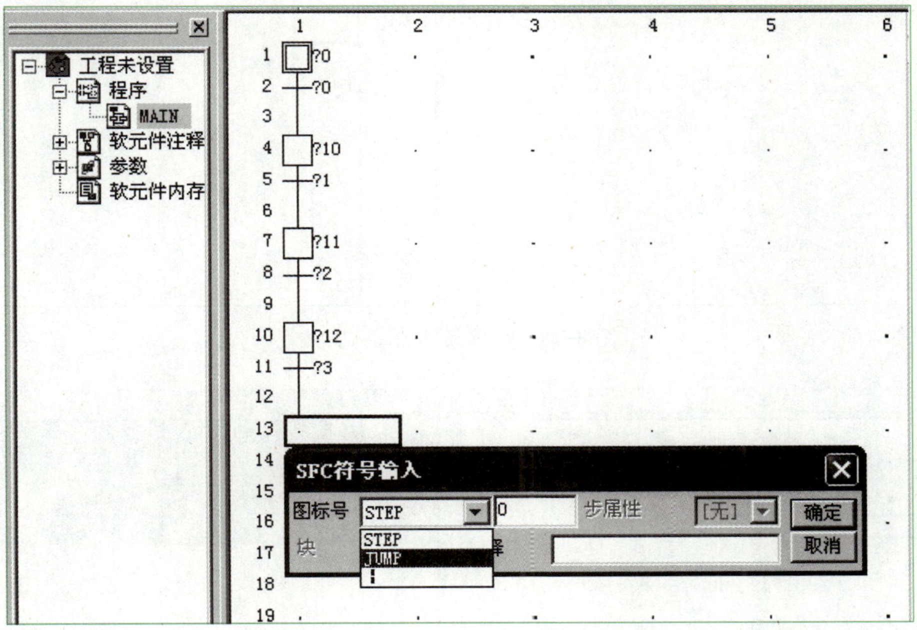

图 4-41　操作方法

单击“确定”按钮后，出现如图 4-42 所示的框图。

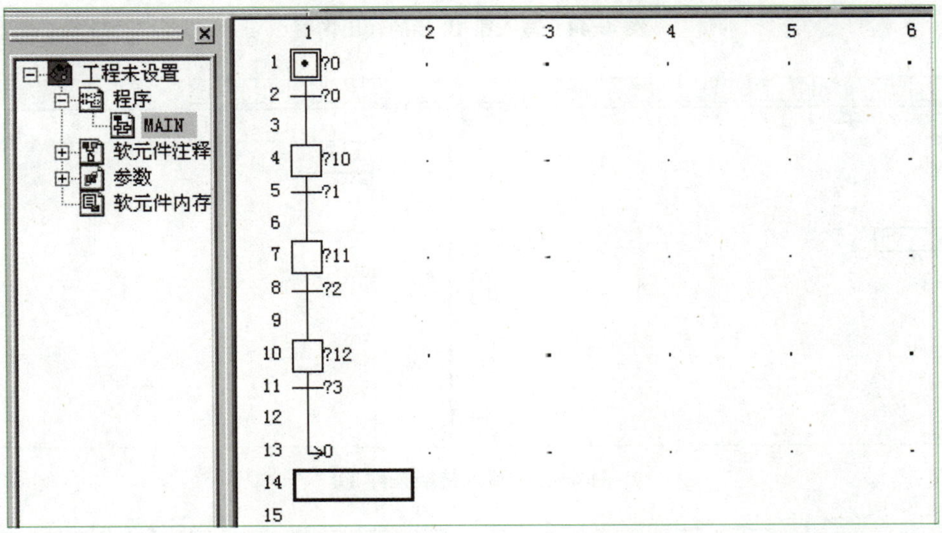

图 4-42　基本框图

把光标移到条件“？0”处，在右框内填写“X000”，如图 4-43 所示。每一个转移条件后，都要加一个“TRAN”。这个“TRAN”可以像指令一样用字符打入，也可以用快捷键“F8”来完成。然后进行程序“转换”。

把光标放到第 10 步，写入第 10 步的输出内容，如图 4-44 所示。

写入后先进行转换，然后把光标移到下一个转移条件，写入 T0 和 F8，如图 4-45 所示。按照同样的步骤，完成第 11 步，如图 4-46 所示。写后先进行转换，然后把光标移到下一个转移条件，写入 X001 和 F8，如图 4-47 所示。用同样的方法再把第 12 步和下一个转移条件输入并“转换”。

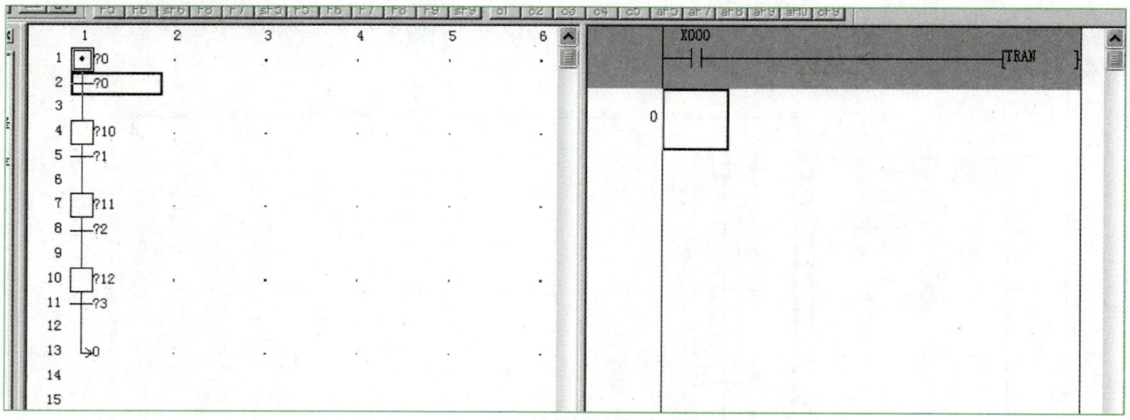

图 4-43　转移条件的写入方法

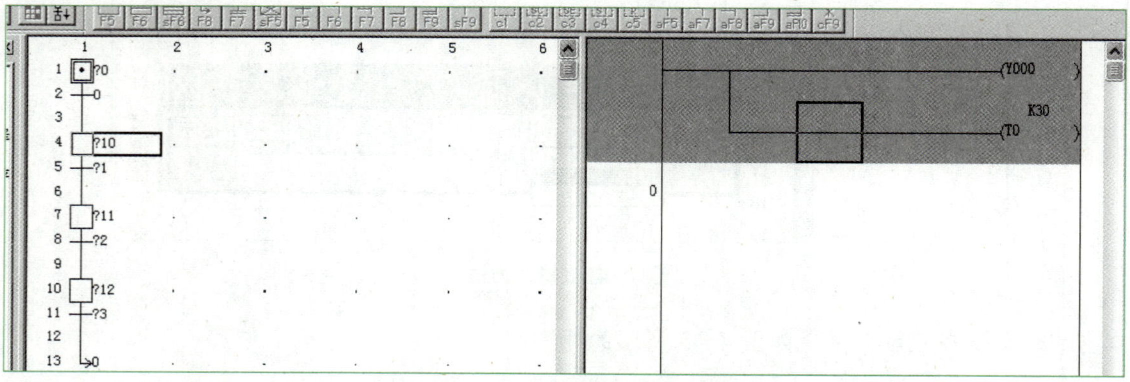

图 4-44　写入第 10 步的输出内容

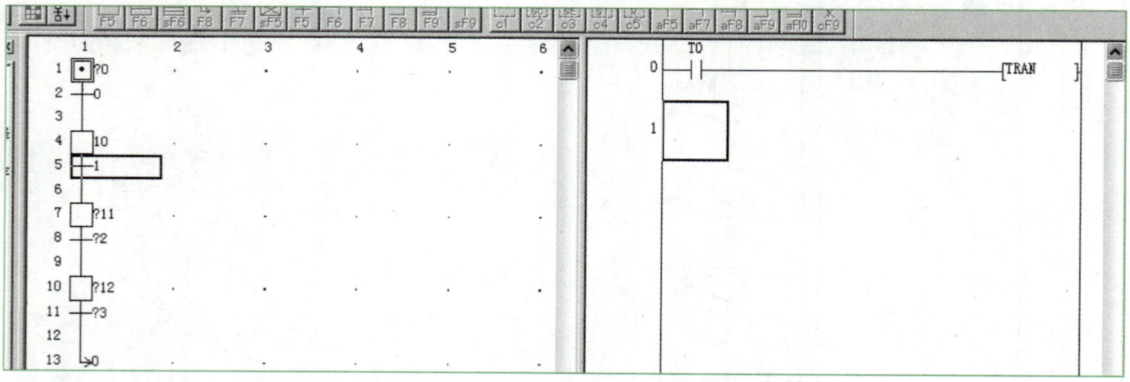

图 4-45　写入转换条件 T0

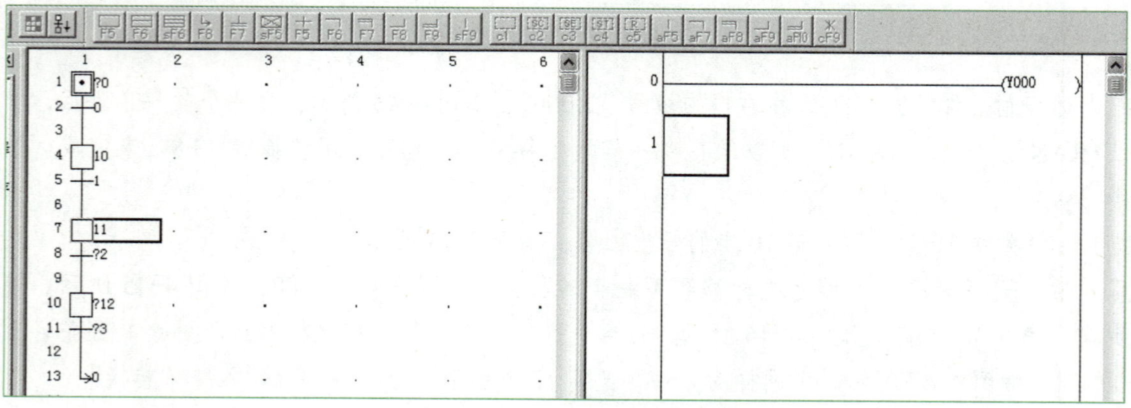

图 4-46　写入第 11 步的输出内容

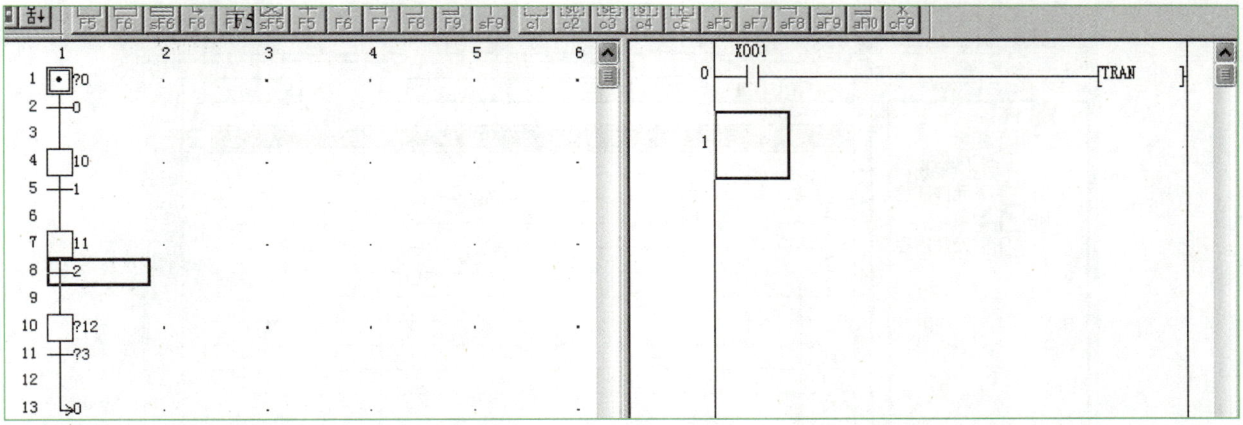

图 4-47　写入转移条件 X001

转换后，如果直接想把刚才编写的 SFC 变成梯形图，会出现如图 4-48 所示的对话框。解决办法是单击左框中的“程序”→“MAIN”，出现如图 4-49 所示的表格，“SFC”前的“*”表示未变换。选中后单击“变换”，如图 4-50 所示。

“*”变成“-”，表示转换完成，如图 4-51 所示。转换的另一种方式是回到 SFC 编程界面，单击“转换”或“F4”。

图 4-48　对话框

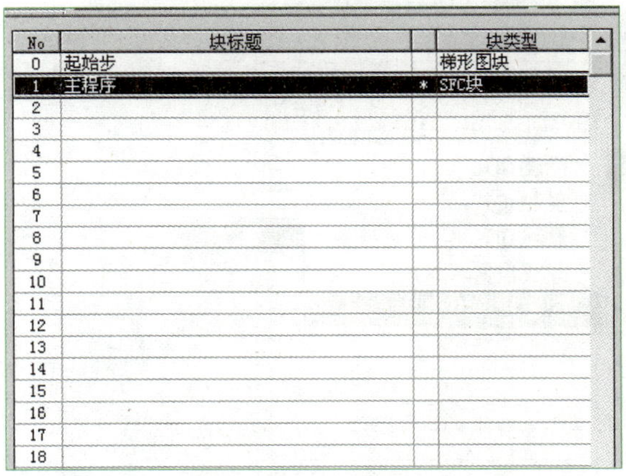

图 4-49　块信息列表

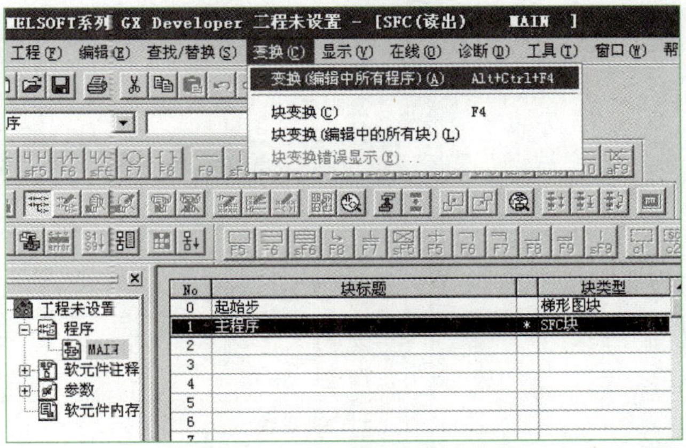

图 4-50　变换（编辑中的所有程序）

（8）把 SFC 转换成梯形图的方法。只有整个 SFC 块转换完成后，才能将 SFC 变成梯形图。操作方法如图 4-52 所示，单击“工程”→“编辑数据”→“改变程序类型”按钮。

GX Developer 软件会自动把 SFC 转换成梯形图，如图 4-53 所示。

（9）把梯形图转换成 SFC 的方法。单击“工程”→“编辑数据”→“改变程序类型”，在如图 4-54 所示的对话框中选中 SFC。单击“确定”按钮，梯形图就转换成了 SFC，如图 4-55 所示。

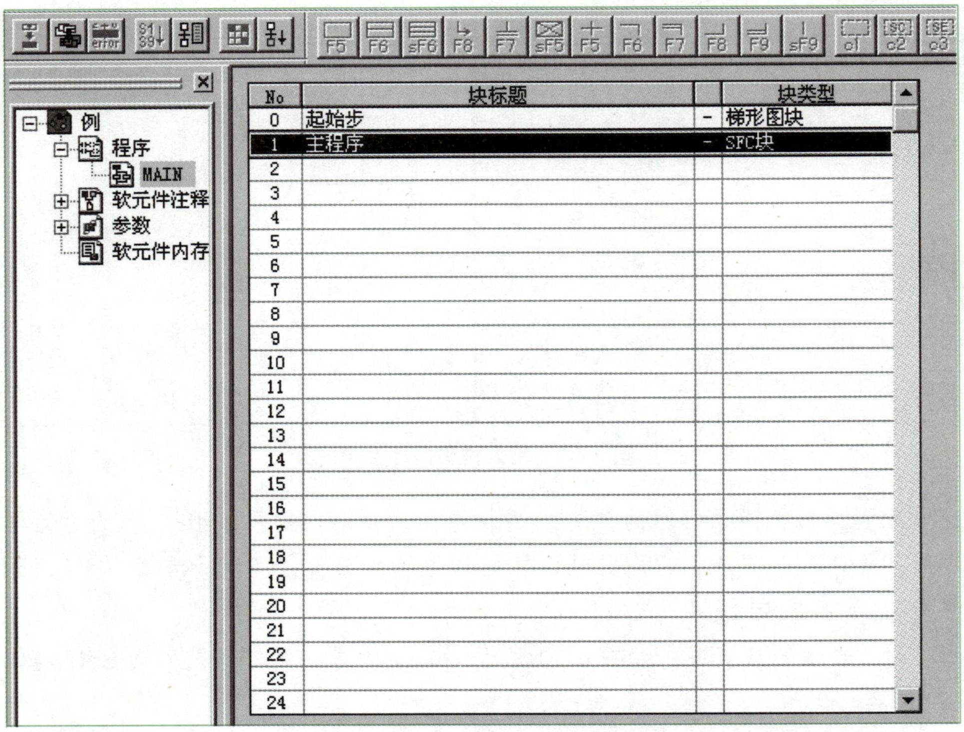

图 4-51　转换完成

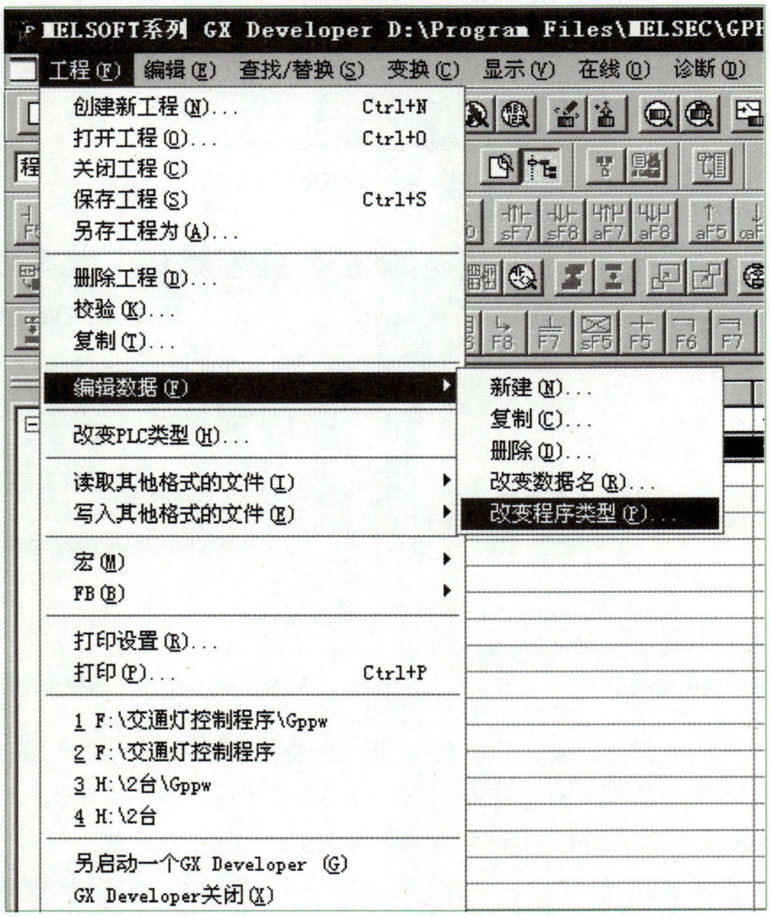

图 4-52　SFC 转换成梯形图的方法

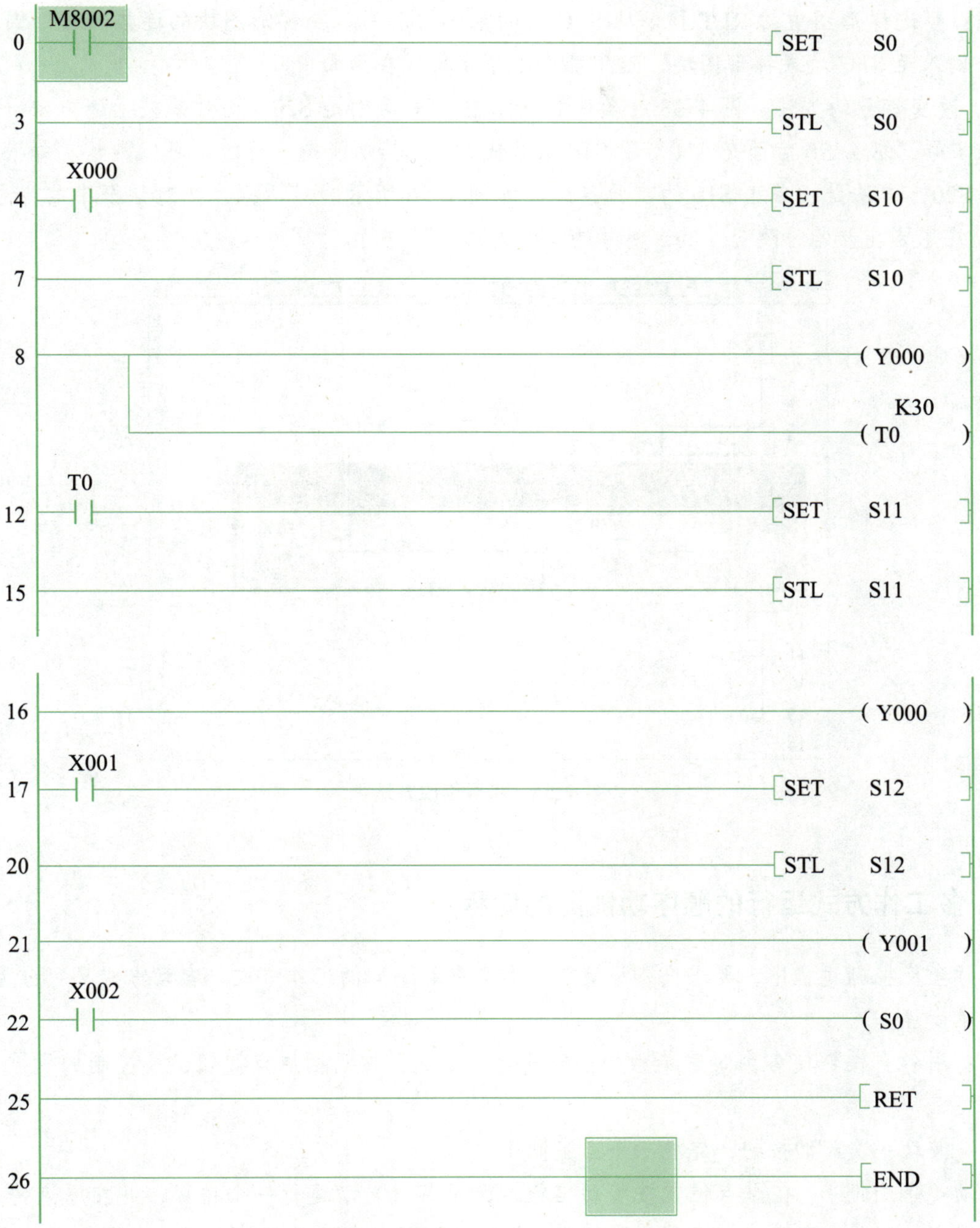

图 4-53　SFC 转换成的梯形图

图 4-54　选中 SFC

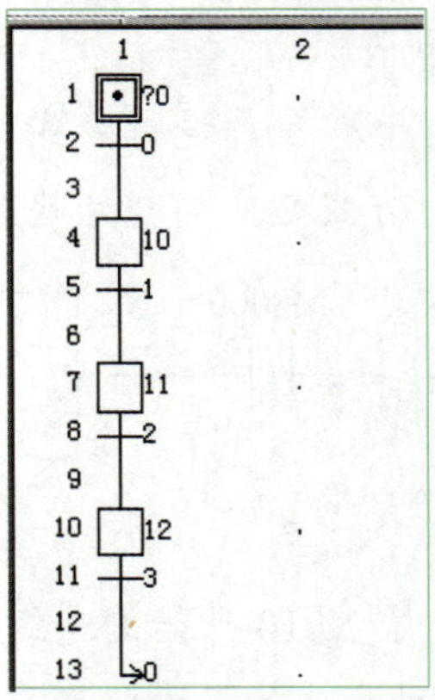

图 4-55　梯形图转换成 SFC

注意： 步进梯形图中的 RET 指令从 SFC 块的末端自动写入至梯形图块的连接部分，因此不能将 RET 指令输入至 SFC 块或梯形图块，RET 指令也不会出现在画面中。

（10）改变步号的方法。图 4-33 的顺序功能图中，S0 后面是 S20，而如果按上述方法，直接以回车键写入步号，那么 S0 后面是 S10。用 S10 来替代 S20，其功能是一样的，可以默认。如果一定要把 S10 改成 S20，方法是：单击 S10 的步号，跳出如图 4-56 所示的对话框，把对话框中的步号 10 改成 20 即可。注意要在开始时改变。其余步号的修改方法类似进行。

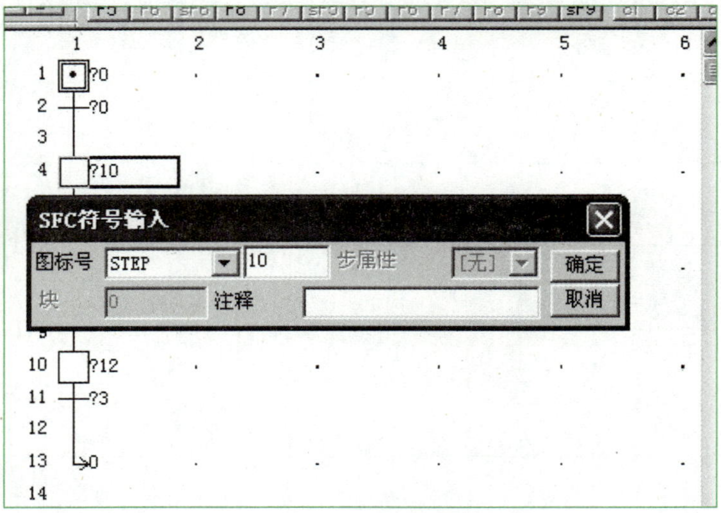

图 4-56　步号修改方法

四、多工作方式运行的顺序功能图的编程

在实际生产控制过程中，要求设备设置手动和自动等不同的工作方式。自动方式又可分为全自动、半自动和单步等方式。

手动：用各自按钮使各个负载单独接通或断开的方式，按动回原点按钮，被控制的机械自动向原点回归。

单步：按动一次起动按钮，完成一个工步操作。

半自动（单周期）：在原点位置按起动按钮后，设备就自动运行一个循环，并在原点停止；若在中途按动停止按钮，设备就中断运行，再按起动按钮，则将从断点处继续运行，回到原点并自动停止。

全自动（连续运行）：只要在原点位置按起动按钮，设备就连续循环运行；若中途按停止按钮，则动作将继续到原点为止。

功能指令 IST：对于有多种运行方式的控制系统，应能自动进入所设置的运行方式，所以系统要能自动设定与各种运行方式相应的初始状态，如图 4-57 所示。

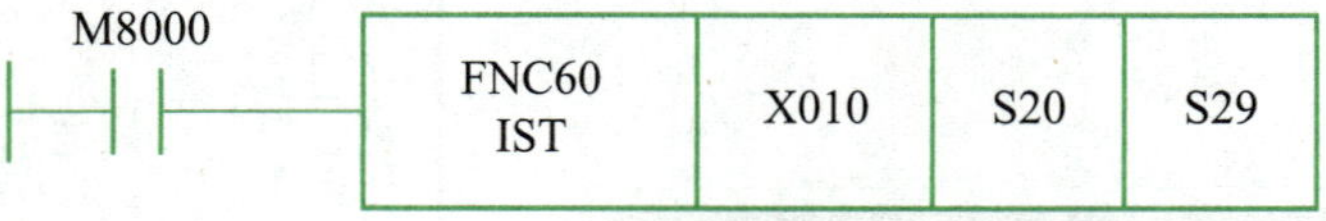

图 4-57　IST 指令

IST 功能指令指定了 X010 开始的连续 8 个输入点的功能，并指定了自动操作模式下自动方式的最小状态号（S20）和自动方式的最大状态号（S29）。

X10：手动　X11：回原点　X12：单步运行　X13：循环一次
X24：连续运行　X25：回原点启动　X26：自动开始　X27：停止

IST 满足条件时，下面初始状态被指定为如下功能：

S0：手动操作初始状态　S1：回原点初始状态　S2：自动操作初始状态
M8040：转移禁止　M8041：开始转移　M8042：启动脉冲
M8043：原点返回完成　M8044：原点回归　M8047：STL 监控有效

一般配合初始状态指令的编程，必须指定具有连续编号的输入点，如果无法指定连续编号，则要用辅助继电器 M 作为 IST 指令的输入首组件号，这时仅要求 8 个 M 是连续的，然后用不连续的输入 X 去控制 M 就可以了。正在动作的状态按编号从小到大的次序保存在 D8040～D8047 中，最多 8 个。IST 指令必须写在第一个 STL 指令出现之前，且该指令在一个程序中只能使用一次。

五、步进指令使用的注意事项

（1）步进接点需要与梯形图左母线连接。使用 STL 指令后，LD 或 LDI 指令点被右移，所以当把 LD 或 LDI 点返回母线时，需要使用步进返回指令 RET。

（2）只有使用 STL 指令后的状态继电器（有时亦称步进继电器），才具有步进控制功能。这时除了提供步进常开接点外，还可提供普通的常开接点与常闭接点，但 STL 指令只适用于步进接点。

（3）只有步进接点接通时，它后面的电路才能动作。如果步进接点断开，则其后面的电路将全部断开。当需要保持输出结果时，可用 SET 和 RST 指令来实现。

（4）使状态继电器复位的方法。当使用 S500～S899 状态继电器时，具有断电保护功能，即断电后再次通电，动作从断电时的状态开始。但在某些情况下需要从初始状态开始执行动作，这时需要复位所有的状态。此时应使用功能指令区间复位指令 ZRST 实现状态复位操作。实际应用时，区间复位的起始值为设定复位开始器件的编号，区间复位的终止值为设定复位结束器件的编号。

（5）如果不用 STL 步进接点，那么状态继电器可作为普通辅助（中间）继电器 M 用，这时其功能与 M 相同。

（6）步进指令后面可以使用 CJP/EJP 指令，但不能使用 MC/MCR 指令。

（7）在时间顺序步进控制电路中，只要不是相邻步进工序，同一个定时器就可以在这些步进工序中使用，这样可节省定时器。

（8）状态编程顺序为：先进行驱动，再进行转移，不能颠倒。驱动负载使用 OUT 指令。当同一负载需要连续多个状态驱动时，可使用多重输出，也可使用 SET 指令将负载置位，等到负载不需要驱动时用 RST 指令将其复位。在状态程序中，不同时“激活”的“双线圈”是允许的。相邻状态使用的 T、C 元件，编号不能相同。

（9）负载的驱动、状态转移条件可能为多个元件的逻辑组合，视具体情况，按串、并联关系处理，不能遗漏。若顺序状态为不连续转移，则不能使用 SET 指令进行状态转移，应改用 OUT 指令进行状态转移。

思考与练习

1. 某店面名叫“鲜花阁”，这三个字的广告字牌要求实现闪烁，用 HL1～HL3 三个灯点亮“鲜花阁”三个字。其闪烁要求如下：在打开闪烁开关以后，首先是“鲜”字亮 1 秒，接着是“花”字亮

1 秒，然后是“阁”字亮 1 秒，在这之后“鲜花阁”三字闪烁，以 0.5 秒为周期亮灭两次。

采用状态编程方法实现：

S0 初始状态　　S20 照亮“鲜”字

S21 照亮“花”字　　S22 照亮“阁”字

S23 第一次三字全灭　　S24 第一次三字全亮

S25 第二次三字全灭　　S26 第二次三字全亮

2. 设计如图 4-58 所示，4 台电动机顺序起动，逆序停止。

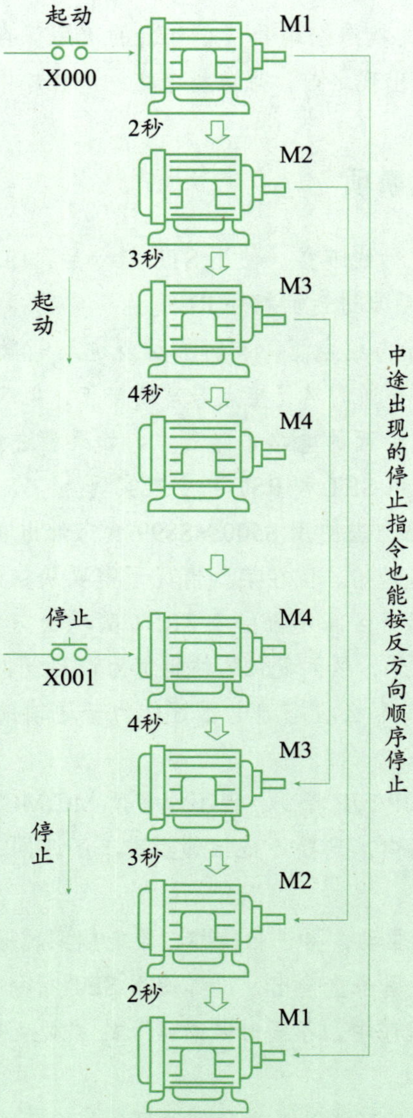

图 4-58　4 台电动机顺序起动，逆序停止

3. 设计一个物料混合控制程序：按起动按钮，先 YV1 得电，加入物料 1；到水位 3 时关断 YV1，停止加入物料 1；此时延时 1 秒后，YV2 得电，加入物料 2；到水位 2 时，继续加入物料 1，此时 YV1、YV2 均得电；到水位 3 时停止加入物料 1 和物料 2，关断 YV1、YV2。进料完毕后搅拌机开始工作，M 接通，先正转 8 秒，且正转指示灯亮，然后反转 8 秒，同时正转指示灯灭，反转指示灯亮；接着搅拌机停止工作，并打开出料阀出料（定时 8 秒），YV3 得电。待料出完后，重复上述过程。物料混合系统示意图如图 4-59 所示。

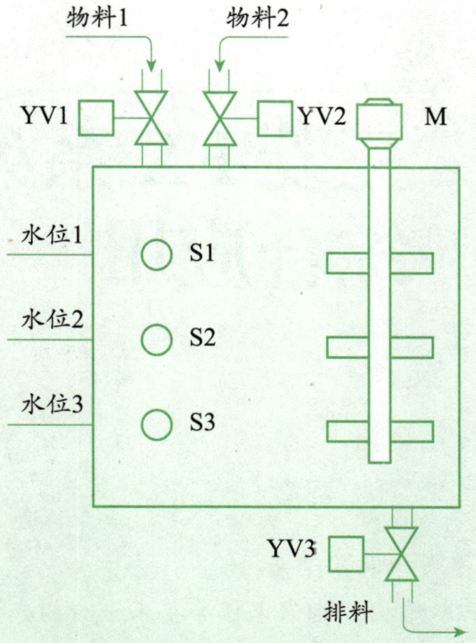

图 4-59　物料混合系统示意图

4. 图 4-60 是剪板机工作示意图，开始时左边的压钳和右边的剪刀在上限位位置，对应的上限位开关 L1、L2 为接通状态。按下起动按钮，工作过程如下：首先板料右行至右限位开关 L4 动作，然后左侧压钳下行，压紧板料后，压力继电器 KP 动作，压钳保持压紧状态，这时右侧剪刀开始下行。剪断板料后，下限位开关 L3 动作，压钳和剪刀同时上行，它们分别碰到上限位开关 L1、L2 后，停止上行。均停止后，又开始下一周期的工作，剪完 5 块板料后停止工作，并停在初始状态。

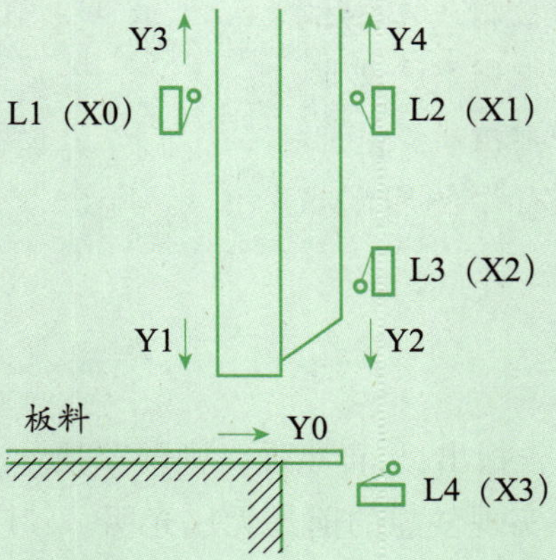

图 4-60　剪板机工作示意图

项目 5 三菱 FX 系列 PLC 综合应用

知识目标

1. 了解 PLC 控制系统的设计原则和设计步骤。
2. 了解触摸屏的工作原理及基本结构，能根据任务要求进行组态画面的编辑。
3. 掌握步进电动机及伺服电动机的工作运行原理。
4. 掌握变频器的基本工作原理。
5. 学会根据任务要求，进行 PLC 选型、硬件配置和 PLC 的安装。

技能目标

1. 学会运用 PLC 与触摸屏进行联合综合课题设计。
2. 能用 PLC 与步进电动机进行控制系统设计。
3. 能用 PLC 与伺服电动机进行控制系统设计。
4. 能运用 PLC 对变频器进行外部控制。
5. 学会对 PLC 复杂控制系统进行综合调试。

案例导入

强国基石——科技发展

党的二十大报告指出：“青年强，则国家强。当代中国青年生逢其时，施展才干的舞台无比广阔，实现梦想的前景无比光明。”“广大青年要坚定不移听党话、跟党走，怀抱梦想又脚踏实地，敢想敢为又善作善成，立志做有理想、敢担当、能吃苦、肯奋斗的新时代好青年，让青春在全面建设社会主义现代化国家的火热实践中绽放绚丽之花。”

我国现代工业的发展起步于清末的洋务运动，创办了一批近代军事工业、民用工矿业和运输业，如江南机器制造总局、福州船政局、开平矿务局等，促使了近代企业和民族资本主义的诞生。但是由于洋务运动时期的工厂基本全部购买国外现成的机器设备，聘用国外专业技术人员，且经过多年的动乱和战争，少之又少的工厂遭到摧毁，因此到中华人民共和国成立时，中国的现代工业基础近乎于无。 中华人民共和国成立后，在苏联的援建下，开始大力发展重工业，在能源、冶金、机械、化学和国防工业等领域布局重点工程，通过近 30 年的艰苦奋斗，建成了种类齐全、完整、独立的工业体系，基本完成了工业化的原始积累，为此后的改革开放和工业化的发展奠定了基础。

中国工业自动化的过程是伴随着中国工业化的发展同步推进的，尤其是改革开放正好赶上以信息技术为代表的新一轮产业技术革命，信息技术具有高渗透性和高带动性，有力地加速了我国工业自动化的进程。总的来说，我国工业自动化在改革开放以来大致以十年为周期，经历了“开端—攻坚—推广—深化—创新”五个发展阶段。从工业软件整体来看，国外巨头在工业软件应用中占据主导地位，如 SAP、甲骨文，国产工业软件品种较少，功能不全，缺乏核心技术的创新和突破，研发推广应用的进度无法跟上国内制造业发展的需求。从嵌入式软件的发展来看，由于我国高端嵌入式芯片领域的整体技术水平和国外仍有一定的差距，因此产业基本处于中下游的应用软件研发，缺乏核心技术的开发能力。在未来的发展中，国产工业软件还需要投入大量资金和人力在技术创新上，突破关键技术和核心技术，研发功能强大、易用好用、性价比高的产品，与国际品牌抗争。

任务 1　自动洗衣机控制系统设计

一、任务描述

1. 自动洗衣机控制系统设计 1

操作视频

自动洗衣机

图 5-1 为自动洗衣机控制系统模拟装置，具体控制要求如下：

（1）洗衣机启动后，按以下顺序进行工作：洗涤（1 次）→漂洗（2 次）→脱水→发出报警，衣服洗好，LED 显示器显示洗涤和漂洗的次数。

（2）洗涤：进水→正转 3s，反转 3s，10 个循环→排水。

（3）漂洗：进水→正转 3s，反转 3s，8 个循环→排水。

（4）报警：报警灯亮 4s。

（5）进水：进水阀打开后水面升高，首先液位开关 SL2 闭合，然后 SL1 闭合，SL1 闭合后，关闭进水阀。

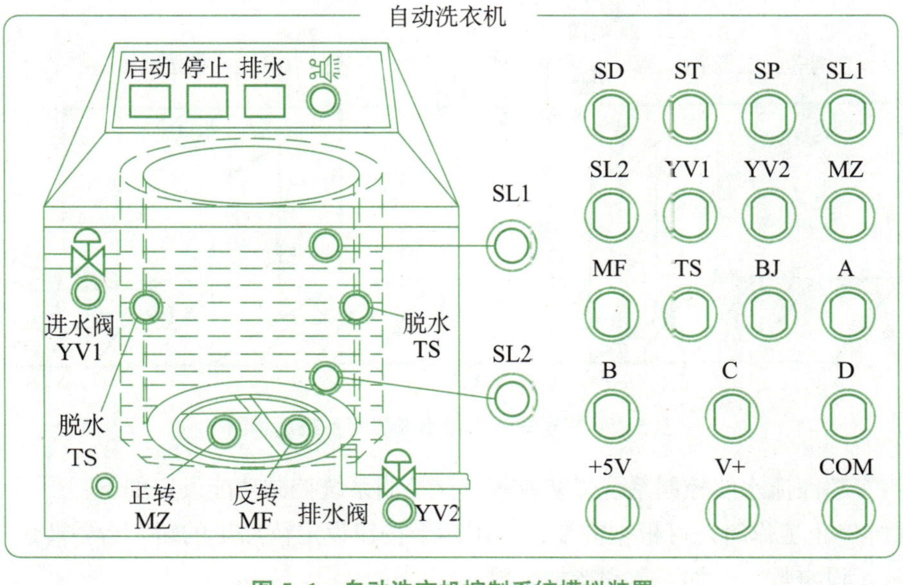

图 5-1　自动洗衣机控制系统模拟装置

（6）排水：排水阀打开后水面下降，首先液位开关 SL1 断开，然后 SL2 断开，SL2 断开 1s 后停止排水。按排水按钮可强制排水。

（7）脱水：脱水 5s 后报警。

2. 自动洗衣机控制系统设计 2

（1）任务要求。

波轮式全自动洗衣机的洗衣桶（外桶）和脱水桶（内桶）是以同一中心安装的。外桶固定，用于盛水；内桶可以旋转，用于脱水（甩干）。内桶的四周有许多小孔，使内、外桶的水流相通。洗衣机的进水和排水分别由进水电磁阀和排水电磁阀控制。进水时，控制系统使进水电磁阀打开，将水注入外桶；排水时，控制系统使排水电磁阀打开，将水由外桶排到机外。洗涤和脱水由同一台电动机拖动，通过电磁离合器来控制，将动力传递给洗涤波轮和甩干桶（内桶）。电磁离合器失电，电动机带动洗涤波轮实现正、反转，进行洗涤；电磁离合器得电，电动机带动内桶单向旋转，进行甩干（此时波轮不转）。水位高低分别由高低水位开关进行检测。启动按钮用来启动洗衣机工作。启动时，首先进水，到高水位时停止进水，开始洗涤。正转洗涤 15s，暂停 3s 后反转洗涤 15s，暂停 3s 后再正转洗涤，如此反复 30 次。洗涤结束后，开始排水，当水位下降到低水位时，进行脱水（同时排水），脱水时间为 10s。这样完成一次从进水到脱水的大循环过程。经过 3 次上述大循环后（第 2、第 3 次为漂洗），完成洗衣并进行报警，报警 10s 后结束全过程，自动停机。

（2）任务分析。

将整个控制过程按任务要求分解，其中的每一个工序都对应一个状态。弄清楚每个状态的功能、作用。找出每个状态的转移条件和方向，即在什么条件下将下一个状态“激活”。状态的转移条件可以是单一的触点，也可以是多个触点的串、并联电路的组合。根据控制要求或工艺要求，画出状态转移图。

3. 轿车喷漆流水线控制系统设计

（1）任务要求。

图 5-2 为某轿车喷漆流水线控制系统示意图。试用 PLC 对该控制系统进行设计并实施。

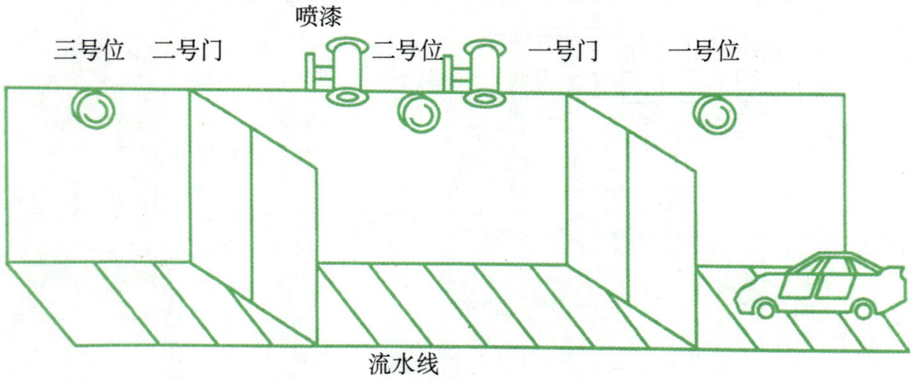

图 5-2　某轿车喷漆流水线控制系统示意图

参照常用汽车喷漆流水线控制系统工艺流程，该控制系统控制功能设定如下：

1）控制系统停止工作时，可根据需要，利用两个按钮设定待加工的轿车台数（0～99）并通过另一个按钮切换显示设定数、已加工数和待加工数。

2）按启动按钮，传送带转动，轿车到一号位，系统发出一号位到位信号，传送带停止；延时 1s，一号门打开；延时2s，传送带继续转动；轿车到二号位，系统发出二号位到位信号，传送带停止转动，一号门关闭；延时2s后，打开喷漆电动机进行喷漆操作，延时6s后停止喷漆。同时打开二号门，延时2s后，传送带继续转动；轿车到三号位，系统发出三号位到位信号，传送带停止，同时二号门关闭，且计数一次，延时4s后，再继续循环工作，直到完成所有待加工轿车后全部停止。

3）按暂停按钮后，整个工艺完成时暂停加工，再按下启动按钮后才继续运行。

（2）扩展任务要求。

试用PLC设计某投币洗车机控制系统，具体要求如下：

1）司机每次投入5元，再按下喷水按钮即可喷水洗车5min，使用时限为10min。

2）当洗车机喷水时间达到5min时，洗车机结束工作；当洗车机喷水时间未达到5min，而洗车机使用时间达到10min时，洗车机停止工作。

4. 三层电梯控制系统设计

图5-3为三层电梯控制系统模拟装置，具体控制要求如下：

（1）电梯由安装在各楼层电梯口的上升下降呼叫按钮（U1、U2、D2、D3），电梯轿厢内楼层选择按钮（S1、S2、S3），上升下降指示（UP、DOWN），各楼层到位行程开关（SQ1、SQ2、SQ3）组成。电梯自动执行呼叫。

（2）电梯在上升的过程中只响应向上的呼叫，在下降的过程中只响应向下的呼叫，电梯向上或向下的呼叫执行完成后再执行反向呼叫。

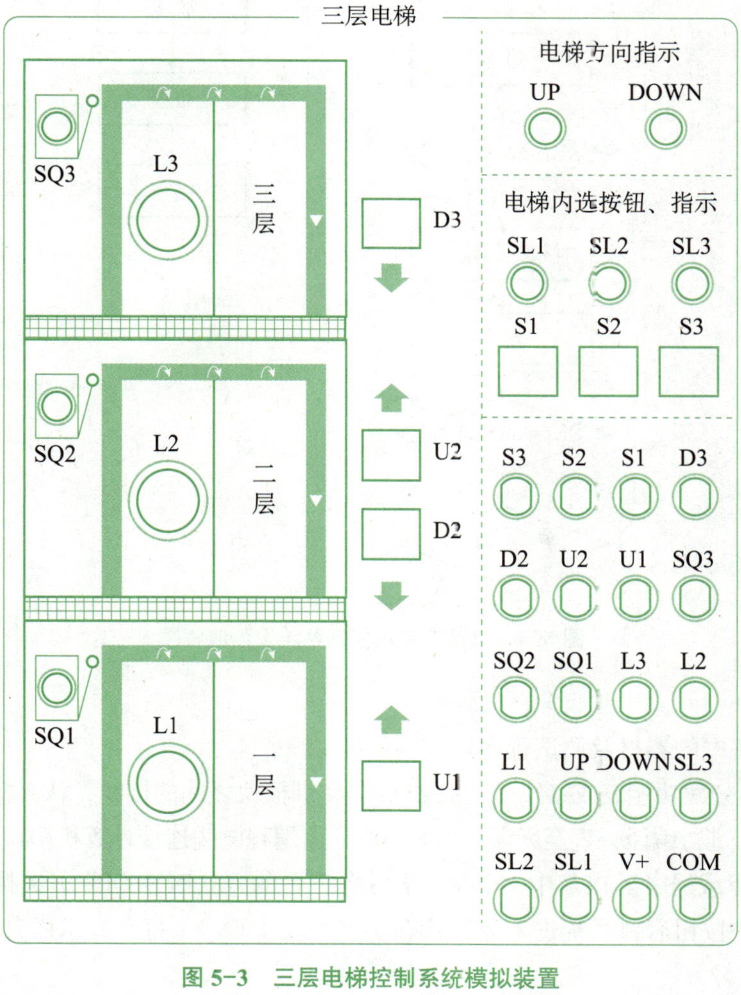

图5-3　三层电梯控制系统模拟装置

（3）电梯等待呼叫时，若同时有不同的呼叫，则谁先呼叫就执行谁。

（4）具有呼叫记忆、内选呼叫指示功能。

（5）具有楼层显示、方向指示、到站声音提示功能。

二、任务实施

1. 设计流程

（1）按照控制要求设计 PLC 控制器的输入 / 输出（I/O）地址分配表。

（2）按照控制要求进行 PLC 控制器的输入 / 输出（I/O）接线图的设计。

（3）将编写好的程序录入到 GX Works2 编程软件中，并进行程序的下载及运行。

（4）根据任务要求对程序进行模拟调试。

（5）完成课题的任务评价。

2. 设计指导 1——自动洗衣机控制系统设计

（1）设计思路。

本任务设计思路如图 5-4 所示。

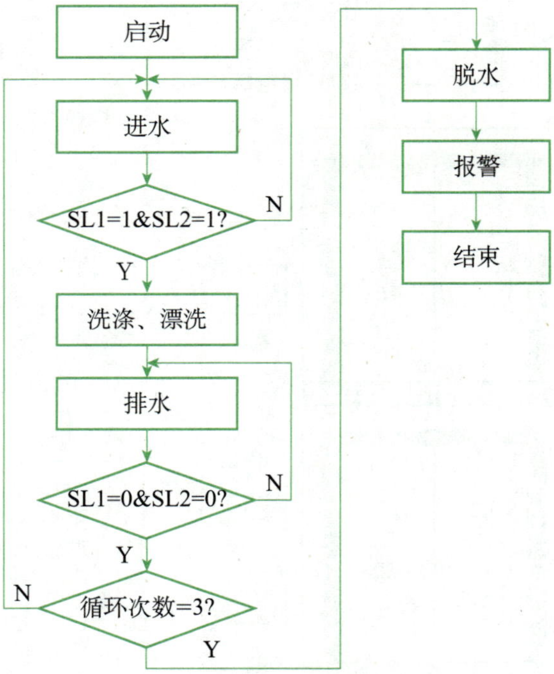

图 5-4　自动洗衣机控制系统设计流程图

（2）设计步骤。

1）检查实训设备中的器材及调试程序。

2）按照 I/O 端口分配功能表或接线图完成 PLC 与实训模块之间的接线，认真检查，确保正确无误。

3）编写梯形图，进行编译，直至无误。用 SC-09 通信编程电缆连接计算机串口与 PLC 通信口，打开 PLC 主机电源开关，下载程序至 PLC 中，下载完毕后将 PLC 的“RUN/STOP”开关拨至“RUN”状态。

4）按下“启动”按钮后，系统进入运行状态。进水阀（YV1）打开，水面升高，先闭合液位开关

SL2，后闭合SL1，SL1闭合后，关闭进水阀。开始洗涤。

5）洗涤完成，排水阀（YV2）打开，水面下降，先断开液位开关SL1，然后断开SL2，SL2断开1s后停止排水。

6）重复进水、漂洗、排水两次。

7）漂洗完毕开始脱水，排水阀打开。

8）脱水5s，发出报警，洗衣完成。

9）在洗衣的过程中按“停止”按钮，停止洗衣，按“排水”按钮，排水阀（YV2）打开排水。

（3）I/O端口分配功能（见表5-1）。

表5-1　自动洗衣机控制系统课题I/O端口分配功能表

序号	PLC地址（PLC端子）	电气符号（面板端子）	功能说明
1	X000	SD	启动
2	X001	ST	停止
3	X002	SP	排水
4	X003	SL1	水位上限位
5	X004	SL2	水位下限位
6	Y000	YV1	进水阀
7	Y001	YV2	排水阀
8	Y002	MZ	正转
9	Y003	MF	反转
10	Y004	TS	脱水
11	Y005	BJ	报警
12	Y006	A	显示编码A
13	Y007	B	显示编码B
14	Y010	C	显示编码C
15	Y011	D	显示编码D
16	面板+5V接电源5V		电源正端
17	主机S/S、面板V+接电源24V		电源正端
18	主机COM0、COM1、COM2、COM3、COM4、面板COM接电源GND		电源地端

（4）PLC外部接线图（如图5-5所示）。

（5）程序自行设计。

3. 设计指导2——三层电梯控制系统设计

（1）设计流程图。

本任务设计流程图如图5-6所示。

（2）设计步骤。

1）检查实训设备中的器材及调试程序。

2）按照I/O端口分配功能表或接线图完成PLC与实训模块之间的接线，认真检查，确保正确无误。

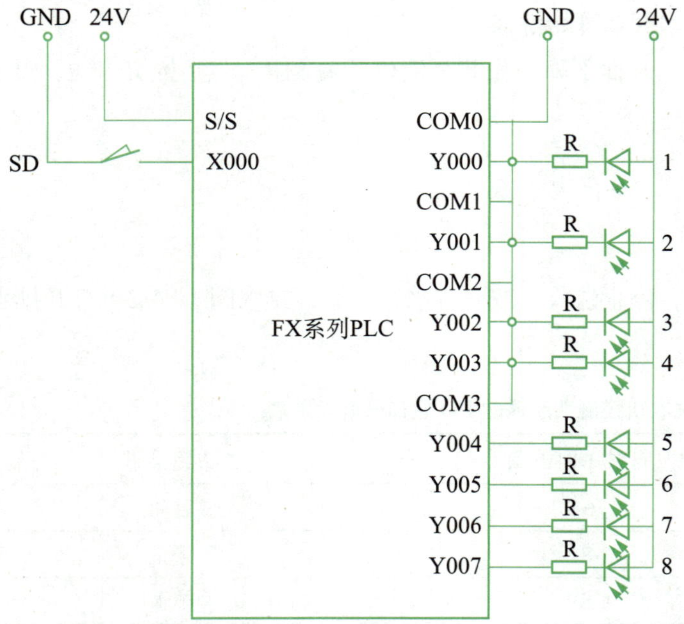

图 5-5　自动洗衣机控制系统课题 PLC 外部接线图

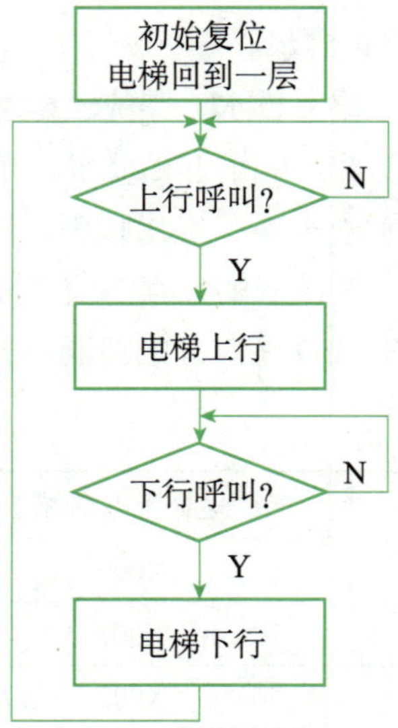

图 5-6　三层电梯控制系统设计流程图

3）编写梯形图，进行编译，直至无误。用 SC-09 通信编程电缆连接计算机串口与 PLC 通信口，打开 PLC 主机电源开关，下载程序至 PLC 中，下载完毕后将 PLC 的“RUN/STOP”开关拨至“RUN”状态。

4）将行程开关“SQ1”拨到 ON，“SQ2”“SQ3”拨到 OFF，表示电梯停在一层。

5）选择电梯楼层选择按钮或上下按钮。例如：按下“D3”电梯方向指示灯“UP”亮，一层指示灯“L1”亮，将行程开关“SQ1”拨到“OFF”表明电梯离开一层。二层指示灯“L2”亮，将行程开关“SQ2”拨到“ON”表明电梯到达二层。将行程开关“SQ2”拨到“OFF”表明电梯离开二层。三层指示灯“L3”亮，将行程开关“SQ3”拨到“ON”表明电梯到达三层。

6）重复第 5 个步骤，按下不同的选择按钮，观察电梯的运行过程。

（3）I/O 端口分配功能（见表 5-2）。

表 5-2　三层电梯控制系统课题 I/O 端口分配功能表

序号	PLC 地址（PLC 端子）	电气符号（面板端子）	功能说明
1	X000	S3	三层内选按钮
2	X001	S2	二层内选按钮
3	X002	S1	一层内选按钮
4	X003	D3	三层下呼按钮
5	X004	D2	二层下呼按钮
6	X005	U2	二层上呼按钮
7	X006	U1	一层上呼按钮
8	X007	SQ3	三层行程开关
9	X010	SQ2	二层行程开关
10	X011	SQ1	一层行程开关
11	Y000	L3	三层指示
12	Y001	L2	二层指示
13	Y002	L1	一层指示

续表

序号	PLC 地址（PLC 端子）	电气符号（面板端子）	功能说明
14	Y003	DOWN	轿厢下降指示
15	Y004	UP	轿厢上升指示
16	Y005	SL3	三层内选指示
17	Y006	SL2	二层内选指示
18	Y007	SL1	一层内选指示
19	Y010	八音盒	八音盒
20	Y011	A	数码控制端子 A
21	Y012	B	数码控制端子 B
22	Y013	C	数码控制端子 C
23	Y014	D	数码控制端子 D
24	面板 +5V 接电源 5V		电源正端
25	主机 S/S、面板 V+ 接电源 24V		电源正端
26	主机 COM0、COM1、COM2、COM3、COM4、COM5、面板 COM 接电源 GND		电源地端

（4）PLC 外部接线图（如图 5-7 所示）。

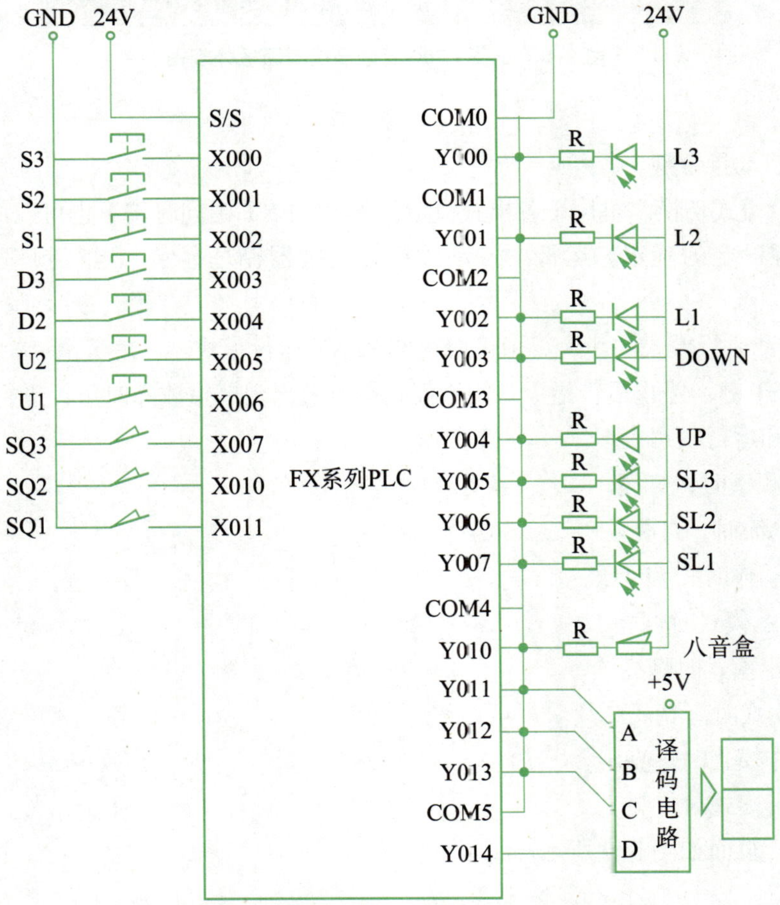

图 5-7　三层电梯控制系统课题 PLC 外部接线图

（5）程序自行设计。

任务 2　PLC 与变频器综合应用设计

一、任务描述

1. 变频器功能参数设置与操作

图 5-8 为三菱 E700 变频器控制面板外观图。

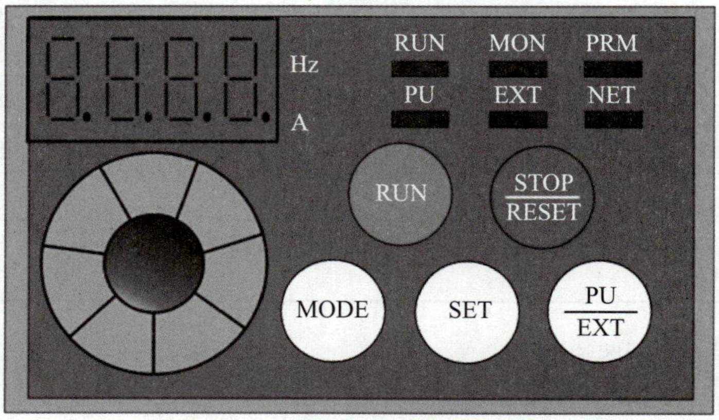

图 5-8　三菱 E700 变频器控制面板外观图

（1）按键功能。

1）RUN 键：启动指令键。

2）MODE 键：模式切换。可用于各模式设定。和 PU/EXT 键同时按下也可以用来切换运行模式。

3）SET 键：各设定的确定。运行中按动此键则监视器循环显示：运行频率→输出电流→输出电压。

4）PU/EXT 键：运行模式的切换。用于切换 PU/EXT 运行模式。

5）STOP/RESET 键：停止运转指令。用于停止运行及出现严重故障时可以进行报警复位。

（2）单位表示和运行状态表示。

Hz：表示显示频率时，灯亮。

A：表示显示电流时，灯亮。

RUN：变频器动作时亮 / 闪烁。

MON：监视显示模式时灯亮。

PRM：参数设定模式时灯亮。

PU：PU 操作模式时灯亮。

EXT：外部操作模式时灯亮。

NET：网络运行模式时灯亮。

（3）基本操作，页面如图 5-9 所示。

（4）面板操作。

1）改变参数 Pr.7，见表 5-3。

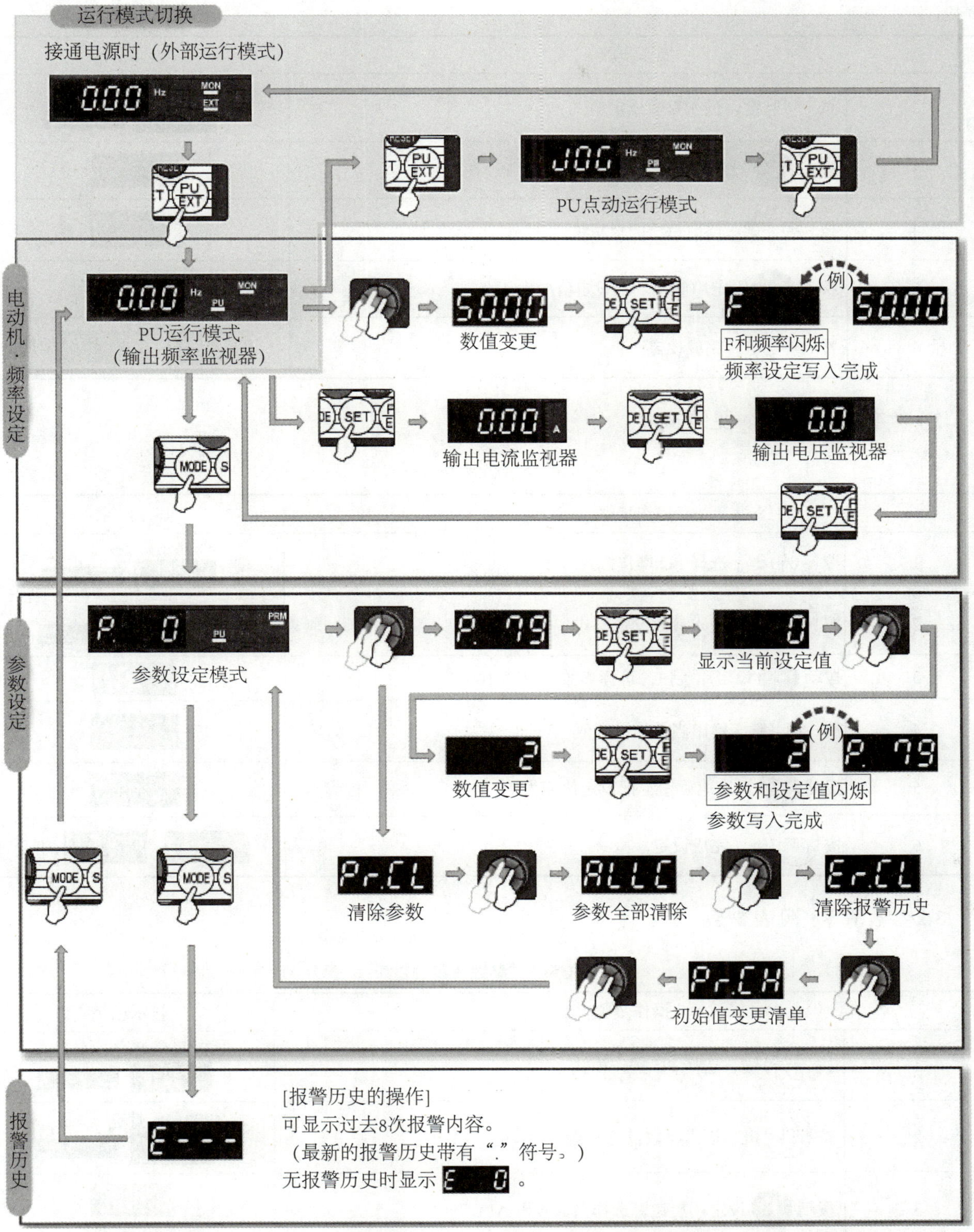

图 5-9　变频器基本操作页面

表 5-3　Pr.7 参数设置介绍

操作步骤		显示结果
1	按 PU/EXT 键，选择 PU 操作模式	PU显示灯亮 

续表

操作步骤		显示结果
2	按 MODE 键，进入参数设定模式	PRM显示灯亮 P 0 PRM
3	拨动设定用旋钮，选择参数号码 Pr. 7	P 7
4	按 SET 键，读出当前的设定值	3.0
5	拨动设定用旋钮，把设定值变为 4. 0	4.0
6	按 SET 键，完成设定	4.0 P 7 闪烁

2）改变参数 Pr.160，见表 5-4。

表 5-4　Pr.160 参数设置介绍

操作步骤		显示结果
1	按 PU/EXT 键，选择 PU 操作模式	PU显示灯亮 0.00 PU
2	按 MODE 键，进入参数设定模式	PRM显示灯亮 P 0 PRM
3	拨动设定用旋钮，选择参数号码 Pr.160	P.160
4	按 SET 键，读出当前的设定值	0
5	拨动设定用旋钮，把设定值变为 1	1
6	按 SET 键，完成设定	1 P.160 闪烁

3）参数清零，见表 5-5。

表 5-5　参数清零设置

操作步骤		显示结果
1	按 PU/EXT 键，选择 PU 操作模式	PU显示灯亮 0.00 PU
2	按 MODE 键，进入参数设定模式	PRM显示灯亮 P 0 PRM
3	拨动设定用旋钮，选择参数号码 ALLC	ALLC 参数全部清除
4	按 SET 键，读出当前的设定值	0
5	拨动设定用旋钮，把设定值变为 1	1
6	按 SET 键，完成设定	1 ALLC 闪烁

注：无法显示 ALLC 时，将 Pr.160 设为“1”；无法清零时，将 Pr.79 设为 1。

4）用操作面板设定运行频率，见表 5-6。

表 5-6　频率设置介绍

操作步骤		显示结果
1	按 PU/EXT 键，选择 PU 操作模式	PU显示灯亮 0.00 PU
2	旋转 设定用旋钮，把频率改为设定值	50.00 闪烁约5秒
3	按 SET 键，设定值频率	50.00 F 闪烁
4	闪烁 3s 后显示回到 0.0，按 RUN 键运行	3s后 0.00 → 50.00
5	按 STOP/RESET 键，停止	50.00 → 0.00

注：按下设定按钮，显示设定频率 。

5）查看输出电流，见表 5-7。

表 5-7　参数查看设置

操作步骤		显示结果
1	按 MODE 键，显示输出频率	50.00
2	按住 SET 键，显示输出电流	1.00 A A 灯亮
3	放开 SET 键，回到输出频率显示模式	50.00

2. 外部控制变频器调速

（1）外部电位器控制变频器调速。

外部电位器控制变频器调速如图 5-10 所示。要求采用变频器外部端子控制模式控制变频器的输出，使变频器输出随着外部电位器的调节而改变。

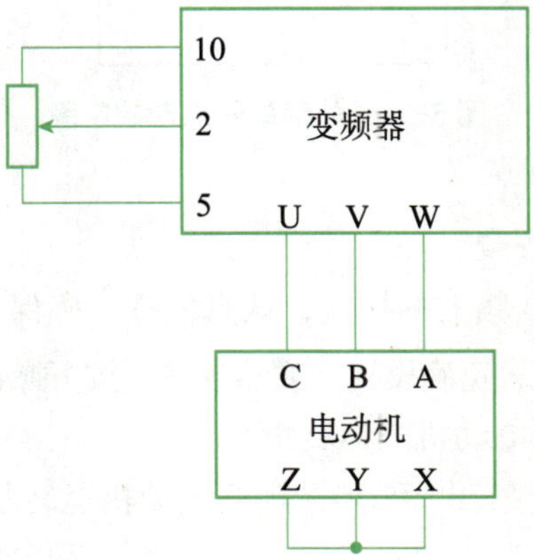

图 5-10　外部电位器控制图

（2）外部端子点动控制。

1）控制要求。

①正确设置变频器输出的额定频率、额定电压、额定电流、额定功率、额定转速。

②通过操作面板控制电动机起动 RUN/ 停止 STOP、正转 / 反转，按下按钮“S1”则电动机正转起动，松开按钮“S1”则电动机停止。

③运用操作面板改变电动机起动的点动运行频率和加减速时间。

2）参数功能（见表 5-8）。

表 5-8　变频器外部端子点动控制参数表

序号	变频器参数	出厂值	设定值	功能说明
1	Pr.1	120	50	上限频率（ 50Hz ）
2	Pr.2	0	0	下限频率（0Hz）
3	Pr.9	0	0.35	电子过电流保护（0.35A）
4	Pr.160	9999	0	扩张功能显示选择
5	Pr.79	0	4	操作模式选择
6	Pr.15	5	20.00	点动频率（ 20Hz ）
7	Pr.16	0.5	0.5	点动加减速时间（ 0.5s ）
8	Pr.180	0	5	设定 RL 为点动运行选择信号

注：设置参数前先将变频器参数复位为工厂的默认设定值。

3）变频器外部接线图（如图 5-11 所示）。

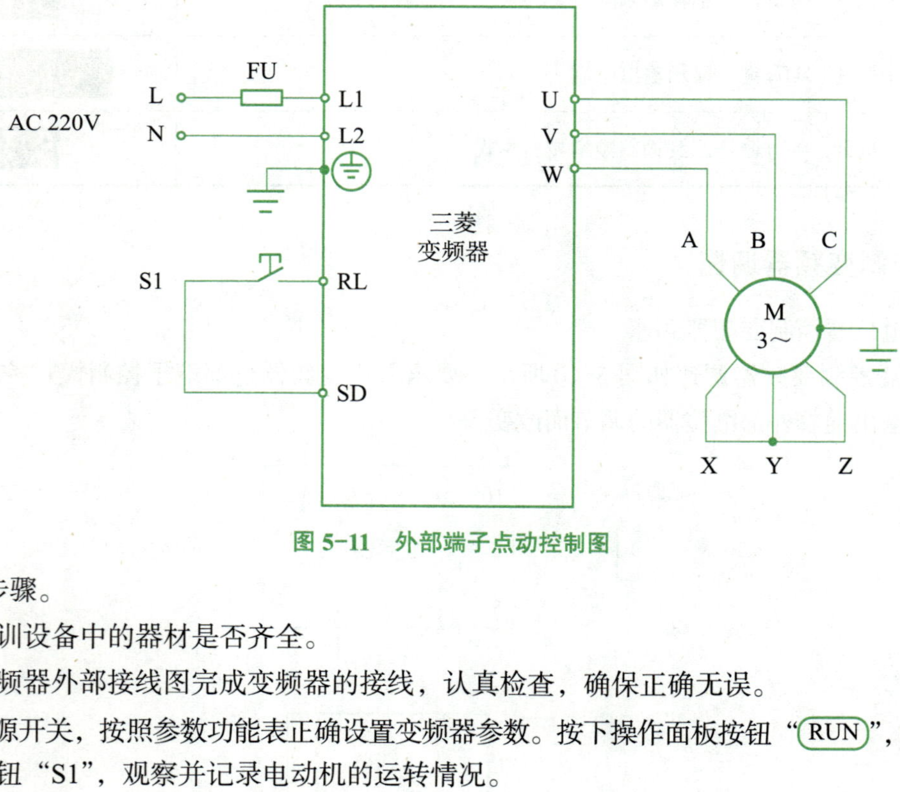

图 5-11　外部端子点动控制图

4）操作步骤。

①检查实训设备中的器材是否齐全。

②按照变频器外部接线图完成变频器的接线，认真检查，确保正确无误。

③打开电源开关，按照参数功能表正确设置变频器参数。按下操作面板按钮“RUN”，启动变频器。

④按下按钮“S1”，观察并记录电动机的运转情况。

⑤改变 Pr.15、Pr.16 的值，重复第④、⑤步，观察电动机运转状态有什么变化。

（3）变频器的启停控制电路。

在变频器启停控制电路中，接触器 KM 控制变频器接通或断开电源，中间继电器 KA 控制变频器的启动或停止，接线原理图如图 5-12 所示。通过接触器 KM 的按钮 SB1 可以使变频器运行或停止，但是，电源接通时所选择的瞬间电流会缩短变频器的使用寿命，因此要尽量减少频繁地启动和停止。可以通过变频器启动控制用端子（STF 或 STR）来使变频器运行或停止，此时应设定 Pr.79 = 2（外部操作模式）。

在图 5-12 中，只有当接触器接通电源后，KM 的常开触点闭合，此时按下变频器起动按钮 SB3，中间继电器线圈 KA 才会得电并自锁，KA 的常开触点闭合，接通变频器的 STR 或 STF 端子，变频器开始运行。

在 KA 线圈电路中串联 KM 的常开触点，是保证 KM 未吸合前，继电器 KA 线圈不得电，从而防止先接通 KA 的误动作。而当 KA 接通时，其常开触点闭合使停止按钮 SB2 失去作用，从而保证了只有在电动机先停机的情况下，才能使变频器切断电源。在图 5-12 所示的控制电路中，串入了报警输出端子 B-C 的常闭触点，其作用是当变频器发生故障而报警时，B-C 触点断开，使 KM 和 KA 线圈失电，将变频器的电源切断。

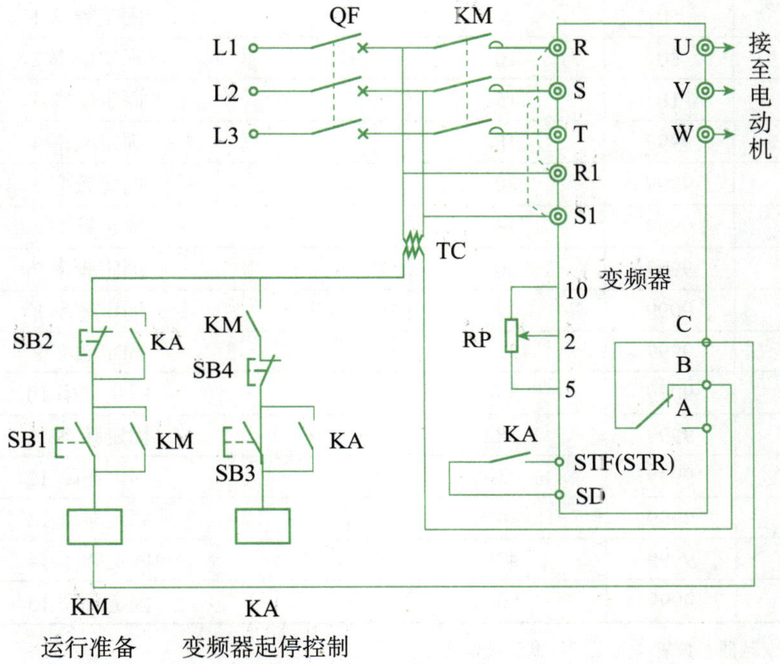

图 5-12　变频器起停控制电路

3. 变频器多段速控制

（1）多段速控制任务 1。

1）控制要求。

①正确设置变频器输出的额定频率、额定电压、额定电流、额定功率、额定转速。

②通过外部端子控制电动机多段速运行，开关“K2”“K3”“K4”“K5”按不同的方式组合，可选择 15 种不同的输出频率。

③运用操作面板设定电动机运行频率、加减速时间。

2）参数功能（见表 5-9）。

表 5-9　多段速控制参数表

序号	变频器参数	出厂值	设定值	功能说明
1	Pr.1	120	50	上限频率（50Hz）

续表

序号	变频器参数	出厂值	设定值	功能说明
2	Pr.2	0	0	下限频率（0Hz）
3	Pr.7	5	5	加速时间（5s）
4	Pr.8	5	5	减速时间（5s）
5	Pr.9	0	0.35	电子过电流保护（0.35A）
6	Pr.160	9999	0	扩张功能显示选择
7	Pr.79	0	3	操作模式选择
8	Pr.179	61	8	多段速运行指令
9	Pr.180	0	0	多段速运行指令
10	Pr.181	1	1	多段速运行指令
11	Pr.182	2	2	多段速运行指令
12	Pr.4	50	5	固定频率 1
13	Pr.5	30	10	固定频率 2
14	Pr.6	10	15	固定频率 3
15	Pr.24	9999	18	固定频率 4
16	Pr.25	9999	20	固定频率 5
17	Pr.26	9999	23	固定频率 6
18	Pr.27	9999	26	固定频率 7
19	Pr.232	9999	29	固定频率 8
20	Pr.233	9999	32	固定频率 9
21	Pr.234	9999	35	固定频率 10
22	Pr.235	9999	38	固定频率 11
23	Pr.236	9999	41	固定频率 12
24	Pr.237	9999	44	固定频率 13
25	Pr.238	9999	47	固定频率 14
26	Pr.239	9999	50	固定频率 15

注：设置参数前先将变频器参数复位为工厂的默认设定值。

3）变频器外部接线图（如图 5-13 所示）。

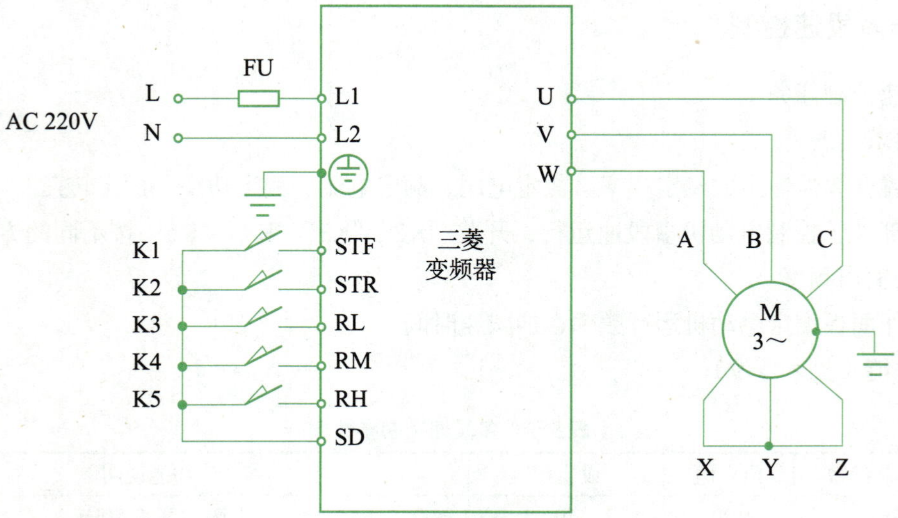

图 5-13　多段速控制图

4）操作步骤。

①检查实训设备中的器材是否齐全。

②按照变频器外部接线图完成变频器的接线，认真检查，确保正确无误。

③打开电源开关，按照参数功能表正确设置变频器参数。

④打开开关“K1”，启动变频器。

⑤切换开关“K2”“K3”“K4”“K5”的通断，观察并记录变频器的输出频率，填入表 5-10。

表 5-10　多段速控制数据表

K2	K3	K4	K5	输出频率
OFF	OFF	OFF	OFF	
OFF	ON	OFF	OFF	
OFF	OFF	ON	OFF	
OFF	OFF	OFF	ON	
OFF	ON	ON	OFF	
OFF	ON	OFF	ON	
OFF	OFF	ON	ON	
OFF	ON	ON	ON	
ON	OFF	OFF	OFF	
ON	ON	OFF	OFF	
ON	OFF	ON	OFF	
ON	ON	ON	OFF	
ON	OFF	OFF	ON	
ON	ON	OFF	ON	
ON	OFF	ON	ON	
ON	ON	ON	ON	

（2）多段速控制任务 2。

在多段速控制任务 1 中用变频器的 RH、RM、RL 端子的不同组合可以使变频器选择不同的速度运行，由于端子的组合方式很多，因此在选择不同速度的过程中很容易出错，并且一种速度需要同时闭合几个端子，不利于控制系统的设计。为了克服这个缺点，可以采用 PLC 控制，如图 5-14 所示。

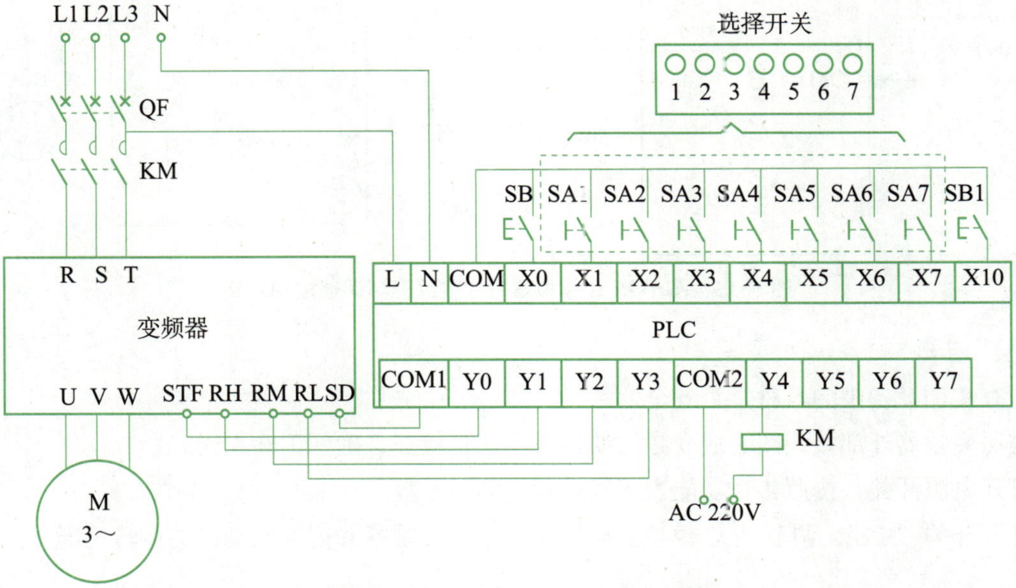

图 5-14　PLC 控制的变频器多段速电路

4. 基于 PLC 模拟量方式变频开环调速控制 1

（1）控制要求。

1）正确设置变频器输出的额定频率、额定电压、额定电流、额定功率、额定转速。

2）通过外部端子控制电动机起动 / 停止、打开“K1”电动机正转起动。调节输入电压，电动机转速随电压增加而增大。

（2）参数功能（见表 5-11）。

表 5-11 参数功能表

序号	变频器参数	出厂值	设定值	功能说明
1	Pr.1	50	50	上限频率（50Hz）
2	Pr.2	0	0	下限频率（0Hz）
3	Pr.7	5	5	加速时间（5s）
4	Pr.8	5	5	减速时间（5s）
5	Pr.9	0	0.35	电子过电流保护（0.35A）
6	Pr.160	9999	0	扩张功能显示选择
7	Pr.79	0	2	操作模式选择
8	Pr.182	2	4	端子 4 输入

注：设置参数前先将变频器参数复位为工厂的默认设定值。

（3）变频器外部接线图（如图 5-15 所示）。

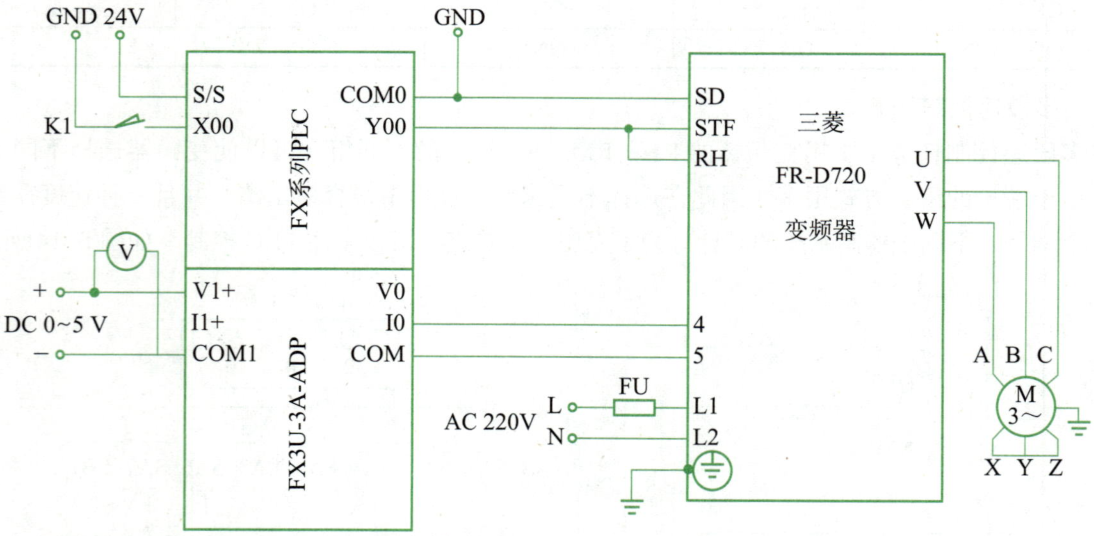

图 5-15 基于 PLC 模拟量方式变频开环调速控制电路

（4）操作步骤。

1）检查实训设备中的器材是否齐全。

2）按照变频器外部接线图完成变频器的接线，认真检查，确保正确无误。

3）打开电源开关，按照参数功能表正确设置变频器参数。

4）打开开关“K1”，调节 PLC 模拟量模块输入电压，观察并记录电动机的运转情况。

5. 基于 PLC 模拟量方式变频开环调速控制 2

用 PLC 与变频器设计一个室内温度检测自动控制系统（如图 5-16 所示），控制要求如下：

（1）在室内距地面 1.4 米的位置，安装 1 只温度传感器（8 位，A/D 转换后数值为 0～255），温度测量值记录在 PLC 的数据寄存器 D100 中。

（2）当室内温度小于 20℃时，变频器控制的风机关闭节能；当室内温度大于 30℃时，变频器控制的风机全频（50Hz）运行，同时指示灯 HL1（红色）亮；当室内温度在 20℃～30℃时，变频器控制的风机变频运行，HL2（绿色）亮，风机转速与温度成正比。

（3）按下启动按钮，系统开始运行；按下停止按钮，系统停止运行。

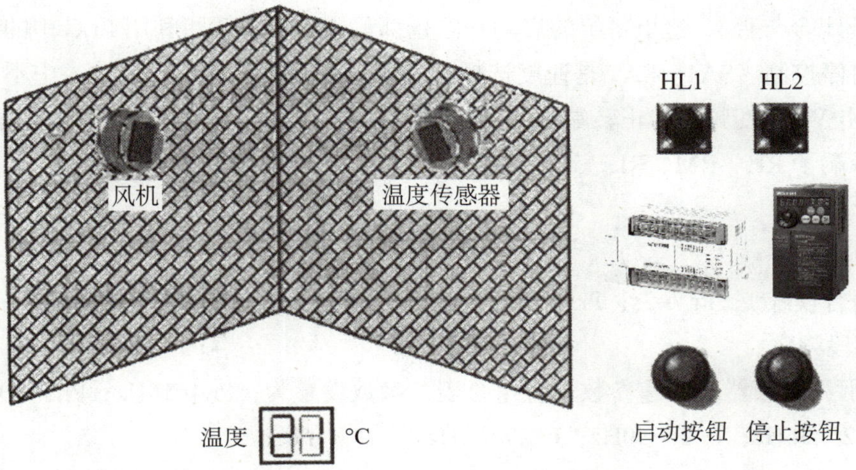

图 5-16　室内温度检测自动控制系统仿真图

二、任务实施

1. 变频器功能参数设置与操作

（1）按接线图将线连好后，启动电源，准备设置变频器各参数。

（2）按“MODE”键进入参数设置模式，将 Pr.79 设置为“4”：FU/EXT 组合模式。运行、停止由面板“RUN”“STOP/RESET”键操作，转速调节由外部端子 2、5 输入。

（3）连续按“MODE”按钮，退出参数设置模式。

（4）按“RUN”按钮起动电动机，调节电位器，电动机转速随之改变。

（5）记录数据并填入表 5-12。

表 5-12　数据记录表

U_2（V）									
f（Hz）									

2. 变频器的启停控制电路

（1）按照图 5-12 所示的接线原理图接线，把变频器内部的参数设定好。

（2）控制回路的电源端子 R1、S1 接到变频器主触点之前，当变频器的保护回路动作后，需要保持异常信号的输出状态时，则要将控制回路的电源端子 L11、L21 连接到 KM 的一次侧。

（3）改变电动机的旋转方向。

如果电动机的旋转方向反了，则可以不必更换电动机的接线，而通过以下方法来更正：

1）继电器的常开触点 KA 由正转端子 STF 接到反转端子 STR 上。

2）接至 STF 端子上的接线不变，而通过功能预置来改变旋转方向。例如，三菱 FR-S540 变频器就可以通过将 Pr.17 的设定值变为 1 来实现。

3. 多段速控制任务 2

用按钮 SB 控制变频器的电源接通或断开（即 KM 吸合或断开），用 SB1 控制变频器的启动和停止（即 STF 端子闭合与否），这里每组的启动和停止都只用一个按钮，利用 PLC 中的 ALT（交替）指令实现单按钮启停控制。SA1～SA7 是速度选择开关，此种开关保证这 7 个输入中不可能两个同时为 ON。PLC 的输出 Y0 接变频器的正转端子 STF，控制变频器的启动和停止。PLC 的输出 Y1、Y2、Y3 分别接转速选择端子 RH、RM、RL，通过 PLC 的程序实现三个端子的不同组合，从而使变频器选择不同的速度运行。

（1）参数设置：

Pr.79=3（组合模式）；Pr.7=2s；Pr.8=2s。

（2）设置多段频率：

表 5-13 所示为变频器多段速参数设置组合表，参数设置为：Pr.4=16Hz；Pr.5=20Hz；Pr.6=25Hz；Pr.24=30Hz；Pr.25=35Hz；Pr.26=40Hz；Pr.27=45Hz。

表 5-13　信号组合与工作频率（速度）表

变频器参数	（Y1）RH	（Y2）RM	（Y3）RL	频率设定
Pr.27	ON	ON	ON	45
Pr.26	ON	ON	OFF	40
Pr.25	ON	OFF	ON	35
Pr.24	OFF	ON	ON	30
Pr.4	ON	OFF	OFF	16
Pr.5	OFF	ON	OFF	20
Pr.6	OFF	OFF	ON	25

（3）程序设计（要求用四步法）。

1）按照控制要求设计 PLC 的输入 / 输出（I/O）地址分配表。

2）按照控制要求进行 PLC 的输入 / 输出（I/O）接线图的设计。

3）按照控制要求进行 PLC 梯形图程序的设计。

4. 基于 PLC 模拟量方式变频开环调速控制 2

用 PLC 和变频器实现温度控制系统的设计步骤如下：

（1）控制电路设计。

将选择的 A/D 和 D/A 转换模块、温度传感器与 PLC 的主控单元连接即构成了室内温度检测控制系统。原理图如图 5-17 所示。

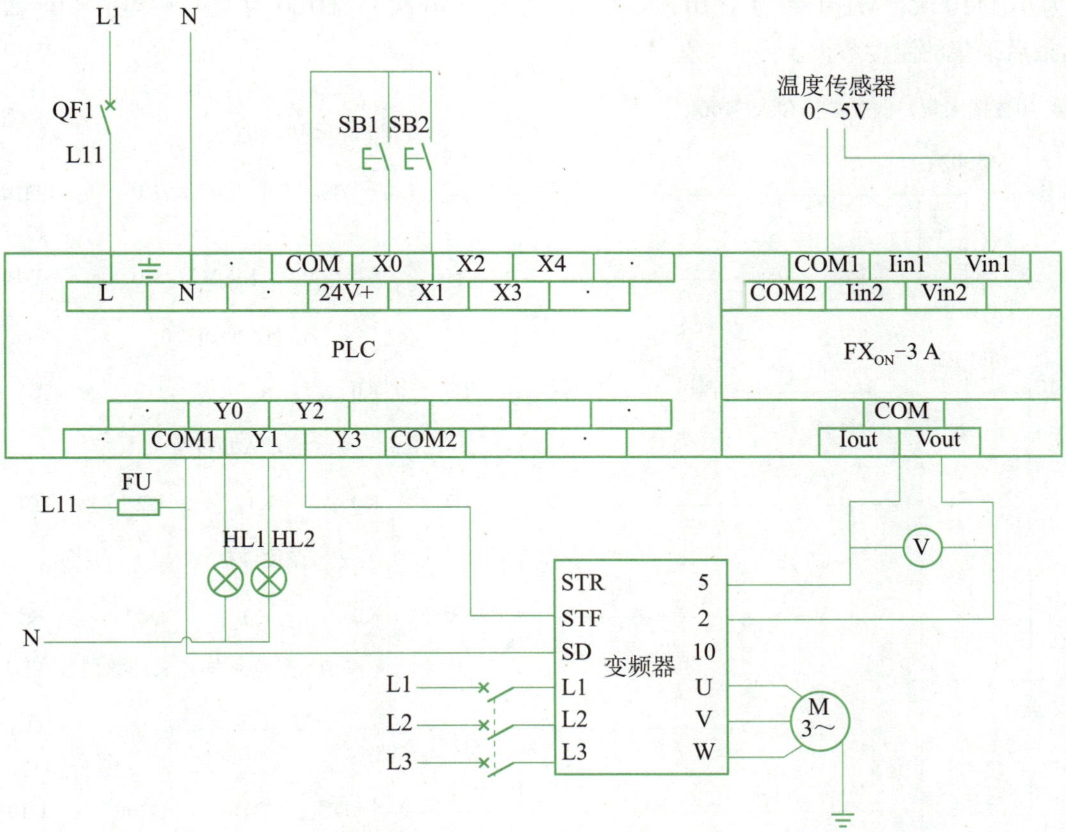

图 5-17　室内温度检测控制系统原理图

（2）确定 PLC 的 I/O 点总数及地址分配。

根据图 5-17 可以看出，需要一个启动按钮 SB1，一个停止按钮 SB2，一路模拟输入量，一路电压模拟输出信号，两盏指示灯 HL1～HL2。PLC 的 I/O 地址的分配见表 5-14。

表 5-14　PLC 的 I/O 地址分配表

开关量输入信号			开关量输出信号		
1	X0	起动按钮 SB1	1	Y0	指示灯 HL1
2	X1	停止按钮 SB2	2	Y1	指示灯 HL2
			3	Y2	变频器正转起动 STF
模拟量输入信号			模拟量输出信号		
1	AI1	温度输入信号	1	AO1	0～10V 控制信号

（3）程序设计。

根据控制原理进行程序设计，分别设计温度检测转换程序、温度数据比较与输出控制程序、D/A 转换输出程序三个程序段，将三个程序段连接在一起就是整个 PLC 控制程序。

1）温度检测转换程序设计，参考程序如图 5-18 所示。

从模拟输入通道 1（8 位 A/D）转换来的压力实时值存放于寄存器 D200 单元中，转换 10 次后的平均值放于 D100 中，采样算法采用 10 次平均采样的方法。采样算法通过 M8012 控制，每 0.1 秒采样一次。

在这一程序中部分寄存器的分配如下：D200 为温度的实时值；D104 为温度和；D108 为采样计数（M100 为小于 10 次，M101 为等于 10 次，M102 为大于 10 次）；D100 为温度平均值（0～255），即 D100 为最后采集的温度数据。

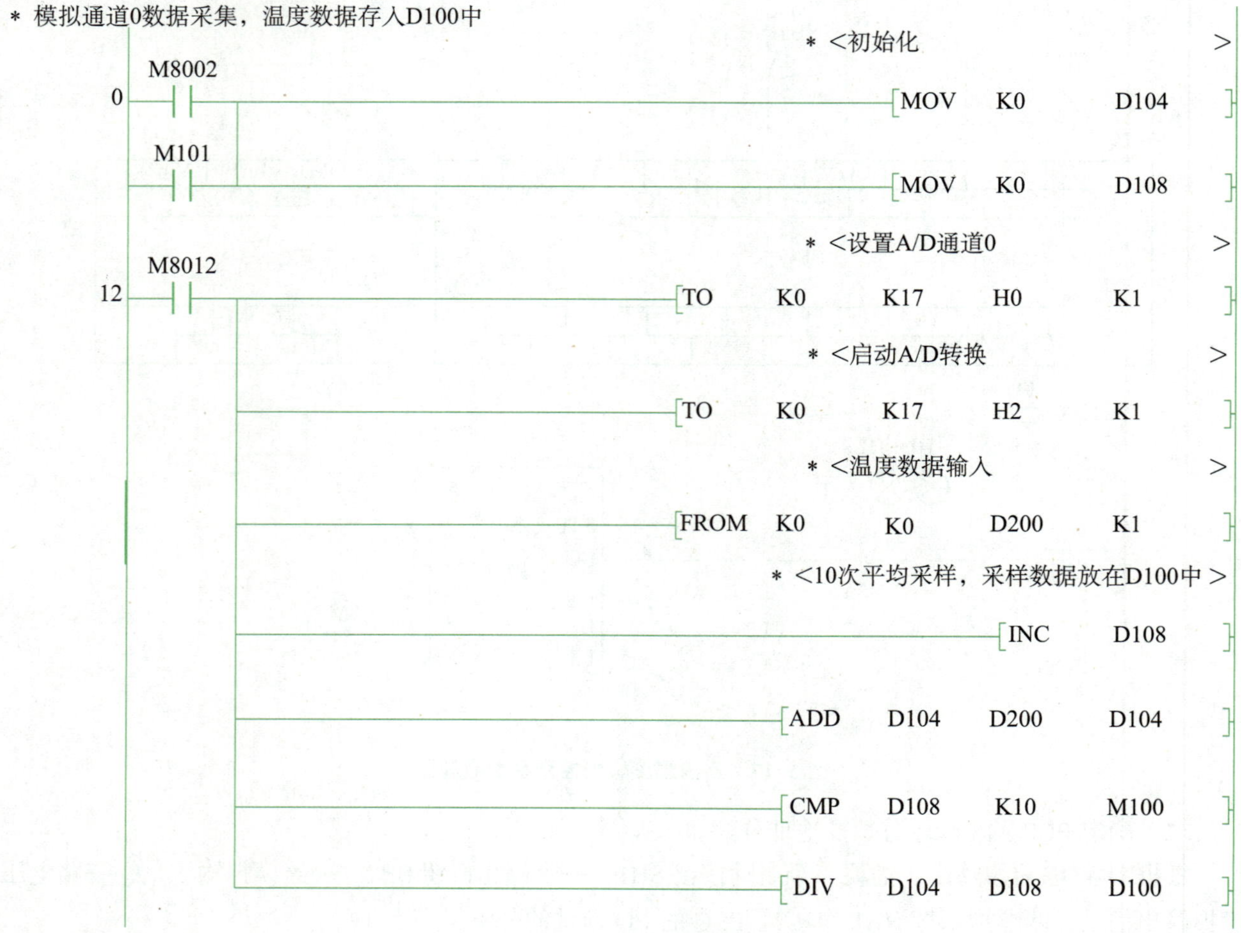

图 5-18　温度检测转换参考程序

2）温度数据比较与输出控制程序。

当室内温度小于 20℃时，变频器控制的风机关闭节能；当室内温度大于 30℃时，变频器控制的风机全频（50Hz）运行，同时指示灯 HL1（红色）亮；当室内温度在 20℃～30℃时，变频器控制的风机变频运行，HL2（绿色）亮，风机转速与温度成正比。

3）D/A 转换输出程序。

先把需要输出的数值存放在数据寄存器 D120 中，然后通过模拟输出通道 1（D/A 口）输出到变频器的 U2 口，采用电压输出的方式，通过 M8012 的常闭触点，每 0.1 秒输出一次。D/A 转换输出参考程序如图 5-19 所示。

（4）运行调试。

1）按下启动按钮 SB1，观察 Y0、Y1，变频器频率，以及电动机转速的动作情况。

2）通过程序监控观察相应数据寄存器的数值。

3）改变温度输入值、寄存器内容及开关量输出的状态，用电压表测量 D/A 转换输出变化是否正确。

4）按下停止按钮 SB2，温度控制系统工作停止。

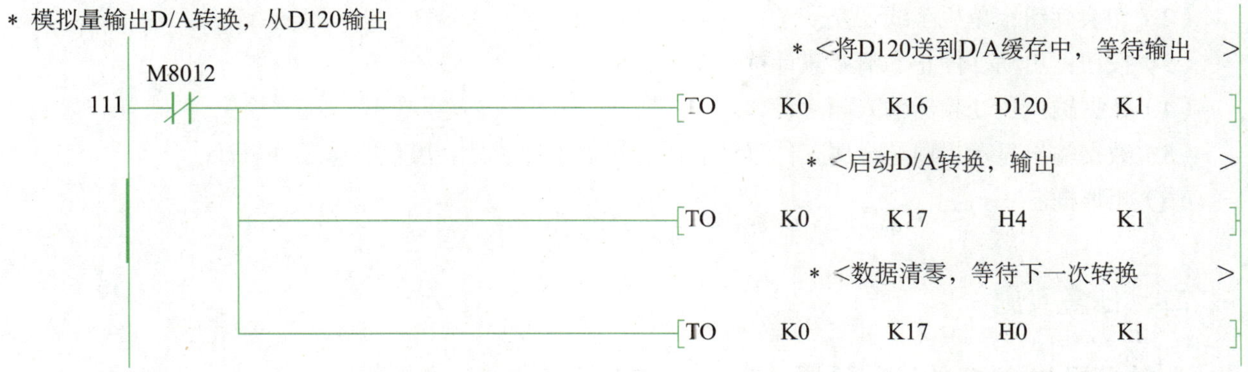

图 5-19　D/A 转换输出参考程序

任务 3　MCGS 与 PLC 综合应用设计

一、任务描述

1. 触摸屏与 PLC 的通信设置

通过触摸屏（MCGS）控制 PLC 的启停，并用指示灯显示出来（这里用触摸屏控制 FX 系列 PLC 的 Y7 点）。

2.PLC 与触摸屏综合控制系统设计

给出一个工作任务作为人机界面组态示例，任务要求的画面效果图如图 5-20 所示。画面中包含如下方面的内容：

（1）状态指示：单机 / 全线、运行、停止。

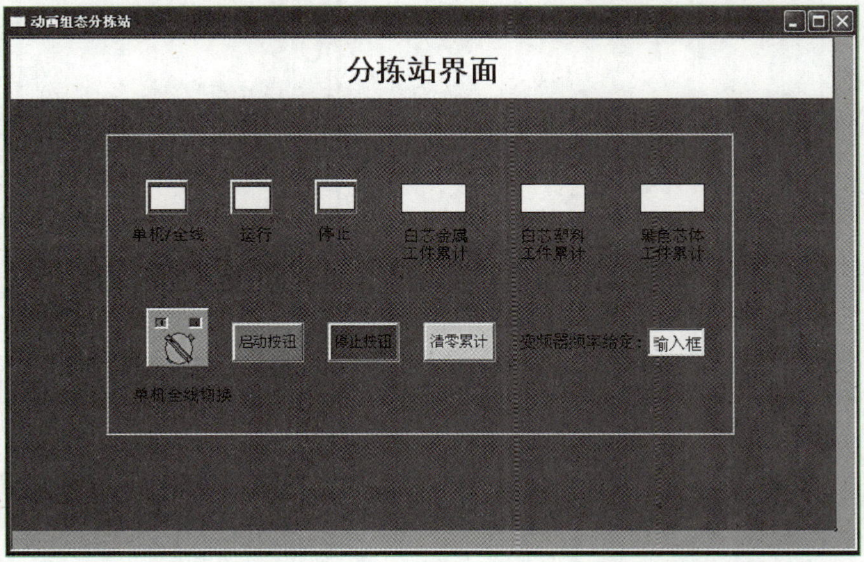

图 5-20　PLC 与触摸屏综合控制系统设计组态画面

（2）切换旋钮：单机全线切换。

（3）按钮：启动、停止、清零累计按钮。

（4）数据输入：变频器输入频率设置。

（5）数据输出显示：白芯金属工件累计、白芯塑料工件累计、黑色芯体工件累计。

（6）矩形框。

二、任务实施

1. 触摸屏与 PLC 的通信设置

（1）触摸屏（MCGS）通信设置。

1）新建一个触摸屏工程：新建窗口→双击设备窗口→单击工具箱，弹出如图 5-21 所示的界面。

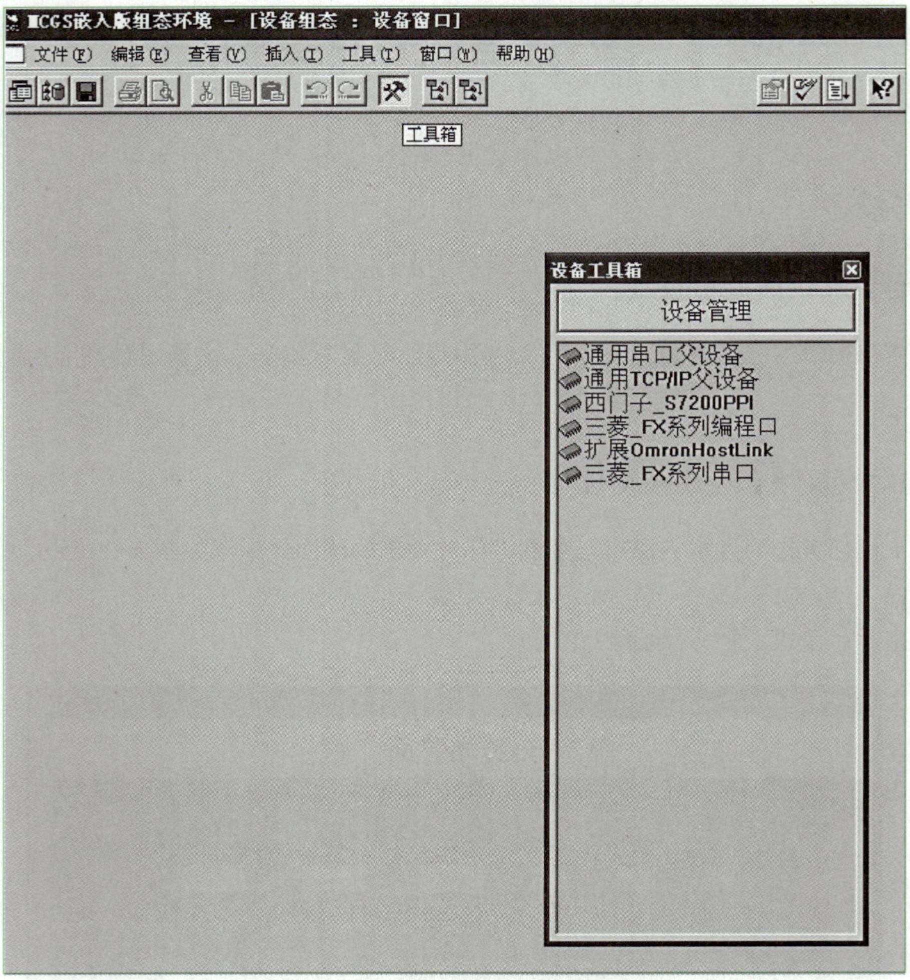

图 5-21　新建通信窗口

2）双击设备管理工具箱中的“通用串口父设备”选项，再单击“三菱 _FX 系列编程口”选项，则会弹出如图 5-22 所示的编辑画面。

3）双击通用串口父设备—[通用串口父设备]，则会弹出如图 5-23 所示的编辑画面。

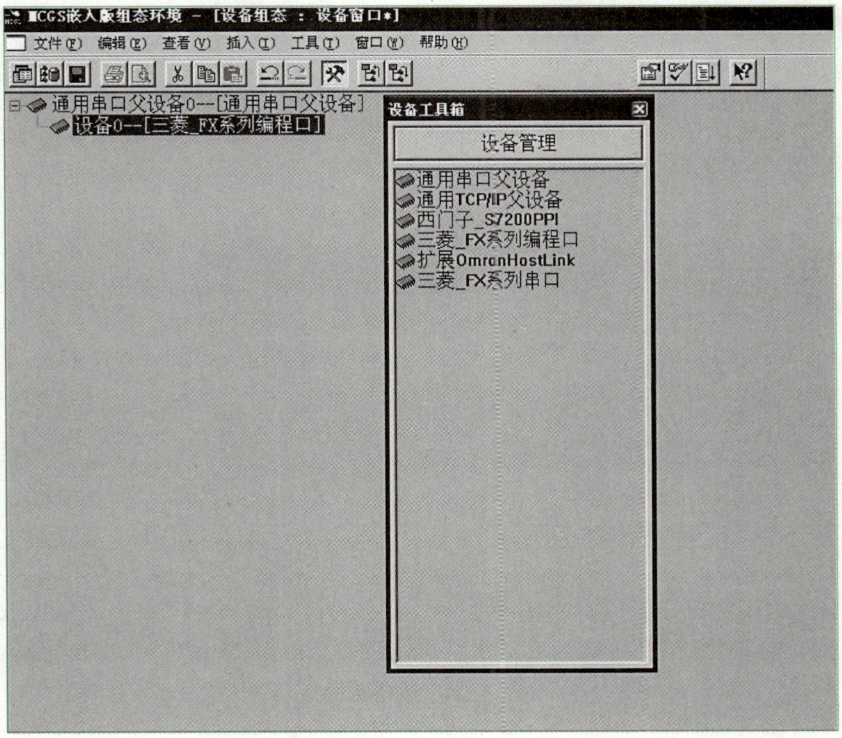

图 5-22　增添串口

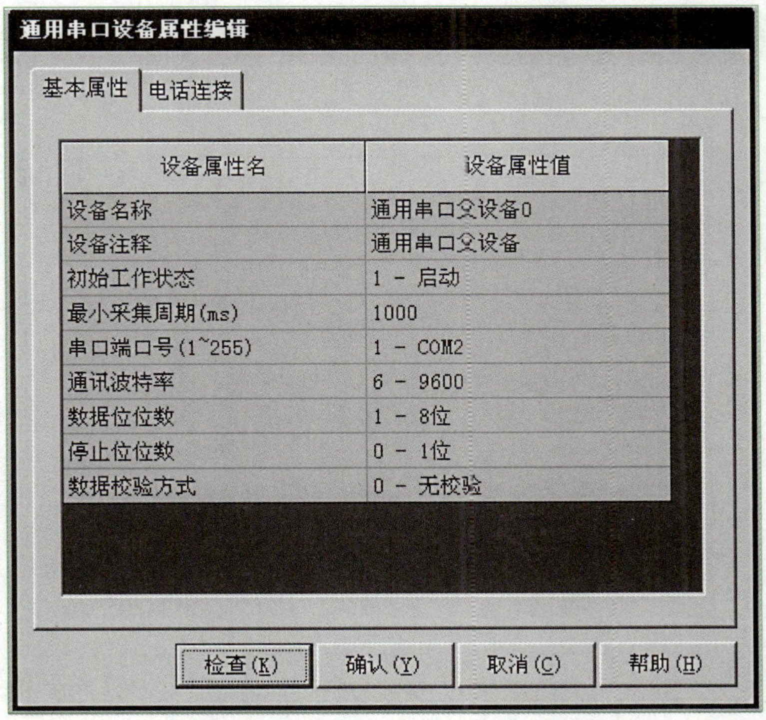

图 5-23　串口属性设置 1

4）图形中的“打开设备帮助”按钮进行选择，单击“打开设备帮助”按钮，则会弹出如图 5-24 所示的编辑画面。

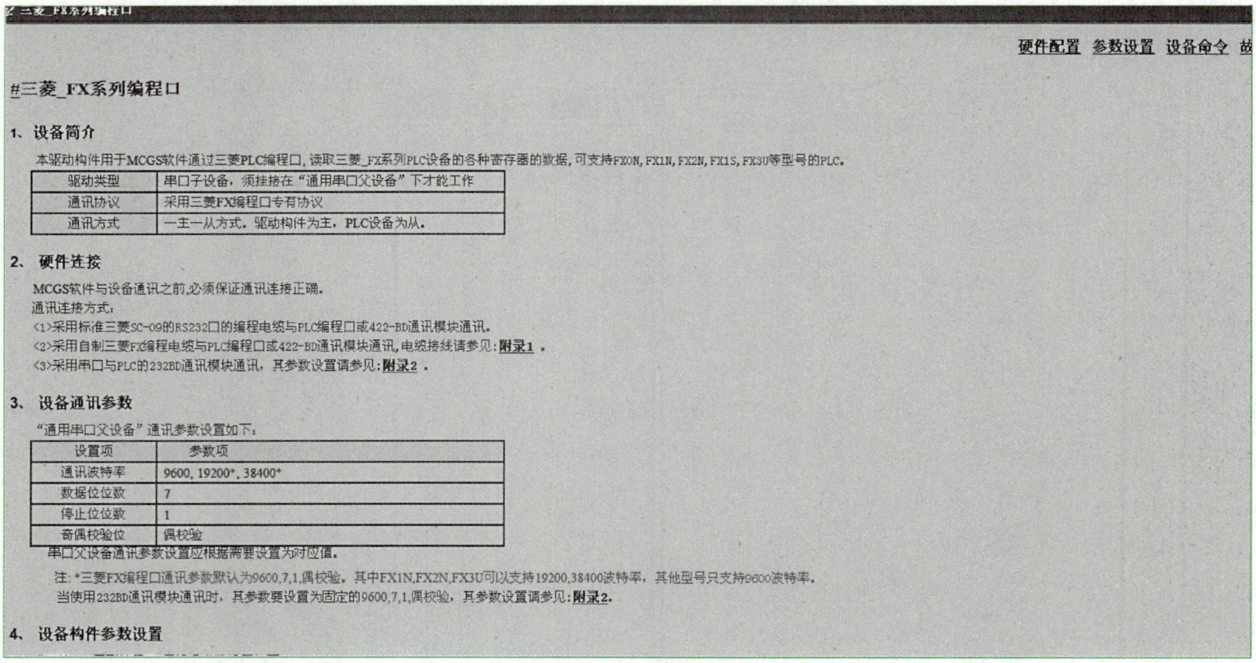
硬件配置 参数设置 设备命令 故

#三菱_FX系列编程口

1、设备简介

本驱动构件用于MCGS软件通过三菱PLC编程口，读取三菱_FX系列PLC设备的各种寄存器的数据，可支持FX0N, FX1N, FX2N, FX1S, FX3U等型号的PLC。

驱动类型	串口子设备，须挂接在"通用串口父设备"下才能工作
通讯协议	采用三菱FX编程口专有协议
通讯方式	一主一从方式，驱动构件为主，PLC设备为从。

2、硬件连接

MCGS软件与设备通讯之前,必须保证通讯连接正确。
通讯连接方式：
<1>采用标准三菱SC-09的RS232口的编程电缆与PLC编程口或422-BD通讯模块通讯。
<2>采用自制三菱FX编程电缆与PLC编程口或422-BD通讯模块通讯，电缆接线请参见：附录1 。
<3>采用串口与PLC的232BD通讯模块通讯，其参数设置请参见：附录2 。

3、设备通讯参数

"通用串口父设备"通讯参数设置如下：

设置项	参数项
通讯波特率	9600, 19200*, 38400*
数据位位数	7
停止位位数	1
奇偶校验位	偶校验

串口父设备通讯参数设置应根据需要设置为对应值。

注：*三菱FX编程口通讯参数默认为9600,7,1,偶校验，其中FX1N,FX2N,FX3U可以支持19200,38400波特率，其他型号只支持9600波特率。
当使用232BD通讯模块通讯时，其参数要设置为固定的9600,7,1,偶校验，其参数设置请参见：附录2。

4、设备构件参数设置

图 5-24　设备帮助

根据图 5-24 中的第 3 点可以判定：波特率为 9 600，数据位位数为 7，停止位位数为 1，奇偶校验位为偶校验，设定如图 5-25 所示。

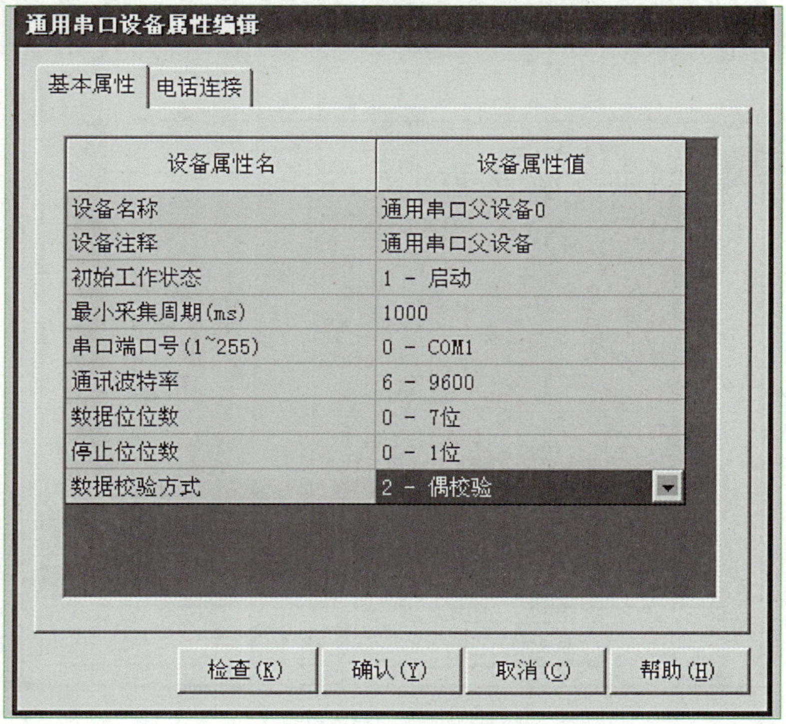

图 5-25　串口属性设置 2

注：这里的串口端口要根据计算机及 PLC 的通信口来选择，本例中计算机及 PLC 的通信口为 COM1，所以触摸屏必须也是 COM1。

5）双击"设备 0—[三菱 _FX 系列编程口]"，则会弹出如图 5-26 所示的编辑画面。

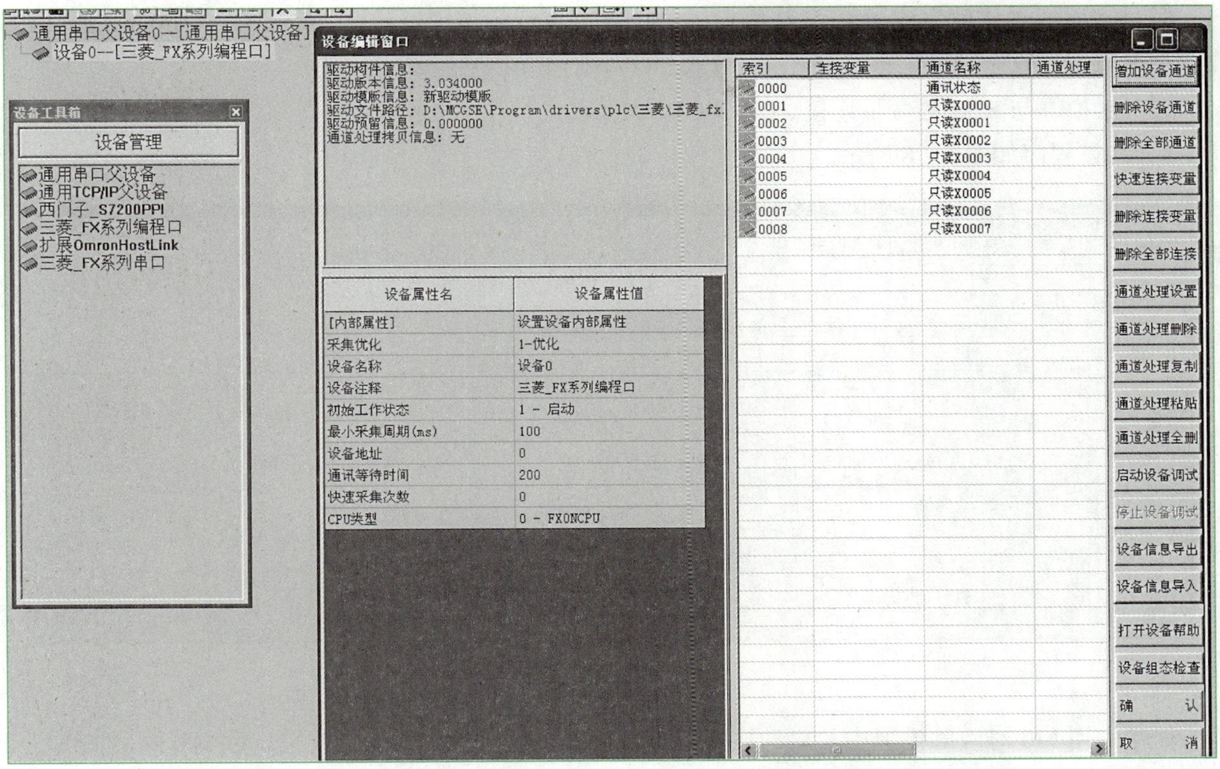

图 5-26　设备编辑窗口

根据 PLC 的型号进行选择，本例中用的是 FX2N 系列，所以图 5-26 的“CPU 类型”选择 2-FX2NCPU，如图 5-27 所示。

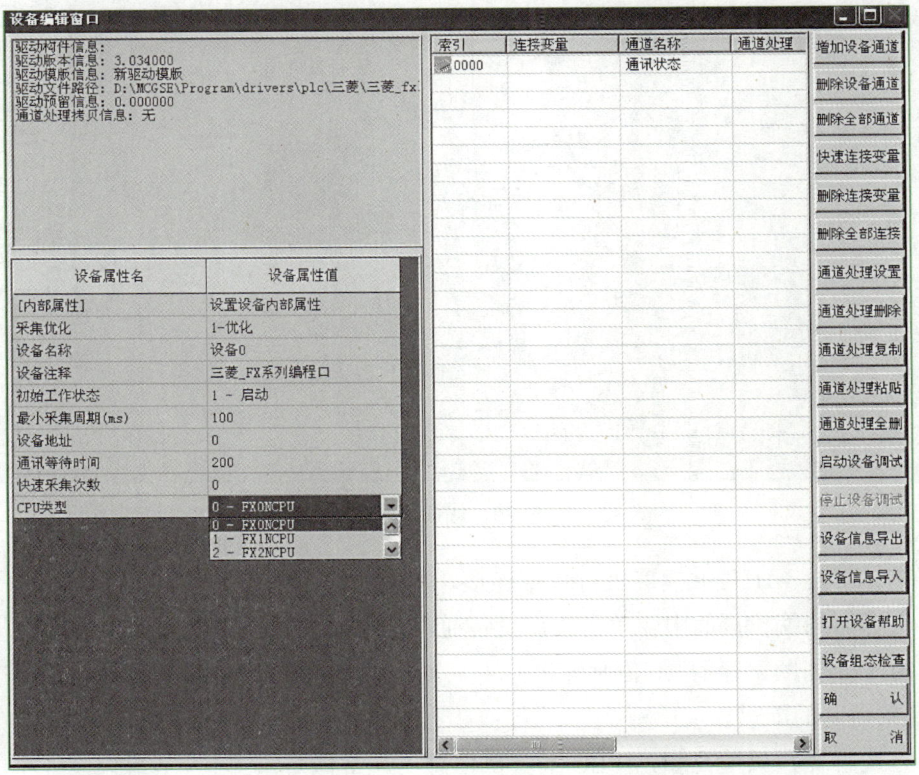

图 5-27　设备属性设置

经过上面的操作就完成了 PLC 与触摸屏的设置。重点关注“打开设备帮助”，不同的设备及 PLC 设置都可以根据这个帮助来进行。

（2）触摸屏与 PLC 的变量连接。

1）PLC 程序如图 5-28 所示。

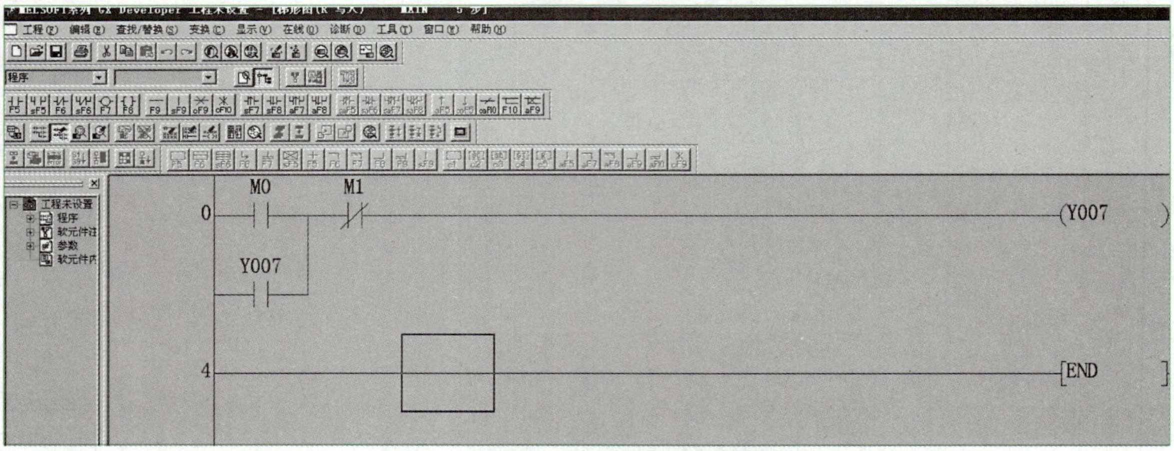

图 5-28　PLC 程序

程序中用 M0 对应触摸屏中的启动按钮，用 M1 对应触摸屏中的停止按钮。触摸屏画面如图 5-29 所示。

图 5-29　触摸屏画面

2）将 PLC 中 M0、M1 与触摸屏进行数据连接。单击“设备窗口”，双击“设备 0—[三菱 _FX 系列编程口]”，在弹出的编辑页面中，单击添加设备通道，则弹出如图 5-30 所示的页面。

选择其中的“M 辅助寄存器”（必须与 PLC 一一对应，如果 PLC 中是 X，则这步要选择 X 输入寄存器）。其他的按默认的即可。

注：读写方式解释：只读是指从 PLC 中获得信息（通常做灯），只写是指触摸屏中的按钮区控制 PLC（通常做按钮），读写则兼顾两者。

设置完成后如图 5-31 所示。

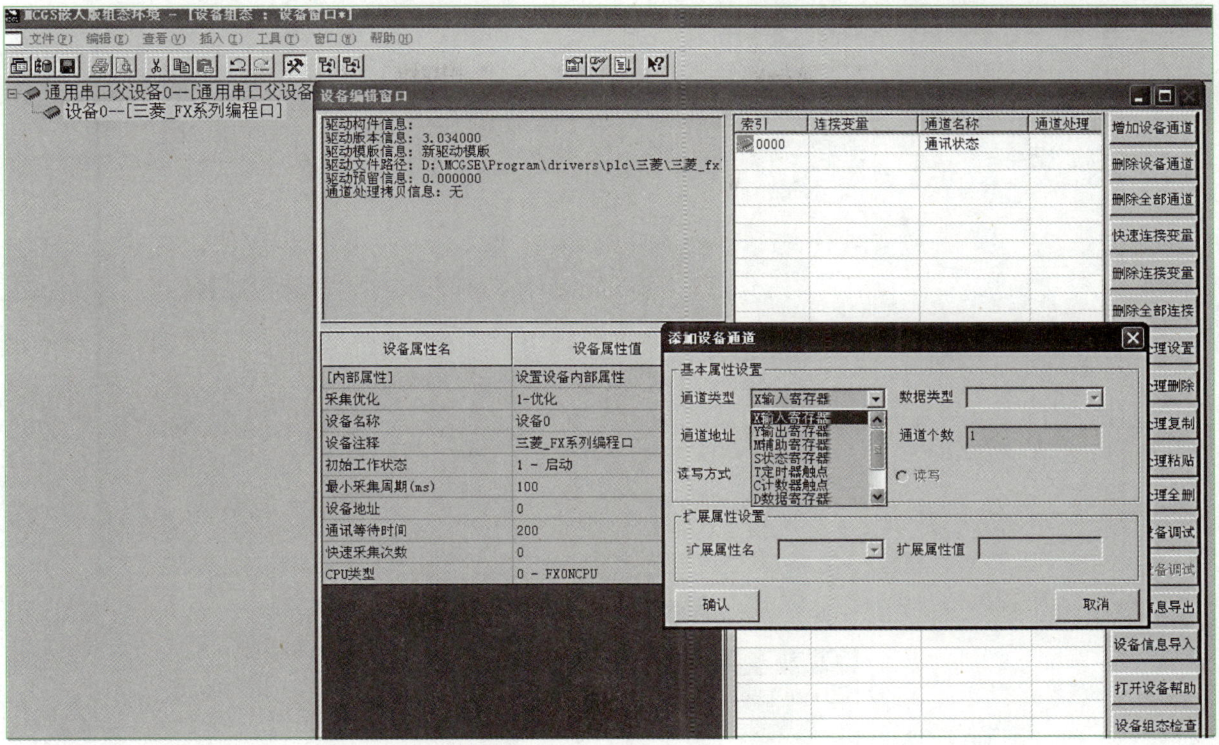

图 5-30　触摸屏变量连接设置

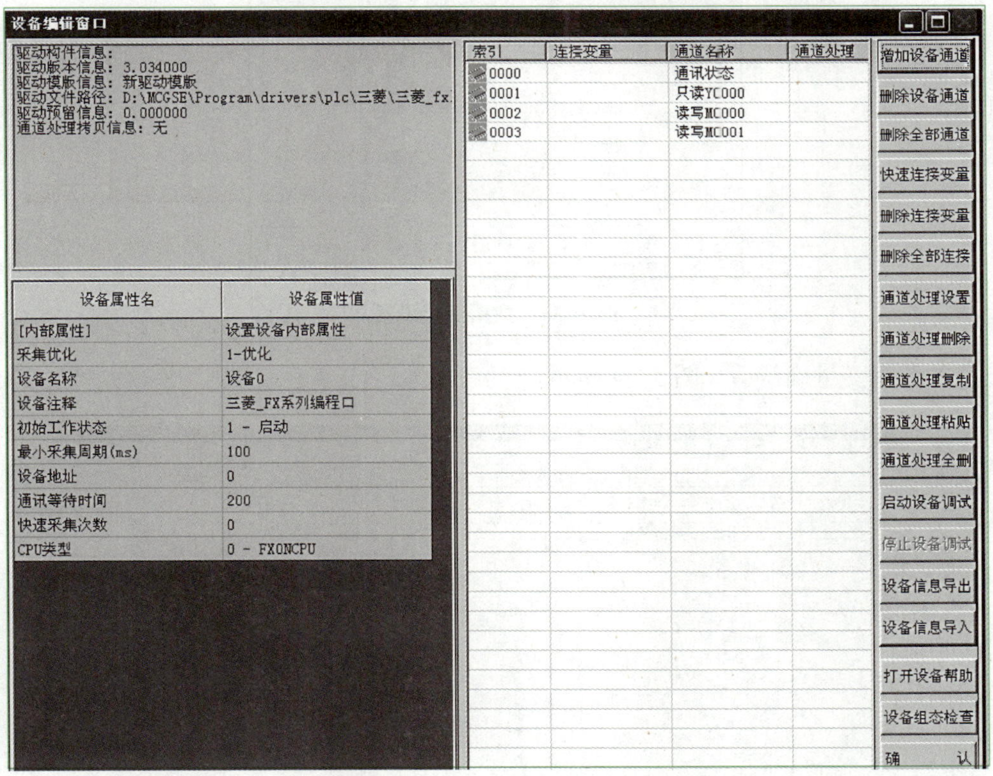

图 5-31　触摸屏变量设置完成

3）选择“连接变量”，单击“实时数据库”，建立变量，如图 5-32 所示。

单击“新增对象”按钮，弹出“数据对象属性设置”界面，如图 5-33 所示，对象定义中定义相关内容，对象类型中要定义好，本次都为开关型。同时可以进行对象内容的注释。

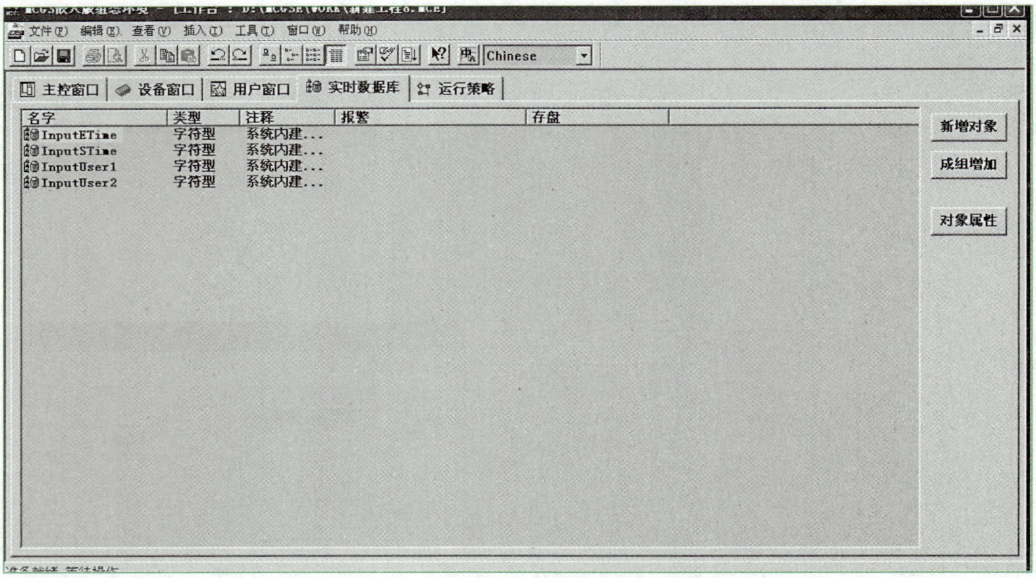

图 5-32 建立变量

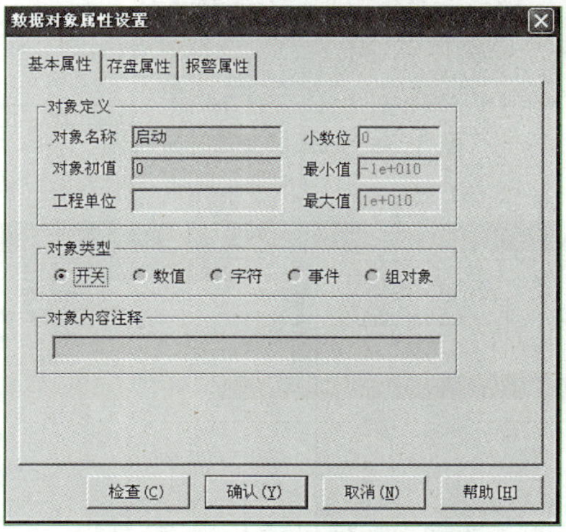

图 5-33 数据变量设置

本例建立的数据变量确认后如图 5-34 所示。

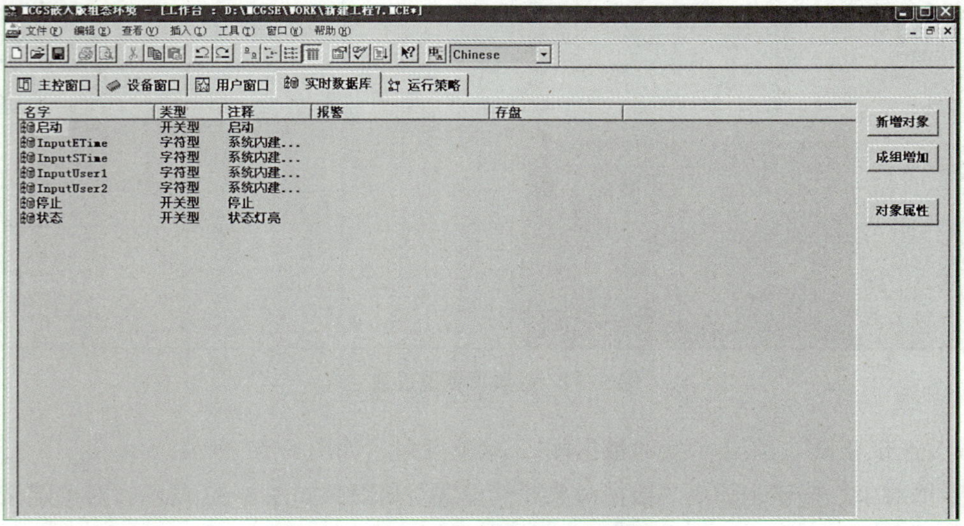

图 5-34 数据变量设置完成

4）变量设置，如图 5-35 所示。

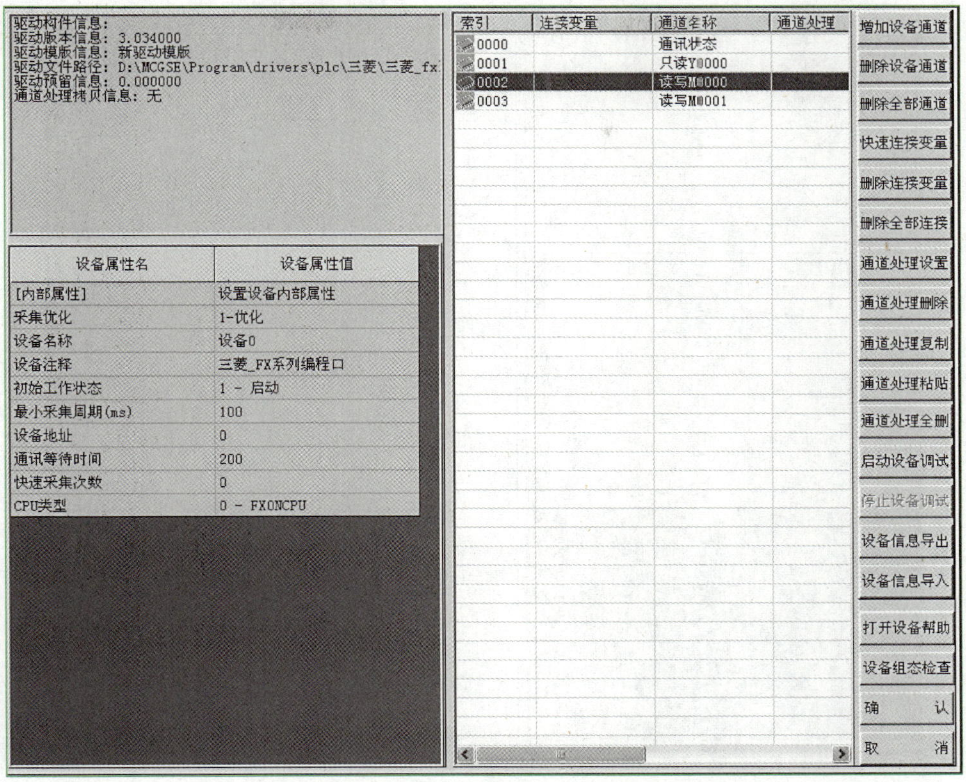

图 5-35　变量连接设置 1

双击变量，如图 5-36 所示。

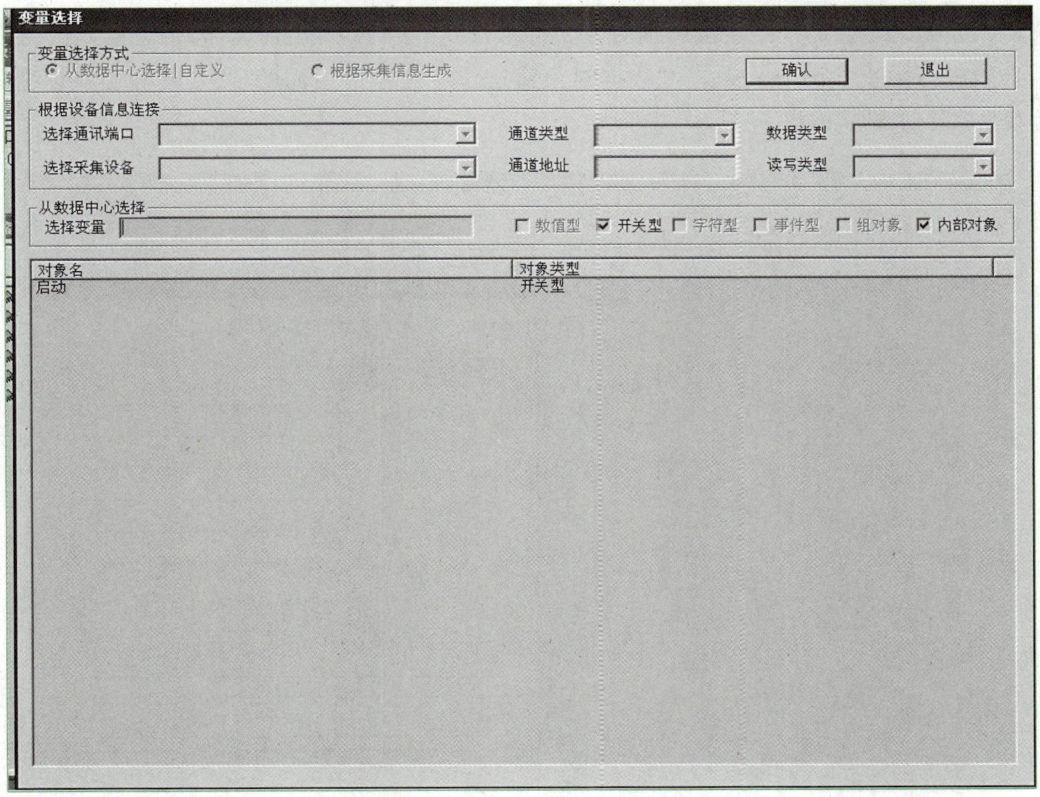

图 5-36　变量连接设置 2

单击选项，设置完成，如图 5-37 所示。

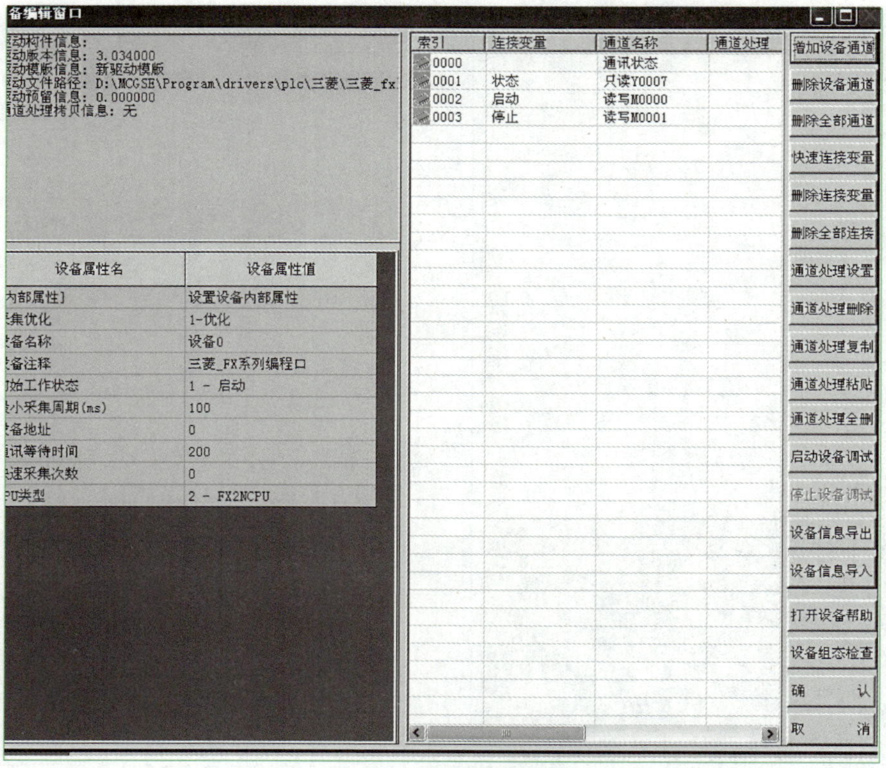

图 5-37　变量连接设置完成

5）触摸屏按钮设置，如图 5-38 所示。

双击画面中的“按钮”，选择“操作属性”，选择数据。对象值操作，根据情况进行选择，这里选择按 1 松 0（也可以是置 1），停止按钮则对应为按 1 松 0（也可以是置 0）。如果想把数据与 PLC 进行连接，则必须进行数据的建立。单击“数据对象值操作”这栏最后面的“?”同样会跳出变量选择画面，然后双击这个变量就连接上了。

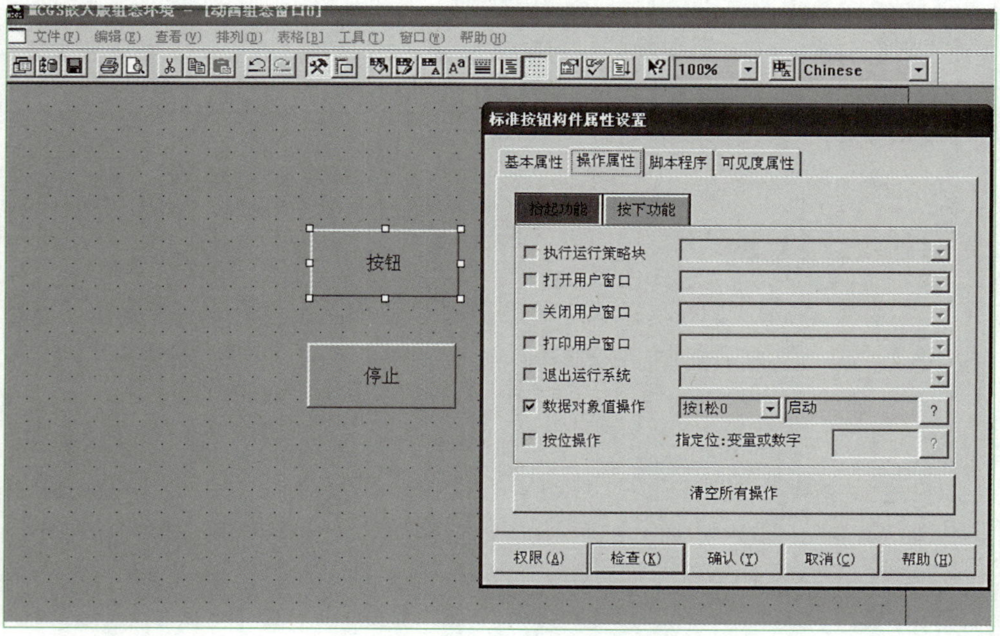

图 5-38　触摸屏按钮设置

停止按钮与指示灯的设置同上面的一样。

2. PLC 与触摸屏综合控制系统设计

组态画面各元件对应的 PLC 地址见表 5-15。

表 5-15　触摸屏组态画面各元件对应的 PLC 地址

元件类别	名称	输入地址	输出地址	备注
位状态切换开关	单机 / 全线切换	M0001	M0001	
位状态开关	启动按钮		M0002	
	停止按钮		M0003	
	累计清零按钮		M0004	
位状态指示灯	单机 / 全线指示灯	M0001	M0001	
	运行指示灯		M0000	
	停止指示灯		M0000	
数值输入元件	变频器频率给定	D0000	M0000	最小值 40，最大值 50
数值输出元件	白芯金属工件累计	D0130		
	白芯塑料工件累计	D0131		
	黑色芯体工件累计	D0132		

（1）人机界面的组态步骤和方法如下：

1）创建工程。

运行“MCGS 嵌入版组态环境”软件，单击“新建工程”。在“新建工程设置”界面中选择触摸屏型号，若在 TPC 类型中找不到“TPC7062KS”，则请选择“TPC7062K”。工程名称为“分拣站”。

2）定义数据对象。

根据前面给出的表 5-15，定义数据对象，所有的数据对象列出，见表 5-16。

表 5-16　触摸屏组态画面各元件对应数据状态

数据名称	数据类型	注释
运行状态	开关型	状态指示灯
单机 / 全线切换	开关型	
启动按钮	开关型	
停止按钮	开关型	
累计清零按钮	开关型	
变频器频率给定	数值型	
白芯金属工件累计	数值型	
白芯塑料工件累计	数值型	
黑色芯体工件累计	数值型	

下面以数据对象“运行状态”为例，介绍定义数据对象的步骤：

①单击工作台中的“实时数据库”窗口标签，进入实时数据库窗口页。

②单击“新增对象”按钮，在窗口的数据对象列表中增加新的数据对象，系统默认定义的名称为“Data1”“Data2”“Data3”等（多次单击该按钮，则可增加多个数据对象）。

③选中对象，按“对象属性”按钮，或者双击选中对象，则打开“数据对象属性设置”窗口。将对象名称改为“运行状态”，对象类型选择“开关型”，单击“确认”按钮。

④按照此步骤，根据上面列表，设置其他几个数据对象。

（2）画面通信设置。

详见“触摸屏与 PLC 的通信设置”中的通信设置过程。

任务 4　伺服及步进控制系统设计

一、任务描述

1. 步进电动机控制系统设计 1

如图 5-39 所示为步进电动机控制系统模拟装置，具体设计要求如下：

（1）利用可编程控制器输出信号控制步进电动机运行。

（2）打开“SD”启动开关，系统准备运行。

（3）打开“MA”手动开关，系统进入手动控制模式，此时再按动“SE”单步按钮，步进电动机运行一步。

（4）关闭“MA”手动开关，系统进入自动控制模式，此时步进电动机开始自动运行。

（5）分别按动速度选择开关“V1”“V2”“V3”，步进电动机运行在不同的速度段上。

（6）步进电动机开始运行时为正转，按动“MF”开关，步进电动机反方向运行；再按动“MZ”开关，步进电动机正方向运行。

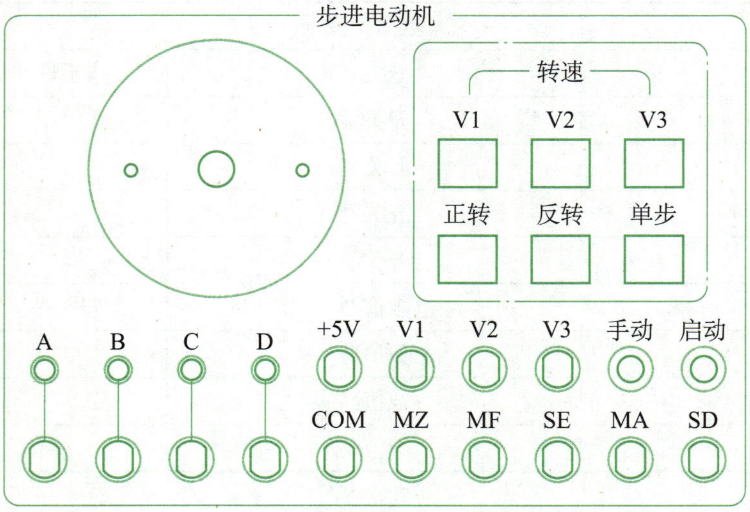

图 5-39　步进电动机控制系统模拟装置

2. 步进电动机控制系统设计 2——用 PLC 实现自动生产线滚珠丝杆机械手的控制

机械手实物模型的机械结构由滚珠丝杆、滑杆、气缸、气夹等机械部件组成，电气方面由步进电动机、限位开关、开关电源、电磁阀等电子器件组成。图 5-40 为机械手顺序控制工作图。在完成单循环控制后，机械手并不停止，而是循环动作，按停止按钮后，机械手运行一个周期后停止。分析控制对象，确定控制要求。

操作视频

机械手操作

要求机械手实现如下单循环控制：

（1）启动，竖轴上升；

（2）横轴前伸；

（3）电磁阀动作，手张开；

（4）竖轴下降；

（5）电磁阀动作，手夹紧；

（6）竖轴上升；

（7）横轴缩回；

（8）竖轴下降；

（9）电磁阀动作，手张开；

（10）竖轴上升；

（11）运行至上位，停止复位。

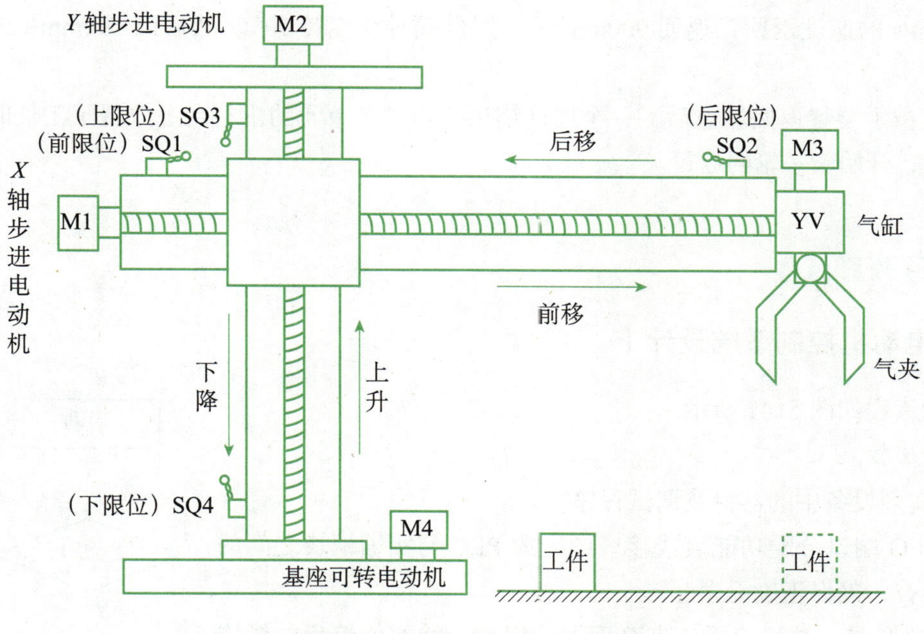

图 5-40　机械手顺序控制工作图

3. 伺服电动机控制系统设计——PLC 与伺服电动机控制机械手实现供料运输

操作视频

伺服电动机应用视频 1

操作视频

伺服电动机应用视频 2

操作视频

伺服电动机应用视频 3

某工厂物品输送工序在通电后，按下复位按钮 SB1，执行复位操作，使抓取机械手装置回到原点位置。在复位过程中，“正常工作”指示灯 HL1

以 1Hz 的频率闪烁。当抓取机械手装置回到原点位置，且物品输送工序的各个气缸满足初始位置的要求时，复位完成，“正常工作”指示灯 HL1 常亮。按下启动按钮 SB2，设备启动，“设备运行”指示灯 HL2 也常亮，开始功能测试过程。

具体控制要求：

（1）抓取机械手装置从供料站出料台抓取工件，抓取的顺序是：手臂伸出→手爪夹紧抓取工件→提升台上升→手臂缩回。

（2）抓取动作完成后，伺服电动机驱动机械手装置向加工站移动，移动速度不小于 300mm/s。

（3）机械手装置移动到加工站物料台的正前方后，即把工件放到加工站物料台上。抓取机械手装置在加工站放下工件的顺序是：手臂伸出→提升台下降→手爪松开放下工件→手臂缩回。

（4）放下工件动作完成 2s 后，抓取机械手装置执行抓取加工站工件的操作。抓取的顺序与供料站抓取工件的顺序相同。

（5）抓取动作完成后，伺服电动机驱动机械手装置移动到装配站物料台的正前方，然后把工件放到装配站物料台上。其动作顺序与加工站放下工件的顺序相同。

（6）放下工件动作完成 2s 后，抓取机械手装置执行抓取装配站工件的操作。抓取的顺序与供料站抓取工件的顺序相同。

（7）机械手手臂缩回后，摆台逆时针旋转 90°，伺服电动机驱动机械手装置从装配站向分拣站运送工件，到达分拣站传送带上方入料口后把工件放下，动作顺序与加工站放下工件的顺序相同。

（8）放下工件动作完成后，机械手手臂缩回，然后执行返回原点的操作。伺服电动机驱动机械手装置以 400mm/s 的速度返回，返回 900mm 后，摆台顺时针旋转 90°，然后以 100mm/s 的速度低速返回原点停止。

当抓取机械手装置返回原点后，一个周期结束。当供料单元的出料台上放置了工件时，再按一次启动按钮 SB2，开始新一轮的运行。

二、任务实施

1. 步进电动机控制系统设计 1

（1）设计流程如图 5-41 所示。

（2）设计步骤。

1）检查实训设备中的器材及调试程序。

2）按照 I/O 端口分配功能表或接线图完成 PLC 与实训模块之间的接线，认真检查，确保正确无误。

3）编写梯形图，进行编译，直至无误。用 SC-09 通信编程电缆连接计算机串口与 PLC 通信口，打开 PLC 主机电源开关，下载程序至 PLC 中，下载完毕后将 PLC 的“RUN/STOP”开关拨至“RUN”状态。

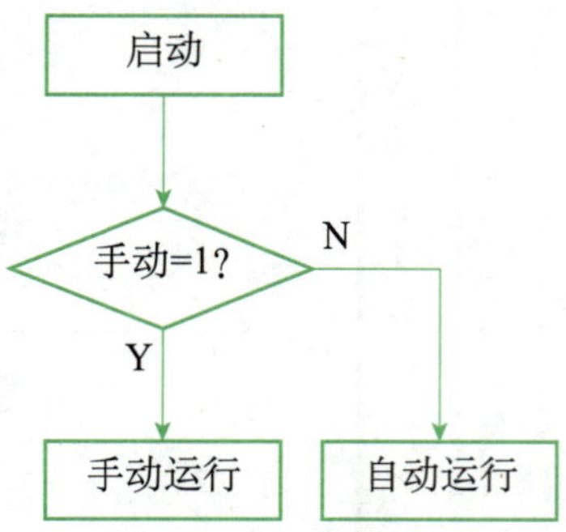

图 5-41　步进电动机控制系统设计流程图

4）打开“SD”启动开关，系统准备运行。

5）打开“MA”手动开关，系统进入手动控制模式，按动一次“SE”单步按钮，步进电动机运行一步。连续按动多次后，步进电动机可运行一周。

6）关闭“MA”手动开关，系统进入自动控制模式，此时步进电动机开始自动运行。

7）按动速度选择开关“V1”，步进电动机以低速运行。

8）按动速度选择开关“V2”，步进电动机以中速运行。

9）按动速度选择开关“V3”，步进电动机以高速运行。

10）步进电动机一开始运行时为正转，按动“MF”开关，步进电动机反方向运行；再按动“MZ”开关，步进电动机正方向运行。

（3）I/O 端口分配功能（见表 5-17）。

表 5-17　步进电动机控制系统课题 I/O 端口分配功能表

序号	PLC 地址（PLC 端子）	电气符号（面板端子）	功能说明
1	X000	SD	启动开关
2	X001	MA	手动
3	X002	V1	速度 1
4	X003	V2	速度 2
5	X004	V3	速度 3
6	X005	MZ	正转
7	X006	MF	反转
8	X007	SE	单步
9	Y000	A	A 相
10	Y001	B	B 相
11	Y002	C	C 相
12	Y003	D	D 相
13	面板 +5V 接电源 5V		电源正端
14	主机 S/S 接电源 24V		电源正端
15	主机 COM0、COM1、COM2、面板 COM 接电源 GND		电源地端

（4）PLC 的外部接线图（如图 5-42 所示）。

（5）程序自行设计。

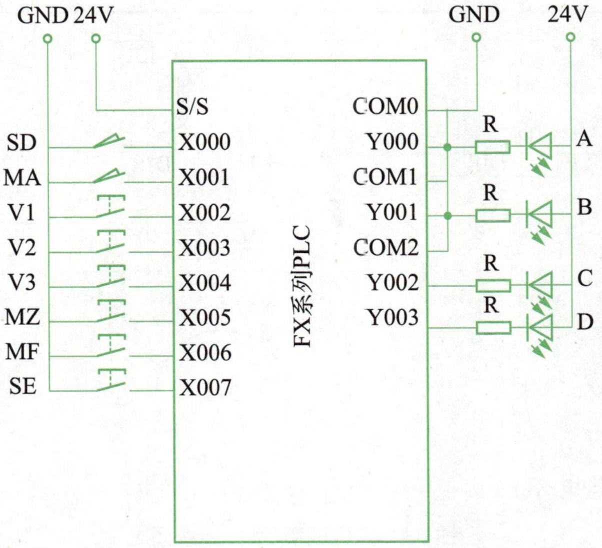

图 5-42　步进电动机控制系统 PLC 外部接线图

2. 步进电动机控制系统设计 2——用 PLC 实现自动生产线滚珠丝杆机械手的控制

（1）输入 / 输出（I/O）配置见表 5-18。

表 5-18　步进电动机控制系统设计

开关量输入信号				开关量输出信号			
序号	地址	代号	作用	序号	地址	代号	作用
1	X0	SB1	启动按钮	1	Y0	PUL	*X* 轴脉冲
2	X1	SQ1	*X* 轴前限位	2	Y1	PUL	*Y* 轴脉冲
3	X2	SQ2	*X* 轴后限位	3	Y2	DIR	*X* 轴方向
4	X3	SQ3	*Y* 轴上限位	4	Y3	DIR	*Y* 轴方向
5	X4	SQ4	*Y* 轴下限位	5	Y4	YV	手抓电磁阀张开
6	X5	SB2	停止按钮				

（2）机械手 PLC 接线图。

机械手 PLC 接线图如图 5-43 所示。

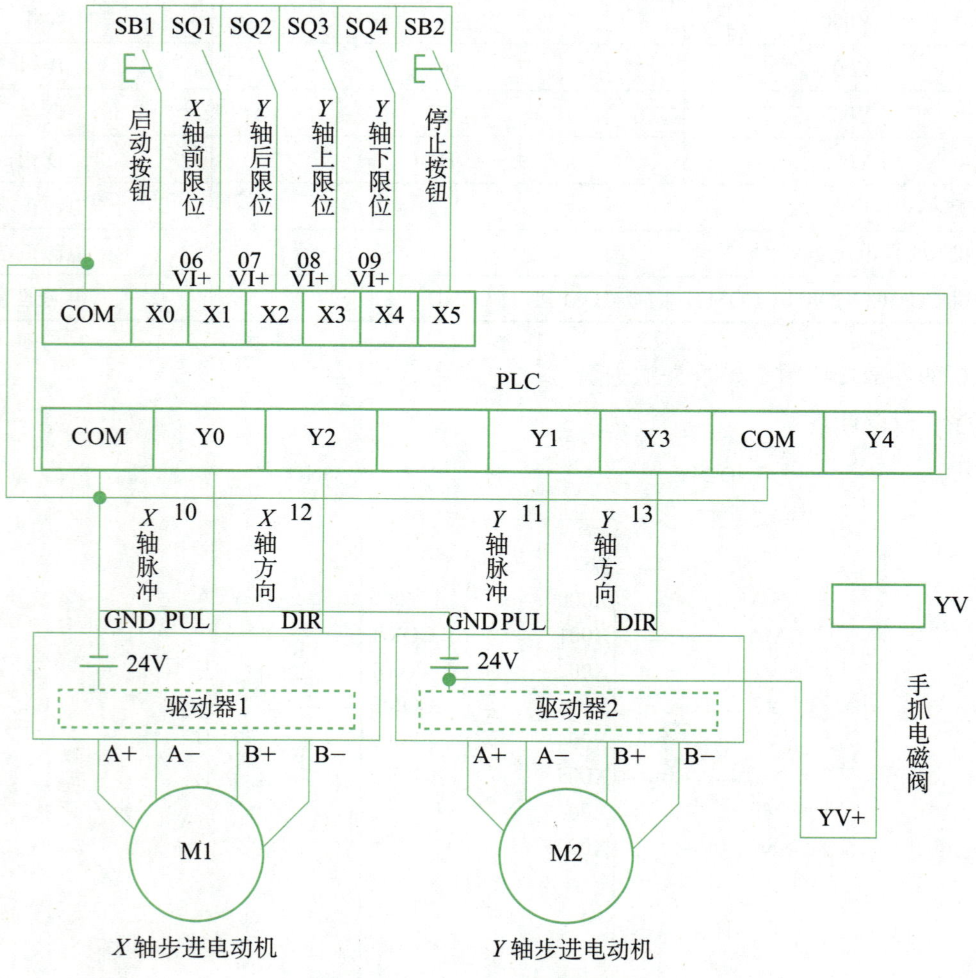

图 5-43　机械手 PLC 接线图

（3）程序设计。

1）初始化及启动程序。

初始化程序如图 5-44 所示，主要用于设定步进电动机的脉冲参数。其中，D100、D102、D104 为 *X* 轴输出脉冲的最高频率，此频率为 4 000Hz，总输出脉冲数为 500 000，加减速时间为 100ms；D200、D202、D204 为 *Y* 轴输出脉冲的最高频率，此频率为 4 000Hz，总输出脉冲数为 500 000，加减速时间为 100ms。按下启动按钮 X0，进入状态 M100。M8018 为内装 RTC 检测，常闭时为 0。

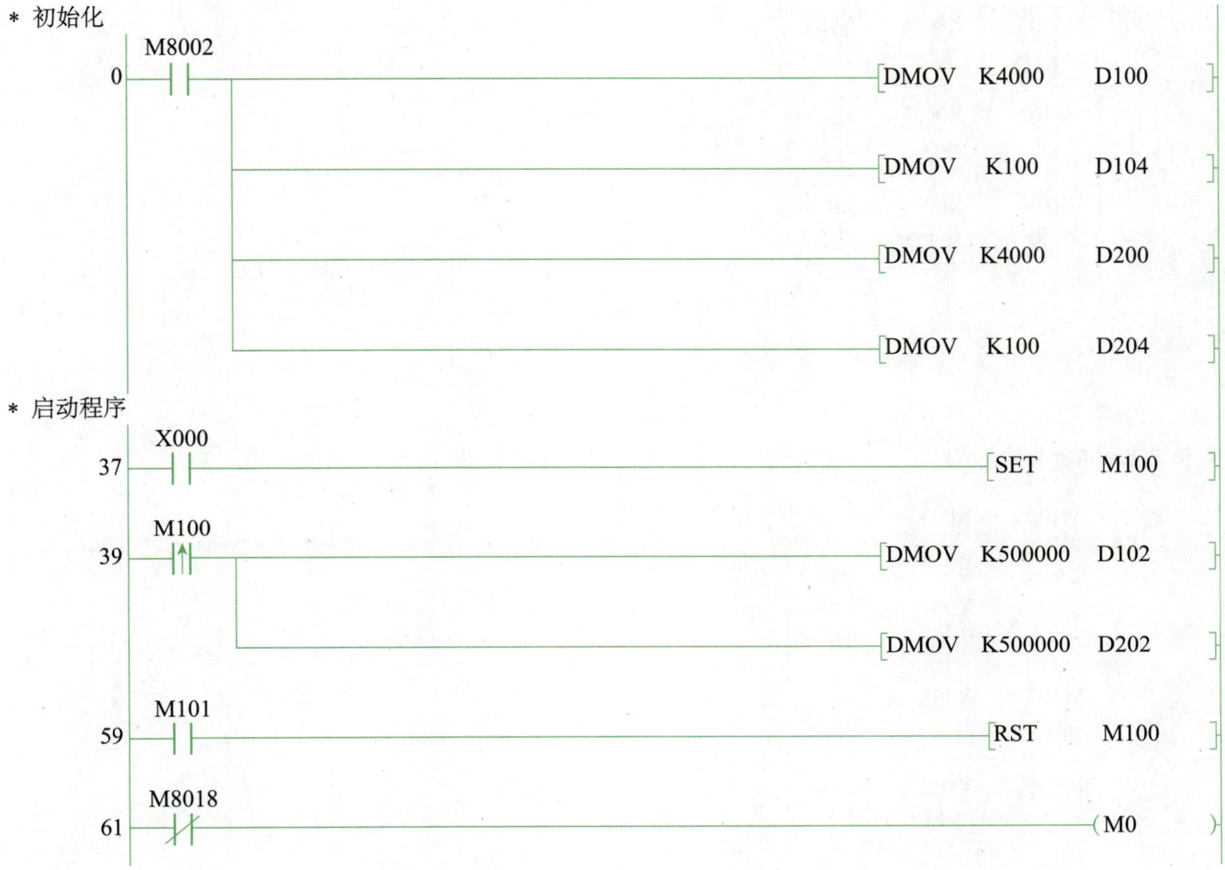

图 5-44 初始化程序

2）状态位移程序。

如图 5-45 所示，通过位左移指令，实现对状态的转移。其中，M100 为 *Y* 轴上升状态，M101 为 *X* 轴向前状态，M102 为 *Y* 轴下降状态，M103 为 *Y* 轴上升状态，M104 为 *X* 轴向后状态，M105 为 *Y* 轴下降状态。

3）步进电动机脉冲输出程序。

如图 5-46 所示，通过初始化设置的步进电动机脉冲参数，输出 *Y* 轴脉冲（Y1）和 *X* 轴参数（Y0）。

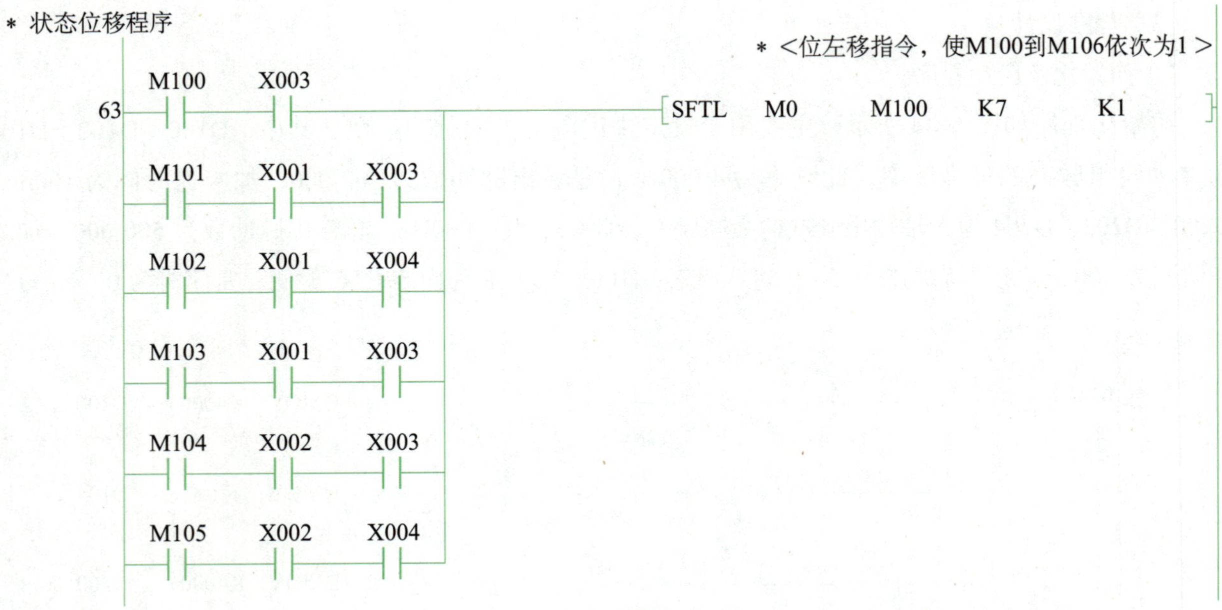

图 5-45　状态位移程序

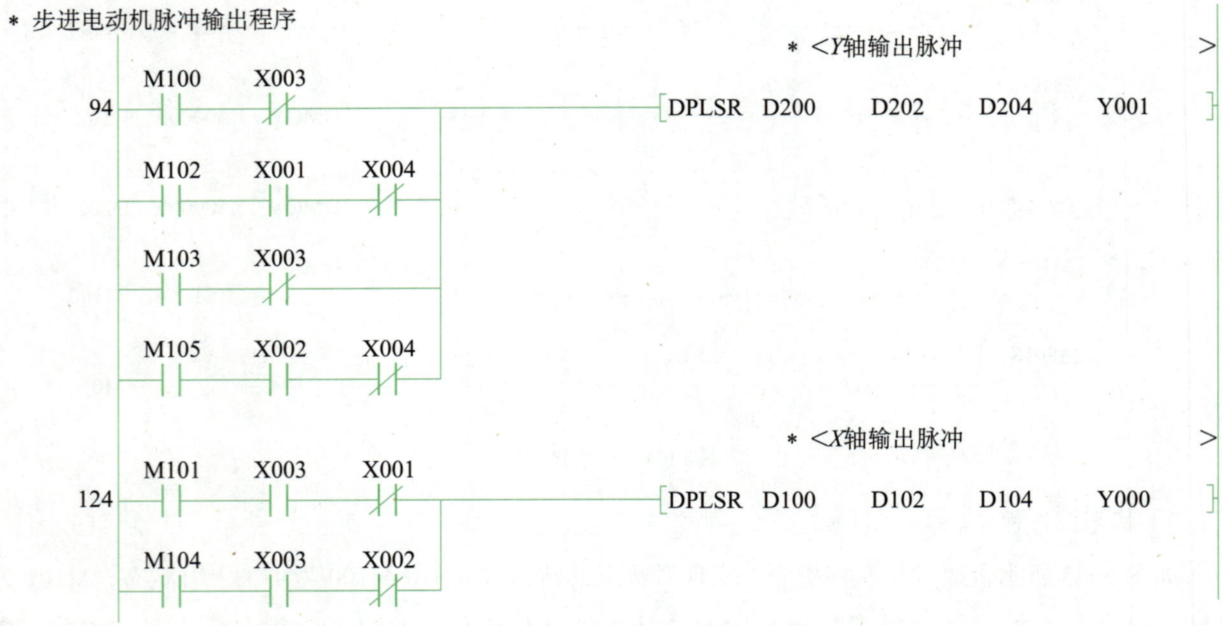

图 5-46　状态位移程序

4）状态输出开关量程序。

如图 5-47 所示，根据各自的状态输出开关量（Y002、Y003）。电磁阀信号（Y004）得电时，电磁阀张开；失电时，电磁阀抓紧。

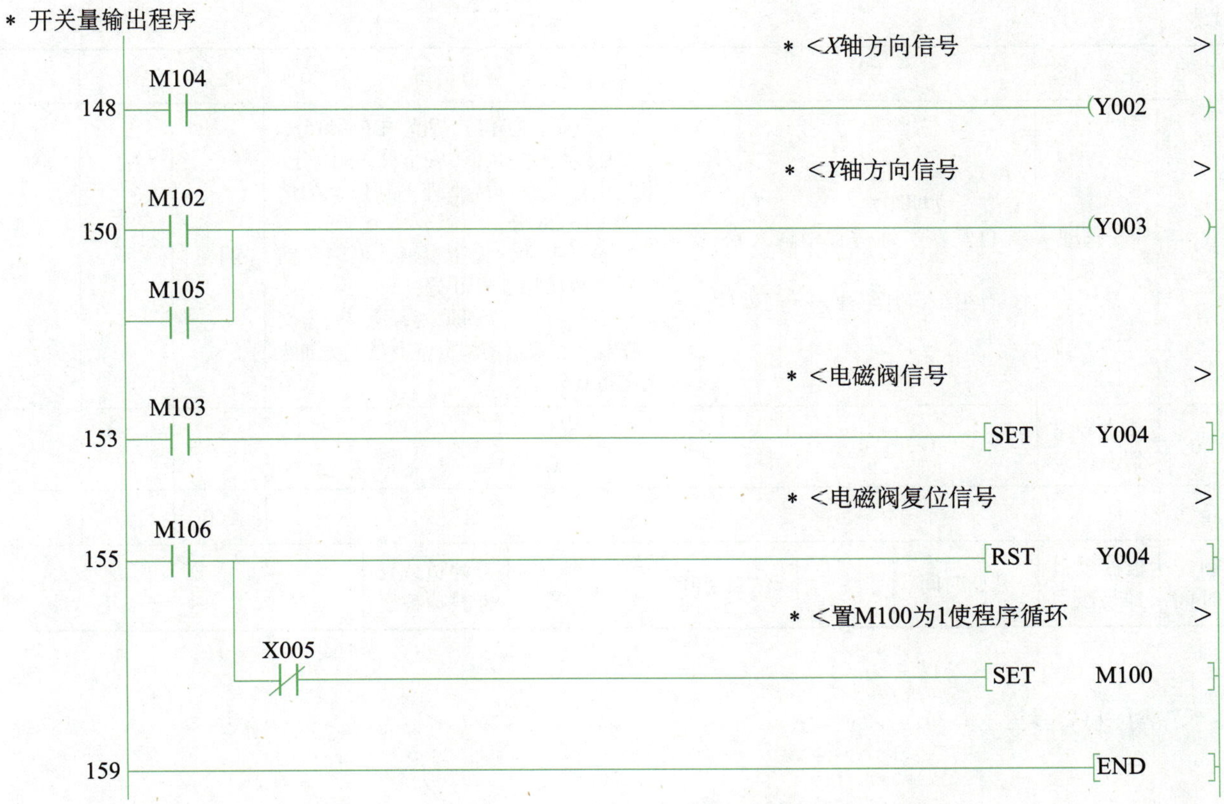

图 5-47　状态输出开关量程序

任务评价

项目 5 评分表见表 5-19。

表 5-19　项目 5 评分表

序号	主要内容	考核要求	评分标准	配分	扣分	得分
1	触摸屏	1. 能正确绘制触摸屏界面； 2. 能对编写好的程序进行离线仿真； 3. 能与 PLC 进行联机操作	1. 触摸屏基本操作，10 分； 2. 离线仿真任务，10 分； 3. 与 PLC 联机任务，20 分	40		
2	控制系统外部接线图	1. 能正确连接触摸屏下载线； 2. 能正确连接 PLC 与触摸屏通信线	下载及通信不正确	10		
3	程序设计及相关参数设置	能够完成各任务中的控制要求，并能正确设置相关控制器的参数，程序编写简洁，功能有创新	1. 程序功能不全，扣 10 分； 2. 程序较为烦琐，扣 10 分； 3. 变频器及扩展模块参数设置不全，每处扣 3 分	20		
4	模拟运行及文档归类	1. 在保证人身和设备安全，以及操作规范的前提下，通电试验一次成功； 2. 项目设计完成后，进行资料分类整理并归档	1. 操作调试不规范，每次扣 5 分。 2. 一次调试不成功，扣 10 分； 二次调试不成功，扣 20 分。 3. 没有进行资料归档，扣 10 分	30		

续表

<table>
<tr><td>序号</td><td>主要内容</td><td colspan="3">考核要求</td><td colspan="3">评分标准</td><td>配分</td><td>扣分</td><td>得分</td></tr>
<tr><td>5</td><td>6S 管理制度</td><td colspan="3">1. 安全文明生产；
2. 自觉在实训过程中融入 6S 管理理念；
3. 有组织，有纪律，守时诚信</td><td colspan="3">1. 违反安全文明生产规范，扣5～40分；
2. 乱线敷设，加扣不安全分，扣10分；
3. 工位不整理或整理不到位，酌情扣 10～20 分；
4. 随意走动，无所事事，不刻苦钻研，酌情扣 5～10 分；
5. 不思进取，无理取闹，违反安全操作规程，取消实训资格，当天实训课题得 0 分</td><td>倒扣</td><td></td><td></td></tr>
<tr><td>6</td><td>课堂异常情况记录</td><td colspan="7"></td><td></td><td></td></tr>
<tr><td>备注</td><td colspan="4"></td><td colspan="3">合计</td><td>100</td><td></td><td></td></tr>
<tr><td>额定时间</td><td>根据项目难易程度</td><td>开始时间</td><td></td><td>结束时间</td><td></td><td>考评员或任课教师签字</td><td colspan="4">年　月　日</td></tr>
</table>

知识链接

一、组态控制技术概述

组态控制技术是一种计算机控制技术。利用组态控制技术构成的计算机测控系统与一般计算机系统在结构上没有本质上的区别，它们都由被控对象、传感器、I/O 接口、计算机和执行机构几部分组成。

传感器的作用是对被控对象的各种参数进行检测。通过传感器，计算机能“感知”生产进行的情况，将参数在显示器上显示，并根据参数实际值与设定值的偏差，按照一定的控制算法发出控制命令，控制执行机构的动作，从而完成控制任务。传感器、执行机构一般置于生产现场，和被控对象在一起，也叫现场设备。采用组态控制技术的系统，计算机一般都置于控制室。

计算机只能接收数字信号，而传感器发出的多是电压、电流、电阻等模拟信号，执行机构也需要接收模拟信号（电压、电流等），计算机和传感器及执行器之间需要 I/O 接口设备来进行信号的转换与联系，因此 I/O 设备是沟通计算机和现场设备的桥梁。I/O 接口里主要的部件常常是用来将模拟量转换成数字量的 A/D 转换器、将数字量转换成模拟量的 D/A 转换器、对开关量进行信号隔离的光电隔离器等。I/O 设备既可安装在计算机里（如各种 I/O 板卡）、计算机外的控制室里（如带通信接口的智能仪表），也可以安装在现场（如智能传感变送器、I/O 模块）。

组态控制技术相对于传统计算机控制技术的优点包括以下几点。

1. 在硬件设计上

采用组态控制技术构成计算机监控及控制系统。在硬件设计上，除采用工业 PC 外，系统大量采用各种成熟通用的 I/O 接口设备和现场管理，基本上不再需要单独进行具体电路设计，节约了硬件开发时间，更提高了工业控制系统的可靠性。

2. 在软件设计上

由于采用成熟的工控专用组态软件进行系统设计，因此软件开发周期大大缩短。其为用户提供了多种通用工具模块，用户不需要掌握太多的编程语言技术，就能很好地完成一个复杂工程所需的所有功能。系统设计人员可以把更多的注意力集中在如何选择最优的控制方法、设计合理的控制系统结构、选择合适的控制算法等这些能提高控制品质的关键问题上。

3. 在管理上

用组态软件开发的系统具有与 Windows 一致的图形化操作界面，非常便于生产的组织与管理。

组态控制技术是计算机控制技术综合发展的结果，是技术成熟化的标志。由于组态控制技术的介入，计算机控制系统的应用速度大大加快了。基于组态控制技术的计算机系统和组态软件较为常用。一般来说，只要采用一组编程接口，选择通用接口部件和组态软件，这样构成的系统都是基于组态控制技术的。一般组态软件的功能有：数据采集与处理、画面设计、动画显示、报表输出、报警处理和流程控制等。

二、触摸屏概述

1. 触摸屏的概念

触摸屏是一种定位设备，用户可以直接用手向计算机输入坐标信息，它和鼠标、键盘一样，是一种输入设备。触摸屏具有坚固耐用、反应速度快、节省空间、易于交流等许多优点。利用这种技术，只要用手指轻轻地触碰计算机显示屏上的图符或文字，就能实现对主机的操作，从而使人机交互更为直截了当。这种技术极大地方便了那些不懂操作计算机的用户。

2. 触摸屏的基本原理

触摸屏的基本原理是用手指或其他物体触摸安装在显示器前端的触摸屏时，所触摸的位置（以坐标形式）由触摸屏控制器检测，并通过接口（如 RS-232 串行口）送到 CPU，从而确定输入的信息。触摸屏的本质是传感器，它由触摸检测部件和触摸屏控制器组成。触摸检测部件安装在显示器屏幕前面，用于检测用户触摸位置，接受后发送给触摸屏控制器；触摸屏控制器的主要作用是从触摸点检测装置接收触摸信息，并将它转换成触点坐标送给 CPU，同时能接收 CPU 发来的命令并加以执行。

3. 触摸屏的主要种类

目前，根据传感器类型，触摸屏大致被分为红外线式、电阻式、表面声波式和电容式触摸屏四种。其中，电阻式、表面声波式和电容式触摸屏使用较为广泛。

（1）红外线式触摸屏。

红外线式触摸屏在显示器的前面安装一个电路板外框，电路板在屏幕四边排布红外发射管和红外接收管，一一对应形成横竖交叉的红外线矩阵。用户在触摸屏幕时，手指就会挡住经过该位置的横竖两条红外线，因而可以判断出触摸点在屏幕上的位置。任何触摸物体都可改变触点上的红外线而实现触摸屏操作。红外线式触摸屏不受电流、电压和静电干扰，适宜于某些恶劣的环境条件。其主要优点是价格低廉、安装方便、不需要板卡或其他任何控制器，可以在各档次的计算机上应用。

（2）电阻式触摸屏。

电阻式触摸屏的主要部分是一块与显示器表面非常配合的电阻薄膜屏，在强化玻璃表面分别涂上两层透明氧化金属导电层，利用压力感应进行控制。当手指触摸屏幕时，两层导电层在触摸点位置上就有了接触，电阻发生变化，在 X 和 Y 两个方向上产生信号，然后传送到触摸屏控制器。控制器侦测到这一接触并计算出（X，Y）的位置，再根据模拟鼠标的方式运作。电阻式触摸屏不怕尘埃、水及污垢的影响，能在恶劣环境下工作。但由于复合薄膜的外层采用塑胶材料，抗爆性较差，因此其使用寿命受到一定影响。

（3）表面声波式触摸屏。

表面声波是一种沿介质表面传播的机械波。该种触摸屏的角上装有超声波换能器，能发送一种高频声波跨越屏幕表面，当手指触及屏幕时，触点上的声波即被阻止，由此确定坐标位置。表面声波式触摸屏不受温度、湿度等环境因素影响，分辨率极高，有极好的防刮性，寿命长，透光率高，能保持清晰透亮的图像质量，最适合在公共场所使用。但尘埃、水及污垢会严重影响其性能，需要经常维护，以保持屏面的光洁。

（4）电容式触摸屏。

电容式触摸屏是利用人体的电流感应进行工作的，在玻璃表面贴上一层透明的特殊金属导电物质，当有导电物体触碰时，就会改变触点的电容，从而可以探测出触摸的位置。但用戴手套的手或手持不导电的物体触摸时没有反应，这是因为增加了更为绝缘的介质。电容式触摸屏能很好地感应轻微及快速触摸，防刮擦，不怕尘埃、水及污垢的影响，适合在恶劣环境下使用。但由于电容随温度、湿度或环境电场的不同而变化，因此其稳定性较差，分辨率低，易漂移。

4. 触摸屏的核心技术

触摸屏的核心技术主要是原材料的选择及工艺优良的控制。采购时应关注的主要技术指标有透光率、寿命、环境条件、线性度（电阻屏）、分辨率等。目前的技术难点在于解决漂移问题，提高产品的线性度。触摸屏技术改进主要有四个方向：

（1）提高膜的防划伤能力；

（2）向全塑料方向（优点：轻、低损、可弯曲）发展；

（3）提高透光率（加上偏光板、加入 AR 防止低反射）；

（4）尺寸、接口标准化。

三、TPC7062KS 人机界面应用

昆仑通态（MCGS）研发的人机界面 TPC7062KS 是一款在实时多任务嵌入式操作系统 Windows 环境中运行，MCGS 嵌入式组态软件组态。TPC7062KS 人机界面的电源进线、各种通信接口均在其背面进行，如图 5-48 所示。其中，USB1 口用来连接鼠标和 U 盘等，USB2 口用于工程项目下载，COM（RS232）口用来连接 PLC。下载线和通信线如图 5-49 所示。

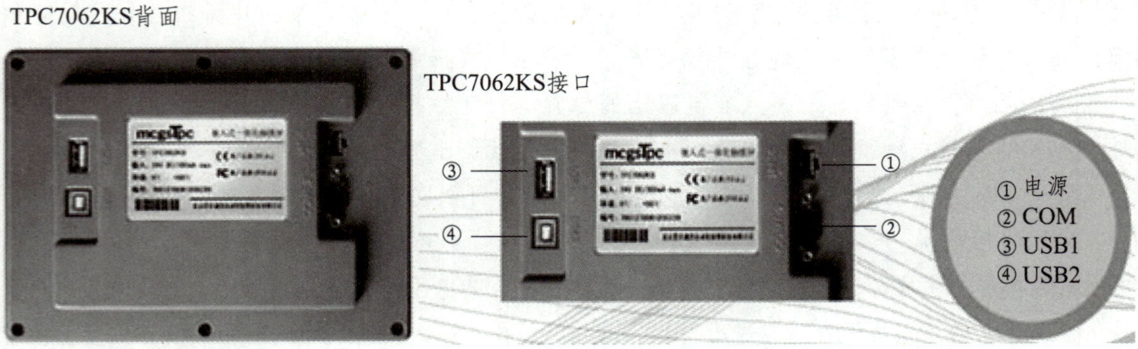

图 5-48　TPC7062KS 的接口

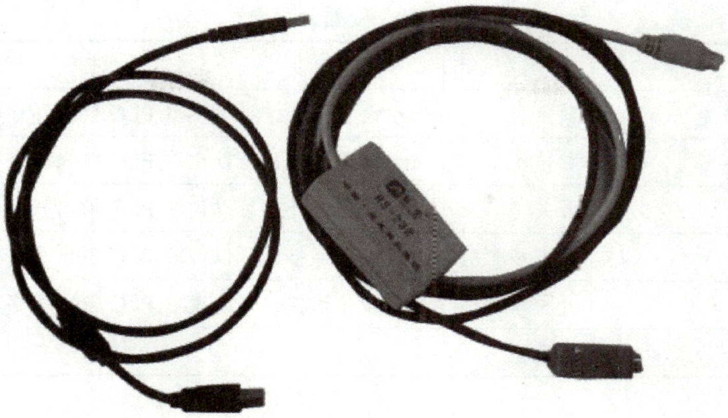

图 5-49　下载线和通信线

TPC7062KS 触摸屏是通过 USB2 口与个人计算机连接的，连接以前，个人计算机应先安装 MCGS 组态软件。当需要在 MCGS 组态软件上把资料下载到人机界面（HMI）时，只要在下载配置里，选择“连机运行”，单击“工程下载”即可进行下载。

设计监控画面如图 5-50 所示，Y0、Y1、Y2 三个按钮分别与三个指示灯相对应，当按下按钮时，指示灯亮，再按一下指示灯灭，起到一个启停作用。D0、D2 分别与两个输入框相对应，输入框可以改变与其对应的数据。

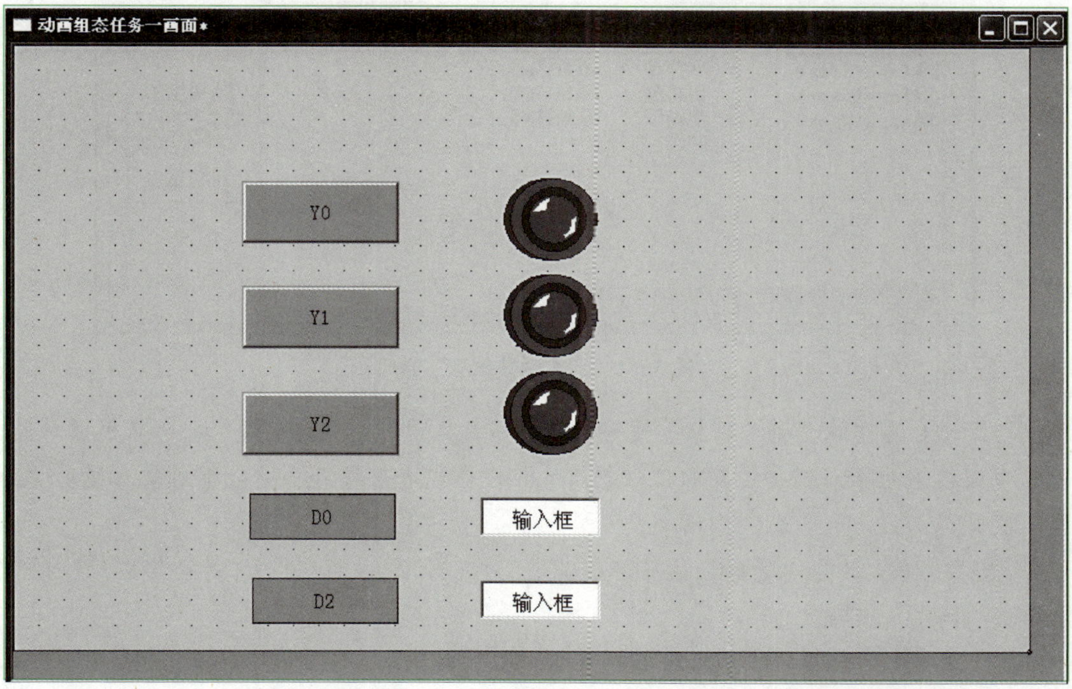

图 5-50　设计监控画面

在 MCGS 中，变量也叫数据对象。变量的定义方法如下。

1. 变量分配

变量分配即数据对象定义前需要对系统进行分析，确定需要的变量。本任务需要有 6 个变量，见表 5-20。

表 5-20　变量分配表

变量名	类型	注释
设备 0_ 读写 DWUB0000	数值型	通过设备连接，可以读取 PLC 数据寄存器的数据
设备 0_ 读写 DWUB0002	数值型	通过设备连接，可以读取 PLC 数据寄存器的数据
设备 0_ 读写 Y0000	开关型	通过设备连接，可以读取 PLC 输出寄存器的状态
设备 0_ 读写 Y0001	开关型	通过设备连接，可以读取 PLC 输出寄存器的状态
设备 0_ 读写 Y0002	开关型	通过设备连接，可以读取 PLC 输出寄存器的状态
设备 0_ 通信状态	开关型	

2. 变量定义的步骤

（1）单击工作台中的“实时数据库”按钮，进入“实时数据库”窗口，如图 5-51 所示。窗口中列出了系统已有变量（数据对象）的名称，其中一部分为系统内部建立的数据对象。现在要将表 5-20 中定义的数据对象加进去。

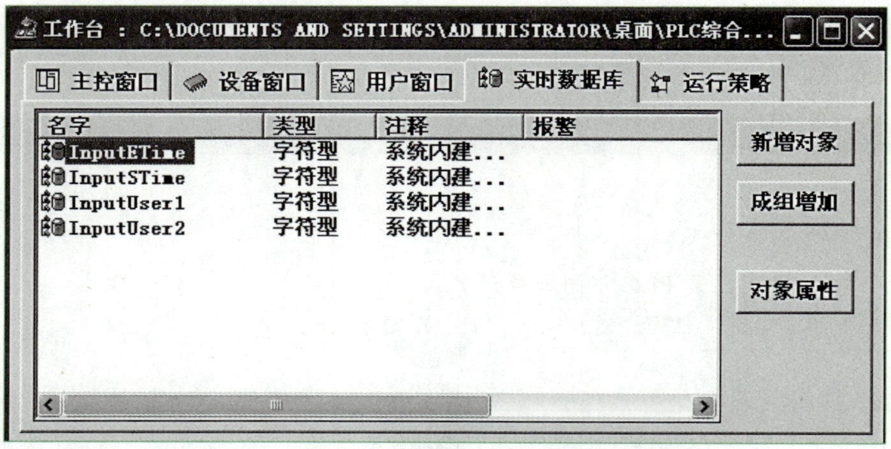

图 5-51　“实时数据库”窗口

（2）单击工作台右侧的“新增对象”按钮，在数据对象列表中立刻出现了一个新数据对象。

（3）选中该数据对象，单击右侧的“对象属性”按钮或者直接双击该数据对象，弹出“数据对象属性设置”窗口。

（4）将“对象名称”改为“设备 0_ 读写 Y0000”；“对象初值”改为“0”；“对象类型”改为“开关型”。

（5）单击“确定”按钮。

（6）重复步骤②~⑤，定义其他 5 个数据对象，注意对象初值应设置为无效状态。

（7）单击“保存”按钮。

3. 设备与变量的连接

（1）设备驱动程序的安装步骤如下：

1）单击工作台中的“设备窗口”选项卡，进入“设备窗口”页。

2）单击右侧的“设备组态”按钮或者双击“设备窗口”图标，弹出“设备组态”窗口。如果“设备窗口”页中已有“通用串口父设备 0—[通用串口父设备]”和“设备 0—[三菱 FX 系列编程口]”，则表明驱动程序在此之前已被装入，可以直接进入步骤 2）的设备属性设置部分。对于初次学习 MCGS 的同学而言，为了掌握设备（驱动程序）的装入过程，可选择“通用串口父设备 0—[通用串口父设备]”和“设备 0—[三菱 FX 系列编程口]”，按 Del 键，删掉此设备，然后进入步骤 3）。

3）单击工具条（“工具箱”）图标，弹出“设备工具箱”窗口，如图 5-52 所示。工具箱中列出了已选定的设备列表。如果没有“通用串口父设备 0—[通用串口父设备]”和“设备 0—[三菱 FX 系列编程口]”，执行步骤 4），否则可直接执行步骤 9）。对于初学者来说，不管有没有经验，都可从步骤 4）做起。

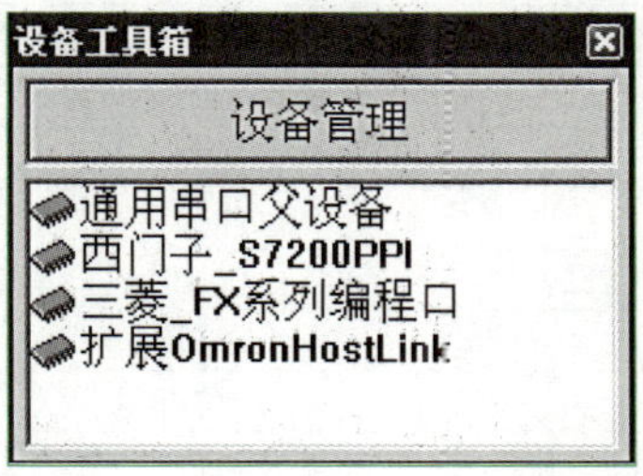

图 5-52　设备工具箱

4）单击“设备管理”按钮。窗口左侧为“可选设备”列表，右侧为“选定设备”（即已经选定设备）列表。如果右侧有“通用串口父设备 0—[通用串口父设备]”和“设备 0—[三菱 FX 系列编程口]”，可直接执行步骤 9）。建议初学者从步骤 5）开始执行。

5）在左侧“可选设备”列表中，双击图标 通用串口父设备，右侧“选定设备”列表中出现“通用串口父设备”。

6）双击“PLC”，弹出不同厂家的列表。

7）双击“三菱”，弹出三菱 PLC 不同型号产品的列表。

8）双击“三菱_FX 系列编程口”。

9）双击图标 三菱_FX系列编程口，右侧“选定设备”列表中出现“三菱_FX 系列编程口”，表明该 PLC 的驱动程序已装入。单击“确认”按钮，“设备管理”窗口被关闭。

10）在右侧“设备工具箱”列表中先双击“通用串口父设备”，再双击“三菱_FX 系列编程口”，设备被添加到左侧设备组态窗口中，如图 5-53 所示。至此完成设备启动程序的安装。

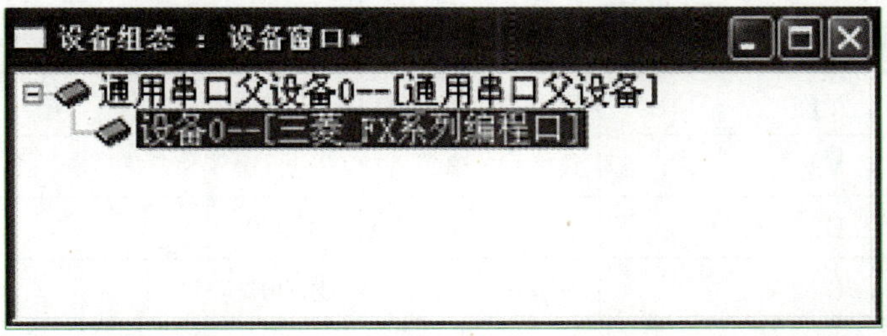

图 5-53　设备组态

11）单击“保存”按钮。

（2）设备属性设置步骤如下：

1）双击左侧“设备窗口”的“通用串口父设备 0—[通用串口父设备]”，进入“通用串口设备属性编辑”，除串口端口外，其他设置对照图 5-54 来进行设置。

2）双击左侧“设备窗口”的“设备 0—[三菱_FX 系列编程口]”，进入“设备编辑窗口”。

3）单击右上角的“快速连接变量”按钮，进入“快速连接”页。在“变量连接方式”中选择“默认设备变量连接”。

4）依次进行通道连接，直至 6 个通道全部连接完成。单击“保存”按钮。

至此设备与变量（数据对象）的连接已完成。

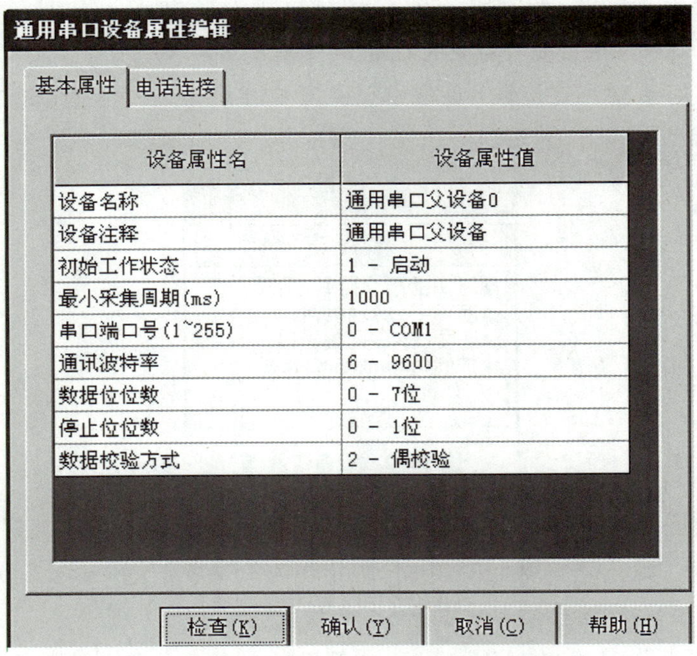

图 5-54　通信参数设置

连接时注意“通道类型”中的设置一定要与设计表一致。连接完成后，要进行设备调试，以检查计算机和设备能否进行正常的通信。

4. 触摸屏软元件地址分配

任务中，需要用到触摸屏软元件。触摸屏软元件地址分配见表 5-21。

表 5-21　触摸屏软元件地址分配表

序号	输出	功能
1	Y0	设备 0_ 读写 Y0000
2	Y1	设备 0_ 读写 Y0001
3	Y2	设备 0_ 读写 Y0002
4	D0	设备 0_ 读写 DWUB0000
5	D2	设备 0_ 读写 DWUB0002

四、变频器相关知识

1. 通用变频器基础知识

（1）三相异步电动机的变频原理。

三相异步电动机的转速表达式为：

$$n=\frac{60f_1}{p}(1-s) \tag{5-1}$$

式中：

f_1——异步电动机定子绕组上的交流电源的频率（Hz）；

p——异步电动机的磁极对数；

s——异步电动机的转差率；

n——异步电动机的转速（r/min）。

三相异步电动机定子绕组的反电动势 E_1 的表达式为：

$$E_1=4.44、f_1N_1、K_{N_1}\Phi_m \tag{5-2}$$

式中：

E_1——气隙磁通在定子每相中感应电动势的有效值（V）；

N_1——每相定子绕组的匝数；

K_{N_1}——与绕组结构有关的常数；

Φ_m——电动机每极气隙磁通。

由于 4.44、N_1、K_{N_1} 均为常数，因此定子绕组的反电动势可用下式表示：

$$E_1 \propto f_1\Phi_m \tag{5-3}$$

根据三相异步电动机的等效电路可知：

$$E_1=U_1+\Delta U \tag{5-4}$$

当 E_1 和 f_1 的值较大时，定子的漏阻抗相对比较小，漏阻抗压降 ΔU 可以忽略不计，即可认为电动机的定子电压，因此：

$$U_1\approx E_1 \propto f_1\Phi_m \tag{5-5}$$

（2）基频以下恒磁通（恒转矩）变频调速。

为维持电动机输出转矩不变，我们希望在调节频率的同时能够维持主磁通 Φ_m 不变（即恒磁通控制方式）。

当在额定频率以下调频，即 $f_1 < f_{1N}$ 时，为了保证 Φ_m 不变，得

$$\frac{E_1}{f_1}=常数 \tag{5-6}$$

也就是说，在频率 f_1 下调时也同步下调反电动势 E_1，但是由于异步电动机定子绕组中的感应电动势 E_1 无法直接检测和控制，因此可以通过控制 U_1 来达到控制 E_1 的目的，即

$$\frac{U_1}{f_1}=常数 \tag{5-7}$$

通过以上分析可知：

在额定频率以下调频（$f_1 < f_{1N}$）时，调频的同时也要调压。将这种调速方法称为变压变频（Variable Voltage Variable Frequency，VVVF）调速控制，也称为恒压频比控制方式。

在低电压的低频区，可以采用电压补偿措施，适当地提高定子绕组电压 U_1，使得 E_1 的值增加，从而保证 E_1/f_1 为常数。

这样一来，主磁通 Φ_m 就会基本不变，最终使电动机的输出转矩得到补偿，如图 5-55 所示。由于这种方法是通过提高 U_1/f_1 的比使电动机的转矩得到补偿的，因此这种方

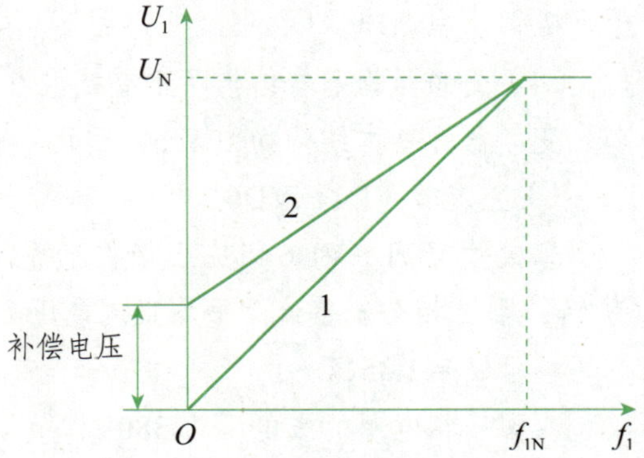

图 5-55　电压补偿示意图

法被称作 U/f 控制或电压补偿，也称作转矩提升。

在基频以下调速时，保持 U_1/f_1= 常数调节，电动机的机械特性曲线如图 5-56 中 f_{1N} 曲线所示。如果电动机在不同转速下具有相同的额定电流，则电动机都能在温升允许的条件下长期运行，保持主磁通 Φ_m 恒定，则电磁转矩 T 恒定，电动机带动负载的能力不变，转速差基本不变，所以调速后的机械特性从 f_{1N} 向下平移，电动机的输出转矩不变，属于恒转矩调速。在图 5-56 中，曲线 f_4 中的虚线是进行电压补偿后的机械特性曲线。

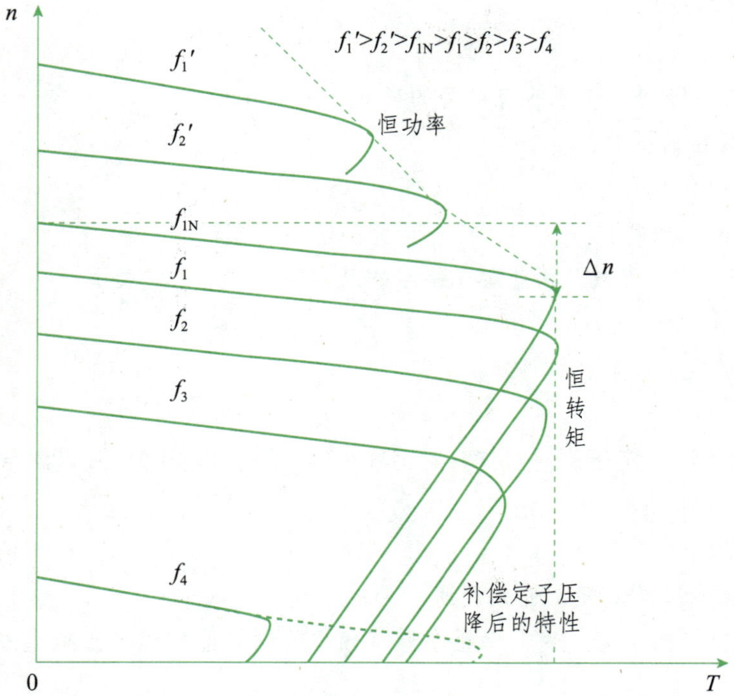

图 5-56　变频调速时的机械特性曲线

（3）基频以上恒功率（恒电压）变频调速。

当定子绕组的交流电源频率 f_1 由基频 f_{1N} 向上调节时，电压也必须由额定值 U_{1N} 向上增大，但由于电动机受到额定电压的限制不能再升高，只能保持 $U_1=U_{1N}$ 不变，因此，当 f_1 上调时，因为 U_1 不能增加，所以必然使主磁通 Φ_m 与频率 f_1 成反比地降低，相当于直流电动机弱磁升速的情况。由电机学原理知，Φ_m 的下降将引起电磁转矩 T 的下降。频率越高，主磁通 Φ_m 下降得越多，由于 Φ_m 与电流或转矩成正比，因此，电磁转矩 T 也变小。

需要注意的是，这时的电磁转矩 T 仍应比负载转矩大，否则会出现电动机的堵转。在这种控制方式下，转速越高，转矩越低，但是转速与转矩的乘积（输出功率）基本不变。因此，基频以上调速属于弱磁恒功率调速。

（4）变频器的基本结构及主要技术参数。

变频器的基本结构如图 5-57 所示。

1）整流管 VD1～VD6。

二极管 VD1～VD6 组成三相整流桥，将电源的三相交流电全波整流成直流电。如果电源的线电压为 U_L，则三相全波整流后平均直流电压 U_D 的大小是

$$U_D = 1.35U_L \tag{5-8}$$

我国三相电源的线电压为 380V，故全波整流后的平均电压是

$$U_D = 1.35 \times 380\text{V} = 513\text{V} \tag{5-9}$$

2）能耗电路。

电动机在工作频率下降过程中，将处于再生制动状态，拖动系统的动能要反馈到直流电路中，使直流电压 U_D 不断上升，甚至可能达到危险的地步。因此，必须将再生到直流电路的能量消耗掉，使 U_D 保持在允许范围内。图 5-58 中制动电阻就是用来消耗这部分能量的。

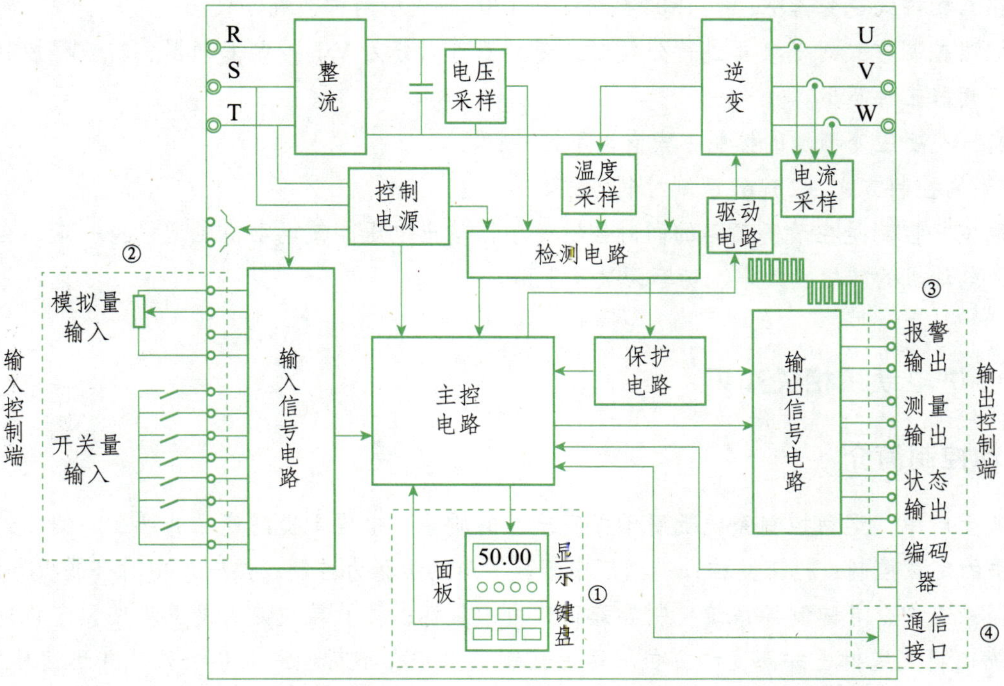

图 5-57　变频器的基本结构

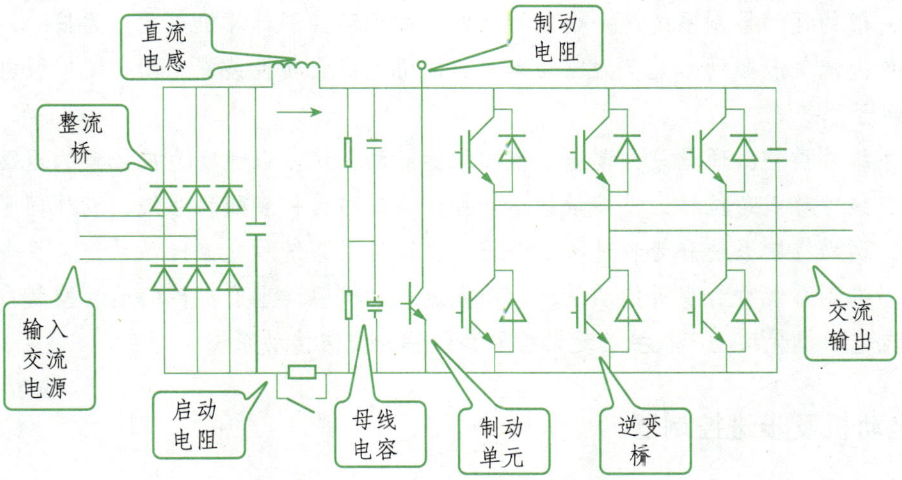

图 5-58　交－直－交变频器主电路

2. 变频调速系统小结

（1）变压变频器的组成可分为整流器、中间电路、逆变器、控制电路 4 个主要部分。

（2）变频器整流电路有二极管组成不控整流电路和晶闸管组成可控整流电路两种。

（3）在交－直－交变压变频器中，按照中间直流环节直流电源性质的不同，逆变器可以分成电压源型和电流源型两类。电压源型逆变器直流环节采用大电容滤波，因而直流电压波形比较平直；电流源型逆变器直流环节采用大电感滤波，直流电流波形比较平直。

（4）电压源型逆变器属于恒压源，电压控制响应慢，不易波动，所以适于用做多台电动机同步运行时的供电电源，或者单台电动机调速但不要求快速启制动和快速减速的场合。采用电流源型逆变器的系统则相反，不适用于多电动机传动，但可以满足快速启制动和可逆运行的要求。

（5）在三相桥式逆变器中，有 180° 导通型和 120° 导通型两种换流方式。

（6）按照控制方式对变频器进行分类时，变频器可以分为 V/F 控制变频器、转差率控制变频器和矢量控制变频器三种类型。

（7）交－交变压变频器的控制方式有以下两种：

1）整半周控制方式；2）α 调制控制方式。

（8）恒 V/F 控制是在改变频率的同时控制变频器输出电压，使电动机磁通保持一定，在较宽的调速范围内，电动机的转矩、效率、功率因数不下降。

五、步进电动机相关知识

1. 运动控制简介

在工业生产中，运动控制系统既用于提高产品的质量，也用于提高产品的产量。例如，生产过程中对机器手的定位控制；机床数控；造纸厂中纸张滚卷的恒张力控制；热轧厂中对金属板厚度的控制；在现代武器系统中，导弹制导系统控制导弹正确命中目标；惯性导航使人造卫星按预定轨迹运行；雷达跟踪系统控制火炮射击的高度和方位。运动控制技术正在不断地深入各个领域并迅速地向前推进，其应用范围几乎涵盖所有工业领域。运动控制就是在自动控制理论的指导下，对机械运动部件的位置、速度等进行实时的控制和管理，使其在各种驱动装置的作用下，按照预期的运动轨迹和规定的运动参数进行运动。一般的运动控制系统是一个以控制器（如运动控制计算机单元）为核心，以电力电子功率变换装置（如交流伺服驱动单元）为驱动单元，以机电能量转换装置（如交流伺服电动机）为执行器组成的机械电子系统。

运动控制系统按被控物理量分为调速系统和位置随动系统。以速度为被控量的运动控制系统称为调速系统；以直线位移或角位移为被控量的运动控制系统称为位置随动系统，或称伺服系统。按驱动电动机的类型，运动控制系统分为步进传动系统、直流传动系统和交流传动系统。用步进电动机驱动生产机械的运动控制系统称为步进传动系统，用直流电动机驱动生产机械的运动控制系统称为直流传动系统，用交流电动机带动生产机械的运动控制系统称为交流传动系统。

2. 步进电动机及步进控制器

步进电动机是将电脉冲信号转变为角位移或线位移的开环控制元件。在非超载的情况下，电动机的转速、停止的位置只取决于脉冲信号的频率和脉冲数，而不受负载变化的影响，即给电动机加一个脉冲信号，电动机则转过一个步距角。这一线性关系的存在，加上步进电动机只有周期性的误差而无累积误差等特点，使得在速度、位置等控制领域用步进电动机来控制变得非常简单。虽然步进电动机已被广泛地应用，但步进电动机并不能像普通的直流电动机、交流电动机那样能在常规下使用。它必须由双环形脉冲信号、功率驱动电路等组成，控制系统方可使用。因此用好步进电动机绝非易事，它涉及机械、电动机、电子及计算机等许多专业知识。

步进电动机是将电脉冲信号转变为角位移或线位移的一种开环线性执行元件，具有无累积误差、成本低、控制简单等特点。产品从相数上分，有二、三、四、五相；从步距角上分，有 0.9° /1.8° 、0.36° /0.72° ；从静力矩上分，有 0.1N · M～40N · M。

3. 步进电动机的结构与工作原理

步进电动机有两种基本形式：可变磁阻型和混合型。图 5-59 是一种四相可变磁阻型步进电动机结构示意图。这种电动机的定子上有八个凸齿，每一个齿上有一个线圈。线圈绕组的连接方式是对称齿上的两个线圈进行反相连接。八个齿构成四对，所以称为四相步进电动机（图 5-60 为三相步进电动机）。

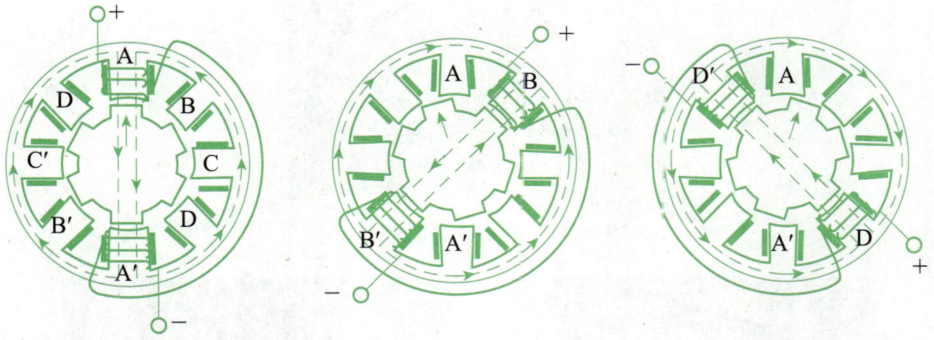

图 5-59　四相可变磁阻型步进电动机结构示意图

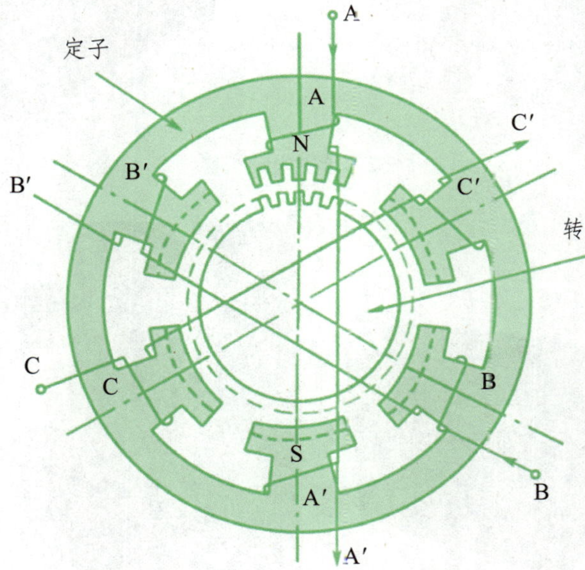

图 5-60　三相步进电动机结构示意图

工作过程：当有一相绕组被激励时，磁通从正相齿，经过软铁心的转子，并以最短的路径流向负相齿，而其他六个凸齿并无磁通。为使磁通路径最短，在磁场力的作用下，转子被强迫移动，使最近的一对齿与被激励的一相对准。在图 5-59（a）中，A 相是被激动的，转子上大箭头所指向的那个齿与正向的 A 齿对准。从这个位置再对 B 相进行激励，如图 5-59（b）所示，转子逆时针转过 15° 。若是 D 相被激励，如图 5-59（c）所示，则转子为顺时针转过 15° 。下一步是 C 相被激励。因为 C 相有两种可能性：一种为反时针转动（A—B—C—D），另一种为顺时针转动（A—D—C—B）。但每步都使转子转动 15° 。电动机步长（步距角）是步进电动机的主要性能指标之一，不同的应用场合对步长大小的要求不同。改变控制绕组数（相数）或极数（转子齿数），可以改变步长的大小。步进电动机控制系统如图 5-61 所示，步进电动机实物如图 5-62 所示，步进电动机驱动器实物如图 5-63 所示。

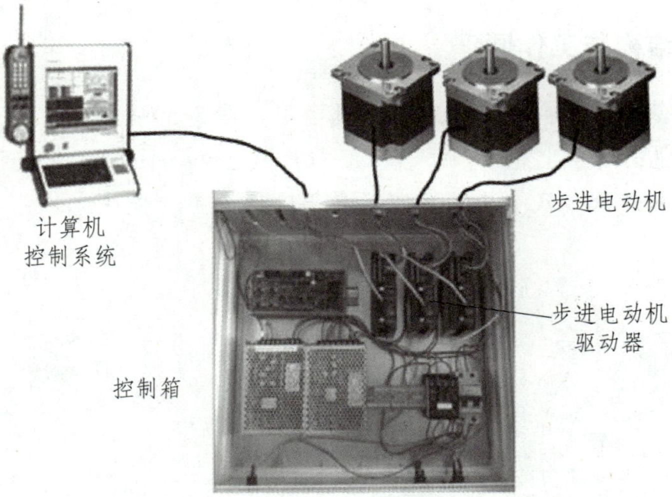

图 5-61　步进电动机控制系统

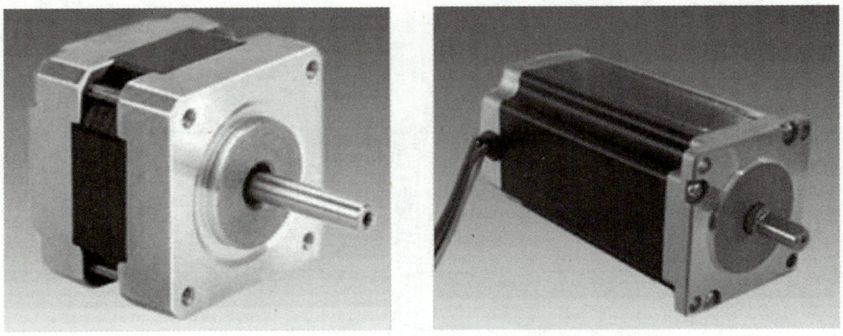

图 5-62　步进电动机实物

图 5-63　步进电动机驱动器实物

4. 步进电动机驱动器

步进电动机不能直接接到交、直流电源上工作，而必须使用专用设备——步进电动机驱动器。步进电动机驱动系统的性能除与电动机自身的性能有关外，在很大程度上还取决于驱动器的优劣。因此，对步进电动机驱动器的研究几乎是与步进电动机的研究同步进行的。步进电动机驱动器是步进系统中的核心组件之一，它按照控制器发来的脉冲 / 方向指令（弱电信号）对电动机线圈电流（强电）进行控制，从而控制电动机转轴的位置和速度。步进电动机驱动器一般由环形分配器、信号放大与处理级、推动级、驱动级等部分组成，步进电动机的驱动器还要有多种保护电路。在步进电动机步距角不能满足使用条件时，可采用细分驱动器来驱动步进电动机。细分驱动器的原理是通过改变相邻两相绕组（A、B）电流的大小，以改变合成磁场的夹角来控制步进电动机运转的。可以说，细分驱动器是将脉冲拍数进行细分或将旋转磁场进行数字化处理。若将磁场进行细分，则其控制精度取决于步进电动机自身精度的高低。

根据不同厂家的步进电动机进行修正，不是一般驱动器生产厂家所能做到的。因此，细分驱动器往往用在降低噪声和提高电动机轴输出的平稳性上。驱动器细分步是指将整步细分成多少个微步。例如，一台 1.8°/0.9 的电动机，采用 10 细分的驱动器后，此时步距角为 1.8°/10=0.18°。细分步的设定一般通过步进驱动器的 DIP 开关位置确定。目前步进驱动器已可做到细分步 10 000，即 10 000 个控制脉冲，步进电动机旋转 360°。步进电动机驱动器接线如图 5-64 所示，步进电动机驱动器细分设置如图 5-65 所示。

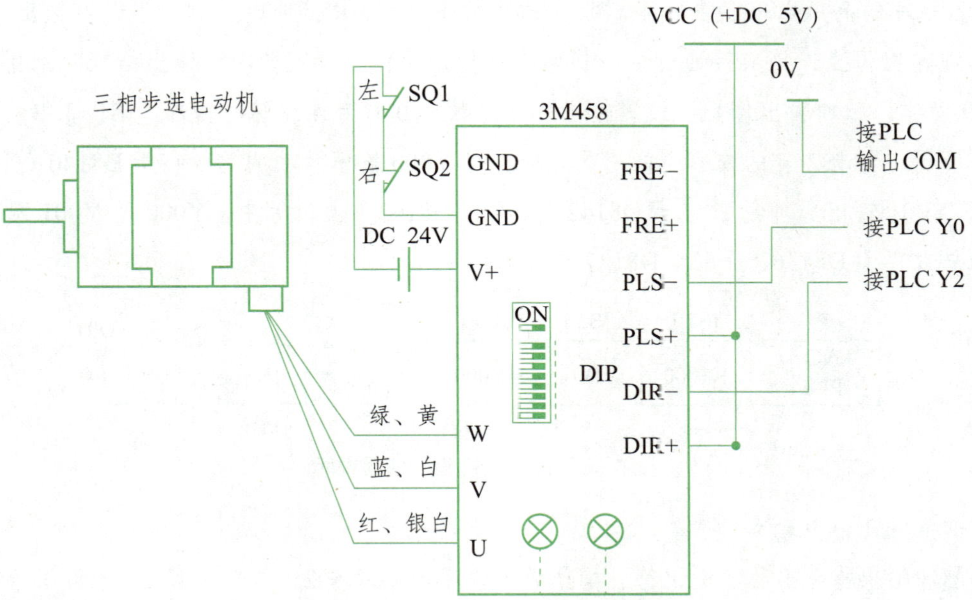

图 5-64　步进电动机驱动器接线图

细分设置

开关位置			细分	脉冲数/转
1	2	3		
ON	ON	ON	2	400
ON	ON	OFF	2.5	500
ON	OFF	ON	3	600
ON	OFF	OFF	5	1 000
OFF	ON	ON	10	2 000
OFF	ON	OFF	20	4 000
OFF	OFF	ON	25	5 000
OFF	OFF	OFF	50	10 000

电流设置

开关位置				相电流（A）
5	6	7	8	
OFF	OFF	OFF	OFF	3.0
OFF	OFF	OFF	ON	4.0
OFF	OFF	ON	ON	4.6
OFF	ON	ON	ON	5.2
ON	ON	ON	ON	5.8

图 5-65　步进电动机驱动器细分设置

5. 脉冲输出指令的介绍

（1）脉冲输出指令。

脉冲输出指令名称、助记符、操作数、程序步见表 5-22。

表 5-22　脉冲输出指令程序说明表

指令名称	助记符	操作数		程序步
		[S1·]/[S2·]	[D·]	
脉冲输出指令	PLSY（D）PLSY	K、H、KnX、KnY、KnM、KnS、T、C、D、V、Z	只能指定晶体管型 Y000 或 Y001	PLSY…7 步 PLSY（D）…13 步

该指令可用于指定频率、产生定量脉冲的场合。使用说明如图 5-66 所示。图中，[S1·] 用于指定频率，范围为 2～20kHz；[S2·] 用于指定产生脉冲的数量，16 位指令的指定范围为 1～32 767，32 位指令的指定范围为 1～2 147 483 647；[D·] 用于指定输出脉冲的 Y 号（仅限于晶体管型 Y000、Y001），输入脉冲的高低电平各占一半。指令的执行条件 X010 接通时，脉冲串开始输出，X010 中途中断时，脉冲输出停止，再次接通时，从初始状态开始动作。设定脉冲量输出结束时，指令执行结束标志 M8029 动作，脉冲输出停止。设置输出脉冲总数为 0 时为连续脉冲输出。[S1·] 中的内容在指令执行中可以变更，但 [S2·] 的内容不能变更。输出口 Y000 输出脉冲的总数存于 D8140（下位）D8141（上位）中，Y001 输出脉冲总数存于 D8142（下位）D8143（上位）中，Y000 及 Y001 两个输出口已输出脉冲的总数存于 D8136（下位）D8137（上位）中。

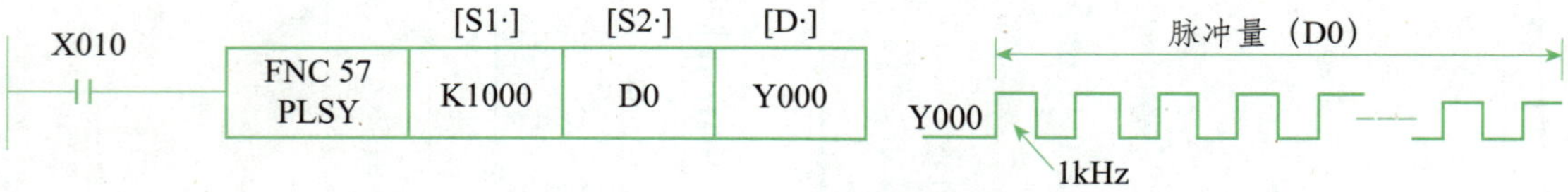

图 5-66　脉冲输出指令使用说明

（2）可调速脉冲输出指令。

可调速脉冲输出指令名称、助记符、操作数、程序步见表 5-23。

表 5-23　可调速脉冲输出指令程序说明表

指令名称	助记符	操作数		程序步
		[S1·]/[S2·]	[D·]	
可调速脉冲输出指令	PLSR（D）PLSR	K、H、KnX、KnY、KnM、KnS、T、C、D、V、Z	只能指定晶体管型 Y000 或 Y001	PLSR…9 步 PLSR（D）…17 步

该指令是带有加减速功能的定尺寸传送脉冲输出指令。其功能是对指定的最高频率进行指定加减时间的加减速调节，并输出所指定的脉冲数。使用说明如图 5-67 所示。图 5-67（a）为指令梯形图，当 X010 接通时，从初始状态开始定加速，达到所指定的输出频率后再在合适的时刻定减速，并输出指定的脉冲数。其运行时序图如图 5-67（b）所示。

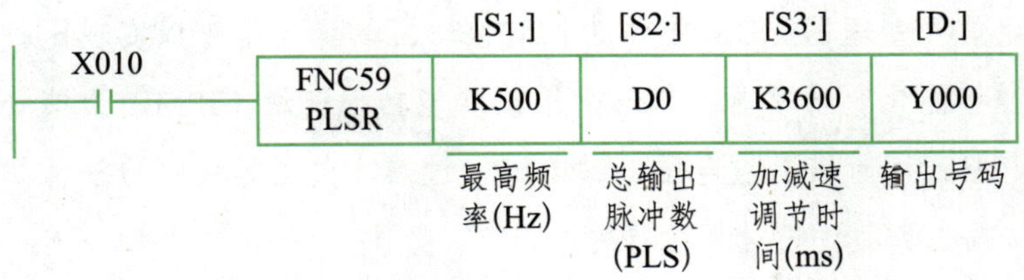

（a）可调速脉冲输出指令使用说明

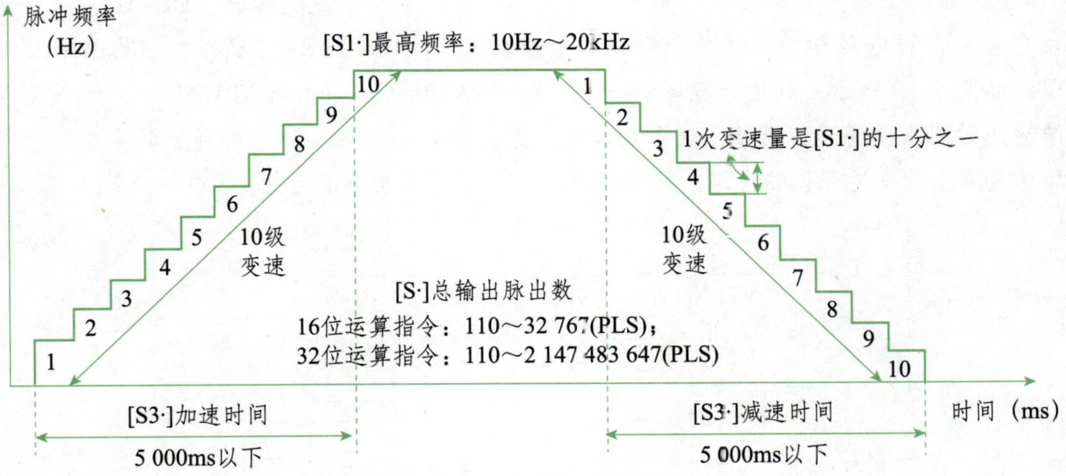

（b）可调速脉冲输出指令加减速原理

图 5-67　可调速脉冲输出程序指令集时序说明

六、伺服电动机相关知识

1. 永磁交流伺服系统概述

（1）交流伺服电动机的工作原理：伺服电动机内部的转子是永磁铁，驱动器控制的 U/V/W 三相电形成电磁场，转子在此磁场的作用下转动，同时电动机自带的编码器反馈信号给驱动器，驱动器根据反馈值与目标值进行比较，调整转子转动的角度。伺服电动机的精度取决于编码器的精度（线数）。

交流永磁同步伺服驱动器主要由伺服控制单元、功率驱动单元、通信接口单元、伺服电动机及相应的反馈检测器件组成，其中伺服控制单元包括位置控制器、速度控制器、转矩和电流控制器等。系统控制结构如图 5-68 所示。

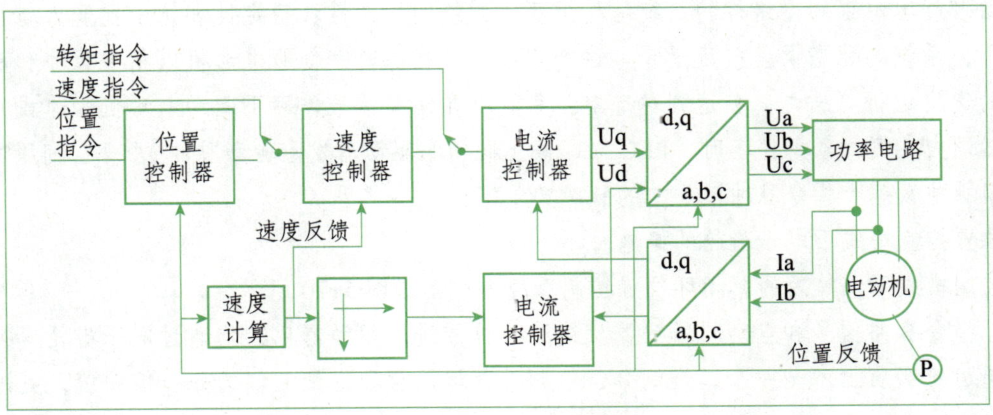

图 5-68　系统控制结构

伺服驱动器均采用数字信号处理器（DSP）作为控制核心，其优点是可以实现比较复杂的控制算法，实现数字化、网络化和智能化。功率器件普遍采用以智能功率模块（IPM）为核心设计的驱动电路，IPM 内部集成了驱动电路，同时具有过电压、过电流、过热、欠压等故障检测保护电路，在主回路中还加入软启动电路，以减小启动过程对驱动器的冲击。

功率驱动单元首先通过整流电路对输入的三相电进行整流，得到相应的直流电，再通过三相正弦 PWM 电压型逆变器变频来驱动三相永磁式同步交流伺服电动机。逆变部分（DC-AC）采用功率器件集成驱动电路、保护电路和功率开关于一体的智能功率模块（IPM），主要拓扑结构采用三相逆变电路，原理图如图 5-69 所示。利用脉宽调制技术（Pulse Width Modulation，PWM），通过改变功率晶体管交替导通的时间来改变逆变器输出波形的频率，改变每半周期内晶体管的通断时间比，也就是说通过改变脉冲宽度来改变逆变器输出电压幅值的大小以达到调节功率的目的。

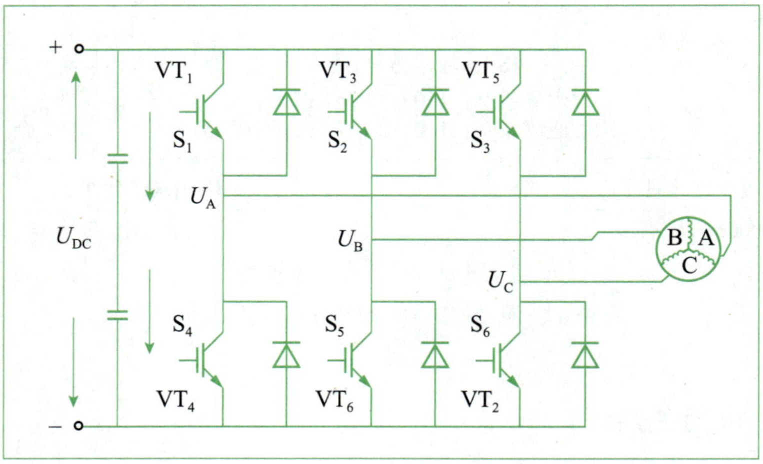

图 5-69 三相逆变电路

（2）交流伺服系统的位置控制模式。

图 5-68 和图 5-69 说明如下两点：

1）伺服驱动器输出到伺服电动机的三相电压波形基本上是正弦波（高次谐波被绕组电感滤除），而不是像步进电动机那样是三相脉冲序列。

2）伺服系统用作定位控制时，位置指令输入位置控制器，速度控制器输入端前面的电子开关切换到位置控制器输出端，同样，电流控制器输入端前面的电子开关切换到速度控制器输出端。因此，位置控制模式下的伺服系统是一个三闭环控制系统，两个内环分别是电流环和速度环。

由自动控制理论可知，这样的系统结构提高了系统的快速性、稳定性和抗干扰能力。在足够高的开环增益下，系统的稳态误差接近于零。这就是说，在稳态时，伺服电动机以指令脉冲和反馈脉冲近似相等时的速度运行。反之，在达到稳态前，系统将在偏差信号作用下驱动电动机加速或减速。若指令脉冲突然消失（例如紧急停车时，PLC 立即停止向伺服驱动器发出驱动脉冲），那么伺服电动机仍会运行到反馈脉冲数等于指令脉冲消失前的脉冲数才停止。

（3）位置控制模式下电子齿轮的概念。

位置控制模式下，等效的单闭环位置控制系统方框图如图 5-70 所示。

图中，指令脉冲信号和电动机编码器反馈脉冲信号进入驱动器后，均通过电子齿轮变换进行偏差计算。电子齿轮实质上就是一个二进制分、倍频计数器，合理搭配它们的分、倍频值，可以灵活地设置指令脉冲的行程。

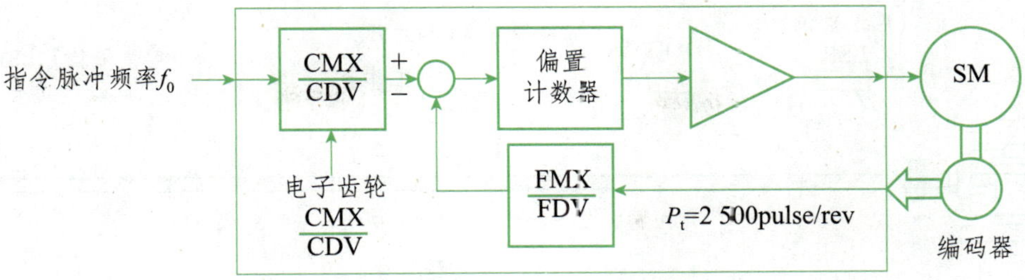

图5-70 等效的单闭环位置控制系统方框图

例如，某品牌电动机编码器反馈脉冲为2 500pulse/rev。默认情况下，驱动器反馈脉冲电子齿轮分－倍频值为4倍频。如果希望指令脉冲为6 000pulse/rev，那么应把指令脉冲电子齿轮的分－倍频值设置为10 000/6 000，从而实现PLC每输出6 000个脉冲、伺服电动机旋转1周、驱动机械手恰好移动60mm的整数倍关系。

2. FX1N的脉冲输出功能及位控编程

晶体管输出的FX1N系列PLC的CPU单元支持高速脉冲输出功能，但仅限于Y000和Y001点。输出脉冲的频率最高可达100kHz。

对输送单元伺服电动机的控制主要是定位控制，可以使用FX1N的简易定位控制指令来实现。简易定位控制指令包括原点回归指令FNC156（ZRN）、相对位置控制指令FNC158（DRVI）、绝对位置控制指令FNC158（DRVA）和可变速脉冲输出指令FNC157（PLSV）。这里只介绍后面三条指令，其他指令请参考编程手册。

（1）原点回归指令FNC156（ZRN）。

当可编程控制器断电时，脉冲数量会消失，因此上电时和初始运行时，必须执行原点回归指令操作，将机械动作的原点位置的数据事先写入。原点回归指令格式如图5-71所示。

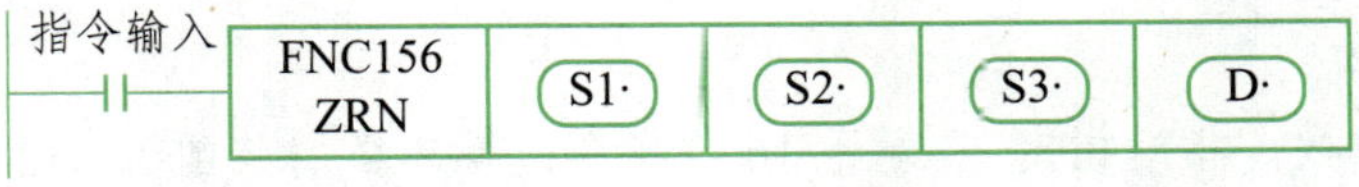

图5-71 原点回归指令格式

1）原点回归指令格式说明。

①S1·：指定原点回归开始的速度。对于16位指令，这一源操作数的范围为10～32 767Hz；对于32位指令，范围为10～100kHz。

②S2·：爬行速度，指定近点信号（DOG）变为ON后的低速部分的速度。

③S3·：指定近点信号输入。当指令输入除继电器（X）以外的元件时，由于受到PLC运算周期的影响，因此会引起原点位置的偏移增大。

④D·：指定有脉冲输出的Y编号（仅限于Y000或Y001）。

2）原点回归动作顺序可参考图5-72，说明如下：

①驱动指令后，以原点回归速度S1·开始移动。

在原点回归过程中，指令驱动接点变为OFF状态时，将不减速而停止。

指令驱动接点变为OFF状态后，在脉冲输出中监控（Y000：M8147，Y001：M8148）处于ON状态时，将不接受指令的再次驱动。

②当近点信号（DOG）由OFF状态变为ON状态时，减速至爬行速度S2·。

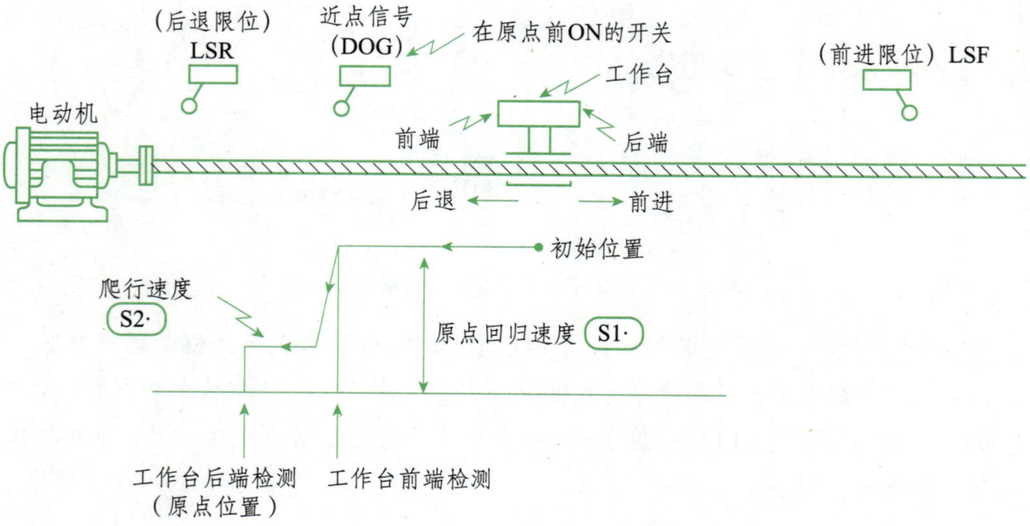

图 5-72　原点归零示意图

③当近点信号（DOG）由 ON 状态变为 OFF 状态时，在停止脉冲输出的同时，向当前值寄存器（Y000：[D8141，D8140]，Y001：[D8143，D8142]）中写入 0。另外，M8140（清零信号输出功能）为 ON 状态时，同时输出清零信号。随后，当执行完成标志（M8029）动作的同时，脉冲输出中监控变为 OFF 状态。

（2）相对位置控制指令 FNC158（DRVI）。

相对位置控制指令是以相对驱动方式执行单速位置控制的指令。指令格式如图 5-73 所示。

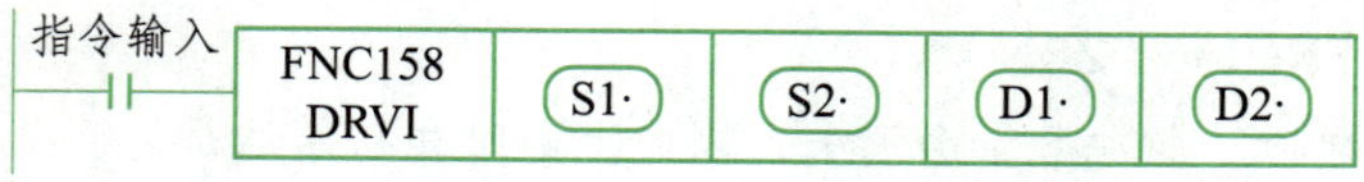

图 5-73　DRVI 的指令格式

指令格式说明如下：

① S1·：输出脉冲数（相对指定）。对于 16 位指令，操作数的范围为 −32 768～+32 767；对于 32 位指令，范围为 −999 999～+999 999。

② S2·：输出脉冲频率。对于 16 位指令，操作数的范围为 10～32 767Hz；对于 32 位指令，范围为 10～100kHz。

③ D1·：脉冲输出地址，指令仅能用于 Y000、Y001。

④ D2·：旋转方向信号输出地址，根据 S1· 的正负，按照以下方式动作：

[差值为正]→ON；　[差值为负]→OFF

输出脉冲数指定 S1·，以对应下面的当前值寄存器作为相对位置。

向 [Y000] 输出时→[D8141（高位），D8140（低位）]（使用 32 位）

向 [Y001] 输出时→[D8143（高位），D8142（低位）]（使用 32 位）

反转时，当前值寄存器的数值减小。

旋转方向通过输出脉冲数 S1· 的正负符号指定。

在指令执行过程中，即使改变操作数的内容，也无法在当前运行中表现出来。只在下一次指令执行时才有效。

在指令执行过程中，指令驱动的接点变为 OFF 状态时，伺服电动机将减速停止。此时执行完成标志 M8029 不动作。

指令驱动接点变为 OFF 状态后，当脉冲输出中标志（Y000：[M8147]，Y001：[M8148]）处于 ON 状态时，原点回归动作将不接受指令的再次驱动。

此外，在编写 DRVI 指令时还要注意各操作数的相互配合：

①加减速时的变速级数固定在 10 级，故一次变速量是最高频率的 1/10。在驱动步进电动机情况下，设定最高频率时应考虑在步进电动机不失步的范围内。

②加减速时间不小于 PLC 的扫描时间最大值（D8012 值）的 10 倍，否则加减速各级时间不均等。（更具体的设定要求，请参阅 FX1N 编程手册）。

（3）绝对位置控制指令 FNC158（DRVA）。

绝对位置控制指令是以绝对驱动方式执行单速位置控制的指令。指令格式如图 5-74 所示。

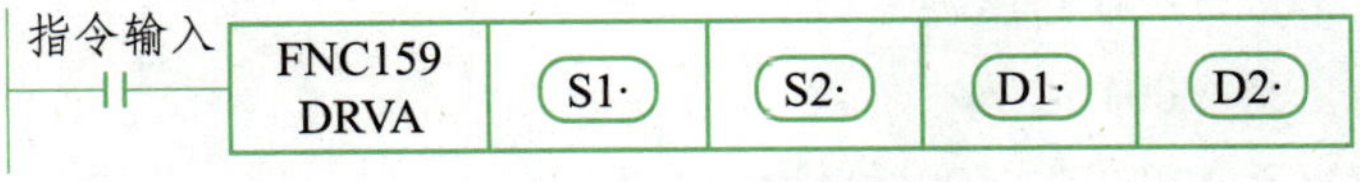

图 5-74　绝对位置控制指令

指令格式说明如下：

① S1·：输出脉冲数（绝对指定）。对于 16 位指令，操作数的范围为 −32 768～+32 767；对于 32 位指令，范围为 −999 999～+999 999。

② S2·：输出脉冲频率。对于 16 位指令，操作数的范围为 10～32 767Hz；对于 32 位指令，范围为 10～100kHz。

③ D1·：脉冲输出地址，指令仅能用于 Y000、Y001。

④ D2·：旋转方向信号输出地址，根据 S1· 和当前位置的差值，按以下方式动作：

[差值为正] → ON，[差值为负] → OFF

目标位置 S1·，以对应下面的当前值寄存器作为绝对位置：

向 [Y000] 输出时→ [D8141（高位），D8140（低位）]（使用 32 位）

向 [Y001] 输出时→ [D8143（高位），D8142（低位）]（使用 32 位）

反转时，当前值寄存器的数值减小。

旋转方向通过输出脉冲数 S1· 的正负符号判断。

在指令执行过程中，即使改变操作数的内容，也无法在当前运行中表现出来。只在下一次指令执行时才有效。

在指令执行过程中，指令驱动的接点变为 OFF 状态时，驱动器将减速停止。此时执行完成标志 M8029 不动作。

指令驱动接点变为 OFF 状态后，当脉冲输出中标志（Y000：[M8147]，Y001：[M8148]）处于 ON 状态时，驱动器将不接受指令的再次驱动。

（4）可变速脉冲输出指令 FNC57（PLSV）。

该指令是一个附带旋转方向的可变速脉冲输出指令。执行这一指令，即使在脉冲输出状态下，仍然能够自由改变输出脉冲频率。指令格式如图 5-75 所示。

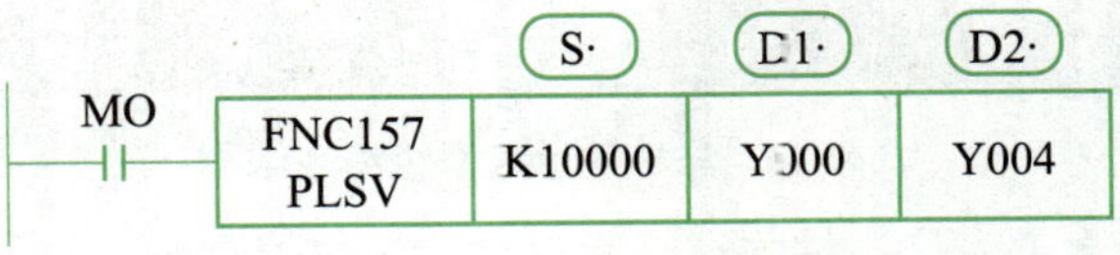

图 5-75　可变速脉冲输出指令

图中，源操作数 S· 指定输出脉冲频率。对于 16 位指令，操作数的范围为 1～32 767Hz，−1～

-32 767Hz；对于 32 位指令，范围为 1～100kHz，-1～-100kHz。目标操作数(D1·)指定脉冲输出地址，仅能用于 Y000、Y001。

目标操作数(D2·)指定旋转方向信号输出地址，当(S·)为正值时输出为 ON 状态。

使用 PLSV 指令须注意：

①在启动 / 停止时不执行加减速，若有必要进行缓冲开始 / 停止，则可利用 FNC67（RAMP）等指令改变输出脉冲频率(S·)的数值。

②指令驱动变为 OFF 状态后，在脉冲输出中标志（Y000：[M8147]，Y001：[M8148]）处于 ON 状态时，将不接受指令的再次驱动。

（5）与脉冲输出功能有关的主要特殊内部存储器。

[D8141，D8140] 输出至 Y000 的脉冲总数；

[D8143，D8142] 输出至 Y001 的脉冲总数；

[D8136，D8137] 输出至 Y000 和 Y001 的脉冲总数；

[M8145]Y000 脉冲输出停止指令（立即停止）；

[M8146]Y001 脉冲输出停止指令（立即停止）；

[M8147]Y000 脉冲输出中监控；

[M8148]Y001 脉冲输出中监控。

各个数据寄存器内容可以利用“（D）MOV K0 D81 □□”指令执行清除。

思考与练习

1. 机械手监控系统组态设计。

（1）界面设计要求。

界面参考图如图 5-76 所示，也可以根据下面提出的要求，自行设计界面及动画效果。

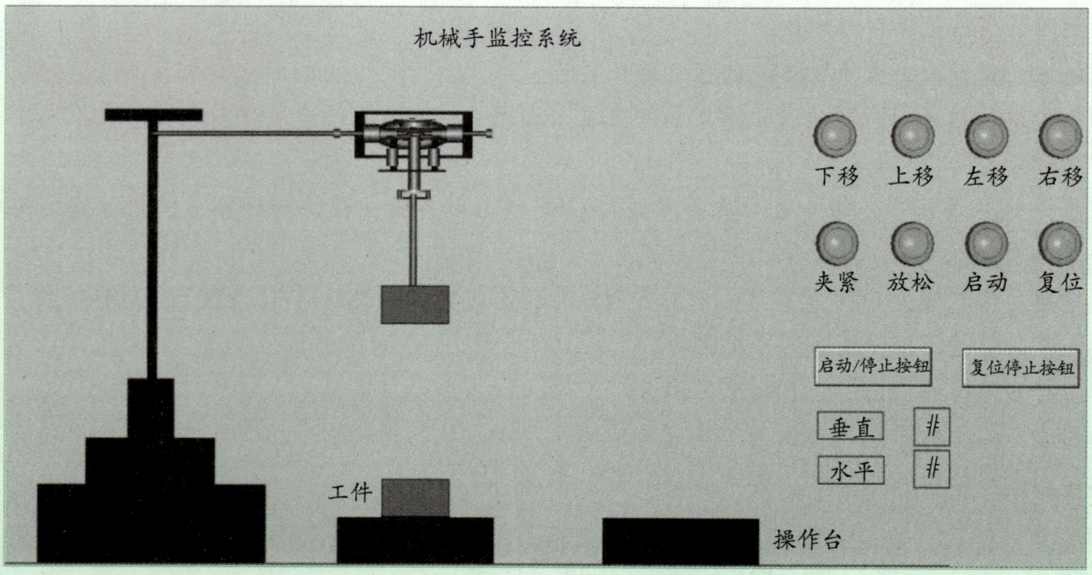

图 5-76　机械手监控系统组态画面

1）要求包含系统机械手、工件、操作台、指示灯、按钮等元件。

2）能够实现工件动作、机械手动作、指示灯、按钮的动画效果。

3）进行用户权限分配及工程密码设定。

（2）控制要求。

1）按下“启动 / 停止”按钮 SB1 后，机械手下移 5s →夹紧 2s →上移 5s →右移 10s →下移 5s →放松 2s →上移 5s →左移 10s，最后回到原始位置，自动循环。

2）松开“启动 / 停止”按钮 SB1，机械手停在当前位置。

3）按下“复位停止”按钮 SB2，机械手在完成本次操作后，回到原始位置，然后停止。

4）松开“复位停止”按钮 SB2，退出复位状态。

2. 变频器与 PLC 实现多段速控制。

变频器加速：（0 → 20 → 25 → 30 → 35 → 40 → 45 → 50）时间为 2s。

变频器减速：（50 → 45 → 40 → 35 → 30 → 25 → 20 → 0）时间为 2s。

3. 用 PLC 实现自动生产线材料分拣装置的控制。材料分拣机械结构由传送带、气缸等机械部件组成，电气方面由传感器、开关电源、电磁阀等电子部件组成，如图 5-77 所示。

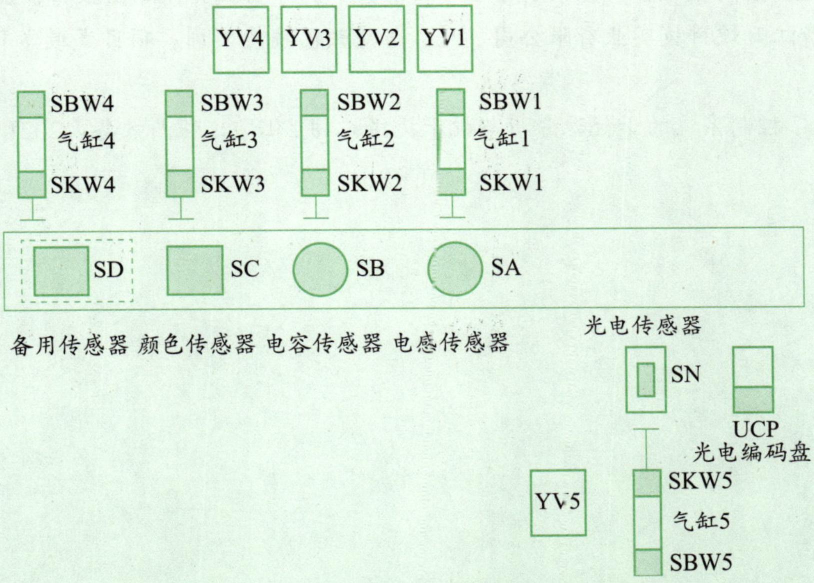

图 5-77 自动生产线材料分拣装置模拟图

控制要求如下：

（1）在物料斗中放入三个不同的物块，按启动按钮，传送电动机开始运行，传送带转动，运行 6s 后，气缸 5 动作，将物块推到传送带中。此时传送电动机停止，以便物块放正位置。过 1s 后，电动机又开始运行。如果在程序运行过程中，物料斗中没有物体，则运行一定时间后自动停止。

（2）在第一个物块推出到传送带上前行一定路程后，再推出第二个物块。然后再推出第三个物块，过程和推出第一个物块相同。

（3）当检测到物块后，驱动电磁阀控制气缸推动物块到相应的物料槽中。

（4）各传感器依次分别为：电感传感器，可检测出铁质物块；电容传感器，可检测出金属物块；颜色传感器，可检测出不同的颜色，且色度可调。当铁质物块经过第一传感器时被分拣出，当铝质物块经过第二传感器时被分拣出，非金属物块中的某一颜色在经过第三个传感器时被分拣出。

操作视频

自动生产线

操作视频

邮件分拣机

参考文献

[1] 韩承江 . PLC 应用技术 [M]. 北京：中国铁道出版社，2012.

[2] 陈怀忠 . 交直流调速系统与应用 [M]. 杭州：浙江大学出版社，2012.

[3] 蔡晓霞，朱丹，徐伟锋 . PLC 技术与应用项目化教程 [M]. 北京：电子工业出版社，2019.

[4] 肖明耀，代建军 . 三菱 FX3U 系列 PLC 应用技能实训 [M]. 北京：中国电力出版社，2015.

[5] 胡修玉，张志清 . PLC 应用技术 [M]. 北京：国防工业出版社，2015.

[6] 郑渊，赵晓明，李庆玲 . 三菱 FX 系列 PLC 应用技术 [M]. 北京：中国电力出版社，2019.

[7] 姜磊 . Micro850 PLC、变频器及触摸屏综合应用技术 [M]. 北京：冶金工业出版社，2022.

[8] 瞿彩萍 . PLC 应用技术：三菱 [M]. 2 版 . 北京：中国劳动社会保障出版社，2013.

[9] 方爱平 . 浙江天煌科技实业有限公司 . PLC 与变频器技能实训：项目式教学 [M]. 北京：高等教育出版社，2011.

[10] 姜洋 . PLC 控制系统的干扰源分析与抗干扰措施 [J]. 化学工程与装备，2021（5）.